Jetzt helfe ich mir selbst

Motor buch Verlag

Einbandgestaltung: Anita Ament
Abbildungen: DaimlerChrysler AG, Stuttgart. Bosch, Dunlop, Michelin, Hella; R. Althaus und F. Altmann mit »Sternwarte«, Berlin; G. Beer.
Die Nutzung des WIS-Informationssystems für Mercedes-Pkw ist von der DCAG lizenziert.

ISBN 978-3-613-02518-9

Sie finden uns im Internet unter:
www.motorbuch-verlag.de

Auflage Nr. 101 60 02

Herstellung: Fortura Althaus&Partner, 16321 Bernau
Druck und Bindung: Druck + Verlag Südwest
Printed in Germany

Rainer Althaus

MERCEDES-BENZ
A-KLASSE

Benzinmotoren

Vierzylinder 1,5 Liter,	70 kW/95 PS ab 03/04
Vierzylinder 1,7 Liter,	85 kW/115 PS ab 03/04
Vierzylinder 2,0 Liter,	100 kW/136 PS ab 03/04
Vierzylinder 2,0 Liter Turbo,	142 kW/193 PS ab 07/05

Dieselmotoren

Vierzylinder 2,0 Liter CDI,	60 kW/82 PS ab 03/04
Vierzylinder 2,0 Liter CDI,	80 kW/109 PS ab 03/04
Vierzylinder 2,0 Liter CDI,	103 kW/140 PS ab 03/04

Inhaltsverzeichnis

Was tun bei Pannen und Störungen

Störungs-beistände

Ein Ratgeber stellt sich vor

»Jetzt helfe ich mir selbst« ist ein Ratgeber rund ums Auto. Er zeigt, wie die Technik funktioniert und wie Sie Ihr Fahrzeug optimal pflegen und warten. Sie werden sehen: Do it yourself macht Spaß und spart Geld. Und mit dem richtigen Know-how schrumpft manche Panne zur Bagatelle, weil oft einige Handgriffe genügen, ein Auto wieder flott zu machen.

Ein Ratgeber mit System

Jedes Kapitel dieses Ratgebers gliedert sich stets in die Abschnitte Theorie, Wartung, Störungsbeistand und Reparatur.

Theorie. Hier informieren Sie sich über Technik und Funktionen. Neben ausführlichen Beschreibungen finden Sie in diesem Abschnitt ein **Techniklexikon** mit Hintergrundwissen zu speziellen Problemen.

Wartung. Eine detaillierte Anleitung führt Step by Step durch alle Arbeiten. Arbeitssymbole verdeutlichen Zeitaufwand, Schwierigkeitsgrad sowie Gefahren für Sicherheit und Umwelt. Illustrationen veranschaulichen Arbeitsabläufe und Probleme.

Reparatur. Beginnt in der Regel mit dem **Störungsbeistand**, der Störungen, Ursachen und Abhilfen auflistet. Die Arbeitsschritte werden nach dem gleichen Muster dargestellt wie die Wartungsarbeiten. **Praxistipps** helfen Ihnen bei der Umsetzung und bei Problemen. Wollen Sie zum Beispiel mit einer Wartung beginnen, schlagen Sie das Inhaltsverzeichnis des entsprechenden Kapitels auf: Die Seitenangaben bei den Wartungspunkten führen Sie direkt zur Beschreibung der Arbeitsschritte. Den gleichen Weg beschreiten Sie bei den Reparaturen.

Technik-Themen und Störungsbeistände erschließen Sie über die Inhaltsübersicht und das Stichwortverzeichnis.

Wartung und Inspektion

Sie finden den Wartungsplan von »Jetzt helfe ich mir selbst« auf den hinteren Buchseiten. Er basiert auf

Wartung

Reparatur

Eine Übersicht der Wartungen und Reparaturen finden Sie auf der ersten Seite jedes Kapitels. Die Seitenangaben führen Sie direkt zu den Arbeitsschritten.

Die Bauteile des Motors

Motorblock. Hier sind die beweglichen Teile gelagert. Er besteht bei vielen Motoren aus Grauguss. Der Motorblock trägt auch Aggregate wie Lichtmaschine, Anlasser und Zündanlage.

Zylinderkopf. Schließt den Zylinder nach oben ab. Er enthält Kanäle für Frisch- und Abgas, Ventilsitze, Lager und Führungen für Teile der Ventilsteuerung, Zündkerzengewinde, Wasserkanäle und Brennraum.

Technik auf den Punkt gebracht: *Knappe und präzise Infos über Begriffe, Funktionen und Zusammenhänge.*

Arbeitsschritte   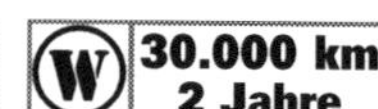

1 Ansauggeräuschdämpfer abbauen. Beim Diesel: Luftansaugleitung abbauen. Bei allen Motoren: elektrische Steckverbindungen lösen.

2 Sechs Schrauben der Zylinderkopfhaube lösen und Haube vorsichtig abnehmen. Sitzt der Deckel fest, lösen Sie ihn durch Schläge mit Handballen oder Hammerstiel.

3 Für die Messung von Ein- und Auslassventil eines Zylinders müssen beide Ventile entlastet sein. Dazu den Motor durchdrehen, bis an der Nockenwelle die Spitzen beider Nocken von Zylinder 1 (in Fahrtrichtung rechts) symmetrisch nach links und rechts oben zeigen (OT-Markierung beachten). Diese Position entspricht dem Oberen Totpunkt.

Die Arbeitsschritte führen Sie Step by Step durch Ihre Wartungen und Reparaturen. Hier steht, wo Sie den Hebel ansetzen und worauf Sie dabei achten müssen.

Kühlsystem

Störungsbeistand

Störung	Ursache	Abhilfe
A Temperatur-Anzeigenadel steht im roten Bereich.	**1** Keilrippenriemen zu schwach gespannt oder gerissen.	Riemenspannung kontrollieren oder Riemen ersetzen.
	2 Zu wenig Flüssigkeit im Kühlsystem.	Auffüllen, notfalls aus der Scheibenwaschanlage.
	3 Kabel zur Temperaturanzeige hat Masseschluss.	Kabel am Temperaturgeber abziehen, Zeiger muss zurückgehen, sonst Masseschluss; Kabelverlauf kontrollieren.

Der ideale Pannenhelfer: *Der »Störungsbeistand« hilft Ihnen, Fehlern und Defekten an Ihrem Fahrzeug systematisch auf den Grund zu gehen. Außerdem finden Sie hier Tipps, wie Sie mit einer Störung fertig werden.*

Praxistipp

Kompressionsdruckluft strömt aus

Wenn Kompressionsdruckluft an einer der folgenden Stellen ausströmt, hat dies meist diese Ursachen:

- Ansaugkrümmer oder Luftfiltergehäuse: defektes Einlassventil.
- Geöffneter Kühler oder Kühlmittel-Ausgleichsbehälter: defekte Zylinderkopfdichtung.

Praxistipps für Schrauber: *Hier steht, wie Sie schnell und effektiv Fehler feststellen und Probleme lösen.*

dem Wartungsplan, den der Fahrzeughersteller an seine Vertragswerkstätten ausgibt. Außerdem enthält er einige Wartungsarbeiten an Baugruppen, die der Prüfer von TÜV oder DEKRA bei einer Hauptuntersuchung in Augenschein nimmt.

Kein Do it yourself bei Garantie

Wenn Sie einen neuen Wagen fahren: Halten Sie die Wartungsintervalle des Herstellers unbedingt ein. Vor allem: Verzichten Sie aufs Do it yourself. Der Hersteller erfüllt nämlich selbst berechtigte Garantieansprüche nur dann, wenn die Wartungsarbeiten an Ihrem Wagen rechtzeitig von einer Vertragswerkstatt erledigt wurden. Das gilt übrigens auch, wenn Sie ein Fahrzeug mit Austauschmotor fahren.

Ratgeberservice: Checklisten

Auf der vorderen und hinteren Umschlaginnenseite dieses Ratgebers finden Sie eine Reihe von Checklisten, die Ihnen helfen, Ihr Fahrzeug für Alltag, Winter und TÜV/DEKRA fit zu machen. Hier steht, welche Arbeiten Sie durchführen sollten und auf welchen Seiten Sie die Arbeitsanleitungen dazu finden. Die benötigte Liste kopieren und alle Arbeiten Punkt für Punkt abhaken.

Die Arbeitssymbole

Der Umweltbaum soll Sie für den Umweltschutz sensibilisieren. Er taucht immer dann auf, wenn eine Arbeit oder die dabei anfallenden Abfälle für die Umwelt problematisch sind.

Die Zahl der Schraubenschlüssel signalisiert den Schwierigkeitsgrad. 1 Schlüssel = leichte Arbeit; 2 Schlüssel = anspruchsvolle Arbeit; 3 Schlüssel = schwierige Arbeit.

 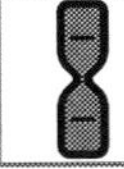 

Die (Sand)Uhr signalisiert den Zeitaufwand für den Hobby-Schrauber. Die kalkulierte Zeit berücksichtigt Ihre fehlende Routine und die Möglichkeit, dass Sie nicht optimal ausgerüstet sind.

Das Ausrufezeichen steht für Arbeiten, die die Betriebssicherheit Ihres Fahrzeugs betreffen. Wenn Sie nicht absolut kompetent sind: Hände weg! Das ist ein Fall für die Werkstatt.

Die Prüfplakette klassifiziert eine Vorsorgearbeit für die Hauptuntersuchung. Sie sparen Geld und Zeit, wenn Sie die markierten Wartungs- und Prüfarbeiten vor Ihrem Termin bei TÜV oder DEKRA durchführen.

Die Wartungsplakette bezeichnet alle Wartungsarbeiten für Ihren Wagen, die auch die Werkstatt bei Inspektion und Service durchführt. Sämtliche Punkte entsprechen dem offiziellen Wartungsplan des Herstellers.

MERCEDES-BENZ A-KLASSE

***Die A-Klasse ab Frühjahr 2004:** Der Kompaktwagen von Mercedes-Benz wartet mit den drei Design- und Ausstattungslines Classic, Elegance und Avantgarde auf. Die zweite Generation soll mehr noch als bisher »Dynamik, Intelligenz und Sympathie« ausstrahlen.*

Nach sieben Jahren Produktionszeit der erfolgreichen A-Klasse mit rund 1,1 Millionen verkauften Exemplaren der Baureihe 168 brachte Mercedes-Benz im Herbst 2004 ein »noch attraktiveres und innovativeres« Modell auf den Markt. Das Programm der zweiten Generation des Kompaktwagens (Baureihe 169) wartet mit zwei Karosserieversionen auf. Neben dem Fünftürer gibt es nun ein dreitüriges Modell mit »sportivem, jugendlichem Erscheinungsbild«.
Zur Serienausstattung der A-Klasse gehören Klimaanlage, Multifunktions-Lenkrad, geschwindigkeitsabhängige Servolenkung, ESP, selektives Dämpfungssystem, Head/Thorax-Seiten-Airbags sowie adaptive Frontairbags und Gurtkraftbegrenzer. Die neu- oder weiterentwickelten Vierzy-

Charakteristisch: Die schwungvolle Seitenlinie. Schon von außen wird deutlich, dass der gegenüber seinem Vorgänger um 23 cm längere Kompaktwagen im Innenraum so viel Platz wie eine Mittelklasse-Limousine bietet.

lindermotoren leisten bis zu 38 Prozent mehr, bei zehn Prozent weniger Kraftstoffverbrauch.

Mit ihrem Sandwich-Konzept und dem so genannten One-Box-Design hat die Karosserie einen besonderen Charakter. Sie soll als »herausragende Eigenschaften« Dynamik, Intelligenz und Sympathie ausstrahlen. Dazu tragen neue Scheinwerfer, die markante Kühlermaske, die Form der Kotflügel und eine schwungvolle Seitenlinie bei. Die veränderten Maße und Proportionen sorgen auch optisch für einen Gewinn an Kraft. Im Vergleich zum Vorgängermodell ist der Kompaktwagen nun 232 mm länger und 45 mm breiter.

Raumangebot wie ein Mini-Van

Die neue dreitürige Modellvariante »Coupé« bietet alle üblichen Sicherheits- und Komfortattribute. Sie soll mit ihrer Linienführung »den vitalen Charme dieses Automobils« betonen. Andererseits soll der Mercedes-Benz-Kompaktwagen als »Familienauto mit dem Raumangebot eines Mini-Vans« am Markt platziert sein. Die Lösung dieses Problems gelingt durch das Sandwich-Konzept.

Das Fahrzeug übertrifft das Vorgängermodell und auch die Wettbewerber in allen komfortrelevanten Innenraummaßen. Der Schulterraum vergrößerte sich um 97 mm, die Ellenbogenfreiheit bis zu 95 mm, die Kniefreiheit im Fond um 30 mm. Der Abstand zwischen Vorder- und Fondsitzen beträgt jetzt 805 mm und liegt damit auf dem Niveau einer Mittelklasse-Limousine.

Paket für sicheren Insassenschutz

Auch in der zweiten Generation bleibt die A-Klasse ihrem Ruf als technologischer Trendsetter treu. Es gibt eine ganze Reihe von Innovationen,

***»Elegance« mit drei und mit fünf Türen:** Die »jugendliche« Version bietet den gleichen Komfort- und Sicherheitsstandard wie der Fünftürer. Bei diesem »Raumwunder« (rechts) sind Fondsitzkissen und hintere Sitzlehnen herausnehmbar.*

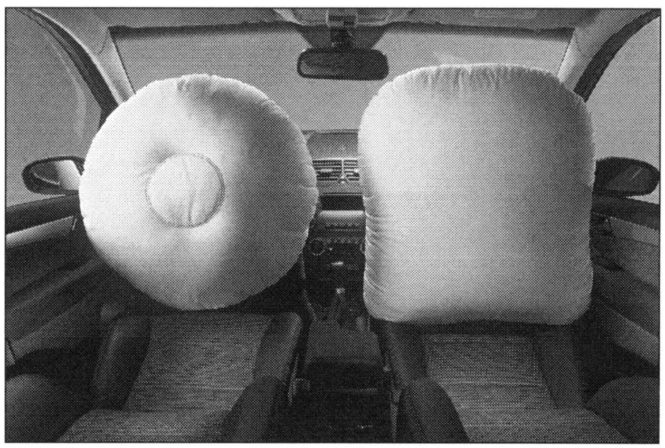

Funktionieren zweistufig: Die adaptiven Frontairbags erhöhen den Sicherheitsstandard noch weiter.

die Fahrsicherheit und Fahrkomfort weiter verbessern. Insgesamt kommen mehr als 200 Patente zur Anwendung. So bietet das Sandwich-Konzept beim Frontal- und Seitenaufprall große Vorteile. Ohne diese Bauweise müsste der Vorderwagen der A-Klasse deutlich länger sein, um ein gleich hohes Maß an Insassensicherheit zu gewährleisten. Weil Motor und Getriebe in einer Schräglage bis zu 59 Grad teils vor, teils unter der Fahrgastzelle angeordnet sind, verschiebt sich die starre Antriebseinheit bei einem schweren Frontal-Crash nicht in Richtung Innenraum, sondern kann an dem ebenfalls schrägen Pedalboden nach unten abgleiten. Durch diese Lösung gelang es, die strengen Mercedes-Sicherheitsstandards ohne Abstriche auf einen Kompaktwagen zu übertragen.

Darüber hinaus sorgt auch das neu entwickelte, leistungsfähige Gurt- und Airbagsystem für Mercedes-typische Insassensicherheit. Dazu gehören zum Beispiel adaptive, zweistufige Front-Airbags, Gurtstraffer vorn und an den äußeren Fondsitzplätzen, adaptive Gurtkraftbegrenzer und neu entwickelte Head/Thorax-Seitenairbags anstelle der bisherigen Sidebags.

Die selektive Dämpfung

Hinsichtlich Fahrsicherheit und Fahrstabilität bietet die neue A-Klasse eine Reihe von Neuentwicklungen. An der Spitze der fahrwerkstechnischen Innovationen steht die Parabel-Hinterachse, die sich durch präzise Radführung und gute Wankabstützung in Kurven auszeichnet. Damit hat die neue Hinterachse maßgeblichen Anteil an Fahrsicherheit, dynamischem Handling und hohem Fahrkomfort.

Als weitere serienmäßige Besonderheit bietet das Fahrwerk ein neuartiges selektives Dämpfungssystem. Ein solches Federbein ist weltweit neu im Automobilbau. Mithilfe dieser Technik werden die Stoßdämpferkräfte der jeweiligen Fahrsituation angepasst.

Plus an Leistung

Mehr Leistung, mehr Drehmoment, mehr Fahrspaß, weniger Kraftstoffverbrauch lauteten die Entwicklungsziele für die Motoren der neuen A-Klasse. Sie erfüllen die strengen EU4-Abgaslimits. Für die Dieselmotoren gibt es Partikelfilter.

Zum Lieferprogramm gehören mit Stand vom

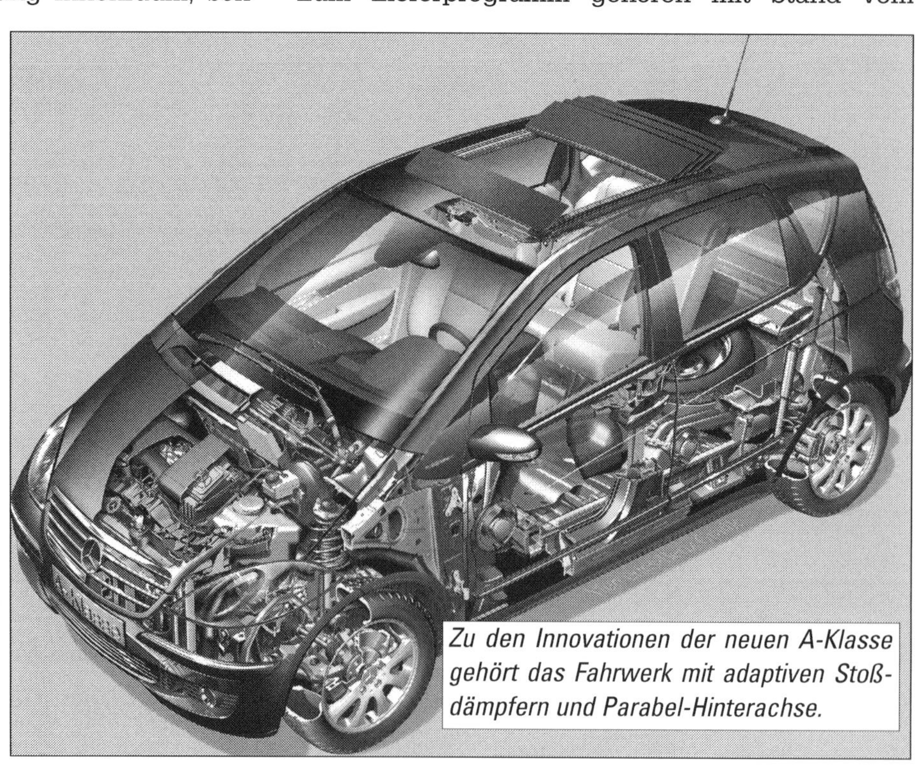

Zu den Innovationen der neuen A-Klasse gehört das Fahrwerk mit adaptiven Stoßdämpfern und Parabel-Hinterachse.

Viel Platz im Innern: Kopfraum und Sitzplatzabstand der neuen A-Klasse sind deutlich größer als beim Vorgänger.

Frühjahr 2006 sieben Vierzylinder-Triebwerke, darunter drei neu entwickelte CDI-Direkteinspritzer und ein neuer Benziner mit Turboaufladung (142 kW/193 PS). Im Vergleich zum Vorgängermodell steigt die Leistung der Benzin- und Dieselmotoren bis zu 38 Prozent. Das Drehmoment verbessert sich im Maximalfall um 46 Prozent. Trotz höherer Leistung verringert sich der Kraftstoffverbrauch der Benziner bis zu zehn Prozent.

Die drei neuen CDI-Motoren basieren auf der Common-Rail-Technik der zweiten Generation: doppelte Piloteinspritzung und höherer Einspritzdruck. Leistung und Drehmoment sind deutlich gestiegen, Abgas-Emissionen und Geräuschentwicklung sind geringer. Der Kraftstoffverbrauch ist vorbildlich: Eine Tankfüllung (54 Liter) reicht beim A 160 CDI für 1100 Kilometer. Bei den Fünftürern sind bereits 47%, bei den Dreitürern 45% aller verkauften Fahrzeuge solche mit CDI-Motor. Der A 180 CDI ist mit einem knappen Drittel Anteil bei beiden Modellreihen inzwischen der meistverkaufte A-Klasse-Wagen.

Autotronic und TAF-Faktor

Für alle Modelle ist seit Frühjahr 2005 das neu entwickelte stufenlose Automatikgetriebe lieferbar. Diese »Autotronic« ist das erste Mercedes-Getriebe nach dem Prinzip »Continuous Variable Transmission«. Beschleunigt wird ohne Zugkraftunterbrechung, der Motor erreicht schneller seine Maximalleistung.

Die Auswahl der Interieur-Materialien basiert auf

Die Autotronic: Stufenlose Übersetzungsregelung ohne Zugkraftunterbrechung beim Beschleunigen.

Zusammenspiel von Optik und Haptik: Nicht nur gut anzuschauen, sondern auch angenehm griffig.

Die Typen der neuen A-Klasse

Verkaufs-bezeichn.	Typen	Mech. Getr.	Autom. Getr.
A 150	169.031/169.331	716.520	722.801
A 170	169.032/169.332	716.520	722.801
A 200	169.033/169.333	716.521	722.801
A 200 Turbo	169.034/169.334	711.641	722.801
A 160 CDI	169.006/169.306	716.522	722.800
A 180 CDI	169.007/169.307	711.640	722.800
A 200 CDI	169.008/169.308	711.640	722.800

Untersuchungen in den Labors der DaimlerChrysler-Forschung. Dort ließ man Fahrerinnen und Fahrer Oberflächenmaterialien, Schalter und Bedienelemente unter haptischen Gesichtspunkten bewerten. Das ergab wertvolle Hinweise für die Entwicklung von Teilen, die nicht nur schön aussehen, sondern sich auch gut anfühlen. Damit ergänzen sich Optik und Haptik und leisten im Zusammenspiel einen wichtigen Beitrag zum Wohlbefinden der Auto-Insassen. Mercedes nennt das den Touch-and-feel-Faktor (»TAF-Faktor«).

Bis zu 1995 Liter Ladevolumen

Die Klimatisierung des Innenraums trägt ebenfalls dazu bei, Sicherheit und Wohlbefinden der Auto-Passagiere zu steigern. In der neuen A-Klasse gibt es eine leistungsfähige Klimaanlage serienmäßig und die »Thermotronic« auf Wunsch. Diese arbeitet auf der Basis von Sensordaten über Temperatur, Sonnenstand, Luftfeuchtigkeit und Schadstoffgehalt der Außenluft.

Der Kofferraum der neuen A-Klasse übertrifft die Werte des Vorgängers um 15%. Mit 1010 mm Breite und 723 mm Tiefe bietet er genügend Platz, um einen mittelgroßen Kinderwagen problemlos zu verstauen.

Dank der im Verhältnis 1/3 zu 2/3 geteilten Fondsitzanlage lässt sich der Innenraum mit wenigen Handgriffen umgestalten. Sitzkissen und Rückenlehnen können einzeln oder gemeinsam vorgeklappt werden. Durch den höhenverstellbaren Ladeboden entsteht eine ebene Ladefläche nach dem Prinzip »Umbau vor Ausbau«.

Mit dem Paket Easy-Vario-Plus können sowohl die Rücksitzkissen, als auch der Beifahrersitz ausgebaut werden. Die Kissen finden Platz unter den Laderaumboden. So kann das Ladevolumen bei dachhoher Beladung auf enorme 1995 Liter gesteigert werden.

Enormes Ladevolumen: Beim Umlegen der Rückbank vergrößert sich der Laderaum von 435 auf 1370 Liter.

Turbo als Flaggschiff

Im Sommer 2005 wurde die Modellfamilie durch die nun leistungsstärkste Variante A 200 Turbo ergänzt. Der bietet mit 142 kW/193 PS und 228 km/h Höchstgeschwindigkeit sportwagenmäßige Fahreigenschaften. Für den Spurt von null auf 100 km/h vergehen nur 7,5 Sekunden. Der Kraftstoffkonsum bleibt dabei mit 7,9 Liter auf 100 km vergleichsweise bescheiden.

Der unübersehbare optische Blickpunkt des Turbo ist sein doppelflutiges Auspuffendrohr.

Kontinuierliche Produktpflege

1997

März: Weltpremiere der Mercedes-Benz A-Klasse beim Genfer Automobilsalon.
Oktober: Markteinführung der A-Klasse.

1998

Februar: Relaunch der A-Klasse. Einführung des serienmäßigen ESP.
Juni: Einführung von CDI-Motoren, Automatikgetriebe sowie Radio mit Navigation.
November: Sondermodell »Edition Häkkinen/Coulthard«, Auslieferung von 250 Einheiten.

1999

Juni: A 190 mit 125 PS. Deutliche Steigerung der Wertanmutung u. a. durch Lederbezug für die Cockpitblende. Abnehmbare Anhängerkupplung. Sportgetriebe. Verbesserte Sitzanlage. Dritter 3-Punkt-Gurt im Fond.
November: Sondermodell »Classic Spirit«.

2000

Juni: Sondermodell »Classic Fun«.
Juli: A-Klasse Taxi. Optimierte Sitze. Neuer Heckklappengriff. Audio 30 APS, Dynamisierung.

2001: Facelift

März: Interieur aufgewertet. Neu gestaltete Stoßfänger. CDI-Motoren mit 25% mehr Leistung. Neue Sicherheitsausstattungen: Windowbag, Bremsassistent. Scheinwerfer in Klarglasoptik. Überarbeitete Front- und Heckschürze. Mechanisch höhenverstellbare Lenksäule in Serie. Neue Leichtmetallräder für die Lines Elegance und Avantgarde.
Juni: Langversion.
Juli: A-Klasse mit Fahrschulpaket ab Werk.

2002

März: A 210 Evolution mit 140 PS.
Mai: Sondermodelle »Classic Style« und »Fascination«.
September: Evolution-Paket.

2003

März: SA-Pakete Economy, Komfort und Exclusiv. Serieneinführung der Spiegelblinker. Neue Lacke. Neues Leichtmetallrad.
September: Sondermodell »Piccadilly«.

2004: Die 2. Generation

Juni/September: Weltpremiere und Markteinführung der neuen A-Klasse. Sie übertrifft jetzt mit verbessertem Platzangebot im Innenraum andere Kompaktwagen. Auch bei der Wertanmutung unterstreicht sie ihren Premium-Anspruch und setzt neue Standards im Segment.
Neu gestaltete Scheinwerfer, eine markantere Kühlermaske, muskulös geformte Kotflügel und eine schwungvoll gezeichnete Seitenlinie verstärken das kompakt-dynamische, selbstbewusste Erscheinungsbild. Die veränderten Karosserieabmessungen und -proportionen sorgen dafür, dass die A-Klasse auch optisch an Kraft gewinnt. Der neue Mercedes-Kompaktwagen ist 232 mm länger und 45 mm breiter als das Vorgängermodell.
Im Programm ist neben dem vielseitigen Fünftürer erstmals in dieser Modellreihe ein dreitüriges Modell mit sportivem, jugendlichem Erscheinungsbild, das Coupé. Für beide Varianten stehen nun sieben Motoren und drei Design- und Ausstattungslines zur Wahl. Die neuen Vierzylindermotoren leisten bis zu 38% mehr als Vorgängertypen, der Kraftstoffverbrauch sinkt um bis zu 10%.

2005

April/November: Internationale Auszeichnungen für den Einsatz von Naturfasern. Die Unterbodenverkleidung wird mit Abaca-Pflanzenfasern, die Abdeckung der Ersatzradmulde mit Bananenfasern und Kunststoff hergestellt.
Juli: Der A 200 Turbo ist neue Leistungsspitze des Modellprogramms. Sein Leichtbau-Triebwerk mit Turboaufladung und natriumgekühlten Auslassventilen zählt mit 142 kW/193 PS zu den stärksten Motoren der Hubraumklasse. Das Modell ist als Fünftürer und als dreitüriges Coupé zu haben. Serienmäßig sind u. a. 16-Zoll-Leichtmetall-Räder und ESP. Optischer Blickpunkt:: Das doppelflutige Auspuffendrohr.

Februar 2006: Das Sondermodell »Polar Star« als Offerte für den Frühling.

Die Identifizierung

Die Modelle der A-Klasse gehören seit dem Jahr 2004 zu den Typnummern 169.0xx und 169.3xx. »169« (vorher seit 1997 »168«) steht für die Baureihe, die »0« für den Fünftürer, die »3« für den Dreitürer.

Typ, Motorisierung, Identifikationsnummern und andere Daten sind auf Datenträgern wie Fahrzeugdatenkarte und Karosserieschild zu finden.

Nach der **Fahrzeugdatenkarte** können für das jeweilige Fahrzeug die richtigen Ersatzteile ermittelt werden. Einheitlich für alle Herstellerwerke gilt dafür seit 1978 das Kartenformat DIN A5 (21,0 x 14,5 cm). Ins Wartungsheft wird eine Karte im Format 10,0 x 19,5 cm eingeklebt. Die Vorderseite der Fahrzeugdatenkarte weist folgende Angaben in der Reihenfolge ihrer Positionierung auf:

1. Fahrgestellnummer,
2. Motornummer,
3. Verkaufsbezeichnung,
4. Getriebenummer,
5. Gruppen und SA-Nummern,
6. Leuchten,
7. SA-Codenummer,
8. Ausstattung,
9. Lackierung,
10. Schließungs-Nummer (nicht auf allen Karten).

In der **Fahrgestellnummer** sind die Bestimmungsdaten eines Mercedes verschlüsselt. Sie ist die Identifizierungsnummer jedes

Fahrzeugs. Die wie in unserem Bild hinten in der Mitte des Motorraums in die Stirnwand eingeschlagene Nummer gibt auch Auskunft über die Ausführung und das Herstellerwerk des betreffenden Fahrzeugs. Der Weltherstellercode, das sind die drei Buchstaben zu Beginn, ist für die Ersatzteile ohne Bedeutung.

Die **Motornummer** ist die Identifizierungsnummer jedes Motors. Sie gibt ferner Auskunft über die Ausführung des Motors (siehe »Die Motoren«).

Die **Verkaufsbezeichnung** wird für mehrere Typenreihen verwendet. In der A-Klasse gehören zu jeder Verkaufsbezeichnung die beiden Typversionen Fünf- und Dreitürer mit einer bestimmten Motornummer, einem mechanischen oder einem automatischen Getriebe und in den drei Ausstattungslinien der Baureihe. So steht z. B. die Verkaufsbezeichnung »A 180 CDI« für die beiden Typen 169.007 und 169.307 mit dem Motor 640.940 und den Getrieben 711.640 oder 722.800 in entsprechender Ausstattungsline.

Auch die komplette **Getriebenummer,** die jedes Getriebe eindeutig identifiziert, wird auf der Datenkarte angegeben. Die mechanischen Getriebe haben die Nummern 711.640 und -641 sowie 716.520 und -521. Die automatischen Getriebe haben die Nummern 722.800 und -801.

Das **Karosserieschild** ist auf der Quertraverse des Fahrzeugs oberhalb des Kühlers angeschraubt. Es ist je nach Werk etwas anders aufgebaut, enthält aber im Prinzip immer die gleichen Angaben:

1. Produktionsnummer. Sie ist siebenstellig und wird jährlich fortlaufend vergeben.
2. Baumuster. Dieses gibt Aufschluss über Typ, Lenkungs- und Getriebeart (z. B. 1 = Linkslenker, 0 = mechanisches Getriebe).
3. Ausstattung. Dieser Code informiert über Material und Farbe der Polsterbezüge.
4. Motorvariantennummer. Codierung für die jeweilige Variante eines bestimmten Motorentyps.
5. Lacknummer. Die Bedeutung dieser Codenummer kann aus dem Ausstattungsbuch oder dem Handbuch Lackierung entnommen werden.
6. Sonderausführungen. Diese Codenummer informiert nur über Spezifika, die im Rohbau von Bedeutung sind, also z. B. Schiebe-Hebe-Dach (412), Zentralverriegelung (466) oder ABS (470).

Verschlüsselung der Fahrgestellnummer

WDB	= Weltherstellercode
xxx.708	= Fahrzeugtyp (Beispiel: A 200 CDI mit Motor xxx oder xxx)
1	= Lenkung (1 = Linkslenkerfahrzeug, 2 = Rechtslenkerfahrzeug)
A	= Herstellerwerk (A, B, C, D, E = Sindelfingen, F, G, H = Bremen, J = Rastatt)
000111	= Produktionsfortschrittzahl, laufende Fertigungsnummer.

DIE WAGENPFLEGE

Neuralgische Punkte für Innenraumpflege: (1) Polster (hier mit Lederbezug) brauchen spezielle Pflegemittel; (2) Kunststoffverkleidungen benötigen ebenfalls Spezialreiniger; (3) Schlossfallen von Türen nach dem Wagenwaschen dünn mit Fett bestreichen; (4) Türdichtungen mit Gummipfleger (Hirschtalg, Silikon) behandeln; (5) nur saubere Sicherheitsgurte passieren den Aufrollautomaten störungsfrei; (6) Glasscheiben mit feuchtem Waschleder oder sauberem weichem Lappen reinigen.

Wartung

Jeder Wagen braucht sorgfältige Pflege. Das bringt mehr Geld beim Wiederverkauf und sichert bessere Chancen bei den Prüfern von TÜV und DEKRA. In diesem Kapitel beantworten wir die wichtigsten Fragen zu Reinigung und Lackpflege. Ausführlicher behandeln wir dieses Thema in unserem Sonderband 175 »Die Autokarosserie«.

Innenreinigung

Die Pflege des Innenraums sollten Sie zuerst in Angriff nehmen. Wenn Sie sich diese Arbeit bis zuletzt aufheben, verschmutzen die Staubwolken aus Polstern und Fußmatten die frisch gewaschene Außenseite.

Für die Säuberung verwenden Sie am besten spezielle Autopflegemittel. Scheiben, Polster und Kunststoffoberflächen sind durch Witterung, Staub, Schmutz und Feuchtigkeit extremen Belastungen ausgesetzt, denen spezielle Pflegesubstanzen einfach besser gewachsen sind. Diese Spezialreiniger sind daher ihr Geld wert.
Zur gründlichen Innenreinigung brauchen Sie:

- Lappen, möglichst nicht flusend, zum feuchten und trockenen Ab- und Auswischen;
- Kleider- oder Polsterbürste;
- Staubsauger mit verschiedenen Düsen;
- Handfeger und Kehrschaufel;
- ein Fensterleder und einen
- feinporigen Kunststoffschwamm.

Rauchen im Auto

Zu diesem Reizthema wollen wir uns hier nicht auf Pro oder Contra einlassen. Aber es ist eine in Analysen festgestellte Tatsache, dass Nikotin am Steuer das Unfallrisiko erhöht. Beide Hände gehören ans Lenkrad. Das Greifen nach der Zigarette, etwa um die Asche abzuklopfen, lenkt bereits die Aufmerksamkeit von der Straße weg.
Ferner muss vor dem blauen Dunst im Innenraum des Autos wegen einer damit verbundenen gefährlichen Giftkonzentration gewarnt werden. »Passivrauchen erhöht bei Kindern das Risiko von Bronchitis, Asthma und Allergien«, sagen Gesundheitswissenschaftler. Insofern ist der Aspekt der pfleglichen Behandlung des Fahrzeugs nicht der vordringlichste im Hinblick aufs Rauchen im Auto, aber auch er hat Gewicht. Nachts und bei tief stehender Sonne behindert Nikotinbelag auf der Windschutzscheibe die gute Sicht. Glasreiniger und ein Tuch schaffen Abhilfe.
Gegen Rauchgeruch im Innenraum und in den Polstern helfen Markenprodukte, die es in Tankstellenshops gibt. Vor dem Verkauf eines Raucher-Autos wird eine Behandlung mit neutralisierendem Ozon empfohlen, die allerdings zwei Tage dauern und allerhand Geld kosten kann.
Im Auto mit Klimaanlage sollten Sie jedenfalls bei Umluftbetrieb besser nicht rauchen. Der angesaugte Rauch setzt sich nämlich auf dem Verdampfer ab und verursacht dauerhafte Geruchsbelästigung.

Praxistipp

Pflegemittel für den Innenraum

Antibeschlagspray: Konserviert die Glasreinigung für einige Tage oder Wochen (je nach Wetterlage). Auf die Scheibe sprühen. Schaumbelag mit trockenem Papiertuch (Küchenpapier) abreiben .
Glasreiniger: Für alle Glasflächen. Sie lösen hartnäckige Verschmutzungen, zum Beispiel Insektenreste, Nikotin, Kunststoffausdünstungen und Ölablagerungen.
Gummipflegemittel: Silikonhaltige oder Hirschtalg. Für Tür-, Fenster- und Kofferraumdichtungen sowie Fußmatten. Halten Gummi geschmeidig, verhindern Festfrieren und frischen die Farben auf.
Lederpflegemittel: Für die kostbaren und auch anspruchsvollen Ledersitze. Macht das Leder nach längerem Gebrauch wieder wasserabweisend und geschmeidig und frischt die Farben auf.
Plastikreiniger: Für Kunststoffflächen. Reinigt und frischt die Farben auf, sorgt für Glanz und wirkt antistatisch, so dass die Flächen gegen Schmutz- und Staubbefall lange Zeit geschützt sind.
Textilreiniger: Für Polster, Teppiche, Tür- und Innenverkleidungen. Lösen zuverlässig Staub und Schmutz. Dadurch werden die Polsterfarben aufgefrischt. Viele Reiniger entfernen zudem auch hartnäckige Flecken.

Die Lederausstattung

Sitzbezügen aus Naturleder müssen Sie besondere Aufmerksamkeit schenken. Leder reagiert sehr empfindlich schon auf Sonneneinstrahlung, vor allem aber auf Öle, Fette und Verschmutzungen. Staub und Schmutzpartikel in Poren, Falten und Nähten können scheuern und die Lederoberfläche beschädigen. Saugen Sie also regelmäßig die Sitze ab. Wenn Sie Ihren A-Klasse-Mercedes mit Ledersitzen längere Zeit in praller Sonne stehen lassen müssen, sollten Sie die Sitze abdecken, damit sie nicht ausbleichen.
Zum Reinigen einen Baumwoll- oder Wolllappen mit Wasser, bei stärkerer Verschmutzung mit einer Seifenlösung, leicht anfeuchten und die verschmutzten Stellen wischen. Seifenlösung aus zwei Esslöffeln Neutralseife oder mildem Feinwaschmittel auf einen Liter Wasser bereiten. Das Leder soll nicht durchfeuchtet werden. Wasser nicht durch die Nahtstellen sickern lassen und niemals Lösungsmittel, Bohnerwachs, Schuhcreme oder Fleckenentferner verwenden!
Fett- und Ölflecke oder anderen hartnäckigen Schmutz vorsichtig mit Schwamm und Spezialreiniger behan-

deln. Anschließend mit einem weichen, trockenen Tuch nachwischen und trocknen lassen. Zur regelmäßigen Pflege gehört die Behandlung mit einem Lederpflegemittel alle zwei, mindestens aber alle sechs Monate.
Testen Sie mit einigen Wassertropfen, ob der Lederbezug noch ausreichend geschützt ist. Wenn die Tropfen nicht mehr abperlen, ist es Zeit für die Kur. Dazu die versiegelnde Pflege-Lotion sparsam auftragen und nach Einwirkung mit weichem Lappen (Microfasertuch) nachwischen. Das Leder wird geschmeidiger, die Farben wirken frischer.

Innenreinigung

Arbeitsschritte   

1 Wagen ausräumen, Ascher leeren und auswischen.

2 Fußmatten nach innen zusammenschlagen und herausnehmen, ausschütteln, ausklopfen und staubsaugen.

3 Gummimatten feucht abwischen. Vorsicht: Die Unterseite trocknet im Fahrzeug nur schlecht. Eine feuchte Matte kann üblen Geruch und Stockflecken im Textilbelag verursachen.

4 Grobschmutz im Innenraum mit Staubsauger entfernen. Für weiche Textilbeläge eignen sich starre Düsenaufsätze, für harte Kunststoffe sind Borstenaufsätze besser.

5 Sitzpolster abbürsten oder staubsaugen, Kunststoffoberflächen abwischen. Pinsel sind gut gegen Staub in Ecken.

6 Bei stark verschmutzten Sicherheitsgurten kann das Aufrollen des Automatikgurts beeinträchtigt werden. Deshalb Gurte trocken abbürsten oder bei starker Verschmutzung mit milder Seifenlauge abwaschen, dazu aber niemals ausbauen. Chemische Reinigungsmittel und ätzende Flüssigkeiten können das Gewebe zerstören. Vor dem Aufrollen müssen die gereinigten Gurte trocken sein.

7 Zum Reinigen von Kunststoffteilen, Lederverkleidungen, Dachhimmel, Leuchtengläsern, mattschwarz gespritzten Teilen und Armaturenbrett ein mit klarem Wasser angefeuchtetes Tuch verwenden. Sollte das für die Grundreinigung nicht ausreichen: lösungsmittelfreie Reinigungs- und Pflegemittel.

8 Kunststoffreiniger verwenden! Die besprühten Stellen mit klarem Wasser nachwischen und mit einem Tuch trockenreiben. Empfehlenswert ist auch Cockpitpflege-Spray. Das duftet überdies und ist antistatisch.

9 Lösungsmittelhaltige Reiniger sind gefährlich für Instrumententafel und Oberflächen von Airbagmodulen, die porös werden können. Bei einer Airbagauslösung sind dann Verletzungen durch sich lösende Kunststoffteile möglich!

10 Den Dachhimmel nur bei starker Verschmutzung reinigen und auf keinen Fall durchfeuchten. Himmel mit Textilreiniger großflächig einsprühen. Mit Schwamm und Frottierhandtuch nachwischen. Behandlung bei Bedarf wiederholen. Nicht auf die verschmutzten Stellen beschränken, weil hässliche Platten mit Rändern entstehen können.

11 Polsterstoffe und Stoffverkleidungen werden mit speziellen Reinigungsmitteln oder mit Trockenschaum und feuchtem Schwamm behandelt. Die Polster noch feucht gründlich absaugen. Der Schmutz löst sich so am besten.

12 Für Ledersitze nur spezielle Lederpflegemittel verwenden, die auch die Nähte flexibel und geschmeidig halten.

13 Die Türdichtungen mit speziellem Gummipflegemittel geschmeidig halten. So werden auch Quietschen und Knarren beim Türenschließen vermieden. Regelmäßige Pflege mit dem

Gummipflege mit dem Hirschtalgstift. Geschmeidiger lassen sich silikonhaltige Pflegemittel auftragen.

Hirschtalgstift oder mit einem silikonhaltigen Pflegemittel verlängert die Lebensdauer.

14 Innenseiten der Fenster mit feuchtem Waschleder oder sauberem weichem Lappen reinigen. Bei starker Verschmutzung mit Spiritus oder Salmiakgeist und warmem Wasser oder mit Glasreiniger behandeln. Trocken nachpolieren.

Außenwäsche

Ein Waschplatz auf der Straße ist heute so gut wie überall verboten. Denn mit dem Schmutzwasser der Wagenreinigung könnten Ölrückstände und andere die Umwelt schädigende Substanzen in die Kanalisation und ins Grundwasser geraten.
Eine saubere Sache ist dagegen die Wagenwäsche in einer automatischen Waschanlage. Die verwendeten Wassermengen sind in der Regel großzügig, die Wäsche ist also relativ schonend. Ölabscheider und Wasseraufbereitungsanlagen sorgen für Umweltschutz.
Sie können meist zwischen mehreren Reinigungs- und Pflegeprogrammen wählen. Nutzen Sie auf jeden Fall Programme mit Vorwäsche.
Unabhängig davon, ob mit Bürsten, Textilstreifen oder Schaumstoff gewaschen wird: Beansprucht wird der Lack immer. Man kann nach neuesten Untersuchungen durchaus des Guten zuviel tun, wenn man zu häufig wäscht. Wenn der Lack keine Vorschädigungen hat, gibt es keinen technisch zwingenden Grund, das Auto ständig zu waschen. Mit Ausnahme von aggressivem Vogelkot oder Säuren werden die meisten Schmutzangriffe vom hervorragenden Lack eines Mercedes-Benz mühelos verkraftet.
Nach dem Waschgang müssen Sie das Fahrzeug auf Sauberkeit kontrollieren und an manchen Stellen nachputzen. Die Bürsten behandeln Radhäuser und Radläufe oder die Unterkanten der Türschweller oft nachlässig. Auch bei Türrahmen und Ritzen ist bisweilen nachträgliche Handarbeit mit Schwamm und Putztuch angesagt.

Selbstwaschanlagen nutzen

Ihren Wagen selbst zu waschen, ist durchaus empfehlenswert. Die Waschplätze an der Tankstelle (SB-Wäsche) bieten gute Möglichkeiten. Dort stehen Ihnen alle Hilfsmittel zur Verfügung.
Kontrollieren Sie vor Arbeitsbeginn den Zustand der Waschbürsten, ob sie nicht eventuell mit grobem Dreck vom Vorgänger verschmutzt sind (Kratzer!). Beseitigen Sie diesen Schmutz. Waschen Sie Ihr Fahrzeug nicht in der prallen Sonne (Lackschäden!).

Zum Selberwaschen brauchen Sie:

- Jede Menge Wasser. Wird der Schmutz mit zu wenig Wasser abgewischt, schmirgeln Staub- und Sandkörnchen über den Lack und zerkratzen ihn.
- Einen Schlauch, wenn möglich mit Sprühdüse aus Kunststoff. Steht kein Wasserschlauch zur Verfügung, brauchen Sie mindestens zwei Eimer.
- Eine Schlauchbürste, bei der das durchfließende Wasser den Schmutz wegschwemmt.
- Waschhandschuh oder Schwamm. Nach jedem zweiten oder dritten Waschstrich in den vollen Wassereimer tauchen und ausdrücken! Fensterleder in anderem Eimer auswaschen.
- Eine langstielige Waschbürste, die sich besonders für Felgen und Radkästen eignet.
- Einen großporigen Viskoseschwamm und einen Fliegenschwamm für Insektenrückstände.
- Großflächiges echtes Leder zum Trockenreiben.

Pflegemittel für die Außenwäsche

Autoshampoo: Gegen ölige Rückstände auf Lack.
Felgenreiniger: Löst festgebackenen Bremsstaub. Alufelgen sind durch eine Lackierung geschützt. Wenn gegen Bordsteine geschrammt wird oder Rollsplitt die Außenseiten der Räder malträtiert, hilft der beste Lack nichts mehr. Schrammen und Kratzer deshalb umgehend ausbessern, da sie vor allem dem aggressiven Staub der Bremsbeläge ideale Angriffsflächen bieten. Der grauschwarze Abrieb frisst kleine Löcher ins Leichtmetall. Kleine Schrammen und Blindstellen lassen sich übrigens gut mit Fahrzeugpolitur ausbessern.
Kunststoffpfleger: Speziell für ausgebleichte Stoßfänger. Enthält neben Pflegesubstanzen auch Farbstoffe. Wird mit sauberem Schwamm aufgetragen und verteilt. Nach kurzer Einwirkzeit überschüssige Flüssigkeit mit feuchtem Lappen abwischen. Gute Optik, kleine Kratzer und Schrammen werden kaschiert.
Waschwachs: Ähnliche Eigenschaften wie Autoshampoo. Schützt nach den Lack gegen Umwelteinflüsse, verlängert die Zeit bis zur nächsten Politur.

Außenwäsche

Arbeits-schritte   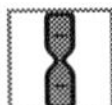

1 Türen und Fenster schließen, damit die Polster nicht nass gespritzt werden. Auto gut einweichen und mit mäßigem Wasserdruck aus dem Schlauch abspritzen (Programm »Spülen«).

2 Wagen mit Schlauchbürste, Waschhandschuh oder Schwamm zuerst von Dach bis Unterkante Fenster waschen. Dann bewegt man sich rund um den Wagen.

3 Reinigungsschaum mit kreisenden Bewegungen und wenig Druck verteilen und kurz einwirken lassen. Schmutzbrühe abspülen (Programm »Spülen«).

4 Zuletzt Radhaus, Felgen und Türschweller säubern, um Restschmutz nicht zweimal wegspülen zu müssen.Im letzten Waschgang die Räder mit Waschbürste und Schlauch reinigen.

5 Nach der Wäsche den Wagen sofort abledern. Eintrocknendes Waschwasser bildet Belag auf dem Lack. Leder vor Gebrauch ins Wasser tauchen, gut auswringen. Flächig auf dem Lack ausbreiten und breit gespannt zu sich heran ziehen. Vor jedem neuen Durchgang Leder ausspülen und auswringen. Schlecht zugängliche Ecken mit Baumwolllappen oder altem Trockenleder trocknen.

6 Den Unterboden gelegentlich mit Dampfstrahler oder Wasserschlauch abspritzen. Im Winter die Unterseite bei jeder Wagenwäsche reinigen. Ein- oder zweimal im Jahr den Zustand der Unterbodenverkleidung überprüfen.

7 Felgen brauchen gründliche Reinigung, weil sich Bremsstaub festsetzt. Felgenreiniger aufsprühen, einwirken lassen, mit kleinem Schwamm den Schmutz wegwischen und mit kräftigem Wasserstrahl nachspülen. Für hartnäckigen Schmutz Industriestaubentferner nehmen. Zur Pflege filigraner Felgen sind Zahnbürsten gut. Ebenfalls sinnvoll: Sprühwachs zum Versiegeln. Alle drei Monate die Räder gründlich mit Hartwachs, aber nicht mit Lackpolitur oder schleifenden Mitteln einreiben. Kein Wachs auf Bremsscheiben oder Bremsbeläge!

8 Leichtmetallfelgen regelmäßig mit Wasser und etwas Spülmittel reinigen. Möglichst zweimal im Monat schonend putzen, vor allem Streusalz und Bremsabrieb entfernen. Nach der Wäsche säurefreies Reinigungsmittel!

9 Fensterscheiben außen so wie innen reinigen. Frontscheibe auf Steinschläge, Kratzer und Risse prüfen. Die Wischlippe des Scheibenwischers mit Schwamm oder Trockenleder reinigen.

10 Nach der Wäsche Lack, Scheinwerfergläser und Frontstoßfänger gründlich auf hartnäckigen Schmutz untersuchen. Insektenreste, Vogelkot, Blütenpollenrückstände und Teerspritzer mit Spezialreiniger entfernen.

11 Teerentferner nicht auf frischen oder frisch ausgebesserten Lacken anwenden, weil die enthaltenen Lösungsmittel die Lackschichten angreifen können.

Bremsen trockenfahren

Bei der ersten Fahrt nach der Wagenwäsche kurz und kräftig die Bremse betätigen. Dabei verdampft die Feuchtigkeit, die zwischen Bremsscheiben und Bremsklötze gelangt ist. Nach Fahrten durch Regen oder Tauwasser mit Streusalz ebenfalls die Bremsen trocken fahren, falls das Auto für mehrere Tage abgestellt wird. Die letzten hundert Meter öfter leicht bremsen. Mit diesem Manöver vermeiden Sie, dass die Bremswirkung im Notfall wegen Feuchtigkeit oder Salzschicht auf den Bremsscheiben erst verzögert einsetzt.

Spezielles Schlossöl bewahrt vor Zufrieren und taut zugefrorene Schlösser auf.

Motorwäsche

Auch auf dem von Kunststoffabdeckungen gut geschützten Motor Ihres Daimler und seinen Nebenaggregaten verbinden sich Öl und Staub mit der Zeit zu einem unansehnlichen Schmutzfilm. Das ist in erster Linie ein ästhetisches Problem, das Sie mit Hilfe spezieller Reiniger lösen können. Aber Motorraumwäsche ist nicht nur Schönheitskur für den Motor, sondern auch eine wichtige Pflegemaßnahme zur Aufrechterhaltung ungestörter Funktion.

Ölabscheider ist unerlässlich

Die Motorwäsche dürfen Sie allerdings nur dort vornehmen, wo es einen Ölabscheider gibt. Am besten machen Sie sich in einer Selbstwaschanlage oder auf einem Waschplatz ans Werk. Empfehlenswert ist die Verwendung eines Kaltreinigers aus der nachfüllbaren Pumpflasche. Mit dem Kaltreiniger können Sie vor allem den Schmutz in Ecken und Winkeln gut aufweichen, vor allem, wenn Sie den Reiniger noch mit einem alten Lappen gut verteilen. Dann das Reinigungsmittel mit viel Wasser und Druck abspülen.

Kontrollieren Sie nach getaner Arbeit, ob noch genug Schmierfett an neuralgischen Punkten vorhanden ist. Bei Bedarf sollten Sie maßvoll nachfetten. Gut geeignet sind Festschmierstoffpasten oder Spezialfette.

Damit sich der Schmutz auf dem Motor nicht zu schnell wieder festsetzt, können Sie Motorblock und Anbauteile mit einem besonders hitzefesten Motorschutzlack versiegeln. Für die Umgebung reichen ein Konservierungsspray oder Konservierungswachs.

Motorschutzlack verwenden

Diese Mittel versiegeln auf der Basis hochwertiger Acryllacke, bringen neuen Glanz auf Motor, Aggregate oder Schläuche und bilden einen hoch elastischen Schutzfilm gegen Nässe und Schmutz. Gute Motorschutzlacke sind hochglänzend, haften zuverlässig auf unterschiedlichsten Untergründen und sind temperaturbeständig bis 100 °C. Sie werden auf die gründlich gereinigten und getrockneten Flächen bei ausgeschalteter Zündung gleichmäßig aufgetragen.

Für den Motor und seine Umgebung dürfen nur derartige Sonderlacke verwendet werden, denn nur sie sind hitze- und gilbfest. Normale Klarlacke aus Spraydosen würden verbrennen oder zumindest reißen. Selbst wenn es bei nicht allzu großer Verschmutzung völlig ausreicht, den Motor einfach mit einem feuchten Putzlappen abzuwischen, ist die Nachbehandlung mit etwas Schutzlack durchaus zu empfehlen.

Spezialreiniger und Schutzwachs

Wollen Sie vor der Schutzlackierung noch eine besonders intensive Pflege vornehmen, können Sie spezielle Motorreiniger verwenden. Solche hochwirksamen, konzentrierten Reinigungsmittel können hartnäckige Öl- und Fettverschmutzungen entfernen. Damit werden festhaftende Wachsschichten beseitigt.

Zur Konservierung von Flächen und Kanten sind Schutzwachse ideal. Sie haften gut und bilden einen Wasser abstoßenden, vor Korrosion schützenden Film. Vor der Behandlung kann man mit Allzweckreiniger, Haftgrund, Aluspray oder Zink-Aluspray vorbehandeln. Schutzwachs dünn aufsprühen

Praxistipp

Vorsicht mit dem Hochdruckreiniger

- Bei der Motorwäsche kann Wasser die Elektronik lahm legen oder über den Ansaugtrakt in den Motor gelangen. Ein kapitaler Schaden wäre die Folge.
- Wassertemperatur maximal 60 Grad. Zu heißes Wasser greift Gummi und Versiegelungen an.
- Druckregler auf maximal 30 bar einstellen. Abstand zum Auto 60 bis 80 Zentimeter.
- Reifen übrigens niemals mit Rundstrahldüsen reinigen: Gefahr für die Reifenflanken!

Fetten und schmieren

Schmierfette sollen Reibung und Verschleiß verringern, Korrosion verhindern, Schmierstellen abdichten und gegenüber den Betriebstemperaturen beständig sein. Für Scharniere und Gelenke mit engen Durchgängen, in die kein Fett eindringen kann, sind Öl oder Schmierspray gut geeignet. Gegeneinander reibende Flächen werden günstiger gefettet oder mit einer Schmierpaste bzw. mit Sprühfett in Gelform behandelt. Diese haften besser an Flächen, die häufig auch noch vertikal verlaufen und Öl herabrinnen lassen.

Schmierfette bestehen aus Mineral- oder Syntheseöl mit Verdickungsmittel und Additiven, die Oxidation und Korrosion aufhalten, Haftung verbessern und Reibwert verändern (Graphit und Molybdändisulfid). Hochwertige Schmierfette zeichnen sich durch optimale Kombination von Grundölen, Verdickungsmitteln und Additiven aus.
Hersteller und Verbraucher bezeichnen die Schmierfette unterschiedlich. Die Produzenten unterscheiden nach den verwendeten Verdickungsmitteln (Calcium-, Natrium und Lithiumseifenfette), die Anwender nach dem praktischen Einsatz: Wälzlagerfette, Abschmierfette oder Wasserpumpenfette.

Motorwäsche

Arbeitsschritte   

1 Motor abstellen und Zündung ausschalten. Der Motor soll möglichst kalt sein, damit Reiniger nicht verdampft. Empfindliche Bauteile wie Zündung, Lichtmaschine und Kraftstoffsystem mit Lappen oder Folie schützen.

2 Innenseite der Motorabdeckung mit Wasser einweichen, mit Schwamm und Shampoo reinigen, abspritzen. Kühler mit Waschlanze und viel Wasser reinigen. Insektenreste einsprühen, einwirken lassen, von Kühlerrückseite her abspülen. Lamellen nicht beschädigen!

3 Motorraum an allen Falzen, Trägern und ungeschützten Stellen abduschen. Stärker verschmutzte Teile mit Kaltreiniger einsprühen. Einwirken lassen, nachspülen.

4 Wasser mit Druckluft aus dem Motorraum herausblasen. Nicht zu nah an zu trocknende Flächen herangehen! Mercedes-Benz empfiehlt für die Konservierung des Motorraums das MB 385.2/4 Wachskonservierungsmittel 000 986 33 70 sowie Beropur Motorraumschutz VA15 (Beropur AG, Schweiz) oder Pfinder VA 15/45 (Pfinder KG, Böblingen).

Schmierdienst

Arbeitsschritte   

1 **Scharniere** an Türen und Klappen gelegentlich mit einem Spritzer Öl (Mehrzweckfett) versorgen.

2 Nach der Wagenwäsche ist ein knapp dosierter Einsatz von Öl (Fließfett) für das **Türschloss** zu empfehlen. **Türschließzapfen und -ösen** mit Fließfett behandeln. DaimlerChrysler empfiehlt das Eigenprodukt MB 264.0 Fließfett 001 98908 51 10 und Fette von Aral, BP, Exxon u. a.

3 **Türfeststeller** am unteren Türscharnier mit Mehrzweckfett, **Vorderradnaben** mit Hochtemperatur-Wälzlagerfett.

4 **Schlüsselschlitz der Schließzylinder:** Im Herbst Rostlöser-Isolierspray einsprühen. Schmiert, verdrängt Feuchtigkeit, schützt vor Rost und Einfrieren. Spezielles Schlossöl taut zugefrorene Schlösser auf und bewahrt vor Zufrieren.

5 **Kupplungsteile** mit Langzeitschmierfett, **Fettschmierstellen** außer Radnaben mit Abschmierfett behandeln.

Schmierfette für Mercedes-Benz

Schmierfette sind nach ihrer Beständigkeit gegenüber Knetbelastung eingeteilt. Je höher der Walkpenetrationswert (zwischen 100 und 500), desto niedriger ist die NLGI-Konsistenz-Nummer (zwischen 6 und 000), desto weicher also ist das Fett. Die nachfolgenden Schmierfette sind für Mercedes-Benz-Fahrzeuge freigegeben.
Abschmierfette: Calciumseifen-Fette, NLGI-Kl. 1. Wasserbeständig, wasserabweisend. Schmieren Fahrgestellbauteile zwischen -30 °C und +70 °C.
Blattfederfette: Mit Graphitzusätzen. Gutes Haftvermögen, Wasser abweisend, gut bei Notlauf.
Fließfette: Lithium-12-OH-Stearat-Fette, NLGI-Klasse 00/000. Halbfließende Schmierfette mit guten Korrosionsschutzeigenschaften zwischen -30 °C und +120 °C.
Komplexfette: Calcium-Komplexseifen-Fette, NLGI-Kl. 2. Hochgradig walkstabil, wasserbeständig und druckaufnahmefähig. Einsatz zwischen -10 °C und +90 °C.
Langzeitschmierfette: Li-Seifen-Fette mit Molybdändisulfid. Zur Hochdruck- und Langzeitschmierung bei -25 °C bis +110 °C (kurzzeitig + 130 °C).
Mehrzweckfette: Li-Seifen-Fette, NLGI-Kl. 2. Für alle Schmierstellen, die keine Spezialfette brauchen. Gute Gesamteigenschaften, guter Korrosionsschutz. Für längeren Gebrauch zwischen -30 °C und + 130 °C geeignet.
Wälzlagerfette: Li-Komplexseifen-Fette, NLGI-Kl. 2. Speziell auf die hohen Anforderungen von Pkw-Vorderradlagern zugeschnitten. Hoher Tropfpunkt, ausgezeichnete Walkstabilität. Dauereinsatz bei -30 °C bis +170 °C.

Unterboden und Hohlräume

Die Fahrzeugunterseite ist vom Hersteller gegen chemische und mechanische Einflüsse dauerhaft geschützt. Mercedes-Benz-Pkw haben außer dem üblichen Unterbodenschutz eine Kunststoff-Verkleidung. Außengeräusche durch Steinschlag oder Spritzwasser werden so stark gedämpft. Die Ersatzradmuldenabdeckung des A-Klasse-Coupés besteht aus Kunstharz mit den extrem zugfesten Naturfasern der Abaca-Banane. Dieses Material wird nach erfolgreichen Funktionsprüfungen seit September 2004 eingebaut.

Empfohlene Produkte

Die komplette Bodengruppe ist feuerverzinkt und mit Wachskonservierungsmittel behandelt. Der Hersteller lässt für den Unterboden die Produkte UBS 611, UBS 611/4 dunkel und Wachs-Unterbodenschutz S 90 der Schweizer Firma Beropur (Sirnach) sowie Dinitrol 4942 von Dinol Pymo GmbH (Lüdge/Deutschland) und UBS dunkel von Pfinder KG (Böblingen/Deutschland) zu. Ferner wird das DaimlerChrysler-Produkt MB 385.1 Konservierungsmittel 000 986 42 70 empfohlen.
Alle Hohlräume sind ebenfalls mit Produkten der Firmen Beropur, Pfinder und DaimlerChrysler konserviert. Zugelassen sind der Hohlraumschutz VA 70, das Mittel Pfinder AP 70 und das MB 385.2 Wachskonservierungsmittel mit der Sachnummer 000 986 72 70.

Kontrolle ist angeraten

Es empfiehlt sich, die Schutzschicht an Unterseite und Fahrwerk vor Winterbeginn und im Frühjahr zu prüfen und nötigenfalls ausbessern zu lassen. Ausbesserungsarbeiten oder zusätzliche Korrosionsschutzmaßnahmen sollten Sie in Fachwerkstätten vornehmen lassen.
Der dauerhafte Schutz aller korrosionsgefährdeten Hohlräume braucht nicht geprüft und nachbehandelt zu werden. Falls bei hohen Außentemperaturen einmal etwas Wachs aus Hohlräumen herauslaufen sollte, kann es mit Kunststoffschaber und Waschbenzin entfernt werden.

Scheiben und Scheinwerferglas

Saubere Scheiben und Scheinwerfergläser sind eine wichtige Voraussetzung für Ihre Sicherheit beim Fahren. Damit Sie bei Staub, Regen und Schnee den Durchblick behalten, ist Ihr Fahrzeug mit einer Scheibenwaschanlage ausgestattet, die auch das Klarglas der Hauptscheinwerfer reinigt. Wir gehen auf diese Anlage und den Wechsel von Wischerblättern, Wischerarmen und Wischermotoren ausführlich im Kapitel »Die Fahrzeugelektrik« ein und behandeln hier nur die unmittelbar auf die Reinigung bezogenen Aspekte.
Auf der Frontscheibe läuft der Scheibenwischer in zwei Geschwindigkeiten. Dazu kommt eine (verstellbare) Intervalleinrichtung, die je nach Einstellung in Abständen von einigen Sekunden eine Wischerbewegung auslöst.
Gute Wischresultate erhalten Sie, wenn die Strahlen der Spritzdüsen das Waschwasser präzise auf die definierten Bereiche der Windschutzscheibe und der Heckscheibe sprühen (Bilder unten). Verstopfte Scheibenwaschdüsen mit einer geeigneten Nadel von außen reinigen oder mit Druckluft durchblasen. Die Düsen sollen dabei niemals entgegen Spritzrichtung gereinigt werden. Hilft Reinigen nicht, muss die Düse ausgewechselt werden.

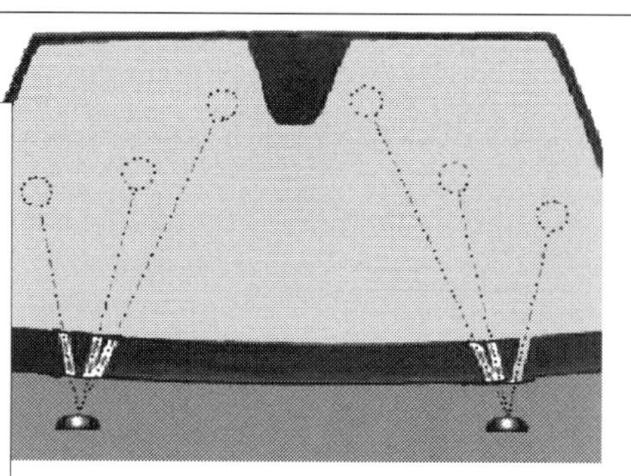

Die Spritzstrahlen der Wascherdüsen müssen in den gekennzeichneten Bereichen auf Windschutzscheibe (oben) oder Heckscheibe (unten) auftreffen.

Spritzdüsen nachstellen

Die Spritzdüsen werden werkseitig voreingestellt. Abweichungen vom gewünschten Spritzbild können jedoch ausgeglichen werden. Dazu müssen Sie die jeweilige Düse mit einem Schraubendreher einstellen. Ein Regulierdorn darf beim Typ 169 nicht mehr verwendet werden, er beschädigt die Spritzdüsen für die Windschutzscheibe. Schalten Sie die Zündung ein, prüfen Sie die Funktion der Düsen und nehmen Sie die Einstellung vor.
Die Spritzdüse der Heckscheibe wird mit einem Regulierdorn (MB 110 589 02 63 00) eingestellt. Prüfen Sie auch die Funktion der Spritzdüsen der Scheinwerferreinigungsanlage. Der Strahl muss im Bereich vor den Lampen auf der Streuscheibe auftreffen.
Die Wischerblätter müssen sich fest auf die Scheiben pressen. Die Lebensdauer der Wischergummis ist jedoch begrenzt. Sie werden mit der Zeit durch die Bewegungen der Wischer abgerubbelt, Ozon und UV-Strahlen machen das Material zusätzlich spröde. Winzige Kratzer in der Scheibe verursachen Scharten im Gummi, was die Waschwirkung beeinträchtigt.
Eine gewisse Abhilfe bringen spezielle Schleifwerkzeuge, mit denen die Scheibenwischer-Lippe in trockenem Zustand wieder geglättet werden kann. Die abgestumpften Kanten werden geschärft und gleichzeitig gereinigt. Die Lieferung erfolgt inklusive Reserve-Schmirgelstreifen und Talkum zur Nachbehandlung. Mit dem Talkum werden verhärtete Gummilippen eingerieben. Am besten ist es jedoch, das Wischergummi im Frühjahr und im Herbst zu ersetzen.

Waschwasser und Frostschutz auffüllen

Arbeitsschritte   

1 Der Wascherbehälter sollte immer vollständig bis zum Rand gefüllt sein. Auffüllen mit Leitungswasser. Im Sommer muss etwas Reinigungsmittel, im Winter unbedingt ein Frostschutzmittel dazu gegeben werden.

2 Für alle Fahrzeuge der Marke Mercedes-Benz schreibt der Hersteller das DaimlerChrysler Scheibenwaschkonzentrat MB 371.0 »Summerwash« oder Formel 9422 »Winterwash« vor. Diese Produkte haben die Sachnummern »001 989 4471« (Sommer) und »001 986 4571«. Sie entfernen wirksam wachsartige und ölige Rückstände von der Scheibe und schützen im Winter die Düse, den Flüssigkeitsbehälter und die Verbindungsschläuche zuverlässig vor dem Einfrieren. Diese Flüssigkeit hält durch ihre geringe Viskosität bei Minusgraden die Düsen stets funktionsfähig.

3 Erst Zusatzmittel und dann Wasser einfüllen, damit sich die Flüssigkeiten im Behälter gut vermischen. Die Verwendung des originalen MB-Scheibenwaschmittels ist auch gut für die Scheinwerfer, da nur Zusätze zulässig sind, die diese Kunststoffgläser nicht beeinträchtigen.

4 Damit bei starkem Frost die Wascherdüsen nicht einfrieren, raten wir zur Anwendung des Konzentrats 001 986 4571 (Winterwash) der DaimlerChrysler AG, Stuttgart. 1 Teil auf 3 Teile Wasser bietet Frostschutz bis etwa -18 °C, 1 Teil auf 2 Teile Wasser Schutz bis maximal -25 °C und 1:1 gemischt sogar bis fast -35 °C. Auf der Verpackung befindet sich die für die Freigabe maßgebende Sachnummer. Brennspiritus (riecht aufdringlich!) ist auch ein guter Frostschutzzusatz.

Scheinwerfer reinigen

Saubere Scheinwerfer sind wichtig für gutes Licht. Schmutzpartikel auf dem Glas sorgen für Ablenkung und Absorption der Lichtstrahlen. Die Folgen: geringere Sichtweite, starke Blendung. Insektenreste mit einem speziellen Mittel (Sprühflasche) entfernen. Für die Kunststoffscheiben in Klarglasoptik macht sich ein Insektenschwamm mit kratzfreier Reinigungs- und saugstarker Viskoseseite sehr gut. Wenn das Scheinwerferglas trotz leistungsfähiger Reinigungsanlage sichtbar verschmutzt ist, sollten Sie es gründlich waschen.

Wischergummi wechseln

Arbeitsschritte  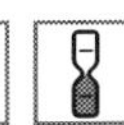

1 Ausbauen: Wischerarm abklappen. An der geschlossenen Seite des Wischergummis beide Stahlschienen mit einer Kombizange gegeneinander drücken, seitlich aus der oberen Klammer herausnehmen und den Gummi komplett mit Schienen aus den restlichen Klammern herausziehen.

2 **Einbauen:** Neuen Wischergummi in die unteren Halteklammern des Wischerblattes einfädeln.

3 Beide Schienen so in die erste Rille des Wischergummis einführen, dass die Aussparungen der Schienen zum Gummi zeigen und in die Gumminasen der Rille einrasten.

4 Drücken Sie beide Stahlschienen und den Gummi mit der Kombizange zusammen und setzen Sie Schienen und Gummi so in die obere Klammer ein, dass die Klammernasen beidseitig in die Haltenuten des Wischergummis einrasten.

Scheibenwischer und Waschanlage prüfen

Arbeitsschritte   

1 Zündung einschalten. In der Scheibenwaschanlage muss Wasser mit Zusatzmittel sein. Wischerhebel betätigen.

2 Läuft der Wischer in allen Geschwindigkeiten? Geht er beim Ausschalten in die Parkstellung zurück? Funktioniert die Wischer-Intervallschaltung? Lassen sich die verschiedenen Stufen einstellen?

3 Spritzt Wasser aus der Wascherdüse? Wie sind die Spritzstrahlen? Bilden sie einen breiten »Fächer«? Treffen die einzelnen Spritzstrahlen ihre Bereiche auf der Windschutzscheibe? Sonst Düse einstellen!

4 Wenn die Wischerblätter »rubbeln« oder Geräusche machen, den Anstellwinkel der Blätter prüfen.

Die Lackpflege

Lackpflege wirkt der Fahrzeugalterung entgegen und ist eine lohnende Arbeit. Ausführliche Empfehlungen und Anleitungen zu allen Aspekten der Pflege und Schadensbeseitigung beim Lack finden Sie im Sonderband 175 »Die Autokarosserie« unserer Buchreihe »Jetzt helfe ich mir selbst«.
Der Lack Ihres neuen Mercedes braucht ohnehin zunächst noch nicht viel Aufmerksamkeit. Gründliche Wäsche in angemessenen Zeitabständen und die Beseitigung von Steinschlägen, Teerflecken und Insektenresten reichen als Pflege völlig aus. Der Lack ist nach der innovativen Nano-Technologie hergestellt und damit, in schonungslosen Tests nachgeprüft, noch kratzfester und dauerhafter als es moderne Autolacke ohnehin schon sind.
Doch selbst diesem Lack haben nach zwei, drei Jahren Sonne, Regen, Schmutz und Wagenwäschen so zugesetzt, dass er eine sanfte Grundreinigung nötig hat. Machen Sie eine Probe: Wenn Wassertropfen auf dem sauberen Lack mit unscharfen Rändern zerfließen, ist es Zeit für die Lackpflege.

Die Politur

Für neuen, gut erhaltenen Lack genügt eine milde Politur. Sie glättet die aufgeraute Lackierung, indem sie die mikroskopisch kleinen Furchen in der oberen Schicht behutsam abschmirgelt. Außerdem enthält eine Politur Wachskomponenten, die das Blechkleid konservieren. Tatsächlich ist es für die Lackpflege fast nie zu spät. Bevor Sie einem ins Alter gekommenen Wagen eine Neulackierung spendieren, sollten Sie es mit einem Lackreiniger versuchen. Wenn der verwendete Reiniger keine konservierenden Komponenten enthält, müssen Sie den aufbereiteten Lack in einem neuen Arbeitsgang mit einem Autowachs versiegeln.

Für alte und verwitterte Lacke ist ein solcher Reiniger genau das Richtige. Lackreiniger funktioniert wie eine Politur. Er enthält jedoch gröbere Schleifmittel, die auch mit stärkeren Verschmutzungen fertig werden.
Es empfiehlt sich übrigens, die Konservierung bei neuen und aufbereiteten Lacken zwei- oder dreimal im Jahr zu erneuern. Das erhält den Glanz länger und verbessert den Langzeitschutz. Die

meisten Polituren und Lackreiniger wirken ziemlich aggressiv. Arbeiten Sie deshalb nie unter direkter Sonneneinstrahlung.

Kombimittel Polish&Wax Color

Bestimmte Pflegemittel frischen gleichzeitig Farben auf und bringen Glanz. Ein entsprechendes Produkt von Sonax ist in gründlichen Tests als sehr empfehlenswert für alle Bunt- und Metalliclacke befunden worden. Es enthält Farbpigmente, die in ähnlichen Tönen wie die Wagenfarbe gewählt werden können. Die Farbpigmente überdecken kleine Kratzer, die Wachskomponente bietet ausgezeichneten Langzeitschutz für mehrere Monate.
Diese Art Autopolitur ist lösemittelfrei und damit sehr umweltfreundlich. Sie reinigt, poliert und konserviert in einem Arbeitsgang. Polish&Wax lässt sich problemlos mit Lappen oder Watte auftragen. Bei den Kratzern empfiehlt sich ein längeres »Einmassieren« der Politur. Empfehlenswert ist ein mehrmaliger dünner und gründlicher Auftrag. Man sollte das Mittel nicht antrocknen lassen, sondern sofort auspolieren. Kratzer werden so recht wirkungsvoll kaschiert.

Lackschäden richtig beseitigen

Während der Fahrt verüben aufwirbelnde Steine immer wieder Anschläge auf die Karosserie. Bei hohem Tempo werden selbst winzige Sandkörner zu Geschossen, die wie Meteoriten im Lack einschlagen. Im Winter sind vor allem Frontpartie und vordere Klappe durch Rollsplitt gefährdet.
Auch für Nano-Lack gilt: Schäden möglichst schnell ausbessern. Die Technologie ist zwar nicht mit Sprayflasche oder Tupfpinsel nachzuvollziehen, aber für Kosmetik und Schutz reicht die übliche Prozedur durchaus hin. Steinschlagschäden z. B. sind kein Drama. Auch ein Parkrempler mit Kratzern und Schrammen bietet keinen Anlass zur Panik. Solche Stellen lassen sich ebenso wie Fremdlack mit Lackreiniger oder Schleifpolitur oft einfach auspolieren. Die Lackbezeichnung und den Code für die Farbe Ihres Wagens finden Sie in Ihren Fahrzeugpapieren.
Viele Hersteller bieten für Lackschäden durch Steinschlag (etwa in der Größe eines Stecknadelkopfes) Reparatursets an, die sich leicht handhaben lassen. Eine Alternative ist Tupflack, bei dem der Krater mit einem Pinsel in mehreren Lackschichten aufgefüllt wird. Kosmetisch helfen auch Wachsstifte in Wagenfarbe. Der Wachsfilm hält allerdings nur einige Wagenwäschen lang und muss dann erneuert werden.

Lack pflegen und konservieren

Arbeitsschritte   

1 Vor der Lackpolitur das Fahrzeug gründlich waschen und trocknen. An einer unauffälligen Stelle prüfen, ob der Autolack die Politur verträgt. Vorsicht bei Lackreinigern: Nur dünne Schichten in mehreren Durchgängen auftragen.

2 Politur oder Lackreiniger mit Baumwoll- oder Synthesewatte (handballengroße Stücke) oder weichem Schwamm oder Tuch (kein Kunstfaserlappen) auftragen. Mit sanftem Druck in kreisförmigen Bewegungen einreiben. Immer nur kleine Flächen vornehmen. Nach kurzer Einwirkzeit bildet sich ein trockener weißer Belag, der mit einem Watteballen in kreisenden Bewegungen auspoliert wird. Vorsicht an Kanten bei verwittertem Lack: Nicht zu lange dieselbe Stelle bearbeiten! Nach einiger Zeit geht das Polieren schwerer, weil Wachs- und Pflegemittelpartikel die Bewegungen einbremsen. Dann Watteballen wenden oder erneuern. Zum Abschluss den Lack mit sauberem Baumwolllappen abreiben, um Poliermittelreste und Watteflusen zu entfernen.

3 Autowachs mit Watte auftragen. Die Größe der zu bearbeitenden Fläche hängt vom verwendeten Produkt ab. Am besten geeignet sind lösungsmittelfreie Konservierer auf Wasserbasis. Für Fahrzeuge von Mercedes-Benz sollen das Konservierungsmittel 000 989 33 58 von DaimlerChrysler oder VP 195 von Pfinder verwendet werden.

4 Die Flüssigkeit mit Watteballen in kreisenden Bewegungen gleichmäßig und druckvoll einreiben. So erzeugt man den besten Tiefenglanz! Die Watte muss mit nur wenig Widerstand über den Lack gleiten können. Deshalb häufig die Watte wenden und rechtzeitig wechseln.

5 Weist der Lack nach dem Konservieren Streifen oder Wolken auf, liegt das meist an verschmierten Farbpartikeln, die eine vorhergehende Politur hinterlassen hat. An diesen Stellen nochmals mit einer Politur beginnen.

Lackschäden ausbessern

Arbeitsschritte   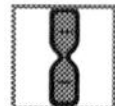

1 Stehen rund um den Lackkrater (Steinschlag) Ränder ab: Mit Nadel abheben. Stelle mit Waschbenzin oder Verdünnung reinigen, gründlich trocknen. Haftgrund in den Sprühdosendeckel spritzen und mit Tupfpinsel oder Fingerkuppe dünn auftragen. Haftgrund trocknen lassen.

2 Abgeriebene Fremdfarbe mit Polierwatte, Schleifpolitur oder Lackreiniger in mehreren Arbeitsgängen aus dem Decklack reiben. Polierfläche möglichst klein halten. Wenig Spachtel bündig zur umgebenden Lackfläche in den Krater drücken und trocknen lassen. Mit Lappen und Verdünnung die Spachtelflecken vom Lack wischen.

3 Raue Ränder mit feinstem Nassschleifpapier (mindestens Körnung 600) behutsam glatt schleifen. Schleifpapier immer wieder anfeuchten.

4 Wenig Lack in Dosendeckel sprühen, eine Minute ablüften, mit Fingerkuppe oder spitzem Pinsel auftragen. Lack vollständig trocknen lassen, im Sommer etwa zwei, im Winter fünf Tage. Die Stelle mit Politur, die Übergänge bei Bedarf mit einem Lackreiniger bearbeiten.

Beschleifen einer größeren Spachtelfläche an der Seitenwand. Hierzu sind ein Schleifbrett zur Führung des Schleifpapiers und ein Mundschutz gegen den Staub ratsam.

5 Bei tiefen Schrammen an Stoßfänger oder Kotflügel das Karosserieteil ausbauen. Fläche mit Schleifpapier (Körnung 80 oder 100) eben schleifen. Sollte Rost vorhanden sein, bis aufs blanke Blech schleifen, Rostumwandler auftragen, eine Stunde wirken lassen. Mit Waschbenzin oder Verdünnung reinigen und entfetten, trocknen lassen.

6 Spachtel (macht die Schadstelle zum angrenzenden Lack bündig) und Härter mischen. Immer nur kleine Mengen gleichmäßig und zügig in mehreren dünnen Schichten auftragen. Riefen mit Spritzspachtel ausgleichen. Nach etwa einer Stunde Aushärtung Unebenheiten mit Trockenschleifpapier (Körnung 240) vorsichtig abschmirgeln. Feinschliff mit Nassschleifpapier (Körnung 400) und wenig Druck. Schleifstaub sorgfältig abwischen.

7 Die Schadstelle mit wasserfestem und dehnbarem Lackierer-Klebeband sowie einer Folie abkleben. Haftgrund (Füller) sprühen und trocknen lassen, mit Nassschleifpapier (Körnung 600) plan schleifen. Decklack aus der Sprühdose (Abstand 20 bis 30 Zentimeter) gleichmäßig und zügig in mehreren Schichten auftragen.

8 Die Ränder des Klebebandes an der Reparaturstelle lösen, umknicken und diese Stellen nachsprühen. Das macht den Übergang zum Originallack unscharf.

9 Nach vollständiger Trocknung die ausgebesserte Stelle mit Politur, die Übergänge mit Lackreiniger bearbeiten. Konservieren und das ganze Fahrzeug polieren.

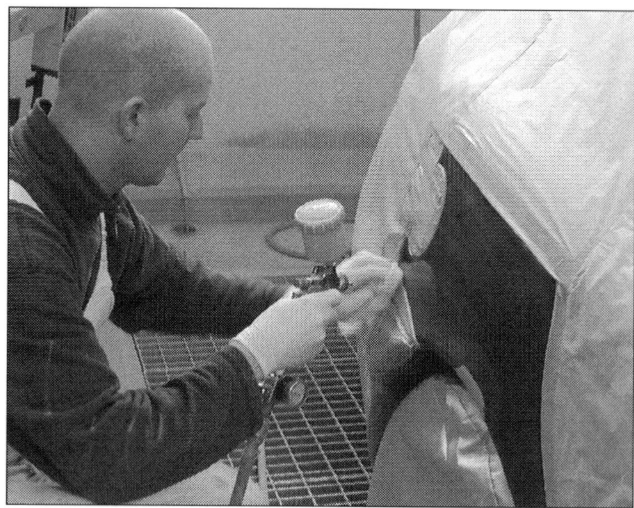

Die Methode »Spot Repair« der Firma Glasurit verbindet die Spritzpistolen-Arbeit der Profis mit dem Einsatz von Spraydosen. So erhält man gute Lackflächen.

DIE FAHRZEUG-REPARATUR

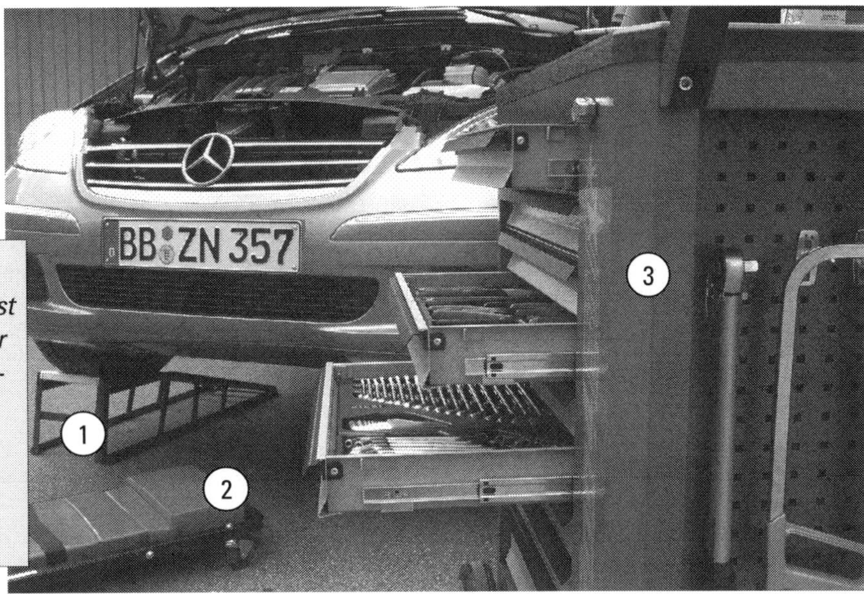

Gute Ausstattung einer Hobbywerkstatt in der Garage. So viel Aufwand ist meist kaum möglich, rentiert sich aber bei häufigen und ausgedehnten Reparaturarbeiten.
(1) Auffahrrampe,
(2) Kombination Unterrollwagen und Hocker,
(3) Rollbarer Werkzeugschrank.

Nur wenn der Arbeitsplatz geeignet ist, die Ausrüstung stimmt und das benötigte Material bei Bedarf zur Verfügung steht, können Sie am Reparieren auch Spaß haben. Als Arbeitsplatz tauglich ist eine ausreichend breite und gut beleuchtete Garage mit Stromanschluss. Sie können auch im Freien zum Werkzeug greifen. Wichtig ist eine ebene und befestigte Fläche. Die beste Empfehlung für Selbstschrauber sind in aller Regel die Mietwerkstätten.

Arbeitsplatz und Ersatzteile

Die meisten Mietwerkstätten bieten mehrere Arbeitsplätze. Mit freien Plätzen ist während der Woche eher zu rechnen als am Wochenende, wenn alle Autobastler zum Werkzeug greifen. Adressen finden Sie in den Gelben Seiten, in Anzeigen im Autoteil von Tageszeitungen und Anzeigenblättern oder Sie können sie bei einer Tankstelle erfragen. Automobilverbände empfehlen zur erfolgreichen Adressensuche die Reparatur- und Verleihführer.

In Mietwerkstätten ist es möglich, eine Hebebühne zu mieten, auf der sich viele Arbeiten überhaupt erst ausführen und andere viel einfacher bewerkstelligen lassen. Man sollte sein eigenes Werkzeug mitbringen, doch es ist immer auch einiges Spezialwerkzeug wie Kolbenrücksetzer für Scheibenbremsen o. Ä. vorhanden. Schweißgeräte können extra gemietet werden, und oft genug steht auch ein Fachmann mit gutem Rat und bewährten Praxistipps zur Verfügung.

Umsichtig vorbereiten

Arbeit in der Mietwerkstatt lohnt sich nur, wenn die Reparatur flott von der Hand geht und eine angefangene Arbeit auch direkt zu Ende geführt werden kann. Das zwingt zu akribischer Vorbereitung. Die benötigten Ersatzteile sollten spätestens am Tag der Arbeit parat sein. Ersatzteile nach Liste kaufen, dabei an Zubehör wie Dichtungen, Sicherungsringe, Schlauchschellen, Clipselemente oder selbst sichernde Muttern denken.
Reparaturen, deren Umfang man nicht genau abschätzen kann, sollten auf einen Termin gelegt werden, der einen außerplanmäßigen Besuch beim Händler erlaubt. Nehmen Sie den Fahrzeugschein und die auf einem Zettel notierten Angaben von Fahrzeugkarte und Karosserieschild mit (Kapitel »Das Modell«). Mit diesen Informationen kann ein geschulter Ersatzteilverkäufer das passende Teil aus dem Katalog oder von der CD-ROM des Herstellers ermitteln. Ganz sicher geht, wer das ausgebaute Altteil mitbringt.
Alle Ersatzteile für den Reparaturfall erhalten Sie bei einem Mercedes-Vertrags-Händler. Aber der Zubehörhandel hält ebenfalls ein breites Angebot bereit, darunter auch Teile von Firmen, die Daimler-Chrysler beliefern. Vergleichen Sie die Preise, wenn Service und Lieferfähigkeit gleich sind.

Praxistipp

Mängel bei gebrauchten Teilen

Gebrauchte Pkw-Ersatzteile sind häufig schadhaft. Neben Verschleißschäden weisen sie oft Schäden durch unprofessionellen Ausbau, nicht sachgemäße Lagerung, fehlende Wartung und ungeeignete Transportverpackungen auf. In Untersuchungen des Kraftfahrzeugtechnischen Instituts KTI wurde festgestellt, dass Komponenten der Bremsanlage, Antriebswellen, Elektronikbaugruppen und andere Teile gravierende Sicherheitsmängel wie Korrosion, Deformation oder Undichtigkeit aufwiesen. Die meisten Teile seien zu alt, in einem schlechten Zustand und unzureichend gekennzeichnet. Eindeutige Zuordnung zu einem bestimmten Fahrzeugmodell sei in den meisten Fällen kaum möglich. Laut KTI sind jüngere gebrauchte Teile in besserem Zustand häufig gar nicht zu bekommen.

Fremd- und Austauschteile

Fachzeitschriften zufolge sind Preisunterschiede bis zu 35 Prozent die Regel. Bei typenoffenen Serviceketten kann der Kunde manchmal bis zu 60 Prozent sparen, 20 Prozent sind jedenfalls immer drin – und zwar für dieselbe Qualität, meist sogar für die exakt gleichen Ersatzteile.
Auf No-name-Produkte sollten Sie beim Ersatzteilkauf allerdings verzichten. Denn erstens macht er die eventuell fehlende Beratung beim Kauf von Verschleißtei-

Praktisch für längere Arbeiten im Motorraum ist die Variante Rollhocker des universellen Hilfsmittels.

Für alle Arbeiten unter dem auf der Rampe stehenden Fahrzeug eignet sich die Variante Unterrollwagen.

len nicht wett, und zweitens könnte die Garantie auf das betreffende Teil und von ihm in Mitleidenschaft gezogene Teile in Gefahr geraten. Während der Garantiefrist soll der Wagen ohnehin in der Vertragswerkstatt gewartet und repariert werden.

Bei sicherheitsrelevanten Ersatzteilen ist Sparsamkeit fehl am Platz. Bremsbeläge, Bremsscheiben, Radlager, Antriebswellen und Gelenke sollte man grundsätzlich in Erstausrüster- oder Originalqualität kaufen. Die meisten Billig-Produkte entsprechen nicht der für die Sicherheit unerlässlichen Mindestqualität. Fahrzeughersteller schreiben z. B. ein spezielles Bremsbelagmaterial vor. Die Kennnummer dafür steht in der »Allgemeinen Betriebserlaubnis« (ABE). Wird nach einem ernsteren Unfall eine nicht freigegebene Belagsmischung festgestellt, kann sich dies zu Ihren Ungunsten auswirken.

Trotz häufiger Mängel bei gebrauchten Teilen (Praxistipp) lohnt bei vielen Ersatzteilen der Secondhand-Kauf . Austauschteile haben die gleiche Qualität wie ein Neuteil, sind deutlich billiger und werden mit gleicher Garantie geliefert. Auch der Zubehörhandel und manchmal ein Autoverwerter bieten neuwertige Austauschteile an. Das gebrauchte Teil sollte höchstens halb, ein Verschleißteil sogar nur ein Viertel so teuer sein wie das Neuteil.

Bei Schäden an Kurbeltrieb, Kolben und Ölwanne lohnt sich der Kauf eines Teilmotors. Zylinderkopf und Nebenaggregate übernimmt man vom alten Motor. Ein kompletter Austauschmotor macht nur bei einem jüngeren, gut erhaltenen Fahrzeug Sinn. Ein Anschriftenverzeichnis von Firmen, die auf Komplett- und Teilüberholung von Motoren spezialisiert sind und Reparaturen nach Qualitätsrichtlinien garantieren, erhalten Sie aus dem Internet über

www.vmi-ev.de oder direkt beim

Verband der Motoreninstandsetzungsbetriebe e.V.
Christinenstr. 3 / 40880 Ratingen
Tel.: 0 21 02/ 44 72 22 / Fax: 0 21 02/ 44 72 25
E-mail: info@vmi-ev.de

Original-/Fremdteile	Bremsleitungen
Anlasser	Kupplung
Ölfilter	Reparaturbleche
Lichtmaschine	**Austauschteile**
Glühlampen	Anlasser
Scheinwerfer	Kupplungsdruckplatte
Keilriemen	Schwungrad
Stoßdämpfer	Antriebswellen
Radbremszylinder	Kurbelwelle mit Lagern
Bremsschläuche	Zylinderkopf
Lack	Lichtmaschine
Motordichtungen	Scheibenbremssättel
Zündkabel	Kupplungs-Mitnehmerscheibe
Zündkerzenstecker	Getriebe
Gelenkwellen	Zylinderblock mit Kolben
Hauptbremszylinder	Teilmotor

Die Werkzeuge

Nur vollständiges und gutes Werkzeug garantiert Ihnen das gewünschte Ergebnis. Überprüfen Sie daher Ihre Ausrüstung, bevor Sie mit der Arbeit beginnen.

Schraubendreher mit stabilem, rutschfestem Griff für Schlitz-, Kreuzschlitz- und Torxschrauben sind ebenso ein Muss...

...wie Gabel- und Ringschlüssel mit 6 bis 19 mm Weite, die größeren doppelt für gekonterte Schraubverbindungen.

Schlechtes Werkzeug, das sich schon bei der ersten verrosteten Schraube verbiegt oder ausbricht, bringt Probleme und verdirbt den Spaß an der Bastelei. Achten Sie beim Kauf auf Qualität! Gute Werkzeuge werden aus einwandfreiem Material hergestellt und arbeiten stets maßgenau.

Grundwerkzeuge

Zu den Grundwerkzeugen gehören neben

- Schraubendrehern, Ring-, Maul- und Inbusschlüsseln auch
- Seitenschneider, Kombizange und Wasserpumpenzange mit mindestens 240 mm Länge. Damit trennen, biegen, halten und drehen Sie so ziemlich alle Werkstoffe und -stücke.

Empfindliche Bauteile wie Lager, gegossene oder gehärtete Teile sollten nur mit einem

- Kunststoff- oder einem Gummihammer bearbeitet werden, um etwaige Schäden zu vermeiden. Der Schlosserhammer hingegen wird benutzt, um z. B. mit einem Durchschlag festsitzende Bolzen aus Verbindungen zu lösen.
- Ein Körner hilft bei Bohrarbeiten an Metallen.
- Durchschläge (Durchmesser 3 und 6 mm) sind bei Montage- und Demontagearbeiten an Fahrwerk, Motor und Bremsen universell einsetzbar.
- Flachmeißel mit gehärteter Schneide werden oft an deformierten oder festgerosteten Schraubverbindungen gebraucht.

Für die Elektrik sind

- Quetschzange, isolierte Kombizange, Phasenprüflampe mit Nadelspitze und Massekabel sowie isolierte Schraubendreher nötig.

Für Motorraum und unterm Fahrzeug brauchen Sie einen

- Steckschlüsselsatz mit den Größen 10 bis 32 mm und Umschaltknarre mit 1/2-Zoll-Antrieb.

Für den Innenraum ist der

- Schlüsselsatz 6 bis 13 mm, 1/4-Zoll erforderlich.

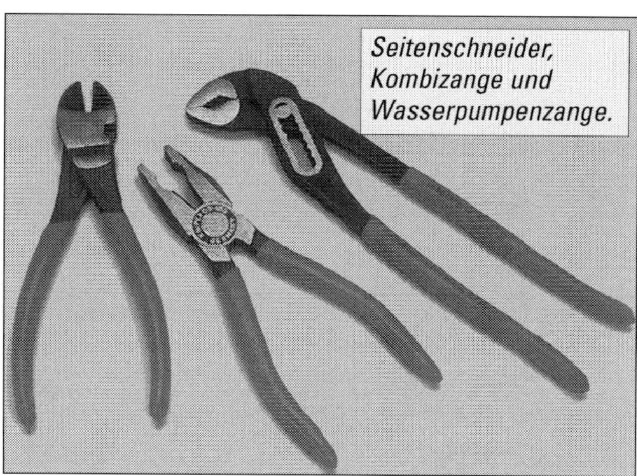

Seitenschneider, Kombizange und Wasserpumpenzange.

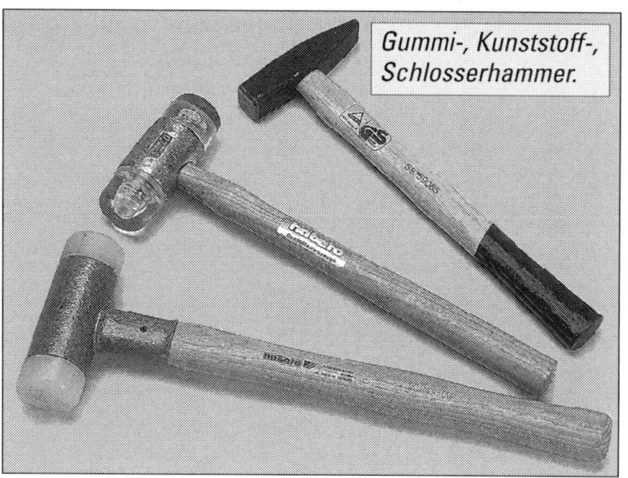

Gummi-, Kunststoff-, Schlosserhammer.

Spezialwerkzeuge

Mit der Grundausstattung können Sie viele Wartungen und Reparaturen selbst erledigen. Sie ist unentbehrlich für vernünftige Arbeit. Aber sie reicht für

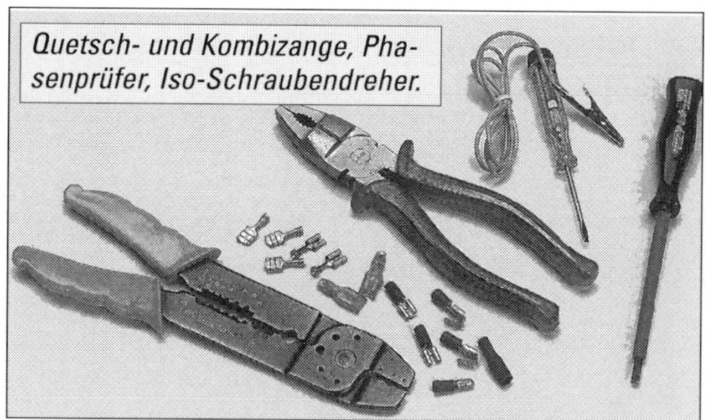

Quetsch- und Kombizange, Phasenprüfer, Iso-Schraubendreher.

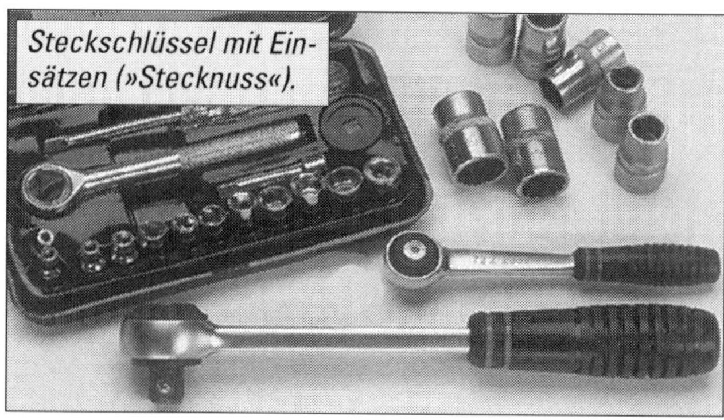

Steckschlüssel mit Einsätzen (»Stecknuss«).

viele Fälle nicht aus. Dann brauchen Sie spezielles Werkzeug. Sinnvolle Anschaffungen sind:

- Handstablampe: Gut fürs Schrauben unter dem Auto oder im Motorraum, im Innenraum und in weniger gut beleuchteten Garagen. Wasserdicht, mit Blendschutz, ölresistentem Kabel und schlagsicherem Kunststoffgehäuse.

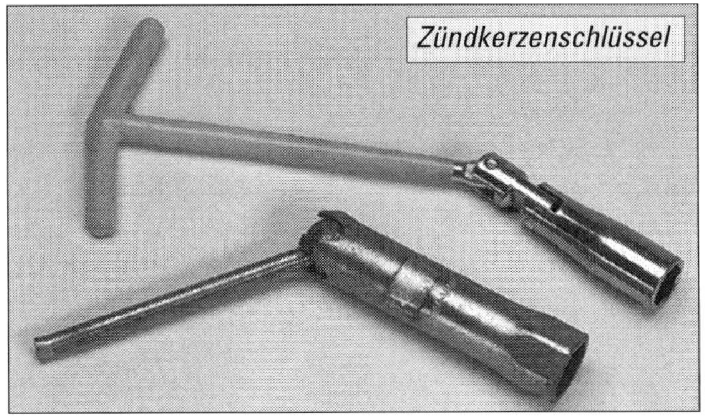

Zündkerzenschlüssel

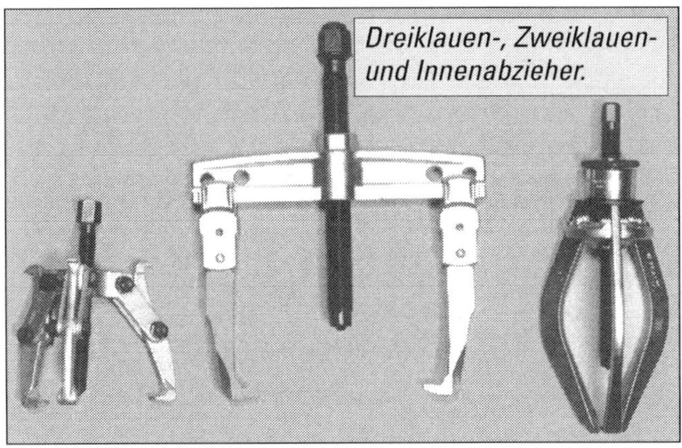

Dreiklauen-, Zweiklauen- und Innenabzieher.

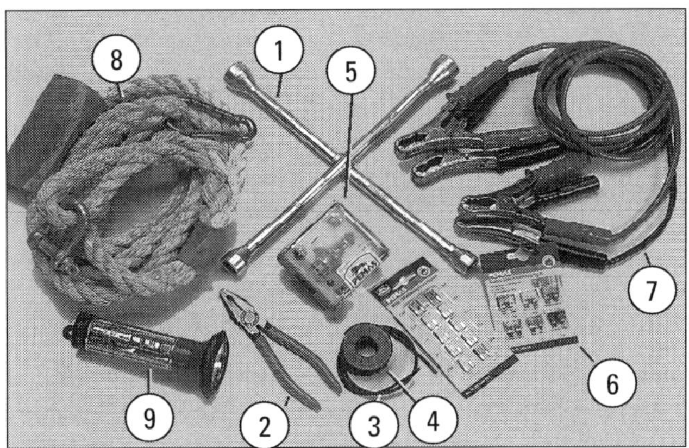

(1) Radkreuz, (2) Kombizange, (3) Ersatzkabel, (4) Isolierband, (5) Lampen, (6) Sicherungen, (7) Starthilfekabel, (8) Abschleppseil, (9) Taschenlampe.

- Gripzange und Schraubzwingen: Die Maulweite der Gripzange kann am Griffteil exakt eingestellt werden. Eine Schraubzwinge, erhältlich in vielen Größen, ist beim Montieren Ihre dritte Hand.
- Abzieher gehören zur Grundausstattung jeder Autowerkstatt. Auch für Heimwerker lohnt sich die Anschaffung dieses Werkzeugs: Zum Lösen von Radnaben oder zum Herauspressen von Achsgelenken aus der Führung.
- Drehmomentschlüssel (Automatikschlüssel): Zur präzisen Beachtung von Anzugsdrehmomenten.
- Ölfilterschlüssel: Wichtig für den Ölwechsel. Günstig ist ein Universalschlüssel.
- Fühlerblattlehre zum Prüfen das Ventilspiels oder des Spaltmaßes von Gebern (Drehzahlgeber etc.).
- Messinstrument (Multimeter): Unerlässlich für exakte Messungen an elektronischen Bauteilen. Es gibt auf die Autoelektrik abgestimmte Geräte.
- Ein Batterieladegerät mit automatischer Ladestromanpassung ist vor allem im Winter wichtig, wenn häufig nur kurze Strecken gefahren werden.
- Durchgangsprüfer und Abisolierzange sind weitere wichtige Geräte für Arbeiten an der Fahrzeugelektrik. Die Prüferlampe liefert eine zuverlässige Aussage, ob Spannung an den Prüfspitzen anliegt.

Praxistipp

Empfohlenes Bordwerkzeug

Wagenheber und Schraubendreher sollten stets an Bord sein. Dazu kommen ein Radkreuz, mit dem sich die Radschrauben wesentlich leichter lösen lassen als mit dem relativ kleinen Schlüssel im Bordwerkzeug, eine Kombizange, Ersatzkabel und Isolierband. Ebenfalls sinnvoll: Ein Satz der gebräuchlichsten Lampen, Ersatzsicherungen, Abschleppseil oder -stange, Starthilfekabel und Taschenlampe (siehe Bild unten links).

Sicherheit geht vor

Sicherheit hat beim Heimwerken absolute Priorität. Wagen Sie sich nur an Arbeiten, die Sie sich wirklich zutrauen können. Nehmen Sie handwerkliche Aufgaben, mit denen Sie in der Praxis wenig oder gar keine Erfahrung haben, nicht auf die leichte Schulter. Mangelhaft ausgeführte Arbeiten können fatale Folgen haben. Das gilt im Straßenverkehr nicht nur für Sie, sondern auch für Dritte.

Beachtenswerte Hinweise

- Bei allen Wartungs- und Reparaturarbeiten sollte das Rauchen strikt unterbleiben.
- Tragen Sie beim Blechtrennen oder bei Arbeiten mit laufendem Motor Ohrenschützer.
- Arbeitshandschuhe sind gut gegen Schmutz oder Abschürfungen an scharfem Blech. Wenn Sie mit der Handbohrmaschine arbeiten, sollten Sie wegen der Gefahr durch das rotierende Bohrfutter aber besser keine Handschuhe tragen.
- Bohren, Schleifen und Meißeln sowie Arbeiten unter dem Fahrzeug stets nur mit Schutzbrille.
- In Montagegruben auf gute Belüftung achten.
- Wenn Sie größere Flächen am Fahrzeug lackieren: Schutzmaske tragen, für gute Belüftung sorgen!
- Oberste Vorsicht an Zündanlagen! Prüfungen an der Anlage nur bei Motorstillstand durchführen. Prüfaufbau so einrichten, dass Sie bei doch nötigem Motorlauf nicht die Hand anlegen müssen, denn der Primärstromkreis hat Spannung bis 30.000 Volt.
- Durchgebrannte Sicherungen müssen Sie immer durch neue Sicherungen desselben Typs und identischer Stromstärke in Ampere (A) ersetzen. Niemals Drahtbrücken einbauen! Die Folge solcher Behelfsmaßnahmen können Schäden an Bauteilen im betreffenden Stromkreis oder sogar Kabelbrände sein.
- Sprühdosen, Altöl, Bremsflüssigkeit, alte Bremsbeläge oder Farbdosen sind Sondermüll. Sie müssen entsprechend entsorgt werden.
- Rangierwagenheber sind ideal mit Fußpedal zum Hochpumpen. Aber beachten Sie: Heber mit zu kleinen Rädern werden unter Last unbewegbar!

Praxistipp

Vorsicht bei Rückhaltesystemen

Vermeiden Sie Schraub- oder Reparaturversuche an der Sicherheitsausstattung! Lenkrad, Armaturenbrett, Vordersitze und Rollgurte sind mit Sicherheits-Rückhalte-Systemen (SRS) ausgestattet. Bei unsachgemäßer Handhabung der Airbags und Gurtstraffer kann es zu schweren Unfällen kommen.

Instandsetzungsarbeiten sollten der Fachwerkstatt überlassen bleiben. Mechaniker, die an Rückhaltesystemen arbeiten, müssen spezielle Schulungen nachweisen und bei den zuständigen Behörden gemeldet sein. Diese Bauteile fallen unter das Sprengstoffgesetz. Also: Hände weg!

Das richtige Aufbocken

Mit dem Spindelwagenheber lässt sich das Fahrzeug für die meisten Arbeiten hoch genug heben. Wenn Sie eine Bohle unter den Heber auf den Boden legen, können Sie die Hubhöhe noch etwas vergrößern. Ein kleines Brett (30 x 30 cm, 2 cm stark) sollten Sie immer unterlegen, damit sich der Wagenheberfuß nicht in weichen Untergrund drücken kann.

Bordwagenheber der A-Klasse.

Unterstellbock am Wagen. Schon wegen der Form der Aufnahmepuffer (Pfeil) am Fahrzeugunterboden ist die Hebebühne (Detailbild) allerdings die bessere

Der Bordwagenheber ist auf jeden Fall nur für Mercedes-Pkw vorgesehen, nicht für schwerere Fahrzeuge. Er darf auch nur dazu dienen, das Auto anzuheben. Eine ausreichende Abstützung für Arbeiten an der Wagenunterseite stellt er nicht dar, dazu brauchen Sie Unterstellböcke.

Schon bei kleineren Arbeiten wie dem Wechseln der Bremsbeläge soll das angehobene Fahrzeug mit Unterstellböcken gesichert sein. Begeben Sie sich nie unter das angehobene Fahrzeug ohne die Sicherung mit Unterstellböcken!

Achtung: Es besteht Lebensgefahr!

Unterstellböcke bietet der Zubehörhandel in verschiedenen Größen und Ausführungen an. Besonders praktisch sind Dreibeinböcke mit klappbaren Füßen (unser Bild). Ein Paar reicht für die meisten Reparaturen völlig aus. Beachten Sie beim Kauf, dass die Böcke eine nicht zu kleine Standfläche haben.

Praxistipp

Unter dem Wagen

■ Reparatur- oder Montageunterlagen vorher konzentriert und gründlich durchlesen und während der Arbeit in Reichweite halten.

■ Für Arbeiten in Radkästen, an Stoßfängern oder am Unterboden ist ein Unterrollwagen perfekt. Sonst eine Decke und darauf eine Plastikfolie gegen Bodenkälte, Öl und Feuchtigkeit verwenden.

Fahrzeug aufbocken

1 Wagen ausräumen, auf ebenen Untergrund stellen, Handbremse anziehen und zumindest eines der Räder gegenüber der Anhebestelle mit Holzkeilen, notfalls mit geeigneten Steinen gegen Vor- und Zurückrollen sichern.

2 Heberschere durch Drehen am Handrad (1) um etwa fünf Umdrehungen, jedenfalls bis gerade Fahrzeughöhe öffnen und mit der Aufnahmeschale unter den Aufnahmepuffer am Wagenunterholm schieben. **Achtung:** Fahrzeug nur an den vorgesehenen Aufnahmepunkten anheben!

3 Kurbelhebel mit Ratsche (2) aus dem Bordwerkzeug am Wagenheber aufstecken und hochkurbeln. Wagenheberkopf mit der linken Hand gegen den Aufnahmepunkt (3) drücken, mit der rechten Hand die Kurbel im Uhrzeigersinn (Pfeil »Auf« am Griff) drehen, den Wagenheberfuß gegen den Boden drücken. Wagenheber muss senkrecht stehen und darf nicht nach einer Seite abkippen!

4 Wenn der Heber sicher steht, auf die nötige Arbeitshöhe kurbeln. Unterstellbock an den Längsversteifungen des Bodenblechs ansetzen. Zwischen Bock-Auflage und Fahrzeugboden eine Gummi- oder Hartholzplatte legen. Blechfalze und Bremsleitungen nicht eindrücken oder einklemmen.

5 Der Dreibein-Unterstellbock steht am sichersten, wenn ein Bein nach außen und zwei zur Wagenmitte zeigen. Beim Anheben des Wagens darf der auf der anderen Seite bereits angesetzte Bock nicht seitlich weggedrückt werden.

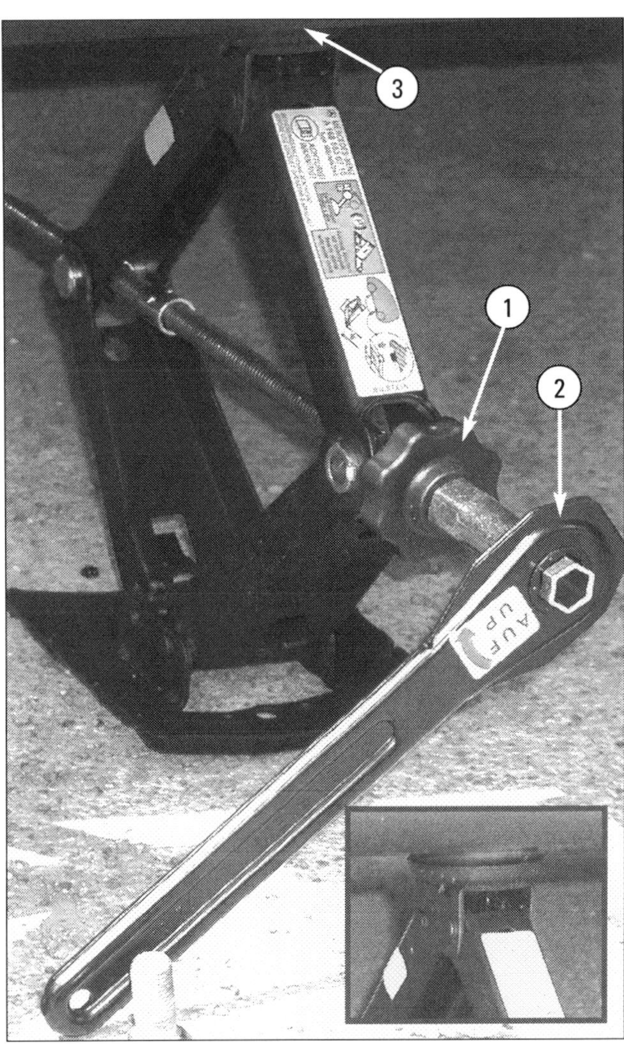

Wagenheber: (1) Handrad, (2) Kurbelhebel, (3) Aufnahmepunkt. Detail: Der Aufnahmepunkt (3).

Anschleppen und Abschleppen

Eine Grundregel beim Anschleppen/Abschleppen lautet: Beide Fahrer müssen mit den Besonderheiten beim Schleppvorgang vertraut sein. Ungeübte sollten weder an- noch abschleppen.

Das **Anschleppen** Ihres Fahrzeugs sollten Sie nur in Betracht ziehen, wenn keine Möglichkeit besteht, den Motor mit Starthilfekabeln zu starten. Das Anschleppen von Fahrzeugen mit automatischem Getriebe ist technisch problematisch und muss unterbleiben.

Wegen einer drohenden Beschädigung des Abgaskatalysators darf der Wagen bei betriebswarmem Kat höchstens 50 Meter weit angeschleppt werden. Unverbrannter Kraftstoff kann sonst in den Katalysator gelangen und zu Beschädigungen führen.

Beim Anschleppen sind vier Dinge zu beachten:

- Vor dem Anschleppen den 2. oder 3. Gang einlegen, Kupplungspedal treten und halten.
- Zündung einschalten, damit das Lenkrad nicht blockiert ist und die Blinkleuchten, das Signalhorn, die Scheibenwischer und die Scheibenwaschanlage eingeschaltet werden können.
- Wenn beide Fahrzeuge in Bewegung sind, das Kupplungspedal loslassen.
- Sobald der Motor angesprungen ist, Kupplung treten und Gang herausnehmen, um ein Auffahren auf das Zugfahrzeug zu vermeiden.

Zum An- und Abschleppen nur Kunstfaserseile oder ähnlich elastische Seile verwenden, um die Fahrzeuge zu schonen. Noch besser ist eine Abschleppstange. Seil oder Stange nur an dafür vorgesehenen Ösen (Bilder unten) anbringen!

Abschleppen nur mit Warnblinkanlage

Beim **Abschleppen** dürfen keine unzulässigen Zugkräfte und keine stoßartigen Belastungen auftreten. Der Fahrer des (mit Abschleppseil) ziehenden Wagens muss besonders weich einkuppeln. Im gezogenen Wagen ist darauf zu achten, dass das Seil stets straff gehalten wird.

An beiden Fahrzeugen muss die Warnblinkanlage eingeschaltet werden. Zündung einschalten (Lenkrad, Blinkleuchten, Hupe, Scheibenwischer). Da der Bremskraftverstärker nur bei laufendem Motor arbeitet, muss das Pedal wesentlich kräftiger getreten werden. Fahrzeuge mit Automatikgetriebe sollen nur in Vorwärtsrichtung und im Leerlauf abgeschleppt werden. Ferner beachten:

- Wählhebel muss sich in Stellung »N« befinden;
- nicht schneller als mit 50 km/h und
- nicht weiter als 50 Kilometer abschleppen.

Über größere Entfernungen reicht die Getriebeschmierung wegen Überhitzung nicht aus. Im Zweifelsfall sollte das Auto lieber verladen und dann abtransportiert werden.

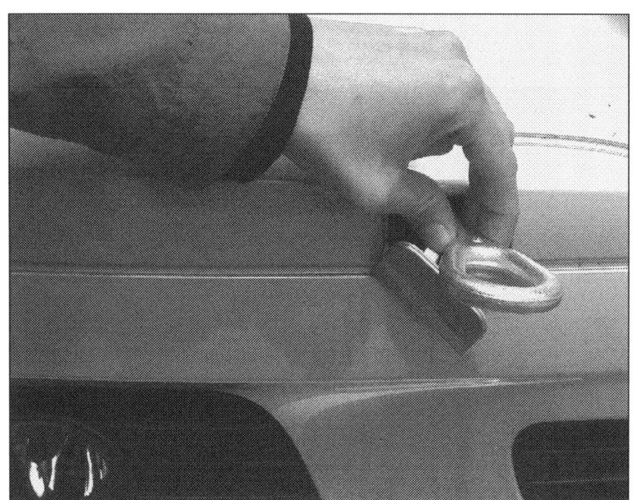

Zum Einschrauben der Abschleppöse sind vorn (Bild links) wie hinten (Bild rechts) die flachen Kunststoff-Abdeckkappen durch leichten Fingerdruck (nicht den Lack zerkratzen!) aus der Stoßfängerverkleidung zu hebeln. Sie sind gegen Verlieren mit einem Kunststoffdraht gesichert. Die Öse aus dem Bordwerkzeug fest in das Gewinde einschrauben.

Tipps für Schrauber

Die wichtigsten Werkzeuge, die Sie immer wieder brauchen werden, sind die zum Lösen von Muttern und Schrauben. Manchmal ist die Schrauberei eine durchaus komplizierte Angelegenheit. Eine unlösbare Verschraubung oder eine abgerissene Schraube haben schon manchen Heimwerker von seinem Reparaturvorhaben wieder abgebracht. Unsere Tipps sollen helfen, ungewohnte Arbeiten durchzuführen.

Verrostete Verschraubungen lösen

Bevor das Werkzeug an einer fest gerosteten Mutter oder Schraube angesetzt wird, sollten Sie die freiliegenden Gewindegänge des Gewindebolzens von Rost und Schmutz befreien. Andernfalls wird der Gewindebolzen beim Loswuchten abgedreht.

- Gewinde mit einer Drahtbürste säubern und anschließend mit Rostlöser besprühen.
- Bei Schnell-Rostlösern die Mutter sofort losdrehen.
- Bei anderen Rostlösern einige Zeit warten.

Beschädigte Muttern lösen

Wenn die Kanten einer Mutter bereits rund gedreht sind oder Rost die Anlageflächen deformiert hat:

- Nehmen Sie zunächst eine Gripzange. Damit lässt sich die Mutter fest greifen und oft auch losdrehen.
- Hilft das nicht weiter, wird ein scharfer Meißel angesetzt und die Mutter aufgemeißelt.
- Eine gut zugängliche Mutter kann auch entlang des Gewindes mit einer Metallsäge aufgesägt werden. Werkstätten benutzen einen Muttersprenger.

Schlitz- und Kreuzschlitzschrauben lösen

Schon nach kurzer Zeit können Schrauben so fest sitzen, dass sie sich nicht mehr ohne besondere Vorkehrungen einfach herausdrehen lassen.
Bei Kreuzschlitzschrauben dreht sich der Schraubendreher dann auch bei starkem Druck auf den Griff aus dem Kreuzschlitz heraus. Nach wenigen erfolglosen Versuchen ist der Schlitz vermurkst, die Schraube ist praktisch unlösbar.

Effektiv arbeiten

- Arbeitsplatz säubern. Schrauben und Teile von früheren Arbeiten wegräumen, nichts Falsches einbauen!
- Abgenommene Teile in der Ausbaureihenfolge ablegen. Das erleichtert den Zusammenbau.
- Kleinteile in Schachteln oder Gläser packen. Schrauben nach dem Ausbau gleich wieder ins Gewinde drehen, damit sie später nicht verwechselt werden.
- Wasserablauf während der Arbeit abdecken, sonst verschwinden garantiert Kleinteile darin.
- Bei umfangreichen Arbeiten eine Skizze anfertigen. Die Reihenfolge der ausgebauten Teile aufschreiben.

- Wenn sich eine Schraube nicht losdrehen lässt, sollten Sie einen stabilen Schraubendreher ansetzen und mit kräftigem kurzem Hammerschlag auf das Griffende die Schraubverbindung lösen.
- Meistens bricht die oft nur mit dem Kopf fest korrodierte Schraube los. Sie lässt sich dann in der Regel normal herausdrehen.
- Hilft der kräftige Hammerschlag nichts, brauchen Sie einen Schlagschrauber. Bei jedem Schlag auf dessen Griffoberseite wird der Schraubendrehereinsatz unter Druck ein wenig weiter gedreht.

Innensechskant- und Innenvielzahnschrauben lösen

Schraubenloch säubern, dann Werkzeug ansetzen:

- Am besten eignen sich Steckeinsätze mit langem Sechskant oder Vielzahn.
- Die Steckeinsätze vertragen einen Hammerschlag auf der Adapterseite mit dem Vierkant. Der Schlag lockert den Sitz der Schraube ein wenig und erleichtert merklich das Lösen.

Blechschrauben ausbohren

Lässt sich in einem Schraubenkopf kein Werkzeug mehr ansetzen, hilft nur noch Ausbohren.

- Erst mit passendem Bohrer den Schraubenkopf entfernen. Eventuell mit kleinerem Bohrer vorbohren.
- Das Gewindeteil einer Blechschraube lässt sich jetzt entweder durchstoßen oder mit einer Zange von der Rückseite her abnehmen.

- Andernfalls mit einem dünnen Bohrer das Gewindeteil ausbohren. Dabei darf der Bohrerdurchmesser nicht zu groß gewählt werden, sonst hält später nur eine dickere Blechschraube.

Stehbolzen lösen und festdrehen

Da ein Stehbolzen (Gewindestange) keine Anlagefläche für einen Schraubenschlüssel besitzt, müssen Sie diese erst schaffen:

- Auf dem freien Gewindeteil des Bolzens zwei Muttern fest gegeneinander drehen (kontern).
- An den blockierten Muttern den Schraubenschlüssel ansetzen und den Bolzen lösen oder anziehen.

Abgerissene Schrauben ausbohren

Das Gegengewinde, in dem die abgerissene Schraube steckt, sollte möglichst wenig Schaden nehmen.

- Den Schraubenrest genau in der Mitte mit einem Körnerschlag versehen.
- Bis zur Schraubengröße M 8 mit dem so genannten Kernlochbohrer bohren. Das ist der Durchmesser einer Schraube ohne Gewindeflanken. Bis zur Schraubengröße M 6 gilt die Faustregel: Gewindedurchmesser multipliziert mit 0,8.
- Ab Schrauben der Größe M 8 sollten Sie mit einem dünneren Bohrer vorbohren.
- Wenn sich die Metallreste nicht mit einer Reißnadel aus den Gewindegängen entfernen lassen, muss das Gewinde nachgeschnitten werden.

Schraubengröße und Drehmoment

Schrauben und Muttern, die keinen speziellen Belastungen ausgesetzt sind, werden mit Standard-Drehmomenten angezogen. Drehmomentschlüssel verwenden und folgende Drehmomente für die gebräuchlichsten Schraubverbindungen beachten:

Gewindedurchmesser (mm):	6	8	10	12	14
Drehmoment (Nm):	10	25	49	85	135

Für Sonderschrauben und für Schrauben, die in Leichtmetall eingedreht sind, gelten etwas andere Drehmomente.

Selbstsichernde Muttern

Selbstsichernde Muttern klemmen satt auf dem Gewinde und können sich auch durch Vibrationen nicht lösen. Dazu besitzen sie eine Einlage aus Kunststoff oder ein enger geschnittenes Gewinde. Zu erkennen sind sie an einem ringförmigen Aufsatz. Nach dem Lösen solcher Muttern ist ihre sichernde Wirkung dahin, sie sind dann nur noch als ganz normale Muttern verwendbar. Also grundsätzlich nur einmal verwenden! Nach jedem Lösen gilt: Durch neue selbstsichernde Mutter ersetzen.

Gewinde schneiden

In Leichtmetall eingeschnittene Gewinde reißen leicht aus. Hat das Metall noch genug Substanz, können Sie ein größeres Gewinde einschneiden. Andernfalls muss eine Gewindebuchse eingesetzt werden.
Das Nach- oder Neuschneiden von Gewinden geht in drei Stufen vor sich. Die entsprechenden Gewindeschneider heißen daher **Vorschneider** mit einem Ring zur Kennzeichnung am Schaft, **Mittelschneider** (zwei Ringe am Schaft) und **Fertigschneider** mit drei Ringen am Schaft oder ohne Kennzeichnungsring.

- Die drei Gewindeschneider werden nacheinander unter ständigem Ölen in das vorgebohrte Kernloch hinein- und wieder herausgedreht.
- Um ein Abreißen des Gewindeschneiders zu vermeiden, muss beim Hineindrehen immer wieder abgesetzt und ein Stück zurückgedreht werden. Sonst werden die Metallspäne zu lang und klemmen.

Selbstformende Schrauben

Viele Schraubverbindungen werden mit selbstformenden Schrauben hergestellt. Diese Schrauben formen ihr Gewinde selbst und sind grundsätzlich immer als Austauschteil zu behandeln. Um die Schraubverbindung herzustellen, muss die Einschraubstelle metallisch gereinigt werden. Die Schrauben selbst müssen nicht zusätzlich vorbehandelt werden, sie sind bei Auslieferung mit einem Gleitmittel versehen.
Die Schrauben dürfen nur mit einem Elektroschrauber oder per Handanzug montiert werden, Pneumatikschrauber könnten zu Beschädigungen führen. Der Arbeitsablauf gestaltet sich wie folgt:

- Das Gewinde mit der selbstformenden Schraube zuerst ohne das zu befestigende Bauteil erzeugen. Dazu die Schraube gerade in das Bohrloch setzen und eindrehen.
- Das Bohrloch weist anfänglich den Außendurchmesser der Schraube auf. Nach einigen Millimetern steigt der Widerstand beim Einschrauben an. Die Schraube so weit in das Bohrloch einschrauben, wie dies zur Befestigung des Bauteiles notwendig ist.
- Die Schraube wieder herausdrehen.
- Schraubverbindung endgültig herstellen: Das zu befestigende Bauteil korrekt ausrichten und mit der richtigen Schraube für das betreffende Bohrloch befestigen. Selbstformende Schrauben müssen genau in das mit ihnen erzeugte Gewinde eingeschraubt werden, man darf sie keinesfalls verwechseln.
- Das aufgeschraubte Bauteil mit dem Drehmomentwert für Wiederanzug befestigen.

Schrauben festkleben

Wollen Sie eine Schraube an einer schwer zugänglichen Stelle wieder eindrehen, hilft Ihnen ein kleiner Kniff, dass die Schraube nicht dauernd vom Werkzeug abfällt. Kleben Sie in den Schraubenschlitz etwas Kaugummi. Sie können die Schraube auch mit einem Klebebandstreifen ans Werkzeug heften.

Tipps für den Werkstatt-Besuch

Auch Ihr Mercedes-Benz muss manchmal in die Werkstatt, nicht nur zur regelmäßigen Wartung in der Garantiezeit. Eine Reparatur in der Werkstatt ist immer angesagt, wenn Ihnen die Zeit, die nötige Erfahrung oder Spezialwerkzeug fürs Do it yourself fehlen.
Aber auch wenn sich ein Profi-Mechaniker bei Ihrem Auto ans Werk macht, können Sie dazu beitragen, dass Wartung oder Reparatur zu Ihrer Zufriedenheit ausfallen. Unsere Übersicht stellt eine Reihe von Tipps und Spielregeln zusammen, die Sie bei Ihrem Werkstatt-Besuch beachten sollten.

Vertragswerkstatt und freie Werkstatt

- Es steht Ihnen grundsätzlich frei, ob Sie Vertragswerkstatt oder freie Werkstatt aufsuchen. Die Freien sind bei vielen Reparaturen ebenso kompetent, und Ölwechsel, neue Bremsbeläge, Bremsscheiben, Reifen und Stoßdämpfer sind dort oft billiger. Aber die Werkstatt sollte ein Meisterbetrieb sein und der Kfz-Innung angehören.
- Ein Wagen mit Garantie gehört zur Inspektion stets in die Vertragswerkstatt. Das gilt auch für die meisten Reparaturen. Beheben Sie Blech- oder Lackschäden trotz Garantie in Eigenregie oder bemühen Sie eine freie Werkstatt, sind Sie eventuelle Garantie-Ansprüche los, wenn es später Probleme mit der reparierten Stelle gibt.

Reparaturauftrag nur schriftlich

- Stellen Sie eine Liste mit den Symptomen und Mängeln zusammen, die Ihnen am Fahrzeug aufgefallen sind. Sprechen Sie diese Liste in der Werkstatt mit dem Meister oder Kundendienstberater durch. Fragen Sie nach, wenn Ihnen in dem Gespräch etwas unklar ist. Die Mängel direkt am Fahrzeug zeigen.
- Geben Sie präzise Reparaturaufträge. Bei Pauschalaufträgen wie »TÜV-fertig machen« oder »für den Urlaub herrichten« sind Unstimmigkeiten programmiert – etwa wenn Sie für Arbeiten bezahlen sollen, die nicht nötig gewesen wären.
- Erteilen Sie einen Reparaturauftrag stets schriftlich. Der Auftrag sollte die auszuführenden Arbeiten möglichst genau bezeichnen. Lassen Sie sich eine Auftragsbestätigung geben.

Nach den Kosten fragen

- Fragen Sie nach den voraussichtlichen Kosten für Arbeitslohn und Material, bevor Sie einen Reparaturauftrag erteilen. Setzen Sie für Zusatzarbeiten eine Preisgrenze fest. Lassen sich Umfang und Aufwand nicht genau bestimmen, sollten Sie eine Höchstgrenze für die Kosten festlegen.
- Fragen Sie nach den Kosten für die Fehlersuche. Manchmal ist diese nämlich teurer als die eigentliche Reparatur.

Praxistipp: Inspektion und Garantie

■ Bei der Inspektion werden in erster Linie Baugruppen auf Zustand und Funktion geprüft und, falls nötig, ersetzt, die für die Zuverlässigkeit und Sicherheit Ihres Fahrzeugs wichtig sind. Mit einer schonenden Fahrweise und bei entsprechenden Einsatzbedingungen lässt sich die Standard-Wartungsintervalldauer von 12 Monaten bzw. 12.500 km (Diesel) oder 15.000 km (Benziner) ebenso wie die aufs etwa Doppelte verlängerte Intervalldauer (Aktives Service System / ASSYST) voll ausschöpfen.

■ Halten Sie die empfohlenen Wartungsintervalle aber unbedingt ein und verzichten Sie aufs Do it yourself. Der Hersteller erfüllt berechtigte Garantieansprüche nur dann, wenn die Wartungsarbeiten rechtzeitig in einer Vertragswerkstatt erledigt wurden. Schon nach einer Laufzeit von 30.000 Kilometern kann an Baugruppen wie Bremsanlage, Radaufhängung, Reifen und Lenkung Verschleiß auftreten, der vom Fahrer unbemerkt bleibt. Die vorgeschriebene regelmäßige Wartung hält also nicht nur Ihren Wagen in Schuss, sie dient vor allem auch Ihrer eigenen Sicherheit.

- Geben Sie der Werkstatt Ihre Telefonnummer, damit man Sie für Rückfragen erreichen kann, wenn die Reparatur umfangreicher oder teurer wird als ausgemacht. Halten Sie auch zusätzliche Absprachen schriftlich fest.
- Bitten Sie die Werkstatt bei umfangreichen Reparaturen um einen schriftlichen Kostenvoranschlag, der Ihnen zeigt, mit welchen Kosten Sie rechnen müssen. Den Kostenvoranschlag wird man Ihnen in der Regel nur dann berechnen, wenn Sie der Werkstatt anschließend keinen Reparaturauftrag erteilen. Die Werkstatt-Rechnung darf den Kostenvoranschlag bei unvorhergesehenen Arbeiten maximal 15 bis 20 Prozent überschreiten.

Für älteres Fahrzeug billigere Teile

- Bei einem älteren Fahrzeug lohnt es sich, nach Teile- und Service-Angeboten zu fragen. Vertragswerkstätten bieten oft im Preis reduzierte Originalteile an. Sie können bis zu 30 Prozent sparen.
- Ist der Tausch eines ganzen Aggregats fällig, muss nicht das Neuteil erste Wahl sein. Fragen Sie nach aufbereiteten und geprüften Austauschteilen – die sind billiger und bieten die gleiche Qualität. In Frage kommen Austauschteile wie Motor, Kupplung, Lichtmaschine, Anlasser und Wasserpumpe.
- Ein Ölwechsel in Werkstatt oder Tankstelle geht mitunter ins Geld, wenn man dort Ihrem Auto das teuerste Öl aus dem Angebot spendiert. Aber greifen Sie nicht unbesehen nach billigeren Ölsorten! Nur Öle der gleichen Spezifikation eignen sich in der Regel ebenso gut.

Praxistipp: Hilfe durch Schiedsstellen

Beschwerden von Werkstattkunden und Gebrauchtwagenkäufern bei den Schiedsstellen des Kraftfahrzeuggewerbes nehmen von Jahr zu Jahr zu. Das deutet aber nicht auf schlechtere Arbeit in den Kfz-Meisterbetrieben hin. Die Mehrzahl der Kundenaufträge wird nach wie vor beschwerdefrei ausgeführt. Die wachsende Beschwerdezahl resultiert aus der stärkeren Aufklärung der Kunden über ihre Rechte aufgrund von Sachmangelhaftungsrecht (Gewährleistung) und Garantie.

Rund 80 Prozent der Beanstandungen betreffen Werkstattleistungen und 20 Prozent den Gebrauchtwagenhandel. Die häufigsten Beschwerdegründe sind vermeintlich unsachgemäße Ausführung der Werkstattarbeiten, die Rechnungshöhe und technische Mängel.

Der Kunde sollte beim Werkstattbesuch oder Gebrauchtwagenkauf auf das Meisterschild der Kfz-Innung und das Zusatzzeichen zum Meisterschild »Gebrauchtwagen mit Qualität und Sicherheit« achten. Nur dann kann im Streitfall die Schiedsstelle der Kfz-Innung tätig werden. Die Kfz-Schiedsstellen schaffen es in den meisten Fällen, Meinungsverschiedenheiten zwischen Kunden und Kfz-Meisterbetrieben schnell, unbürokratisch und für den Verbraucher kostenlos zu beseitigen. Der Spruch der Schiedsstelle ist für den Kfz-Betrieb verbindlich. Dem Kunden steht in jedem Fall der Rechtsweg weiterhin offen.

Die Kfz-Schiedsstellen setzen sich aus je einem Vertreter der regional zuständigen Kraftfahrzeuginnung, eines Automobilclubs und einer technischen Überwachungsorganisation zusammen. Zudem führt stets ein zum Richteramt befähigter Jurist den Vorsitz. Informationen über das Schiedsstellenverfahren vermitteln die regional zuständigen Kraftfahrzeuginnungen. Die Adressen der bundesweit 130 Schiedsstellen sind im Internet zu finden unter **www.kfzschiedsstelle.de**

Die Rechnung prüfen

- Gehen Sie nach der Reparatur zusammen mit dem Meister oder Kundendienstberater Ihre Werkstatt-Rechnung durch.
- Lassen Sie sich unverständliche Abkürzungen und Fachbegriffe erklären. Arbeitslohn, Material und Mehrwertsteuer müssen getrennt aufgeführt sein.
- Fehler in der Rechnung können Sie innerhalb sechs Wochen nach ihrer Ausstellung reklamieren.

Rechtzeitig reklamieren

- Mangelhafte Reparaturen sollten Sie so bald wie möglich reklamieren. Die Werkstatt muss für Ihre Arbeit sechs Monate geradestehen (Gewährleistung). Treten durch eine unsachgemäße Reparatur Schäden an Ihrem Fahrzeug auf, können Sie von der Werkstatt Schadenersatz verlangen.
- Wenn Sie bereits bei der Abholung Ihres Fahrzeugs Grund für eine Reklamation haben, kann die Werkstatt trotzdem darauf bestehen, dass Sie die Reparatur erst in voller Höhe bezahlen, bevor sie den Wagen herausgibt. Vermerken Sie in diesem Fall auf der Rechnung, dass Ihre Zahlung nur unter Vorbehalt erfolgt.
- Reklamationen sollten Sie in einem sachlichen Gespräch mit der Werkstatt vortragen. Lassen sich Unstimmigkeiten nicht ausräumen, helfen die Schiedsstellen der Kfz-Innung (siehe auch Praxistipp) kostenlos weiter. Ihre Werkstatt muss dazu aber Mitglied der Innung sein.

Der Vorgang soll unmittelbar nach Bekanntwerden der Streitursache bei der zuständigen Schiedsstelle eingereicht werden. Die Zuständigkeit richtet sich nach dem Geschäftssitz des betroffenen Kfz-Betriebes. Als neutrale Institution soll die Schiedsstelle dann helfen, Streitigkeiten aus Werkstattaufträgen und aus Kaufverträgen über gebrauchte Kraftfahrzeuge ohne gerichtliche Auseinandersetzung beizulegen. Bereits vor Gericht anhängige Streitigkeiten werden von den Schiedsstellen nicht bearbeitet!

Die Schiedsstelle wird nur dann tätig, wenn Uneinigkeit zwischen Käufer und Kfz-Betrieb besteht und einer von beiden sich an die Schiedsstelle wendet. Das muss schriftlich mit einer »Anrufungsschrift« erfolgen. Sie sollte folgende Angaben enthalten:

- Name oder Firma mit genauer Anschrift;
- Bezeichnung des Fahrzeugs;
- Kurze Schilderung der Beanstandung und des sie begründenden Sachverhalts;
- Beweismittel wie Kaufvertrag, Reparaturrechnungen, Gutachten, Kostenvoranschläge.

DIE MOTOREN

Die neuen Benzinmotoren der A-Klasse. Das Kraftpaket A 200 Turbo (Schnittbild) leistet 193 PS bei 5000 Umdrehungen.

Wartung

Reparatur

Die Ende Juni 2004 präsentierte und ab Herbst verkaufte neue A-Klasse ist mit sieben verschiedenen Vierzylinder-Triebwerken zu haben. Neu sind die drei CDI-Direkteinspritzer und der 142 kW/193 PS starke Benziner mit Turboaufladung. Die Motoren sind je nach Drehmoment mit einem Fünfgang-Schaltgetriebe oder einem neuen Sechsgang-Schaltgetriebe kombinierbar. Für alle Modellvarianten ist das ebenfalls neue stufenlose Automatikgetriebe Autotronic verfügbar. Die einzigartige Konstruk-

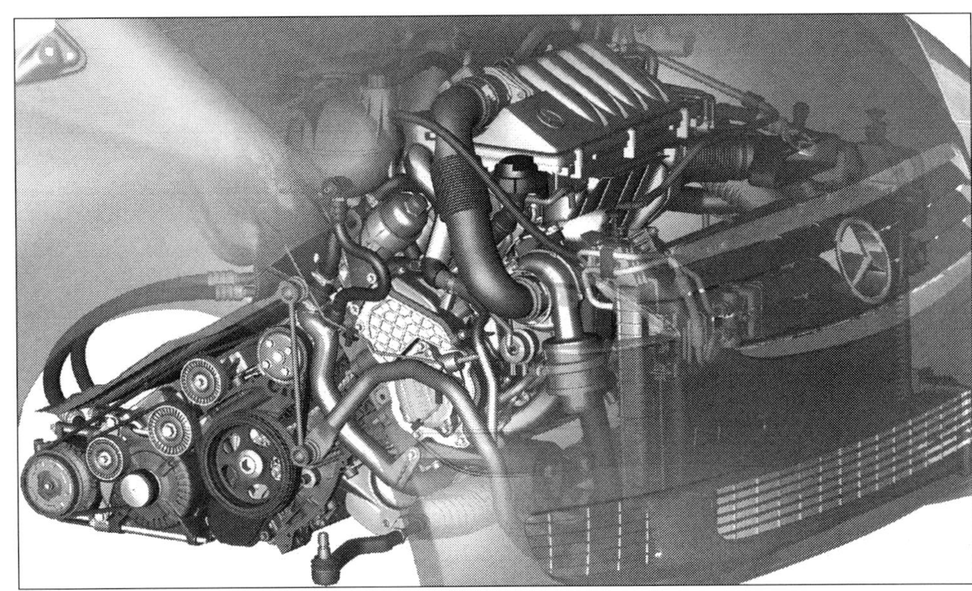

Die Motoren der A-Klasse sind in einzigartiger Weise so konstruiert, dass sie in einem Winkel bis zu 59 Grad hinter der Vorderachse eingebaut werden können. Im Falle eines schweren Frontalcrashs gleiten sie nach unten ab, ohne die Fahrgastzelle zu beschädigen.

tion der Motoren ermöglicht den Einbau quer hinter der Antriebsachse in einem Winkel von 56 Grad bei den Dieseln und von 59 Grad bei den Benzinern. Diese Einbaulage entspricht genau der Form des vorderen Bodenblechs der Karosserie. Bei einer schweren Frontalkollision können Motor und Getriebe nach unten abgleiten, ohne die Fahrgastzelle zu beschädigen. Damit sind die Vierzylinder wichtige Komponenten des intelligenten Sicherheitskonzepts.

Die Anordnung der sehr kompakten Motoren in Querlage teils vor, teils unter dem Passagierraum bietet aber nicht nur Sicherheit, sondern mehr Platz für die Passagiere. Der Vorbau ist kurz, und für die Insassen steht ein viel größerer Teil der Karosserie zur Verfügung als bei Fahrzeugen herkömmlicher Konzeption.

Die drei neuen CDI-Motoren

Zu den wesentlichen Unterschieden der CDI-Motoren gegenüber denen im Vorgängermodell zählen der von 1689 auf 1991 Kubikzentimeter vergrößerte Hubraum, höhere Zünddrücke (180 statt 145 bar) und die Common-Rail-Einspritzung der zweiten Generation mit doppelter Piloteinspritzung und höherem Einspritzdruck (1600 bar). Diese und andere Maßnahmen bewirken, dass Leistung und Drehmoment deutlich steigen, die Abgas-Emissionen sinken und sich der Geräuschkomfort hörbar verbessert.

An der Spitze des Diesel-Programms steht der A 200 CDI, der hinsichtlich Agilität und Fahrspaß neue Bestmarken erreicht. Der Direkteinspritzer mit VNT-Turbolader (Variable Nozzle Turbine) leistet 103 kW/140 PS und entfaltet ein Drehmoment von 300 Newtonmetern, das in einem breiten Drehzahlband zwischen 1600 und 3000/min zur Verfügung steht. Das garantiert schnelle Beschleunigung und sehr kraftvolle Zwischenspurts.

Der neue A 160 CDI leistet mit 60 kW/82 PS rund neun Prozent mehr und entwickelt ein 12,5 Prozent höheres Drehmoment (180 Nm) als der bisherige A 160 CDI. Der neue 80 kW/109 PS starke A 180 CDI leistet 14 Prozent mehr als das Triebwerk des bisherigen A 170 CDI und stellt zwischen 1600 und 2600/min ein fast 39 Prozent höheres Drehmoment bereit.

Der Kraftstoffverbrauch der Dieselmotoren liegt dabei auf dem vorbildlichen Niveau des bisherigen Mercedes-Kompaktwagens. Der auf Wunsch lieferbare Partikelfilter reduziert die Ruß-Emissionen um 99 Prozent. Er regeneriert sich ohne Zusatzstoffe und bleibt über eine hohe Laufleistung wirksam.

Neue Dimension bei Benzin-Motoren

Die Vierzylinder-Benzinmotoren der neuen A-Klasse bieten im Vergleich zum Vorgängermodell ein Leistungsplus bis zu 38 Prozent und bis zu 36 Prozent mehr Drehmoment. Kraftstoffverbrauch, Abgas- und Geräusch-Emissionen vermindern sich deutlich.

Der neue A 200 Turbo, der im Juli 2005 auf den Markt kam, stößt in neue Leistungsdimensionen vor. Mit seinen 142 kW/193 PS erreicht dieser Motor die beachtliche Literleistung von rund 70 Kilowatt und zählt damit

zu den stärksten Triebwerken seiner Hubraumklasse. Das ist denn auch die neue Leistungsspitze der kompakten A-Klasse und rundet das Modellprogramm nach oben ab.
Das moderne Leichtbau-Triebwerk (siehe Bild zum Kapitelauftakt und in dieser Spalte das Bild ganz unten) mit Turboaufladung und natriumgekühlten Auslassventilen bietet bereits ab 1800/min ein maximales Drehmoment von 280 Nm. Damit garantiert der Vierzylinder-Benziner überragende Fahrleistungen: Für den Spurt von null auf 100 km/h vergehen nur 7,5 Sekunden; das Höchsttempo beträgt 228 km/h. Dennoch bleibt der Kraftstoffkonsum mit 7,9 Liter auf 100 Kilometer vergleichsweise bescheiden. Damit verbrau-

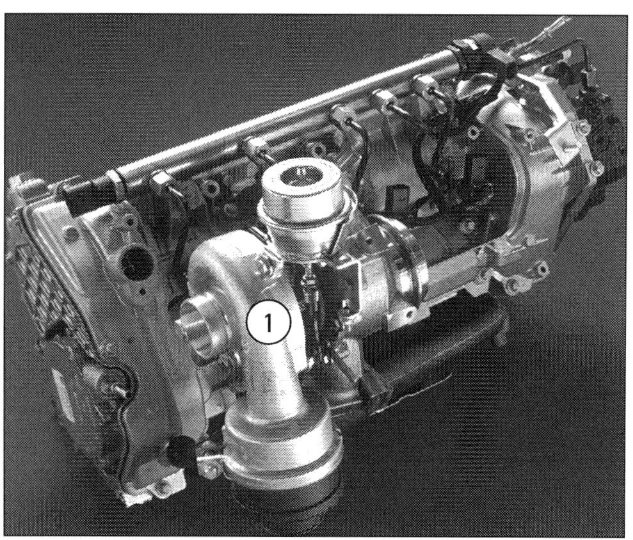

A 200 CDI mit VNT-Turbolader (1). Bei der »Variable Nozzle Turbine« ist der Winkel der Leitschaufeln verstellbar.

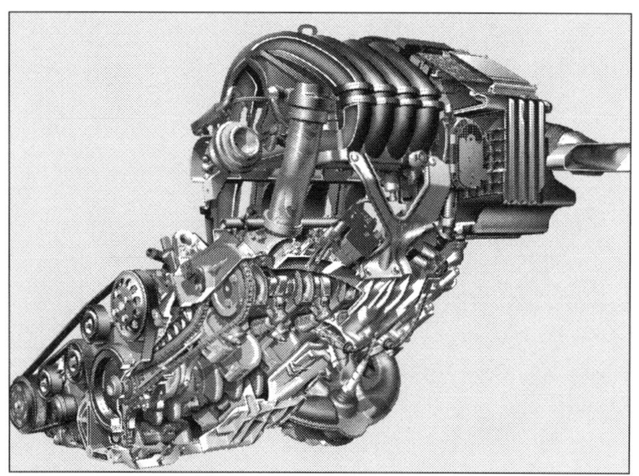

Blick auf die Keilrippenriemenseite des A 200 Turbo.

Die Bauteile des Motors

Keilrippenriemen: Treibt per Motor Nebenaggregate wie Generator, Kühlmittelpumpe und den Kältemittelverdichter der Klimaanlage.

Kolben: Bewegen sich in den Zylindern, nehmen den Verbrennungsdruck auf und geben ihn über die Pleuel an die Kurbelwelle weiter. Aufbau: Kolbenboden, Ringzone mit Kolbenringen und Bolzenaugen für die Kolbenbolzen. Die Verdichtungsringe (oben) verhindern Gasentweichen aus dem Verbrennungsraum. Der Ölabstreifring (unten) führt Schmieröl vom Zylinder in die Ölwanne zurück.

Kurbelwelle: Wandelt das Auf und Ab der Kolben in eine Drehbewegung um. Ihre Teile: Wellenzapfen (für Lagerung im Kurbelgehäuse) und Kurbelzapfen. Kurbelwangen verbinden Wellen- und Kurbelzapfen.

Motorblock: Hier sind die beweglichen Teile gelagert, auch Aggregate wie Generator und Anlasser.

Nockenwelle: Öffnet und schließt die Ventile. Jedes Ventil wird über hydraulische Tassenstößel oder Rollenschlepphebel von einem Nocken betätigt. Die Nockenwelle wird von der Kurbelwelle angetrieben.

Pleuel: Verbinden Kolben und Kurbelwelle. Kopf umschließt den Kolbenbolzen; Schaft und Fuß; Pleuellagerdeckel umschließen den Kurbelzapfen.

Turbolader: Baugruppe zur Aufladung, d. h. zur besseren Versorgung des Zylinders mit Frischluft für die Verbrennung. Steigert die Motorleistung.

Ventile: Die Einlassventile lassen Frischgas in den Zylinder, die Auslassventile Abgase in den Auspuff.

Zylinder: Bilden mit dem Zylinderkopf den Verbrennungsraum (Hubraum). Sie sind glatt ausgeschliffen (gehont) und auf den Kolbendurchmesser abgestimmt.

Zylinderkopf: Schließt den Zylinderraum nach oben ab. Enthält Ansaug- und Abgaskanäle, Wasserkanäle, Ventilsitze, Lager und Führungen für die Ventilsteuerung, Einspritzventile und Zünd-/Glühkerzengewinde. Die Zylinderkopfdichtung hält Luft und Kühlwasser fern.

Motorraum der neuen A-Klasse-Benziner (bei Dieseln ähnlich): (1) Motor mit Schaltsaugrohr aus drei Kunststoffschalen., (2) Ölmessstab, (3) Öleinfüllöffnung, (4) Kühlmittelausgleichsbehälter, (5) Motorsteuergerät, (6) Bremsflüssigkeitsbehälter, (7) Behälter für Scheibenwaschanlage.

chen alle Benzinmotoren der neuen A-Klasse trotz höherer Leistungen im NEFZ-Fahrzyklus weniger Kraftstoff als ihre Vorgänger.

Alu-Gehäuse mit Grauguss-Buchsen

Das moderne Leichtbau-Triebwerk besteht aus einem Aluminium-Kurbelgehäuse mit Grauguss-Laufbuchsen. Auch Kolben, Ölwanne, Ölpumpe, Schlepphebel, Motorträger, Steuergehäusedeckel und andere Motorkomponenten bestehen aus Aluminium. Damit die Motoren mit 92 kg (A 150) bis 117 kg (A 200 Turbo) noch deutlich leichter werden als ihre Vorgänger, wurden Saugrohr, Luftfilter und Zylinderkopfhaube aus Kunststoff hergestellt.

Ein Drallkanal im Zylinderkopf versetzt das Kraftstoff-Luft-Gemisch in schnelle Turbulenz und sorgt so für optimalen Verbrennungsverlauf. Zu eben diesem Zweck ist die Zündkerze nahezu zentral angeordnet. Die Ventile werden von einer hohl gebohrten Nockenwelle aus induktiv gehärtetem Schmiedestahl und reibungsarmen Rollenschlepphebeln gesteuert. Der automatische Ventilspielausgleich erfolgt hydraulisch.

Damit der hohe thermische Wirkungsgrad der Moto-

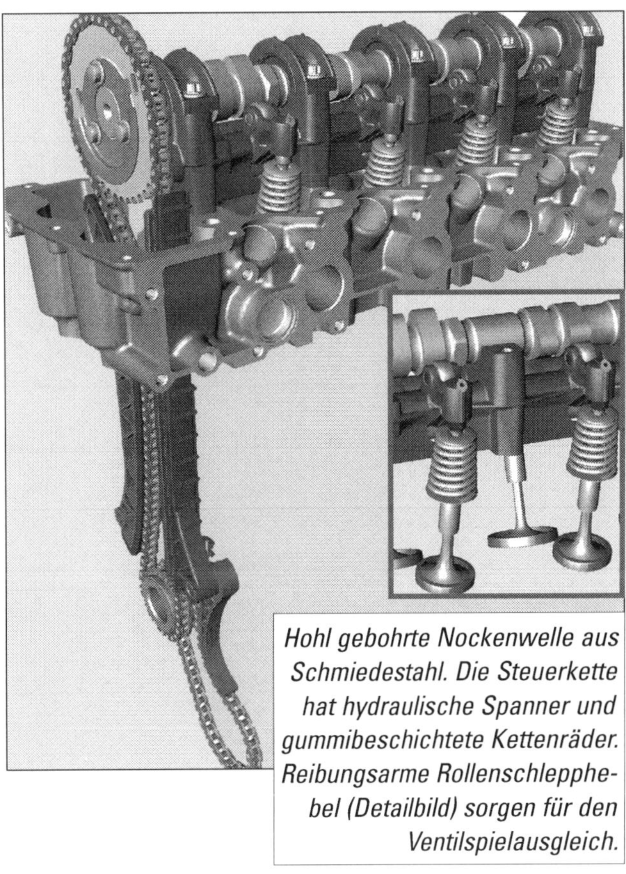

Hohl gebohrte Nockenwelle aus Schmiedestahl. Die Steuerkette hat hydraulische Spanner und gummibeschichtete Kettenräder. Reibungsarme Rollenschlepphebel (Detailbild) sorgen für den Ventilspielausgleich.

ren möglich ist, musste das Verdichtungsverhältnis auf für Benzinmotoren hohe 11.1 gebracht werden. Dazu wurde der Wasserraum für die Motorkühlung in zwei Bereiche geteilt. In der unteren Zone herrscht eine hohe Strömungsgeschwindigkeit, die zur Kühlung der heißen Brennraumregionen dient. Im oberen Bereich erfolgt die Kühlung der Ventilführungen des Motors. Die Auslassventile der Motoren A 170, A 200 und A 200 Turbo sind zusätzlich natriumgekühlt.
Die Luftversorgung der Motoren wird durch ein Schaltsaugrohr mit langen Saugarmen, das aus Kunststoff in drei Schalen besteht, wesentlich verbessert. Es lässt über eine elektropneumatisch betätigte Schaltwalze bei niedrigen Drehzahlen die Luft durch die langen Saugarme und bei hoher Drehzahl durch ein kurzes Saugrohr zu den Zylindern fließen. In den langen Saugkanälen entstehen Druckwellen, die den Ansaugvorgang unterstützen. Das Umschalten wird vom Motorsteuergerät auf der Grundlage von Kennfelddaten für optimalen Motorbetrieb berechnet und realisiert.

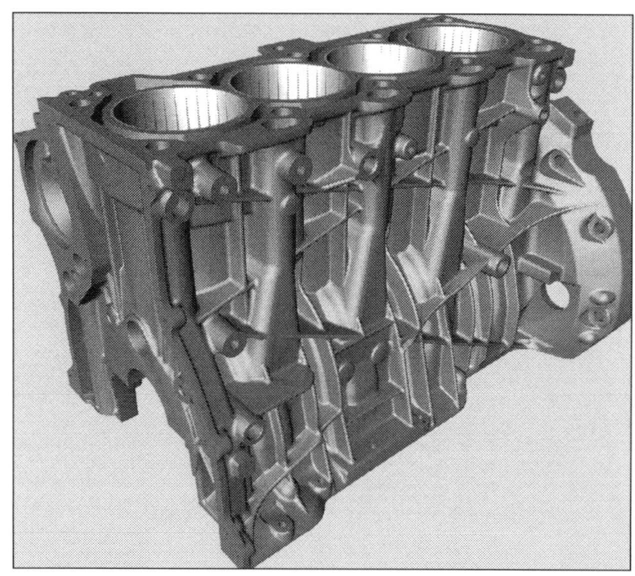

Kurbelwelle (oben) und Aluminium-Kurbelgehäuse mit Grauguss-Laufbuchsen (unten).

Turbolader statt Schaltsaugrohr

Der neue A-Klasse-Turbomotor hat kein Schaltsaugrohr, sondern einen Turbolader. Zu ihm strömt die angesaugte Luft vom Luftfilter. Der für den Betrieb der Ladeturbine erforderliche Abgasstrom wird durch ein pneumatisch gesteuertes Wastegate-Ventil je nach Motorbetriebszustand geregelt. Die verdichtete Ansaugluft strömt vom Turbolader durch einen mit dem Drosselklappensteller verbundenen Ladeluftkühler.
Eine vorbildliche Drehmomentcharakteristik (siehe die späteren Kurven-Grafiken) zeugt von der Leistungsfähigkeit des Turboladers, der eine Gemeinschaftsentwicklung der Forschungsabteilungen von Mercedes und DaimlerChrysler ist. Seine spezielle Turbinengeometrie gewährleistet das hervorragende Ansprechverhalten schon bei niedriger Drehzahl und ermöglicht das außergewöhnlich breite Drehmomentplateau zwischen 1800 und 4850 Umdrehungen/min. Der Auspuffkrümmer ist dazu luftspaltisoliert und wird direkt mit dem Gehäuse des Turboladers verschweißt.
Alle A-Klasse-Benzinmotoren erfüllen übrigens die Vorschriften der EU4-Abgasnorm.

Die langen Saugarme des Schaltsaugrohrs der neuen A-Klasse-Benziner ohne Turbolader.

Der von Mercedes-DaimlerChrysler entwickelte Turbolader sitzt platzsparend am Abgaskrümmer.

Die zweite CDI-Generation

Bei den CDI-Motoren der ersten Generation arbeitet die Hochdruckpumpe stets mit maximaler Fördermenge und benötigt deshalb eine hohe Antriebsleistung. Das belastet den Kraftstoffverbrauch und treibt die Kraftstofftemperatur in die Höhe. Die neue Hochdruckpumpe der zweiten CDI-Generation wird bedarfsgerecht mittels Saugdrosselung gesteuert. Antriebsleistung der Pumpe und damit Kraftstoffbedarf sinken ganz beträchtlich.

Neu in der zweiten Generation ist ferner die noch präziser gefertigte Siebenloch-Einspritzdüse anstelle der bisherigen Sechsloch-Düse. Durch die damit verbundene Reduzierung des Lochdurchmessers um 20% kann sich der Kraftstoff gleichmäßiger und feiner zerstäubt in den Zylindern verteilen. Der Dieselkraftstoff kann sich schneller entzünden und vollständiger verbrennen als bisher.

Damit dennoch die Einspritzdauer nicht verlängert wird, wurde der Einspritzdruck von bisher 1350 auf 1600 bar erhöht. Dieser hohe Druck ist jederzeit, also auch bei niedrigen Drehzahlen, verfügbar.

Solide Basis der neuen Dieselmotoren ist ein Kurbelgehäuse in Graugusstechnik. Dieser bewährte Werkstoff bietet wegen der kompakten Motorabmessungen, des größeren Hubraums und des höheren Zünddrucks die meisten Vorteile. Die Bohrung wurde von 80 auf 83 mm Durchmesser, der Hub von 84 auf 92 mm vergrößert. Die geschmiedeten Pleuel wurden auf 147,85 mm verlängert.

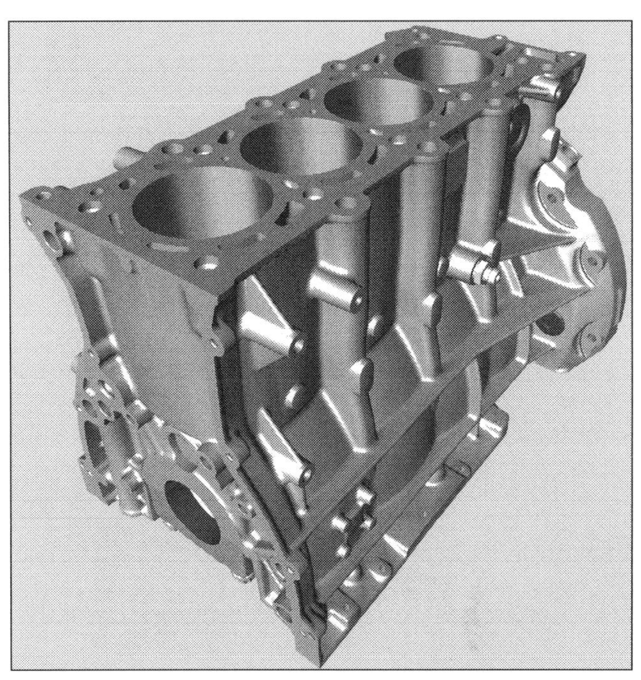

Das Kurbelgehäuse der neuen Dieselmotoren (Bild oben) besteht aus Grauguss, die Kurbelwelle (Bild unten) und die Pleuel sind aus Schmiedestahl.

Die Kurbelwelle besteht ebenfalls aus Schmiedestahl und wird fünffach gelagert. Sie ist mit acht Gegengewichten und einem Schwingungsdämpfer ausgestattet (Bild vorige Seite). Die Kolben mit Böden in spezieller Muldenform haben Kühlkanäle, in die von druckgesteuerten Düsen im Kurbelgehäuse Öl hinein gespritzt wird.
Die beiden Stahlnockenwellen oben im Zylinderkopf sind nach dem Präzisionsverfahren der Innen-Hochdruck-Umformung passgenau hergestellt. Sie steuern die jeweils zwei Einlass- und Auslasskanäle über Rollenschlepphebel. An der Einlassseite wird die mit ihrem Pendant an der Auslassseite verzahnte Nockenwelle von einer Kette angetrieben (Bild unten).
Die neuen Dieselmotoren arbeiten so schadstoffarm, dass auch sie die strengen Vorschriften der EU4-Richtlinie erfüllen. Die gasförmigen Emissionen wurden gegenüber den bisherigen CDI-Triebwerken bis zu 56% verringert. Der Partikelausstoß reduziert sich auf 0,025 Gramm pro Kilometer. Optional wird zusätzlich ein wartungsfreies Partikelfiltersystem angeboten, das die Rußemissionen um weitere 99% verringert.
Die ausgezeichneten Leistungen der neuen Motoren, ihr ungewöhnlich perfektes Verhältnis zwischen Motordrehzahl, hohen Leistungen und maximalem Drehmoment werden an den Kurvendiagrammen deutlich, die wir nachfolgend zeigen.

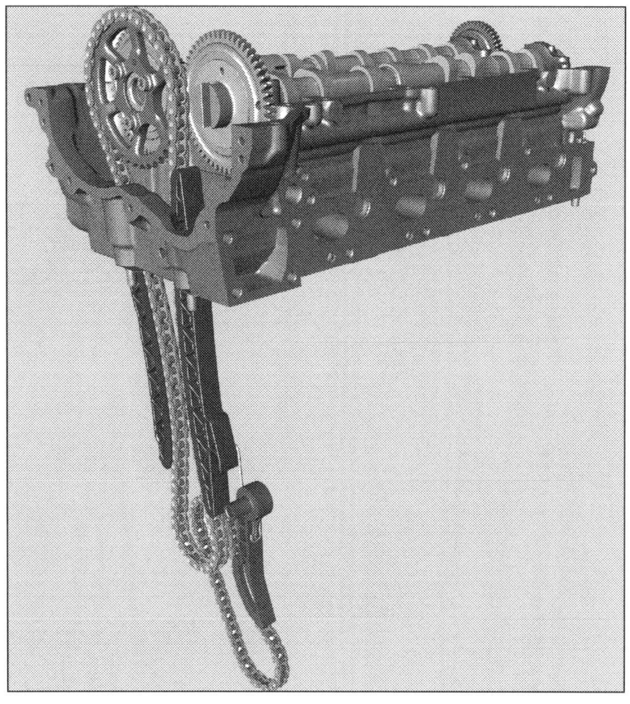

Zylinderkopf mit den zwei oben liegenden Nockenwellen.

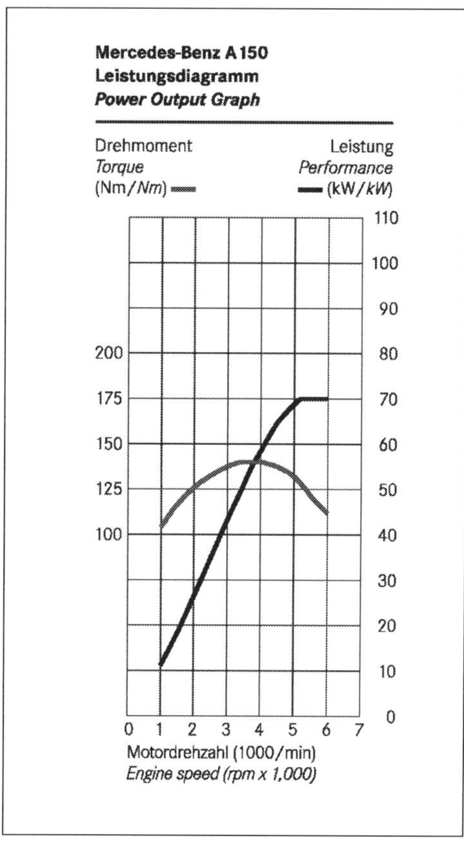

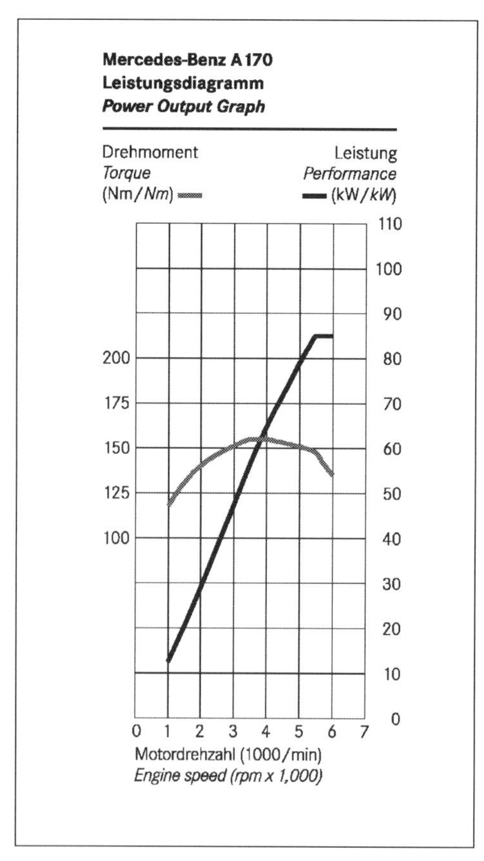

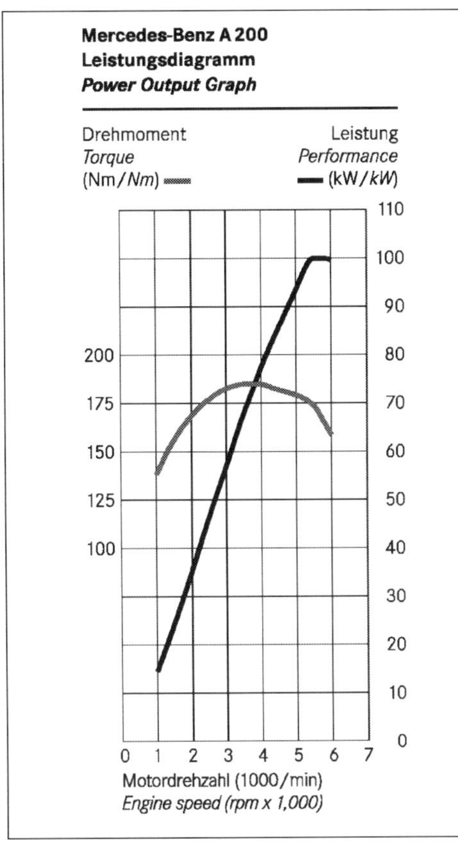
Mercedes-Benz A 200
Leistungsdiagramm
Power Output Graph
Drehmoment
Torque
(Nm/Nm)
Leistung
Performance
(kW/kW)
110
100
90
80
70
60
50
40
30
20
10
0
200
175
150
125
100
0 1 2 3 4 5 6 7
Motordrehzahl (1000/min)
Engine speed (rpm x 1,000)

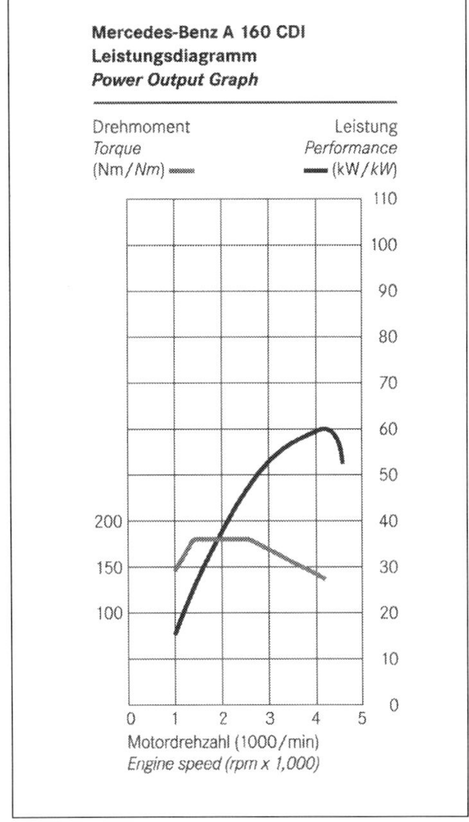
Mercedes-Benz A 160 CDI
Leistungsdiagramm
Power Output Graph
Drehmoment
Torque
(Nm/Nm)
Leistung
Performance
(kW/kW)
110
100
90
80
70
60
50
40
30
20
10
0
200
150
100
0 1 2 3 4 5
Motordrehzahl (1000/min)
Engine speed (rpm x 1,000)

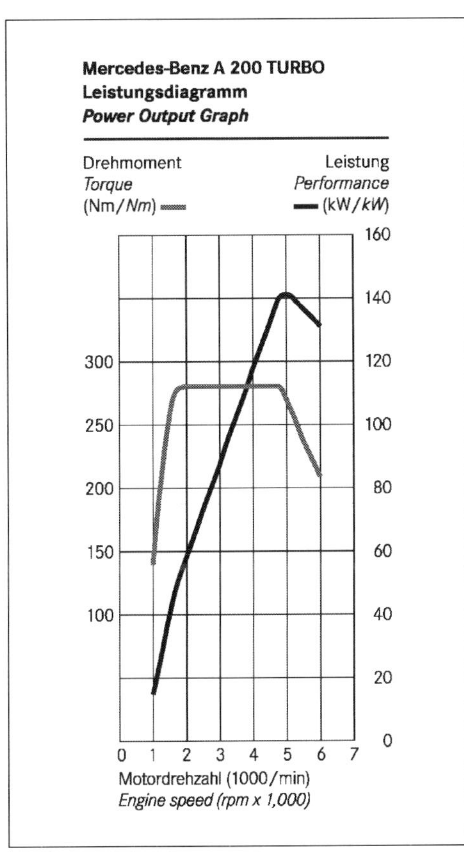
Mercedes-Benz A 200 TURBO
Leistungsdiagramm
Power Output Graph
Drehmoment
Torque
(Nm/Nm)
Leistung
Performance
(kW/kW)
160
140
120
100
80
60
40
20
0
300
250
200
150
100
0 1 2 3 4 5 6 7
Motordrehzahl (1000/min)
Engine speed (rpm x 1,000)

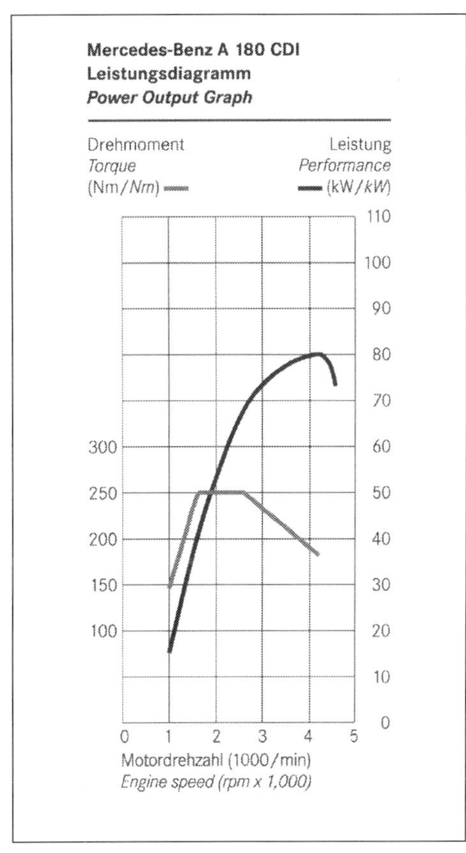
Mercedes-Benz A 180 CDI
Leistungsdiagramm
Power Output Graph
Drehmoment
Torque
(Nm/Nm)
Leistung
Performance
(kW/kW)
110
100
90
80
70
60
50
40
30
20
10
0
300
250
200
150
100
0 1 2 3 4 5
Motordrehzahl (1000/min)
Engine speed (rpm x 1,000)

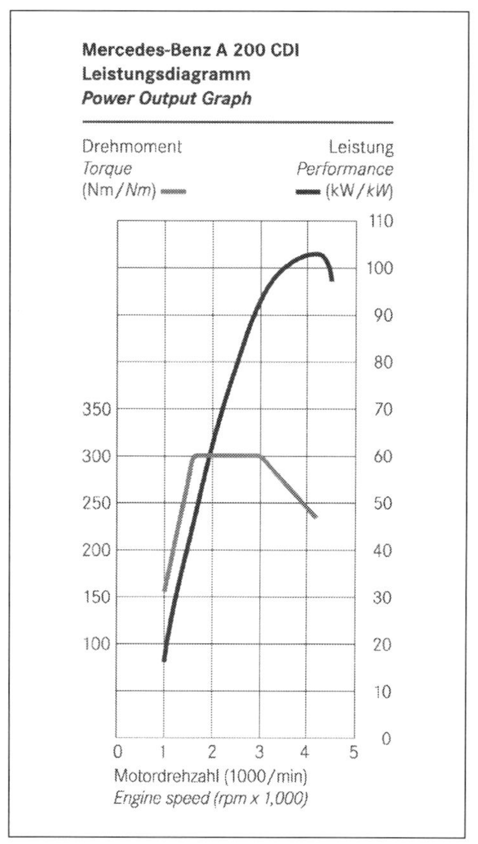

Die Motornummer ist in Deutschland »verkehrsrechtlich unerheblich« und erscheint nicht in den Fahrzeug-Zulassungspapieren.

Viele Staaten verlangen jedoch Motornummern bei den Kraftfahrzeugen, die bei ihnen zugelassen sind. Im grenzüberschreitenden Verkehr richten sich die Behörden allerdings nach den Bestimmungen desjenigen Landes, in dem das Fahrzeug zugelassen ist. Bei Reparaturarbeiten müssen daher Richtlinien für in Deutschland zugelassene Kraftfahrzeuge befolgt werden, damit es bei Fahrzeugkontrollen oder bei Grenzübertritten keine Schwierigkeiten gibt. Bei Fahrzeugen ohne Motornummer-Eintrag in der Zulassungsbescheinigung muss bei typgleichem Tausch von Motor oder Zylinderkurbelgehäuse keine Motornummer eingeschlagen oder geändert werden. Falls eine Nummer in der Bescheinigung steht, was für die A-Klasse unwahrscheinlich ist, weil das so gut wie nur bei Erstzulassungen vor 1972 vorkommt, muss bei typgleichem Tausch die Motornummer übertragen oder behördlich aus der Bescheinigung gestrichen werden.

Identifizierung: Die Motornummern

Den Typnummern 169.0xx (Fünftürer) und 169.3xx (Dreitürer) der neuen A-Klasse sind Motoren nach einem Nummernsystem mit zwei Blöcken zu je drei Ziffern zugeordnet. Die ersten vier Ziffern der Ottomotoren sind die 266.9, die ersten vier Ziffern der Dieselmotoren sind 640.9. Die Codierungen sind am Motor an der Trennfläche zwischen Kurbelgehäuse und Ölwanne (Bild rechts) eingeschlagen und als Position 4 auf dem Karosserieschild auf der Quertraverse oberhalb des Kühlers zu finden.

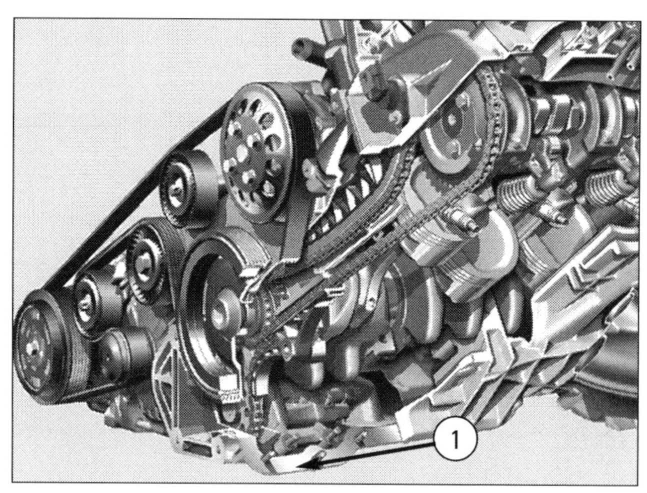

Position der Motornummer (1) beim A 200 Turbo.

Die Motoren der neuen A-Klasse

Bezeichng.	Typ	Hubraum	Zylinder/Ventile	Leistung	Motornummer
A 150	169.031/331	1,498 Liter	4 Zyl./2 Ventile pro Zyl.	70 kW/95 PS	266.920
A 170	169.032/332	1,699 Liter	4 Zyl./2 Ventile pro Zyl.	85 kW/115 PS	266.940
A 200	169.033/333	2,034 Liter	4 Zyl./2 Ventile pro Zyl.	100 kW/136 PS	266.960
A 200 Turbo	169.034/334	2,034 Liter	4 Zyl./2 Ventile pro Zyl.	142 kW/193 PS	266.980
A 160 CDI	169.006/306	1,991 Liter	4 Zyl./4 Ventile pro Zyl.	60 kW/82 PS	640.942
A 180 CDI	169.007/307	1,991 Liter	4 Zyl./4 Ventile pro Zyl.	80 kW/109 PS	640.940
A 200 CDI	169.008/308	1,991 Liter	4 Zyl./4 Ventile pro Zyl.	103 kW/140 PS	640.941

Technik-lexikon

Das Viertaktprinzip

Bei den Viertaktmotoren umfasst ein Arbeitszyklus des Kolbens im Zylinder vier Takte. Der Raum, den die Kolben bei ihrer Bewegung innerhalb der Zylinder durchmessen, ist der Hubraum (2). Wenn der Kolben in diesem seinen höchsten Punkt erreicht hat, bleibt noch der Brennraum (4), in dem sich das Kraftstoff-Luft-Gemisch befindet. Hubraum und Brennraum bilden zusammen den Zylinderraum.
Das Verhältnis des Zylinderraums zum Brennraum gibt an, auf den wievielten Teil des Zylinderraums das Kraftstoff-Luft-Gemisch verdichtet wird. Bei Dieseltriebwerken beträgt dieses Verdichtungsverhältnis in der Regel etwa 20:1 (A-Klasse- CDI: 18,0:1). Bei Benzinmotoren beträgt die Verdichtung um 10:1 (A-Klasse 11,0:1). Die vier Takte bei Benziner **B** und Diesel **D**:

B: Ansaugen: Kolben gleitet zum Unteren Totpunkt UT (3). Einlassventil öffnet, Gemisch strömt in den Zylinder.
Verdichten (2. Takt): Kolben bewegt sich vom UT zum Oberen Totpunkt OT (1). Einlassventil schließt. Der Kolben verdichtet das eingeströmte Gemisch.
Verbrennen (3. Takt): Kurz vor dem OT springt der Zündfunke über (»Zünd-OT«). Das Gemisch verbrennt und drückt den Kolben zum UT. Pleuel dreht die Kurbelwelle.
Ausstoßen (4. Takt): Kolben geht wieder nach oben. Auslassventil öffnet, die verbrannten Gase werden ins Auspuffsystem geschoben.

D: Ansaugen (1. Takt): Kolben geht zum Unteren Totpunkt UT. Einlassventil öffnet, Luft strömt in den Zylinder.
Verdichten (2. Takt): Kolben bewegt sich vom UT zum Oberen Totpunkt OT. Einlassventil schließt. Der Kolben verdichtet die eingeströmte Luft und erhitzt sie damit auf Zündtemperatur und darüber. Die Einspritzdüse spritzt Kraftstoff in den Brennraum.
Verbrennen (3. Takt): Kurz vor dem (»Zünd«-)OT zündet das Gemisch. Es verbrennt und drückt den Kolben zum UT. Über den Pleuel wird die Kurbelwelle in Umdrehung versetzt.
Ausstoßen (4. Takt): Kolben bewegt sich wieder nach oben. Auslassventil öffnet, die verbrannten Gase werden ins Auspuffsystem (und in den Turbolader) geschoben.

Schnitt durch den Zylinderraum:

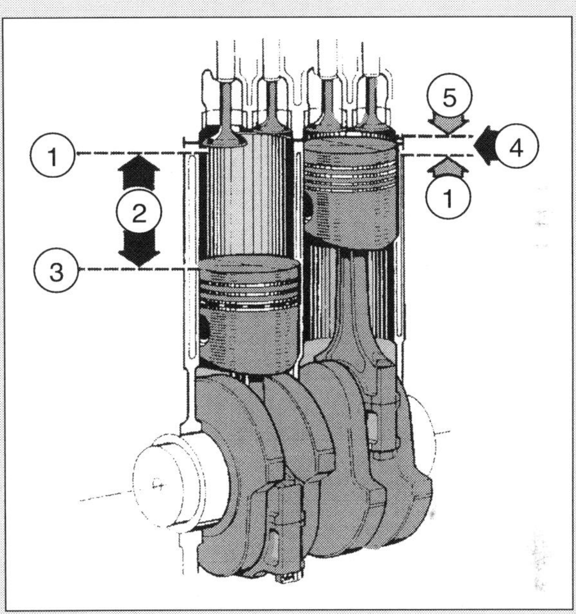

(1) oberer Totpunkt OT, (2) Hubraum, (3) unterer Totpunkt UT, (4) Brennraum, (5) Wölbung des Zylinderkopfes (mit Ventilen).

Arbeiten am Motor

Reparaturen und Einstellarbeiten an den kompakten, völlig neu konzipierten und ganz unüblich eingebauten A-Klasse-Motoren erfordern neben Hebebühne und Kleinkränen weitere Spezialwerkzeuge wie einen besonders bemessenen Motor- und Getriebeheber sowie Prüf- und Messgeräte. Solche Arbeiten sind schon deshalb häufig eine Sache der Werkstatt.
Fragen Sie sich nachdrücklich: Was kann ich wirklich selbst tun? Wenn Sie nicht sicher sind, ob Sie eine Arbeit am Motor fachgerecht durchzuführen vermögen: Verzichten Sie aufs Do it yourself! Überlassen Sie dann Reparaturen an Zylinderkopf, Kolben, Ventilen oder Turbolader am besten der Werkstatt, ebenso die Beseitigung eines Lagerschadens oder den Ausbau der Kurbelwelle. Andererseits ist der Ausbau des Motors in einigen Fällen schon deshalb unumgänglich, weil anders an bestimmte Bauteile zu Austausch und Reparatur nicht heran zu kommen ist.
Schlauchverbindungen sind immer nach Herstellervorschrift zu sichern, im Regelfall mit Federband- oder Schraubschellen. Gelöste Kabelbinder sind beim Wiedereinbau an den ursprünglichen Stellen anzubringen. Alle stets gültigen Regeln und Hinweise zu Sicherheit und Sauberkeit sind bei Motorreparaturen besonders strikt einzuhalten.

Wenn Sie die Motorabdeckung abgebaut haben, ist zur ersten Einschätzung des Motorzustandes und der eventuellen Notwendigkeit von Reparaturen eine Sichtprüfung auf Undichtigkeiten und Beschädigungen vorzunehmen. Kontrollieren Sie dabei das Triebwerk und seine Umgebung im Motorraum sehr genau. Bei einigen Arbeiten an Motor und Zündung muss man die Kurbelwelle durchdrehen oder in eine bestimmte Stellung bringen. Beim Abbauen des Zylinderkopfes z. B. muss der Kolben von Zylinder 1 (das ist der auf der Keilrippenriemenseite) im Zünd-OT stehen. Wir bieten deshalb auch eine Arbeitsanleitung zum Durchdrehen des Motors.

Fahrzeug anheben

1 Für viele Arbeiten am Motor und für den Ein- und Ausbau muss das Fahrzeug angehoben werden. Möglich sind Hebebühne, Montagegrube und Aufbocken.

2 Bei Benutzung der Hebebühne die Aufnahmeteller an den vorgeschriebenen Aufnahmepunkten platzieren (Siehe dazu sowie Hinweise zum Aufbocken die Seiten 32/33 im Kapitel »Die Fahrzeugreparatur«.

■ Fahrzeug in Längs- und Querrichtung ausmitteln!

■ Aufnahmeteller auf gleichem Höhenniveau platzieren!

■ Fahrzeug leicht anheben, dann den korrekten Sitz der Aufnahmeteller an den Aufnahmepunkten des Fahrzeugs prüfen!

■ Fahrzeug darf sich beim Abstützen von Bauteilen nicht vom Aufnahmeteller der Hebebühne abheben!

3 Beim Ausbau von Motor, Vorderachsträger oder Achsen muss das Fahrzeug gegen Kippen oder Herunterfallen gesichert werden. Zu diesem Zweck werden Hebebühnensicherungen (1, Bild rechts oben) eingesetzt. Diese müssen stets paarweise, also an zwei Stellen, in den Längsträgern des Fahrzeugs montiert werden. Dann:

■ Die Kunststoffsicherung der Hebebühnenaufnahmen am Fahrzeug herausziehen.
■ Die Hebebühnenaufnahmen aus den Längsträgern des Fahrzeugs heraushebeln. Dazu keine scharfkantigen Werkzeuge verwenden, da dies zu Beschädigungen am Längsträger führen könnte.
■ Die Hebebühnensicherungen (1) in die Längsträger einsetzen und den Hebel (2) der Sicherungen nach rechts schwenken, bis der Hebel gesichert ist. Dadurch werden die Hebebühnensicherungen an den Längsträgern arretiert.

Sicherung nach MB 169589023100: (1) Hebebühnensicherung, (2) Hebel.

4 Aufnahmeteller der Hebebühnenarme so weit verdrehen, bis sie an den Hebebühnensicherungen oder an den Hebebühnenaufnahmen der Längsträger anliegen.

5 Fahrzeug mit Hebebühne anheben, Sicherungen mit Spannbändern an den Hebebühnenarmen festzurren.

6 Abmontieren der Hebebühnensicherungen und Absenken des Fahrzeugs erfolgen sinngemäß umgekehrt.

7 Wenn zum Anheben des Fahrzeugs keine Hebebühne, sondern nur Grubenlift oder Rangierwagenheber zur Verfügung stehen, darf der Stempel des Hebers nur an den von der DCAG dafür vorgesehenen Aufnahmepunkten an Vorderachse und Hinterachse angesetzt werden, um Schäden an Achsen, Aggregaten oder Karosserie zu vermeiden. Das Fahrzeug muss gegen Kippen und Herunterfallen gesichert werden. Dazu werden Unterstellböcke unter die entsprechenden Aufnahmepunkte an der Karosserie gestellt.

8 DaimlerChrysler empfiehlt als Rangierheber das handhydraulische Gerät von Rassant (77694 Kehl) und als Unterstellböcke Typ 50 PB-3 von Eugen Trost (76805 Landau).

Vorsicht bei Motorreparaturen!

■ Offenes Feuer (Licht, Rauchen, Funkenflug) vermeiden! Es besteht Explosionsgefahr durch Entzünden von Kraftstoff oder Kraftstoffdämpfen.
■ Kraftstoff nur in geeignete und gekennzeichnete Behältnisse einfüllen! Hohe Vergiftungsgefahr!
■ Beim Umgang mit Kraftstoff, Batteriesäure und Kühlmittelflüssigkeit Schutzkleidung tragen!

Motorabdeckungen aus- und einbauen

Arbeits-schritte  

1 Ausbau: Motorhaube öffnen. Dazu am Hebel im Fußraum auf der Fahrerseite kräftig ziehen. So wird der Griff entriegelt, mit dem sich die Motorhaube öffnen lässt. Den Griff, der ein wenig aus dem Kühlergitter herausragt, nach vorn ziehen (Bilder unten links und rechts). Haube nach oben drücken, Stütze einhaken.

2 Benzinmotoren: Bei den Benzinmotoren 266.920/940 und 960, also den A 150, A 170 und A 200, gibt es keine oberen Motorabdeckungen. Nach Öffnen der Motorhaube ist der Blick auf den Motor frei (siehe Bild Seite 43 oben). Links oben liegt das Metall-gekapselte Motorsteuergerät, rechts das Saugrohr aus Kunststoff.

Beim **Turbomotor** 266.980 (A 200 Turbo) gibt es hier eine zweigeteilte Kunststoff-Abdeckung:

- Zuerst die Abdeckung auf der linken Seite ausbauen. Sie wird nach oben aus den beiden Gummiaufnahmen hinten am Motor gezogen.
- Jetzt die Abdeckung aus den beiden Aufnahmen vorn am Luftfiltergehäuse herausziehen und abnehmen.

Der Entriegelungshebel im Fahrerfußraum muss gezogen werden, ehe sich die Motorhaube öffnen lässt.

- Danach die Abdeckung auf der rechten Seite aus den vier Gummiaufnahmen an den Ecken herausziehen und aus dem Ölmessstab-Führungsrohr ausfahren.

Dieselmotoren: Bei den CDI-Motoren ist das Luftfiltergehäuse obere Motorabdeckung. Es wird wie folgt ausgebaut:

- Luftansaugrohr abmontieren und Unterdruckleitung am Luftfiltergehäuse aushängen.
- Elektrische Steckverbindungen trennen: am Heißfilmluftmassenmesser, am Druckwandler Ladedruckregelung, am Druckwandler ARF/Drosselklappe (Fahrzeuge ohne Partikelfilter), am Temperaturfühler nach Kat am Luftfiltergehäuse (Fahrzeuge mit Partikelfilter), an der Glühendstufe.
- Unterdruckleitungen an den Verbindungsstellen trennen und Leitung am Druckwandler ARF/Drosselklappe abziehen.
- Ansaugluftthutze vom Luftfiltergehäuse trennen und den Kraftstofffilter abmontieren. Kabelbinder im Bereich des Kraftstofffilters am Luftfiltergehäuse trennen.
- Elektrische Leitung der O2-Sonde vom Wärmeschutzblech abziehen.
- Öleinfüllvorrichtung vom Luftfiltergehäuse abmontieren. Dazu die Sicherungsfedern zusammendrücken und die Öleinfüllvorrichtung nach oben vom Luftfiltergehäuse abnehmen.

Den Griff im Kühlergrill (hier der besseren Erkennbarkeit wegen bei offener Motorhaube gezeigt) nach vorn ziehen.

■ Luftfiltergehäuse aus den Gummiaufnahmen erst am rechten Halter nach oben herausziehen, dann aus dem linken Halter nach rechts herausnehmen.

3 Einbau: Sinngemäß in umgekehrter Reihenfolge. Darauf achten, dass elektrische Leitungen und Unterdruckleitungen nicht scheuern können. Die Gummiaufnahmen sind auf Schäden zu überprüfen und ggf. zu ersetzen.

4 Aus-/Einbau Luftfiltergehäuse Benziner: Nach Ausbau der oberen Abdeckungen zunächst das Motorsteuergerät ausbauen (spätere Arbeitsanleitung). Dann

■ Luftansaugrohr ausbauen. Dazu das Rohr an der Verkleidung des Schlossquerträgers von Hand zusammendrücken und aus den vier Rastnasen ausclipsen. Falls erforderlich, ein geeignetes Werkzeug verwenden.
■ Luftansaugrohr in Richtung des am Rohr eingeprägten Pfeils nach oben verdrehen, bis sich die Verrastung löst. Dann das Rohr aus dem Luftfiltergehäuse herausziehen.
■ Elektrische Steckverbindung Motor/Motorraum rechts vom Luftfiltergehäuse durch Drehen aus dem Gehäuse lösen.
■ Luftfiltergehäuse durch seitliches Abkippen lösen und herausnehmen.

Einbau in umgekehrter Reihenfolge. Dichtringe prüfen und ggf. erneuern. Führungszapfen muss in Gummiaufnahme.

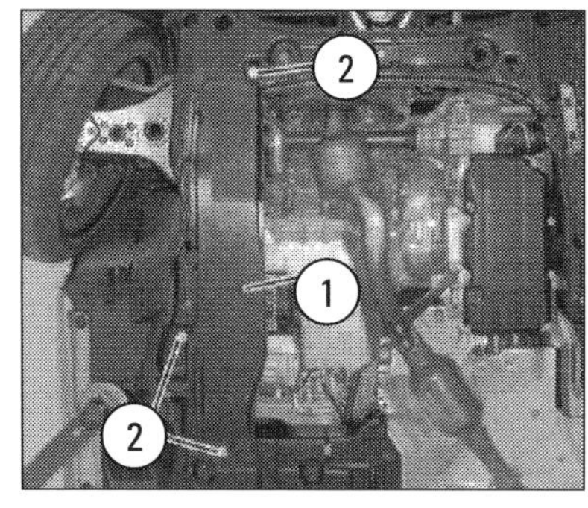

Untere Motorraumverkleidung ohne »Schlechtwegpaket« bei den Benzinmotoren. (1) Verkleidung, (2) Schrauben.

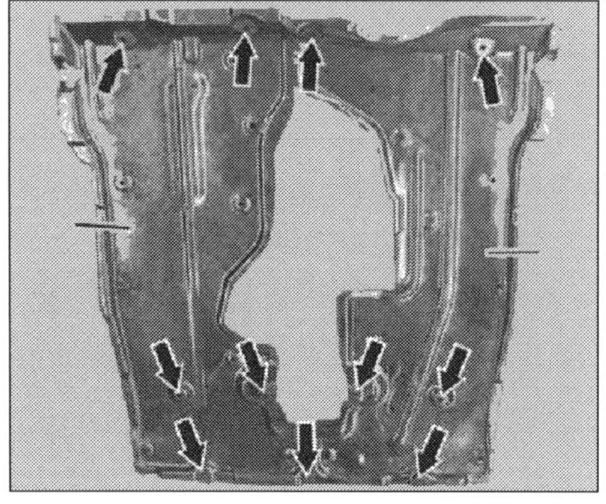

Untere Motorraumverkleidung bei »Schlechtwegpaket«. (1) Unterschutzplatte links, (2) Unterschutzplatte rechts.

Untere Motorverkleidung aus- und einbauen

Arbeitsschritte  

Die untere Motorraumverkleidung besteht bei den Benzinmotoren nur aus einem Teil an der rechten Seite. Fahrzeuge mit so genanntem Schlechtweg-Paket (Code 484) haben eine Abdeckung aus zwei Unterschutzplatten. Bei den Dieselfahrzeugen ist die Verkleidung als Lärmdämpfung (»Geräuschkapsel«) ausgeführt. Sie besteht im Normalfall aus drei Kapselteilen, bei der Schlechtwegausführung (484) aus zwei Unterschutzplatten mit eingelegten Dämmmatten.

1 Ausbau: Fahrzeug für die Hebebühne ausrichten, die vier Aufnahmeteller an den Aufnahmepunkten positionieren und Fahrzeug anheben.

2 Benzinmotoren: Bei der Normalausführung (oberes der beiden Bilder unten links) die drei Schrauben (2) herausdrehen und Verkleidung (1) abnehmen. Bei der Schlechtweg-Ausführung (Code 484) zuerst die fünf Schrauben (Pfeile) an der Unterschutzplatte links herausdrehen und Platte abnehmen, dann die sechs Schrauben (Pfeile) an der rechten Platte herausdrehen und Unterschutzplatte abnehmen. Zum Abnehmen der Platten ist ein Helfer erforderlich.
Bei den **Dieselmotoren** in der Normalausführung (Bild unten) zuerst die drei Schrauben (4) am Geräuschkapsel-Unterteil Mitte (2), dann die drei Schrauben (4) am

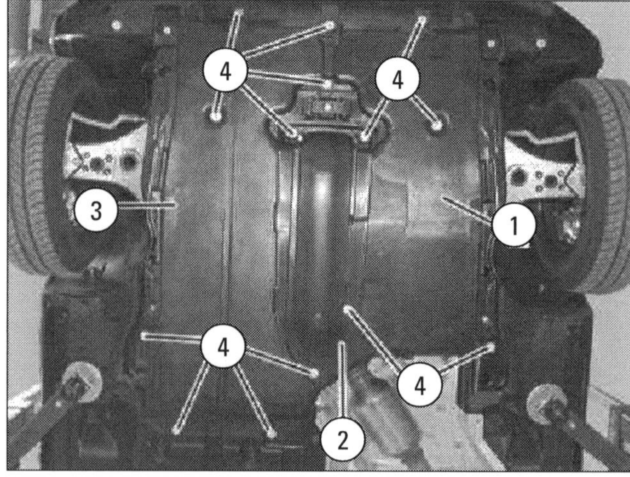

Diesel: Die insgesamt 14 Schrauben (4) an den Geräuschkapsel-Unterteilen links (1), Mitte (2) und rechts (3).

Geräuschkapsel-Unterteil links (1) und zum Schluss die acht Schrauben (4) am Geräuschkapsel-Unterteil rechts (3) herausdrehen und die Teile abnehmen. Das Geräuschkapsel-Unterteil Mitte muss seitlich aus dem Kapsel-Unterteil rechts herausgenommen werden.Das obere der beiden Bilder unten zeigt die drei Teile im abgenommenen Zustand. In der Ausführung mit »Schlechtweg-Paket« (484) sind zwei so genannte Unterschutzplatten an den Fahrzeugboden geschraubt. Zum Ausbau der schweren Platten ist wieder ein Helfer erforderlich. Zuerst wird die linke (1), dann die Rechte (2) Platte abgeschraubt und entnommen (Bild ganz unten).

■ In die Unterschutzplatten sind Dämmmatten (3) eingelegt und mit Spreizclips (4) befestigt. Zum Erneuern von Platten oder Dämmmatten können die Spreizclips ausgebaut und die Matten entnommen werden.

3 **Einbau** in umgekehrter Reihenfolge. Die Spreizclips auf Schäden untersuchen und bei Bedarf ersetzen. Die Schrauben der Unterschutzplatten werden mit 17 Nm festgezogen. Es empfiehlt sich der Einsatz eines Akkubohrschraubers. *Beachten:* Fahrzeuge A 200 haben eine spezielle »Unterbodenverkleidung« aus drei Teilen.

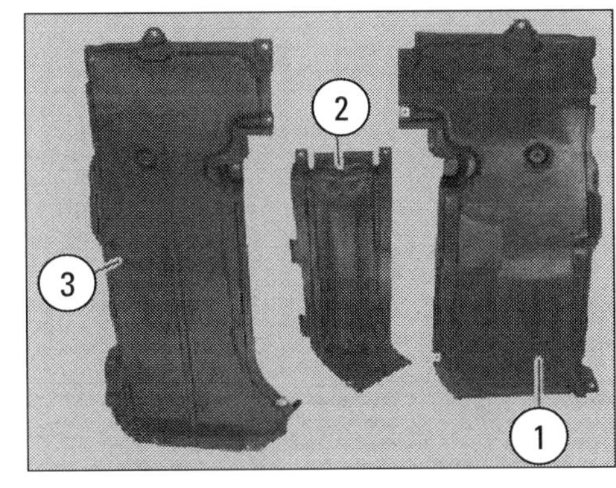

Geräusch-kapsel-Unterteile (1) links, (2) Mitte, (3) rechts der Dieselfahrzeuge in Normalausführung.

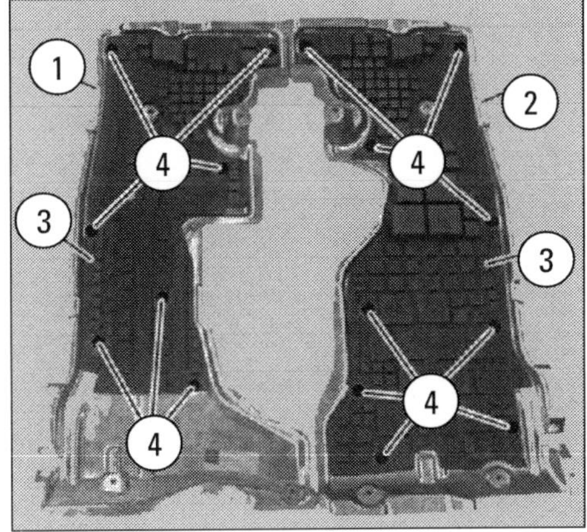

Unterschutzplatten (1) links und (2) rechts für »Schlechtwegpaket« der Dieselfahrzeuge. (3) Dämmmatten, (4) Spreizclips.

Sichtprüfung Motor und Motorraum

Arbeitsschritte  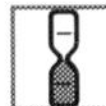

1 Nach Ausbau der unteren Motorraumverkleidungen oder Geräuschkapseln werden alle Teile auf Undichtheiten und Beschädigungen kontrolliert. Wenn an den Verkleidungen/Kapseln Flüssigkeitsspuren sind, müssen die Ursachen ergründet und beseitigt werden.

2 Dann werden Zustand und Dichtheit von Motor, Getriebe, Hinterachse, Druckölpumpe, Federungselementen, Gummimanschetten der Vorder- und Hinterachswellen geprüft.

3 Schläuche und Anschlüsse der Kraftstoffanlage, des Kühl- und Heizsystems sowie der Bremsanlage auf Undichtigkeiten und Verschleiß prüfen. Auf Scheuerstellen, Porosität und Brüchigkeit achten.

4 Geringfügig ölfeuchte Stellen sind unbedenklich. Deutlichen Ölnässen, vor allem bei Ölflecken unter dem geparkten Wagen, muss jedoch auf den Grund gegangen werden. Motor mit Reiniger und Dampfstrahlgerät säubern, Probefahrt von einigen Kilometern machen, danach kontrollieren, ob irgendwo Öl ausgetreten ist.

5 Mögliche Ölaustrittsstellen sind Abdichtungen von Kurbelwelle und Nockenwellen, Dichtungen an Zylinderkopfdeckel und Zylinderkopfdichtung sowie die Dichtungen an Öldruckschalter, Ölfilter und Ölwanne. Ablassschraube und Antriebswellen kontrollieren.

6 Dichtmanschetten der Spurstangenendstücke, Kühler, Kraftstoffanlage, Abgasanlage, Kupplungsbetätigung, Niveauregulierung, Bremsanlage sowie ABS-, ASR- und ESP-Systeme auf Beschädigungen, Undichtigkeiten und richtigen Sitz prüfen.

7 Alle festgestellten Mängel beheben. Das kann in vielen Fällen eine Sache für die Fachwerkstatt sein, vielfach jedoch ist Reparatur in eigener Regie möglich. Unsere Arbeitsanleitungen zeigen, wie in den verschiedenen Fällen vorzugehen ist.

8 Untere Motorraumverkleidung oder Geräuschkapsel-Unterteile in umgekehrter Ausbaureihenfolge wieder einbauen. Die Überlappungen beachten!

Der Luftfilter

Saubere Luft zur Verbrennung ist eine wichtige Voraussetzung für störungsfreie Funktion von Motormanagement und Einspritzsystemen. Schmutzpartikel und Staubteilchen auf den Zylinderlaufbahnen würden nach kurzer Zeit Motorschäden verursachen. Die angesaugte Luft muss deshalb den Filter passieren, an dessen Gehäuse je nach Motor auch Luftmassenmesser, Geber für Ansauglufttemperatur und/oder Drucksensor montiert sind.
Im feinporigen Filterpapier des Einsatzes lagern sich die Schmutzpartikel ab. Größere Staubteilchen fallen ins Filtergehäuse. Ein verschmutzter Filtereinsatz lässt nicht mehr genügend Ansaugluft in den Motor. Die verfügbare Leistung sinkt, in der Folge steigt der Kraftstoffverbrauch. Das Filterelement sollte man daher einmal im Jahr reinigen und nach zwei Jahren wechseln!
Bei den Benzinmotoren der A-Klasse lässt sich der Luftfiltereinsatz nur wechseln, wenn das Motorsteuergerät (ME) abgeschraubt und hochgeklappt wird. Bei den A-Klasse-CDI hingegen ist das Luftfiltergehäuse die obere Motorabdeckung. Es ist frei zugänglich, und zum Filterwechsel wird das Gehäuseoberteil herausgenommen.
Während bei den Benzinern also wie dargestellt das Motorsteuergerät frei zugänglich ist und leicht ausgebaut werden kann, muss zum Wechseln des »Steuergerätes Dieseleinspritzsystem« der Kühlmittelausgleichsbehälter entfernt werden. Wir beschreiben dennoch im Folgenden wegen des Zusammenhanges bei den Benzinern den Ausbau der Steuergeräte und den Luftfilterwechsel in einer gemeinsamen Arbeitsanleitung.

Steuergeräte wechseln und Luftfiltereinsatz erneuern

Arbeitsschritte  

1 Ausbau bei Benzinmotoren (266.9): Motorhaube öffnen, Grunddaten des **Steuergeräts** (1) von Fahrzeug-Informationssystem (MB: Star Diagnosis) auslesen und speichern lassen, Zündung ausschalten. Beim Motor 266.980 die obere Motorabdeckung ausbauen. Schraube (2) aus dem Halter Leitungssatz (3) herausschrauben.

2 Die beiden Stecker für Motorleitungssatz (4) und für Fahrzeugleitungssatz (5) entriegeln und vom Steuergerät ME abziehen.

3 Die Schrauben (6) herausdrehen (alle Positionen bisher oberes Bild im Block unten). Steuergerät ME nach hinten hochklappen und aus den Haltern (1, unteres Bild links) hinten am Luftfiltergehäuse aushängen und aus den Führungen herausnehmen. *Anmerkung:* Wenn das Steuergerät nicht ausgebaut und etwa ausgewechselt werden muss, müssen die Daten nicht gespeichert und die beiden Stecker nicht abgezogen werden. Dann das Gerät jetzt nur seitlich ablegen.

4 Luftfiltereinsatz (3) mit dem Rahmen (5) aus dem Luftfiltergehäuse (1) herausnehmen (unteres Bild rechts). Dazu die Raste (4) drücken und Filter mit Rahmen etwa 30° in Fahrtrichtung kippen und nach vorn oben herausnehmen.

5 Luftfiltereinsatz aus dem Rahmen herausnehmen.

Steuergerät der A-Klasse-Benziner. (1) Motorsteuergerät ME, (2) Schraube, (3) Halter Leitungssatz, (4) Stecker Motorleitungssatz, (5) Stecker Fahrzeugleitungssatz, (6) Schrauben.

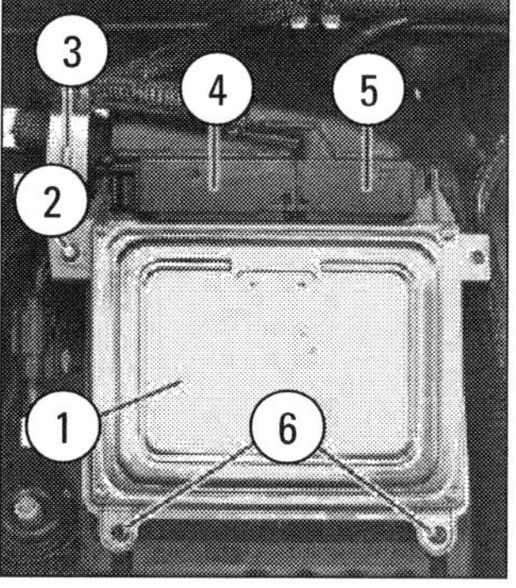

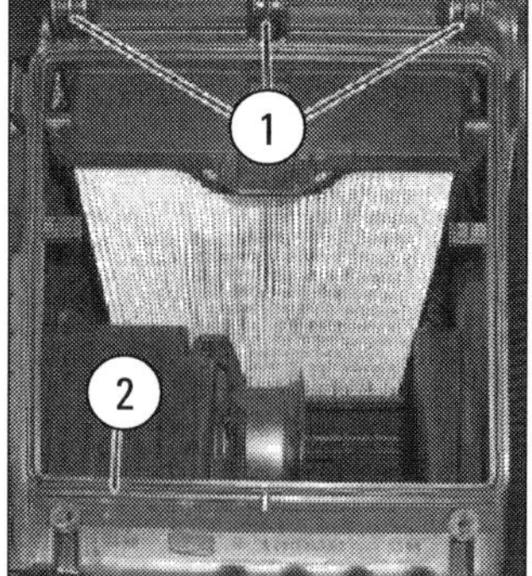

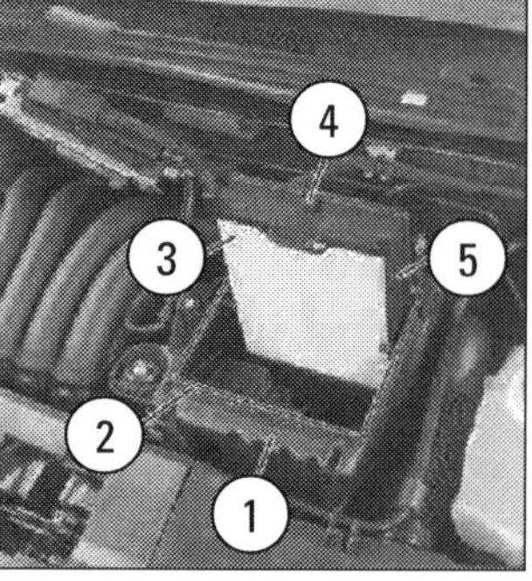

Luftfiltereinsatz bei den A-Klasse-Benzinern.
Links: (1) Halter und (2) Dichtung für das Motorsteuergerät ME. Im Hintergrund ist der Filtereinsatz sichtbar.
Rechts: (1) Luftfiltergehäuse, (2) Dichtung, (3) Luftfiltereinsatz, (4) Raste, (5) Rahmen.

Dieser Luftfiltereinsatz darf nicht gereinigt, er muss erneuert werden. Gereinigt wird nur das Innere des Gehäuses und der Rahmen. Als Reinigungsmittel wird von DCAG/MB der LU-Reiniger der Würth GmbH (Künzelsau) empfohlen. Die Dichtung (2, untere Bilder auf Seite 54) muss auf Schäden und korrekten Sitz überprüft und ggf. erneuert werden.

6 **Einbau** von Filtereinsatz und Steuergerät in sinngemäß umgekehrter Reihenfolge. Die beiden Führungen unten am Filterrahmen werden in die Aussparungen unten im Luftfiltergehäuse eingefahren. Das Motorsteuergerät wird mit 4 Nm am Luftfiltergehäuse, die Schraube am Halter für Motorsteuergerät mit 16 Nm festgeschraubt. Falls das Steuergerät zum Wechseln ausgebaut und nicht nur seitlich weggeklappt wurde: Die Stecker für Motor- und Fahrzeugleitungssatz vorsichtig ansetzen und verriegeln. Zwischengespeicherte Grunddaten auf das neue Motorsteuergerät ME übertragen.

1 **Ausbau bei Dieselmotoren (640.9):** Motorhaube öffnen und den Ladeluftschlauch am Heißfilm-Luftmassenmesser rechts oben hinten am Luftfiltergehäuse mit einem Steckschlüsselsechskant 7 mm abmontieren.

2 Die drei Schrauben vorn am Oberteil des Luftfiltergehäuses lösen und Gehäuse-Oberteil abnehmen. Dazu das Teil vorn anheben und hinten aus den Führungen des Luftfiltergehäuse-Unterteils herausziehen. Die Schrauben verbleiben im Gehäuse-Oberteil.

3 Die elektrische Steckverbindung am Heißfilm-Luftmassenmesser nicht trennen. Luftfiltergehäuse-Oberteil im Motorraum ablegen.

4 **Luftfiltereinsatz** aus dem Gehäuse-Unterteil herausheben. Der Filtereinsatz darf nicht gereinigt, er muss ausgewechselt werden. Das Innere des Filtergehäuses oben und unten gründlich mit dem bereits genannten LU-Reiniger säubern.

5 Bei Ausbau und Wechsel vom **Steuergerät CDI** muss eine Anpassung mit einem Werkstattsystem (Star Diagnosis Compact Pkw) erfolgen.

6 Den Kühlmittelausgleichsbehälter (rechts hinter Luftfiltergehäuse und Motor) lösen und mit angeschlossenen Leitungen zur Seite legen. Hinten am dadurch zugänglich gewordenen Steuergerät CDI die elektrische Steckverbindung abziehen.

7 An den beiden Steckverbindungen vorn am Steuergerät CDI die Verriegelungen lösen und die Verbindungen trennen.

8 Die drei Muttern von den Stehbolzen abschrauben, die das Steuergerät halten, und das Gerät abnehmen.

9 **Einbau** von Steuergerät und Luftfiltergehäuse-Oberteil sinngemäß in umgekehrter Reihenfolge. Die Haltemuttern des Steuergeräts an der Trennwand werden mit 5 Nm festgezogen. Das Luftfiltergehäuse-Oberteil wird mit 4 Nm am Unterteil festgeschraubt. Den Ladeluftschlauch am Abgasturbolader auf festen Sitz prüfen.

Motor durchdrehen und in OT stellen

Arbeits-schritte  

1 Das Durchdrehen erfolgt bei Benzin- und bei Dieselmotoren auf die gleiche Weise. Das Fahrzeug muss wie beschrieben angehoben werden, am besten auf einer Hebebühne.

2 Hinteres Teilstück des Innenkotflügels im Vorderkotflügel rechts ausbauen. Von dort aus wird die Keilrippenriemenseite des Motors zugänglich.

3 Den Motor an der Riemenscheibe Kurbelwelle (mit Schlüssel an der Zentralschraube der Kurbelwelle) in Motordrehrichtung durchdrehen, also rechts herum, im Uhrzeigersinn.

4 Soll der Kolben von Zylinder 1 in die OT-Stellung gebracht werden, dreht man die Kurbelwelle so lange durch, bis die beiden Nocken von Einlass- und Auslassnockenwelle an Zylinder 1 (ganz vorn) nach oben zeigen. Das lässt sich nur bei abgenommener Zylinderkopfhaube genau erkennen. In dieser Stellung bewegen sich dann die Tassenstößel unter den Nocken nicht mehr.

5 Wir empfehlen die Orientierung an den OT-Markierungen. Diese zeigen die gewünschte OT-Stellung nach Kompression (auch Motor-»Grundstellung«). Die OT-Marke an der Riemenscheibe steht dann einer Pfeilspitze (Nase, »Peilkante«) am Steuergehäusedeckel gegenüber.

Der Keilrippenriemen

Riemen mit längs laufenden Rippen treiben als wichtige Teile des Kurbeltriebs Nebenaggregate wie Generator (Lichtmaschine), Kältemittelverdichter für die Klimaanlage (Klimakompressor) oder Kühlmittelpumpe. Die Riemen sind außerordentlich stabil, aber eine regelmäßige Prüfung auf Verschleißspuren ist dennoch ratsam. Denn Keilrippenriemen werden sehr stark beansprucht. Sie laufen über Keilriemenscheiben, Räder mit tiefen umlaufenden Rillen. Die Flanken der Rillen nehmen Kontakt mit den Riemenrippen auf. Dadurch wird die Kraft übertragen, wozu der Riemen Spannung benötigt. Diese darf nicht zu hoch sein, sonst werden die Lager des angetriebenen Teils zerstört. Sie darf aber auch nicht zu gering sein, sonst rutscht der Riemen grässlich quietschend durch.
Mit der Zeit nutzt sich der Keilrippenriemen an den Flanken ab, er gleitet tiefer in die Rillen und verliert etwas von seiner Spannung. Diese Abweichung wird automatisch von einer Spannrolle korrigiert. Gründliche Prüfung der verschiedenen möglichen Abnutzungserscheinungen bleibt aber angesagt.
Aus- und Einbau der Riemen sind aufwändig. Zeichnen Sie vor dem Ausbau mit Kreide, Filz- oder Fettstift auf die Riemenoberseite einen Pfeil in Laufrichtung. Von der Riemenseite aus, also von vorn gesehen, dreht der Motor rechts herum, also im Uhrzeigersinn. Das Markieren der Laufrichtung ist für den Wiedereinbau wichtig. Einbau entgegen bisheriger Laufrichtung erhöht den Verschleiß und kann zur Zerstörung des Riemens führen.

Zustand des Keilrippenriemens prüfen

Arbeitsschritte  

1 Fahrzeug wie beschrieben mit der Hebebühne anheben oder anheben und aufbocken. Bei Fahrzeugen mit Benzinmotor die untere Motorraumverkleidung, bei Dieselfahrzeugen die Geräuschkapselunterteile ausbauen. An allen sichtbaren Stellen sodann den Keilrippenriemen prüfen und bei Beschädigungen austauschen.

2 Neue Riemen haben trapezförmige Keilrippen. Im Betrieb tritt Flankenverschleiß auf: Die Rippen werden spitz. Oft kommt es dann auch zu einem eventuell nur einzigen, aber tiefen Riss.

3 Auf unregelmäßige Schleifspuren an den Riemenflanken, poröse und fransige Oberfläche oder Unterbaurisse (Anrisse, Kernbrüche, Querschnittbrüche) achten.

4 Der Riemen darf keine Fett- oder Ölspuren und nirgendwo glasige oder verhärtete Oberflächen aufweisen. Helle Stellen weisen darauf hin, dass der Zugstrang schon im Keilrippenriemengrund sichtbar wird.

5 Es dürfen keine Lagentrennung zwischen Deckschicht und Zugsträngen, keine Ausbrüche am Unterbau und kein Ausfransen der Zugstränge auftreten. Prüfen Sie sorgfältig auf Querrisse in mehreren Keilrippen und auf Keilrippenausbrüche.

6 Einlagerungen von Schmutz oder kleinen Steinen sowie Gummiknollen im Keilrippengrund beachten!

7 Gelegentlich lösen sich auch einzelne Keilrippen vom Keilrippenriemengrund.

8 In allen Schadensfällen muss der Riemen unbedingt ausgetauscht werden, um schwere Folgeschäden zu vermeiden.

Zum Prüfen des Keilrippenriemenzustands alle Flächen genau anschauen, mit Schadensbildern vergleichen.

Keilrippenriemen (Benzinmotor) aus- und einbauen

1 **Ausbauen:** Fahrzeug mit Motor 266.9 anheben, untere Motorraumverkleidung ausbauen.

2 Spannrolle (2) mit Montagehebel (3) im Uhrzeigersinn (Pfeilrichtung) schwenken. Den Keilrippenriemen (1) entspannen und abnehmen (Bild unten).

3 Alle Riemenscheiben und die Spannvorrichtung auf Beschädigungen und Verschmutzung prüfen. Immer beachten: Ölverschmutzung am Keilrippenriemen führt zum Durchrutschen und damit zur Zerstörung des Riemens!

4 Verschmutzte Bauteile reinigen, beschädigte Bauteile unbedingt erneuern.

5 **Einbauen:** Den Keilrippenriemen mit dem Montagehebel (DCAG: 166589000300) über die Riemenscheibe der Kühlmittelpumpe legen. Der Hebel hat dazu hinten eine Auflegevorrichtung.

6 Spannrolle mit dem Montagehebel im Uhrzeigersinn schwenken und den Keilrippenriemen auflegen. Das Laufschema (Bilder nächste Seite) beachten!

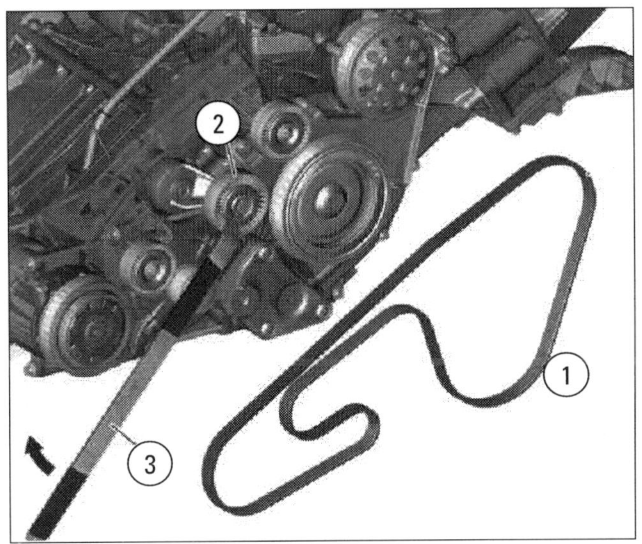

Benzinmotoren 266.9: (1) Keilrippenriemen, (2) Spannrolle, (3) Montagehebel.

Keilrippenriemen (Dieselmotor) aus- und einbauen

 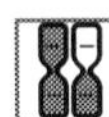

1 **Ausbauen:** Fahrzeug mit Motor 640.9 anheben, rechtes Teilstück der Geräuschkapselunterteile ausbauen.

2 Spannrolle (2) mit Montagehebel (3) im Uhrzeigersinn (Pfeilrichtung) schwenken. Den Keilrippenriemen (1) entspannen und abnehmen (Bild unten).

3 Riemenscheibenprofile und die Spannvorrichtung auf Beschädigungen und Verschmutzung prüfen. Immer beachten: Ölverschmutzung am Keilrippenriemen führt zum Durchrutschen und damit zur Zerstörung des Riemens!

4 Verschmutzte Bauteile reinigen, beschädigte Bauteile unbedingt erneuern.

5 **Einbauen:** Den Keilrippenriemen mit dem Montagehebel (DCAG: 166589000300) auflegen. Der Hebel hat dazu hinten eine Auflegevorrichtung.

6 Spannrolle mit dem Montagehebel im Uhrzeigersinn schwenken und Riemen spannen. Das Laufschema (Bilder nächste Seite) beachten!

7 Geräuschkapsel-Unterteil wieder einbauen.

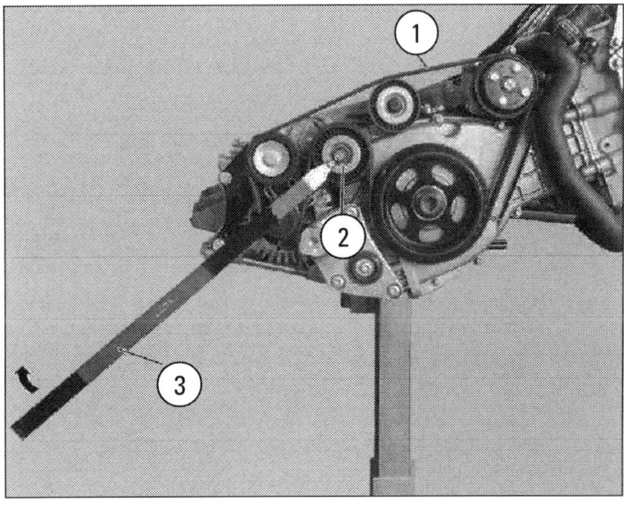

Dieselmotoren 640.9: (1) Keilrippenriemen, (2) Spannrolle, (3) Montagehebel.

Träger mit Keilrippenriemenspannvorrichtung aus- und einbauen

Arbeitsschritte  

1 Ausbauen: Für diese Arbeit muss der Motor mit Vorderachsträger abgesenkt werden, worauf wir später kurz eingehen. Den Keilrippenriemen (1, Bild unten) wie beschrieben ausbauen.

2 Bei Fahrzeugen mit Klimaanlage den Kältemittelverdichter (5) am Motor abbauen und mit angeschlossenen Kältemittelleitungen am Fahrzeugunterboden befestigen.

3 Den Generator (6) ausbauen (»Die Fahrzeugelektrik«). Die Halteschraube aus dem Zylinderkurbelgehäuse herausschrauben und den Träger (2) mit den beiden Umlenkrollen (4) und der Spannrolle (3) nach unten abbauen.

4 Einbauen: Sinngemäß in umgekehrter Reihenfolge. Den Träger mit der Spannvorrichtung zusammen mit dem Generator einsetzen. Schraube am Zylinderkurbelgehäuse mit 20 Nm festziehen.

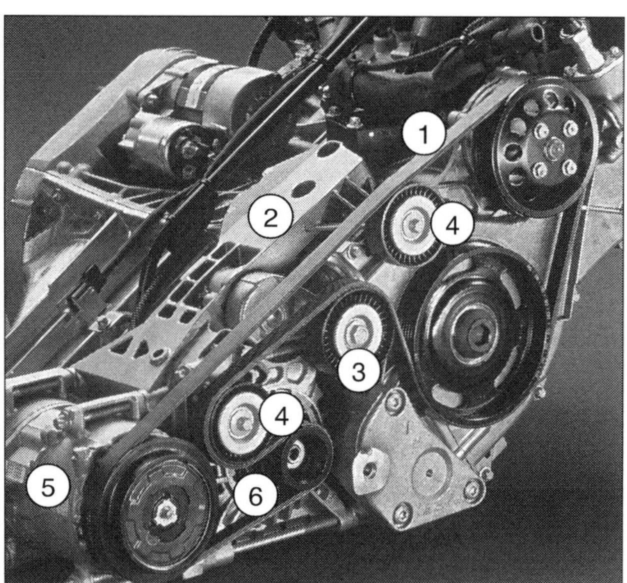

Verlauf des Keilrippenriemens bei den Benzinmotoren (siehe auch Bild Seite 57, links unten). (1) Keilrippenriemen, (2) Träger, (3) Spannrolle, (4) Umlenkrollen, (5) Kältemittelverdichter, (6) Generator.

Motor durchdrehen mit Starter (Anlasser)

Arbeitsschritte  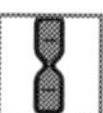

1 Hat man einen Verdichtungsdruckschreiber verfügbar (nächste Arbeitsanleitung), ist das Durchdrehen des Motors per Starter möglich. Fahrzeug gegen selbsttätiges Anfahren sichern. Zündung ausschalten (Zündschlüssel in Stellung »0«).

2 Mit Kabeln aus einem Anschlussset (DCAG: 220 589 00 99 00) den Verdichtungsdruck-Schreiber (DCAG: 001 589 76 21 00) mit dem Kontakt vom Relaissteckplatz M und Batterie-Plus verbinden. Der Druckschreiber wird also nur mit den elektrischen Leitungen angeschlossen.

3 Dazu die Abdeckung von der Relais- und Sicherungsbox »K 100« Unter dem Handschuhfach im Beifahrerfußraum abnehmen. Das Starter-Relais (K100kM) aus dem Relaisplatz M (untere Reihe, 3. Relais von rechts)

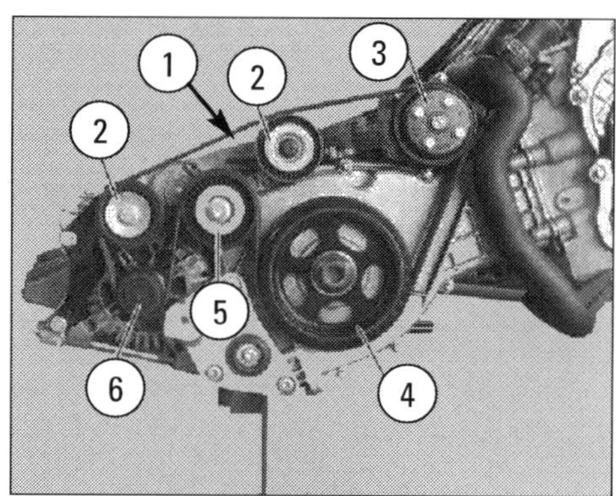

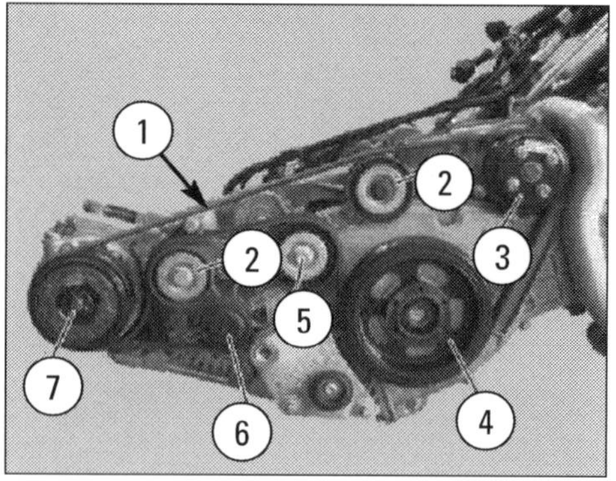

Verlauf des Keilrippenriemens bei den Dieselmotoren. (1) Keilrippenriemen, (2) Umlenkrollen, (3) Riemenscheibe Wasserpumpe, (4) Riemenscheibe Kurbelwelle, (5) Spannrolle, (6) Generator, (7) Kältemittelverdichter.

herausziehen. Adapterleitung in den senkrecht stehenden Relais-Steckplatz stecken und mit der Leitung des Verdichtungsdruckschreibers verbinden.

4 Die Abdeckung über Batterie und Sicherungsbox am Boden im Beifahrerfußraum öffnen, die rote Abdeckung des Batterie-Pluspols zur Seite schieben und die Anschlussklemme des Druckschreibers am Pluspol anschließen.

5 Jetzt kann mit Fingerdruck auf den Kontaktschalter des Verdichtungsdruckschreibers der Anlasser betätigt und dadurch der Motor langsam und gleichmäßig durchgedreht werden.

Kompressionsdruck und Zylinderdichtheit

Um zu sehen, ob sich der Motor noch in gutem mechanischen Zustand befindet, werden Verdichtungsdruck und Druckverlust in jedem Zylinder geprüft. Bei der Verbrennung des Kraftstoff-Luft-Gemischs entstehen nämlich enorme Drücke. Für Kolben und Kolbenringe, Zylinderwände, Ventilsitze und Ventilschaftdichtungen bedeutet das hohe Belastungen, die im Laufe der Zeit zu Verschleiß führen.
Schadhafte Brennraumdichtungen bewirken aber erhöhten Öl- und Kraftstoffverbrauch, schlechtere Abgaswerte, schwächere Leistung und mangelhaftes Kaltstartverhalten des Motors. Wenn diese Symptome bereits auftreten, helfen Ihnen das Prüfen auf Druckverlust und die Kontrolle der Zylinderdichtheit bei der Beurteilung der Situation.

Richtwerte und Fehlerquellen

Die Werte für den Kompressionsdruck (Verdichtungsdruck) gelten für einen Motor in einwandfreiem Zustand. Bei den Benzinmotoren der A-Klasse beträgt der Verdichtungsdruck zwischen 13,5 und 17,5 bar, bei den Dieselmotoren zwischen 27 und 32 bar. Bei einem mehrere Jahre alten Motor sinkt er ab, gleichmäßig niedrigerer Druck in allen Zylindern ist dann normal.
Gemessen wird am betriebswarmen Motor mit einem handelsüblichen Verdichtungsdruckschreiber (MB-Nummer: 001589762100) mit einem speziellen Anschlussstück, das bei Mercedes-Benz die Betriebsmittelnummer 266 589 00 63 00 trägt. Bei Erreichen der Verschleißgrenze (A-Klasse: Benziner 8 bar, Diesel 24 bar) muss der Motor überholt oder ausgetauscht werden.
Wichtig ist auch, dass die Werte in allen Zylindern annähernd gleich sind. Der maximale Druckunterschied zwischen den einzelnen Zylindern darf bei Benzinmotoren 1,5 bar, bei Diesel-Motoren 3,0 bar betragen. Falls ein Zylinder gegenüber den anderen einen höheren Druckunterschied aufweist, ist dies ein Zeichen für eine ganze Reihe möglicher Verschleißerscheinungen.
Wenn zwischen den einzelnen Messwerten für die Zylinder größere Unterschiede als die genannten 1,5 bis 3 bar bestehen, deutet das auf eine der folgenden Ursachen hin, denen auf jeden Fall nachgegangen werden muss:

- Verschleiß von Kolben oder Kolbenringen.
- Festsitzende Kolbenringe durch Verbrennungsrückstände im Zylinder.
- Unrunde Zylinder, oft Folge von Kolbenklemmern.
- Verbrennungs- oder Schmierölrückstände an Ventilschäften oder Ventilsitzen.
- Eingeschlagene Ventile.
- Verbrannte Ventile.

Den Fehlern auf der Spur

Der prozentuale Druckverlust eines Zylinders wird mit der Prüfung der Zylinderdichtheit ermittelt. Zulässig sind bei den A-Klasse-Motoren Druckverluste an Kolben und Kolbenringen von maximal 20%, an Ventilen und Zylinderkopfdichtung von maximal 10% und als Gesamtwert maximal 25%. Das Dichtheits-Prüfgerät (ein spezielles Manometer) kann handelsüblich sein, z. B. EFAW 210 A von Bosch, Bestell-Nummer 0681 001 901. Bei MB haben das Prüfgerät die Kennnummer WH58.30-Z-1015-05A und das Anschlussstück die Nummer 111 589 009100.
Wenn der Messwert den angegebenen Maximalwert für Druckverlust im Zylinder überschreitet, muss man die Ursache einzugrenzen versuchen. Dazu etwas Motoröl in den betreffenden Zylinder einsprühen. Das dichtet den Raum zwischen Kolben und Zylinderwand kurzzeitig ab. Bleibt der Druck für kurze Zeit konstant und fällt dann wieder ab, liegt die Ursache mit hoher Wahrscheinlichkeit an Kolben, Kolbenringen oder Zy-

linderlauffläche. Bleibt der gemessene Wert allerdings zu niedrig, können Ventile, Ventilsitze, Ventilführungen, Zylinderkopf oder Zylinderkopfdichtung beschädigt sein.

Achtung: Übereinanderstehen der Kolbenringstöße kann das Messergebnis verfälschen. Dann Motor zusammenbauen, kurz laufen lassen, erneut messen.

Verdichtungsdruck bei Benzinmotoren prüfen

Arbeitsschritte  

1 Motor auf ca. 80° bringen und abstellen. Senderschlüssel vom Steuergerät EZS abziehen.

2 Temperaturfühler Ansaugluft ausbauen: Luftfiltergehäuse ausbauen, elektrische Steckverbindung am Temperaturfühler trennen, den Temperaturfühler am Saugrohr ausclipsen und abnehmen. Beim Widereinbau den Dichtring am Fühler erneuern und auf den korrekten Sitz der Steckverbindung achten.

3 Beim A 200 Turbo (Motor 266.980) statt Temperaturfühler Ansaugluft den Temperaturfühler Ladeluft ausbauen: Obere Motorabdeckung ausbauen, elektrische Steckverbindung am Fühler (hinten oben am Ladeluft-Verteilerrohr) trennen, den Temperaturfühler am Verteilerrohr ausclipsen und abnehmen. Beim Einbau den Dichtring erneuern.

4 Das Regenerierventil ausbauen: Bei ausgebautem Luftfiltergehäuse die Unterdruckleitung am Umschaltventil Regenerierung abziehen und die elektrische Steckverbindung am Ventil trennen. Die beiden Schrauben links und rechts am Ventil herausschrauben und das Ventil abnehmen. Beim Einbau den Dichtring erneuern. Beim A 200 Turbo (Motor 266.980) werden die beiden Schrauben am Ventil nach Abbau der Motorabdeckung und Abziehen der Unterdruckleitung herausgeschraubt. Dann das Ventil anheben und die elektrische Steckverbindung trennen. Unterdruckleitung mit geeignetem Werkzeug ausclipsen und Ventil abnehmen. Auch hier beim Einbau des Ventils den Dichtring erneuern.

5 Die Zündkerzen ausbauen: Zündung bleibt ausgeschaltet. Untere Motorraumverkleidung abbauen. Beim A 200 Turbo die vier Wärmeschutzbleche und die Stütze ausbauen. Die Schutzbleche nicht durch Hin- und Herbewegungen lösen, sondern gerade aus den Halteklammern herausziehen, weil sonst die Halteklammern verdreht oder vom Katalysator heruntergeschoben werden.

6 Den Zündkerzenstecker mit einem Abdrückwerkzeug (MB-Spezialwerkzeug 266 589 01 61 00), einem flachen Hebel mit Aussparung für den Steckerwulst (Bild unten), von den Zündkerzen abdrücken. Darauf achten (gilt nicht für A 200 Turbo), dass die O2-Sonde vor Kat (Bild unten) nicht beschädigt wird. Das Ausdrückwerkzeug nur am Steckerwulst ansetzen, um den Stecker nicht zu beschädigen. Beim Einbau (Aufdrücken mit selbem Werkzeug) müssen die Stecker hör- und spürbar auf den Zündkerzen einrasten. Die Zündleitungen müssen dann ausgerichtet und scheuerfrei verlegt werden. Zündleitungen in die Führungskanäle an der Zylinderkopfhaube drücken! Dann die Zündkerzen mit einem Zündkerzenschlüssel aus dem Zylinderkopf herausdrehen.

7 Bodenbelag vorn rechts/Beifahrerseite umklappen. Dazu den Vordersitz nicht ausbauen. Belag nur so weit lösen (Kunststoffschraube mit z. B. Münze drehen), dass die Relais- und Sicherungsbox und die Batterie im Beifahrerfußraum zugänglich sind.

8 Den Verdichtungsdruckschreiber elektrisch so anschließen, wie in der Arbeitsanleitung zum Durchdrehen des Motors mit Starter beschrieben (Batterieplus, Relaisplatz »M«).

9 Zur Beseitigung von Verbrennungsrückständen aus den Zylindern den Motor über den Kontaktschalter des Verdichtungsdruckschreibers etwa 5 Sekunden durchdrehen. Dann den Druckschreiber mit seinem Anschluss-

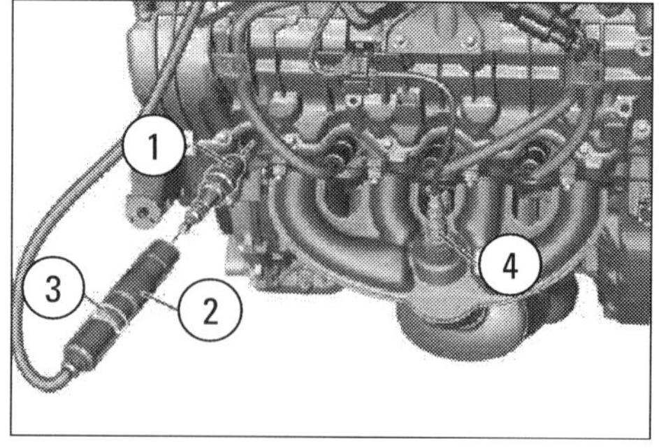

Ausbau der Zündkerzen: (1) Zündkerze, (2) Zündkerzenstecker, (3) Wulst, (4) O2-Sonde vor Katalysator.

stück in die Zündkerzenbohrung einsetzen wie im Bild unten für Zylinderdichtheits-Prüfgerät.

10 Motor über den Kontaktschalter am Druckschreiber so lange durchdrehen, bis am Gerät kein Druckanstieg mehr angezeigt wird. Diese Prüfung nacheinander an allen vier Zylindern durchführen.

11 Messwerte mit den zulässigen Werten vergleichen:

Einbautoleranz/Neuwert	13,5...17,5 bar
Verschleißgrenze/Grenzwert	ca. 12 bar
Differenz zwischen Zylindern	max. 1,5 bar

Bei unzulässiger Abweichung Zylinderdichtheit prüfen.

12 Prüfung abschließen, den Verdichtungsdruckschreiber abbauen, Zündkerzen, Kerzenstecker und alle anderen Anbauteile in umgekehrter Reihenfolge einbauen.

Zylinderdichtheit bei Benzinmotoren prüfen

Arbeitsschritte  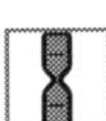

1 Motor auf Betriebstemperatur (ca. 80 °C, keinesfalls über 90 °C) bringen. Kühlsystem-Verschlussdeckel am Kühlmittel-Ausgleichsbehälter eine halbe Umdrehung entgegen Uhrzeigersinn drehen, Überdruck ablassen und Deckel ganz abschrauben. Vorsichtig vorgehen, Schutzhandschuhe, Schutzkleidung und Schutzbrille tragen.

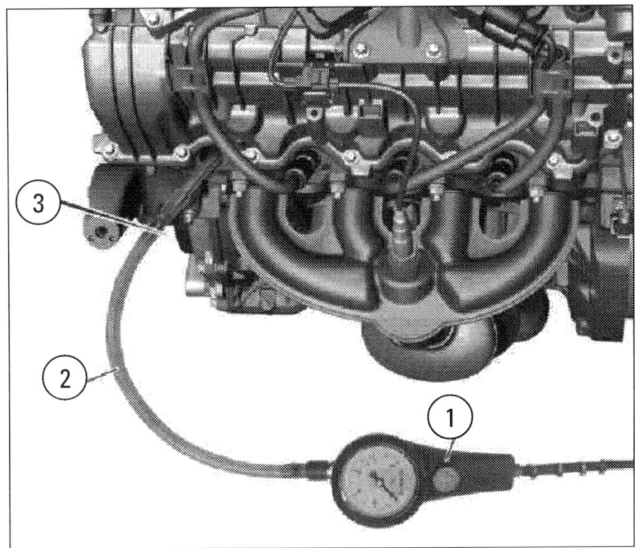

Anschluss des Zylinderdichtheits-Prüfgerätes: (1) Prüfgerät, (2) Anschlussstück, (3) Riemenscheibenseite des Motors.

2 Verschlussdeckel am Öleinfüllstutzen abschrauben. Zündkerzen wie beschrieben ausbauen. Den Kolben des 1. Zylinders mittels »OT-Sucher« auf Zünd-OT stellen: Die OT-Markierung an der Riemenscheibe (1) muss mit der Peilkante am Steuergehäusedeckel (Pfeil) übereinstimmen (Bild).

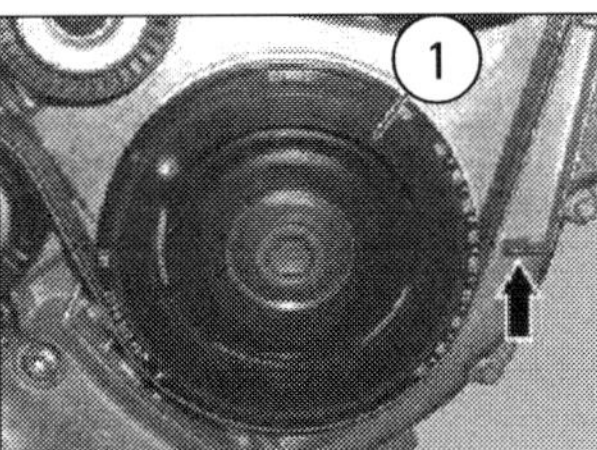

3 Haltesperre für Kurbelwelle/Starterzahnkranz einbauen, womit die Kurbelwelle durch die Bohrung für den Positionsgeber blockiert wird.

4 Zylinderdichtheits-Prüfgerät (WH58.30-Z-1015-05A) nach dessen Bedienungsanleitung kalibrieren. Dann das Anschlussstück (2) des Gerätes in die Zündkerzenbohrung des 1. Zylinders (Riemenscheibenseite 3) eindrehen und an das Prüfgerät (1) anschließen (Bild links unten).

5 Den 1. Zylinder mit Druckluft beaufschlagen und den Druckverlust am Dichtheitsprüfgerät ablesen.
Messwerte mit den zulässigen Werten vergleichen:

Druckverlust Gesamtanzeige	maximal 25%
Druckverlust an Ventilen und Zylinderkopfdichtung	maximal 10%
Druckverlust an Kolben und Kolbenringen	maximal 20%

6 Wenn erhöhter Druckverlust festgestellt wird, muss die Ursache gesucht werden. Die restlichen Zylinder in Zündreihenfolge (1-3-4-2) prüfen.

7 Prüfung abschließen, das Dichtheitsprüfgerät abbauen, Zündkerzen und alle anderen Anbauteile in umgekehrter Reihenfolge einbauen.

Verdichtungsdruck bei Dieselmotoren prüfen

Arbeitsschritte  

1 Motor auf Betriebstemperatur (ca. 80 °C) bringen, Zündschlüssel abziehen, Bodenbelag über Batterie und Sicherungs-/Relaisbox wie beschrieben lösen.

2 Geräuschkapsel-Unterteile ausbauen und Kühlmittel am Kühler ablassen (»Das Kühlsystem«). Luftfiltergehäuse und Luftansaugrohr wie beschrieben ausbauen.

3 Ölabscheider ausbauen: Motorleitungssatz von der Stirnwand abmontieren, Kabelbinder lösen, den Schlauch am Ölabscheider-Oberteil abziehen. Die fünf Schrauben am Oberteil herausdrehen und das Ölabscheider-Oberteil herausnehmen.

4 Schläuche und Ölmessstabführungsrohr vom Ölabscheider-Unterteil abmontieren. Die vier Sechskantschrauben vom Unterteil herausdrehen, die Schläuche trennen und das Unterteil herausnehmen.
Beim Einbau des Ölabscheiders in sinngemäß umgekehrter Reihenfolge müssen die Masseleitung am Unterteil beachtet und der Dichtring am Oberteil geprüft und ggf. erneuert werden.

5 Mischgehäuse ausbauen: Abgasrückführleitung (1) am Mischgehäuse (2) abmontieren (Bild unten). Bei Fahrzeugen ohne Partikelfilter die Ansaugluftdrossel (4), bei Fahrzeugen mit Partikelfilter den Drosselklappenansteller vom Mischgehäuse abmontieren und etwas herausziehen. Die elektrischen Steckverbindungen am Geber Ladedruck (3) und am Temperaturfühler Ladeluft (6) trennen. Bei Fahrzeugen mit Partikelfilter (Code 474) die elektrische Steckverbindung am Drosselklappenansteller trennen und den Abgasrückführsteller ausbauen. Die vier Schrauben (6, Bild rechts unten) herausdrehen und das Mischgehäuse herausnehmen. Beim Einbau (umgekehrte Reihenfolge) die Dichtflächen reinigen und die Dichtung (1, Bild rechts unten) erneuern.

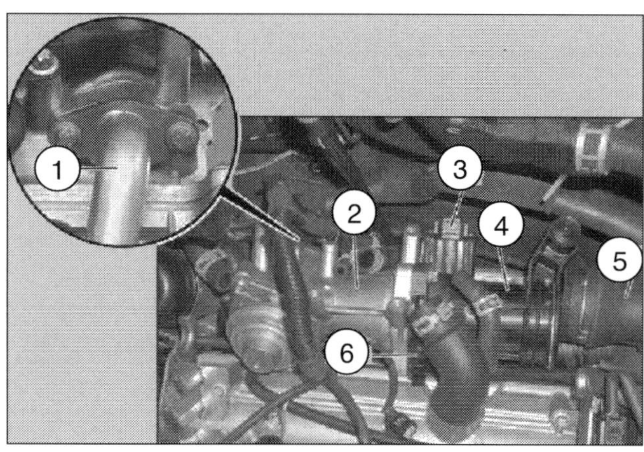

(1) Abgasrückführleitung, (2) Mischgehäuse, (3) Geber Ladedruck, (4) Ansaugluftdrossel, (5) Ladeluftkanal, (6) Temperaturfühler Ladeluft.

6 Kühlmittel-Temperaturregler und -Ausgleichsbehälter ausbauen (siehe auch »Das Kühlsystem«).

7 Die Glühkerzen ausbauen: Elektrische Steckverbindungen an den Kerzen (R9), möglichst mit der abgewinkelten Spezialzange MB 611 589 00 37 00, trennen und die Glühkerzen mit Steckschlüsseleinsatz (001 589 80 09 00) herausdrehen. Die Glühkerzenschächte mit Perlon-Zylinderbürsten von 6 und 10 mm Durchmesser reinigen.

8 Kühlmittelrohr oben am Zylinderkopf ausbauen.

9 Den Verdichtungsdruckschreiber wie bei den Benzinmotoren beschrieben anschließen und Motor per Kontaktschalter des Druckschalters mit Starter etwa 5 Sekunden durchdrehen, um Verbrennungsrückstände zu beseitigen.

10 Das Einschraubstück MB 640 589 00 63 00 in Zylinderreihenfolge nacheinander in die Glühkerzenbohrungen hineindrehen und den Verdichtungsdruckschreiber mit dem Einschraubstück verbinden.

11 Motor über den Kontaktschalter am Druckschreiber so lange durchdrehen, bis am Gerät kein Druckanstieg mehr angezeigt wird. Diese Prüfung nacheinander an allen vier Zylindern durchführen.

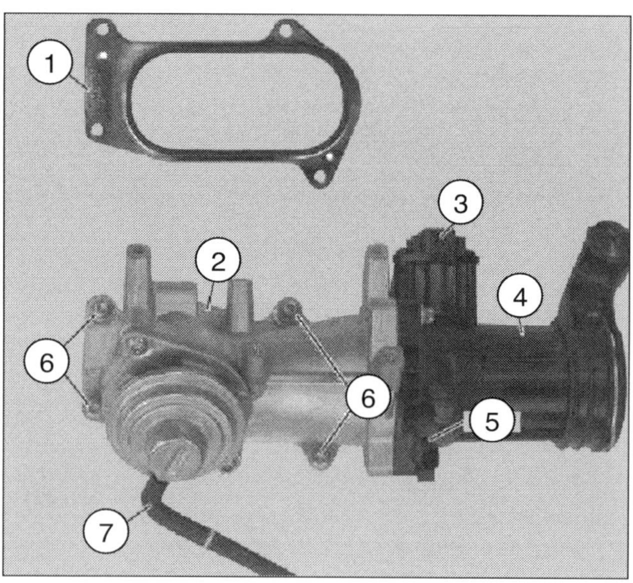

(1) Dichtung, (2) Mischgehäuse, (3) Geber Ladedruck, (4) Ansaugluftdrossel, (5) Temperaturfühler Ladeluft, (6) Schrauben, (7) Unterdruckschlauch.

12 Messwerte mit den zulässigen Werten vergleichen:

Einbautoleranz/Neuwert	27...32 bar
Differenz zwischen Zylindern	max. 3 bar

Bei Unterschreiten des Mindestverdichtungsdruckes oder Überschreiten der zulässigen Differenz zwischen den Zylindern die Zylinderdichtheit prüfen.

13 Prüfung abschließen, den Verdichtungsdruckschreiber abbauen, Glühkerzen und alle anderen Bauteile in umgekehrter Reihenfolge einbauen.

Zylinderdichtheit bei Dieselmotoren prüfen

Arbeitsschritte  

1 Motor auf Betriebstemperatur (ca. 80 °C, keinesfalls über 90 °C) bringen. Kühlmittel am Kühler ablassen.

2 Innenkotflügel im rechten Vorderkotflügel ausbauen. Motorhaube öffnen. Den Öleinfülldeckel abschrauben.

3 Luftfiltergehäuse, Ölabscheider, Mischgehäuse und Kühlmittel-Temperaturregler wie beschrieben ausbauen. Glühkerzen ausbauen wie unter Arbeitsschritt 7 in der vorangegangenen Anleitung beschrieben.

4 Zylinderdichtheits-Prüfgerät (WH58.30-Z-1015-05A) zunächst als OT-Sucher an der Glühkerzenbohrung ansetzen. Den Motor an der Zentralschraube der Kurbelwelle, die bei abgenommenem rechtem Innenkotflügel zugänglich ist, mit passendem Schlüssel in Motordrehrichtung (rechts herum) durchdrehen. Auf diese Weise den Kolben des zu prüfenden Zylinders auf Zünd-OT stellen.

5 Dann das Einschraubstück (640 589 00 63 00) des Zylinderdichtheits-Prüfgerätes in die Glühkerzenbohrung eindrehen, das Rückschlagventil aus dem Einschraubstück entfernen und Dichtheits-Prüfgerät anschließen.

6 Die Dichtheitsprüfung beginnen. Falls sich dabei die Kurbelwelle dreht, muss wie beschrieben die Kurbelwellen-Haltesperre eingebaut werden.Dazu den 1. Zylinder mit Druckluft beaufschlagen und den Druckverlust am Dichtheitsprüfgerät ablesen. Die Messwerte mit den zulässigen Werten vergleichen:

Druckverlust Gesamtanzeige	maximal 25%
Druckverlust an Ventilen und Zylinderkopfdichtung	maximal 10%
Druckverlust an Kolben und Kolbenringen	maximal 20%

7 Wenn erhöhter Druckverlust festgestellt wird, muss die Ursache gesucht werden. Die restlichen Zylinder in Zündreihenfolge (1-3-4-2) prüfen.

8 Prüfung abschließen, das Dichtheitsprüfgerät abbauen, Glühkerzen und alle anderen Bauteile in umgekehrter Reihenfolge einbauen.

Praxistipp

Kompressionsdruckluft strömt aus

Wenn Druckluft an einer der folgenden Stellen ausströmt, hat das meist die angegebenen Ursachen:

- Über den Luftansaugbereich: defektes Einlassventil.
- Über die Vorkammer oder Zündkerzenbohrung des oder der Nachbarzylinder, Luftblasen im Kühlmittelausgleichsbehälter: defekte Zylinderkopfdichtung oder Riss im Zylinderkopf.
- Über den Auspuff (Blasgeräusche): undichtes Auslassventil.
- Über die Öleinfüllöffnung: Druckverlust über Kolben und Kolbenringe.

Zylinderkopf und Motorsteuerung

Leistungsverlust, Kühlflüssigkeits- und Ölverlust, keine Kompression auf zwei benachbarten Zylindern und Kühlflüssigkeit im Motoröl bzw. Öl in der Kühlflüssigkeit deuten auf eine defekte Zylinderkopfdichtung hin. Zum Erneuern müssen der Motor aus- und der Zylinderkopf abgebaut werden.

Den bei der A-Klasse besonders komplizierten Aus- und Einbau empfehlen wir hier nicht. Der Motor muss mit Vorderachsträger aus- und dann vom Vorderachsträger abgebaut werden. Schon das für viele Arbeiten an Motor und Umfeld erforderliche Absenken und Anheben von Motor mit Vorderachsträger ist eine Kfz-technische Herausforderung. Nötig sind eine spezielle Haltevorrichtung zum Fixieren des

Lenkrads und eine Aufnahmevorrichtung, die am Vorderachsträger angesetzt wird. Dieses Absenken/Anheben und den Aus-/Einbau von Motor und Vorderachsträger sowie den Ab- und Anbau des Motors vom und an den Vorderachsträger, unterschieden nach Benzinmotoren, Turbomotor und CDI-Motoren, demonstrieren wir im Band zur A-Klasse in unserer Buchreihe »Auto-Reparaturanleitungen«. Hier geben wir nur einige prinzipielle Arbeitsanleitungen für Reparaturen am ausgebauten Motor.

Arbeitsregeln beachten

Beachten Sie bei der Arbeit die folgenden Hinweise:

- Nach Faustregel werden Zylinderkopfschrauben immer ersetzt. Mercedes-Benz schreibt Prüfung der Schrauben auf einwandfreie Beschaffenheit vor und erlaubt die Wiederverwendung intakter Schrauben.
- Dichtflächen an Zylinderkopf und Zylinderkurbelgehäuse müssen sorgfältig und vorsichtig gereinigt werden. Keine scharfkantigen Werkzeuge und kein Schleifpapier verwenden! Gewindebohrungen der Zylinderkopfschrauben mit Druckluft ausblasen und mit LU-Reiniger von Öl und Kühlmittel säubern.
- Neue Zylinderkopfdichtungen sorgfältig behandeln, erst zum Einbau aus der Verpackung nehmen.
- Wird der Zylinderkopf ersetzt, muss das gesamte Kühlmittel erneuert werden. Beim Einbau eines Austausch-Zylinderkopfes die Berührungsflächen zwischen Ventilspiel-Ausgleichselementen und Nockengleitbahnen ölen.

Übertragungsteil vom Kurbeltrieb zur Ventilsteuerung ist die Steuerkette. Sie sitzt im Steuergehäuse außen am Kurbelgehäuse und treibt die Nockenwelle durch Zahnrad-Untersetzung. Sie wird über Spannschiene mit Kettenspanner gespannt. Ein zweiter Kettentrieb darunter treibt die Ölpumpe. Steuergehäusedeckel und Spannschiene ausbauen, Kettenzustand überprüfen, Spannelement oder Steuerkette erneuern kann man bei einiger Erfahrung selbst bewerkstelligen.

Zylinderkopfdichtung

Störungsbeistand

Erkennungsmerkmal	Ursache/Besonderheiten
A Kühlflüssigkeitsstand nimmt laufend ab.	Kühlmittel gelangt in sehr geringer Menge in die Brennräume. Kann sich ohne Merkmale über längere Zeit hinziehen.
B Beträchtlicher Kühlmittelverlust. Der Wagen zieht bei warm gefahrenem Motor einen weißen Abgasschleier hinter sich her.	Kühlmittel dringt in erheblicher Menge in einen Verbrennungsraum, verdampft dort und entweicht in weißen Schwaden aus dem Auspuff.
C Aus dem geöffneten Ausgleichsbehälter steigen Luftblasen auf oder beim Öffnen des Verschlussdeckels sprudelt eine größere Menge Kühlmittel heraus.	Verbrennungsgase werden ins Kühlsystem gedrückt. Aus der Einfüllöffnung riecht es nach Abgasen.
D Verfärbung an der Oberfläche des Kühlmittels.	Öl aus dem Schmierkreislauf gelangt ins Kühlsystem.
E Gräulich aussehende Emulsion am herausgezogenen Ölpeilstab oder Öl von Wasserbläschen durchsetzt.	Kühlflüssigkeit ist ins Schmieröl geraten. Wasser im Motoröl kann Lagerschäden verursachen! Zylinderkopfdichtung sofort wechseln lassen. Wagen zur Reparatur abschleppen.

Saugrohr aus- und einbauen

1 Ausbau: Zum Ausbau des Saugrohres der Benzinmotoren zuerst das Luftfiltergehäuse ausbauen. Dann die Schraube am Ölmessstab-Führungsrohr herausdrehen, Rohr an die Stirnwand klappen und mit geeignetem Kabelbinder festbinden.

2 Die beiden Befestigungsschrauben am Kraftstoffverteiler herausdrehen und den Verteiler mit angeschlossener Kraftstoffleitung zur Seite legen.

3 Die Unterdruckleitung für Bremskraftverstärker am Saugrohr abbauen. Elektrische Steckverbindung am Stellglied

Drosselklappe trennen und den Leitungssatz aus dem Halteclip ausclipsen.

4 Unterdruckleitung und elektrische Steckverbindung am Umschaltventil Regenerierung sowie die elektrischen Steckverbindungen am Temperaturfühler Ansaugluft, am Saugrohrdrucksensor und am Umschaltventil Schaltsaugrohr trennen.

5 Die drei Befestigungsschrauben unten am Saugrohr aus dem Zylinderkopf herausdrehen, das Saugrohr abnehmen und dabei die Motorentlüftung von der Zylinderkopfhaube abziehen. Wenn das Saugrohr nicht nur zur Vorbereitung des Ausbaus der Zylinderkopfhaube abgenommen wird, sondern erneuert werden soll: Stellglied Drosselklappe, Umschaltventil Regenerierung, Temperaturfühler Ansaugluft, Saugrohrdrucksensor, Umschaltventil Schaltsaugrohr mit den beiden Unterdruckleitungen und die Saugrohrstütze abbauen.

6 **Einbau** in umgekehrter Reihenfolge. Dabei Unterdruckleitungen auf Zustand prüfen und ggf. erneuern, die Profilgummidichtungen am Saugrohr erneuern und auf den korrekten Sitz der Motorentlüftung an der Zylinderkopfhaube achten.

7 Saugrohrschrauben mit 15 Nm am Zylinderkopf festziehen. Am Halter Saugrohrstütze die Schrauben mit 10 Nm am Saugrohr und mit 14 Nm an der Zylinderkopfhaube festziehen.

Benziner-Zylinderkopfhaube aus- und einbauen

Arbeitsschritte  

1 **Ausbau:** Nach Ausbau des Saugrohres kann die Zylinderkopfhaube abgebaut werden. Zuerst die elektrische Steckverbindung am Hallgeber Nockenwelle ganz vorn rechts am Motor trennen. Dann die Zündspulen für Zylinder 1+2 und Zylinder 3+4 ausbauen und zur Seite legen. Zündkabel nicht trennen.

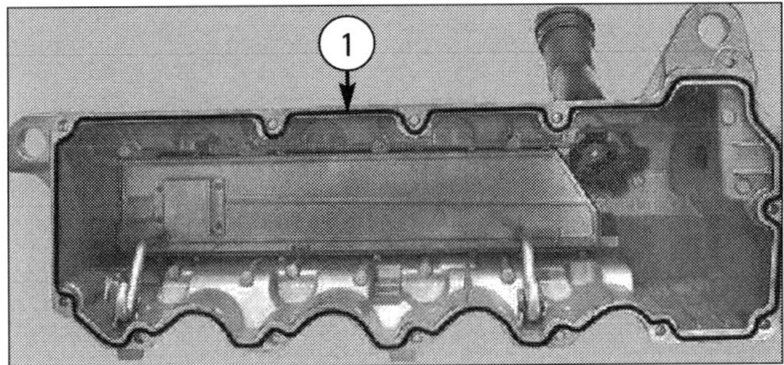

Verlauf der Dichtmittelraupe (1) an der Zylinderkopfhaube der Benzinmotoren.

2 Steckverbindung O2-Sonde vor Kat aus der Halteklammer ausclipsen und trennen.

3 Die Masseleitung abschrauben und von der Zylinderkopfhaube abnehmen. Die Halteklammer des Leitungssatzes von der Zylinderkopfhaube abnehmen und den Leitungssatz zur Seite legen.

4 Schrauben unten am Öleinfüllrohr herausdrehen und das Rohr abnehmen. Die beiden Schrauben an der gegenüber liegenden Zylinderkopfseite herausdrehen und die Zylinderkopfhaube mit einem Flachschraubendreher oder einem anderen geeigneten Werkzeug an der Schraubenseite vorsichtig vom Zylinderkopf lösen und abnehmen.

5 **Einbau** in umgekehrter Reihenfolge. Dichtflächen an Zylinderkopfhaube und Zylinderkopf reinigen, auf die Dichtfläche das Dichtmittel Loctite 5970 in Form einer Raupe von 1...2 mm Dicke auftragen (Bild links unten) und die Haube mit 9 Nm am Zylinderkopf festschrauben. Masseleitung mit 11 Nm festziehen.

Diesel-Zylinderkopfhaube aus- und einbauen

Arbeitsschritte  

1 **Ausbau:** Motorhaube öffnen, Luftfiltergehäuse ausbauen. Geräuschkapsel-Unterteile, Vorkatalysator, Katalysator und Abgasturbolader ausbauen.

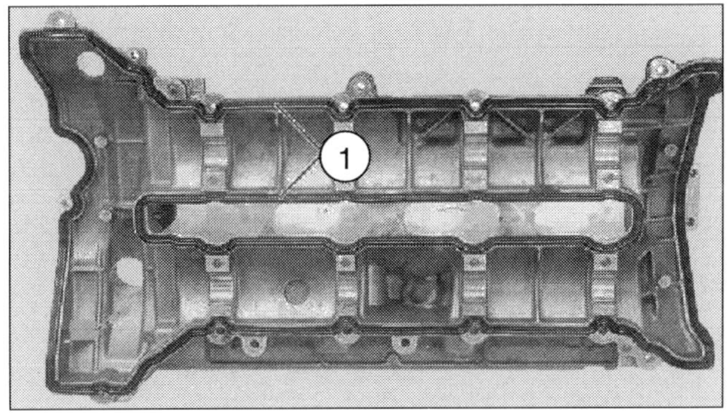

Verlauf der beiden Dichtungen (1) an der Zylinderkopfhaube der CDI-Motoren.

2 Die Öleinfüllvorrichtung vom Zylinderkopf abmontieren. Injektorschachtabdeckung von Zylinderkopfhaube (2 Schrauben) und vom Zylinderkopf (3 Schrauben) abschrauben und abnehmen.

3 Die Rail, die Kraftstoffinjektoren und die Kraftstoffhochdruckleitung ausbauen (»Einspritzung und Zündung«). Zum Abbau der Hochdruckleitung die Überwurfmutter SW14 lösen.

4 Kraftstoffverteiler an der Hochdruckpumpe lösen und die Ölleitung zum Abgasturbolader an der Zylinderkopfhaube abmontieren.

5 Die Schrauben der Zylinderkopfhaube in umgekehrter Reihenfolge des Anziehschemas (8 bis 1, Bild unten) lösen und herausdrehen. Zylinderkopfhaube herausnehmen. Wenn die Haube ausgetauscht wird, muss der Hallgeber ab- und an die neue Zylinderkopfhaube angeschraubt werden.

6 **Einbau** in umgekehrter Reihenfolge. Die Dichtungen (1, Bild vorige Seite unten rechts) erneuern und auf richtigen Sitz überprüfen. Die Dichtschrauben (1...8), die gleichzeitig die Schrauben der Nockenwellenlager sind, müssen erneuert werden. Dann in der Reihenfolge 1 bis 8 mit 12 Nm festziehen (Bild unten). Die Schrauben (9) an den Deckeln vorne und hinten in beliebiger Reihenfolge mit 12 Nm festziehen.

7 Injektorschachtabdeckung mit 9 Nm an der Zylinderkopfhaube, mit 14 Nm am Zylinderkopf festschrauben. Die Überwurfmutter SW 14 an der Kraftstoffhochdruckleitung mit 22 Nm und die Hohlschraube an der Hochdruckpumpe mit 20 Nm festziehen. Dichtringe am Kraftstoffverteiler und an der Öleinfüllvorrichtung erneuern. *Achtung:* Kraftstoffschlauch darf nicht am Ladeluftkanal scheuern!

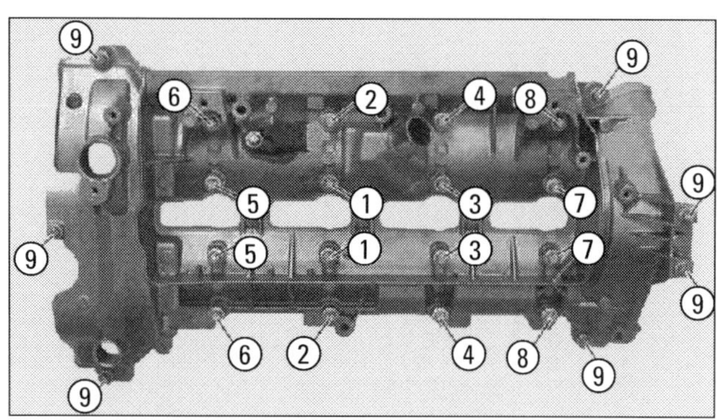

Schrauben an der CDI-Zylinderkopfhaube:
(1...8) Dichtschrauben am Zylinderkopf,
(9) Schrauben am Deckel vorne und hinten.

Steuergehäusedeckel aus- und einbauen

Arbeitsschritte  

Für Arbeiten in Zylinderkopf und Steuergehäuse müssen verschiedene Deckel aus- und eingebaut werden: der vordere Deckel am Zylinderkopf, der Abschlussdeckel mit Radialwellendichtring und der Steuergehäusedeckel. Als Beispiel dafür zeigen wir hier ausführlich die Arbeiten am Steuergehäusedeckel der **CDI-Motoren 640.9x**. Voraussetzung dafür ist, dass der Motor mit Vorderachsträger ausgebaut und vom Vorderachsträger abgebaut worden ist und dass die Zylinderkopfhaube ausgebaut wurde.

1 **Ausbau:** Vorderen Deckel (1) am Zylinderkopf ausbauen: Die fünf Sechskantschrauben (2) am Deckel - drei am unteren Rand und je eine links und rechts außen - aus dem Zylinderkopf herausschrauben. Vorderen Deckel gleichmäßig und vorsichtig unter Beachtung der Passstifte (3) links und rechts vom Zylinderkopf abdrücken. Bei ungleichmäßigem Abdrücken kann der Ölkanal vom Deckel im Zylinderkopf verkanten und abbrechen. Beim **Einbau des vorderen Deckels** den Antrieb der Unterdruckpumpe (4) unter Beachtung der Passstifte zur Auslassnockenwelle ausrichten (Bild unten). Dichtring erneuern, die Dichtflächen an Deckel und Zylinderkopf reinigen und Dichtmittel Loctite 5970 auftragen. Wenn der vordere Deckel erneuert wird, muss die Unterdruckpumpe abmontiert und umgebaut werden.

2 Generator (»Die Fahrzeugelektrik«) und wie beschrieben den Träger mit der Keilrippenriemen-Spannvorrichtung, Ölmessstab-Führungsrohr, Ölwanne und Öl-Wasser-Wärmetauscher (»Das Schmiersystem«) ausbauen.

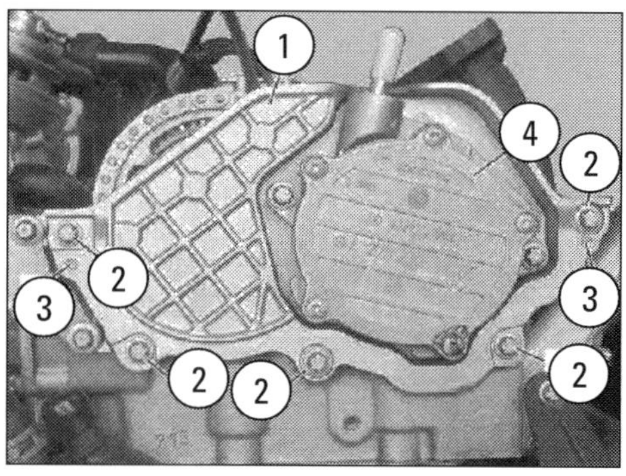

Vorderer Deckel (1) am Zylinderkopf:
(2) Schrauben, (3) Passstifte, (4) Unterdruckpumpe.

3 Kühlmittelpumpe und Kühlmittelrohr (»Das Kühlsystem«) sowie den Starter (»Die Fahrzeugelektrik«) ausbauen.

4 Den Motor an der Zentralschraube der Kurbelwelle (1) in Motordrehrichtung (Pfeil) auf OT drehen, bis die OT-Markierung (2) an der Riemenscheibe mit der Markierung (3) am Steuergehäusedeckel fluchtet (oberes der Bilder unten).

5 Haltesperre für Kurbelwelle/Starterzahnkranz einbauen. Dieses Spezialwerkzeug (MB: 166 589 00 40 00), ein Stempel mit zwei Führungsbolzen und gezahnter Platte in der Mitte, wird durch die Starteröffnung in den Starterzahnkranz eingesetzt, um die Riemenscheibe ausbauen zu können.

6 Jetzt die Zentralschraube (1) herausdrehen und die Riemenscheibe (2) von der Kurbelwelle abziehen. Lauffläche an der Nabe auf Riefenbildung und Einlaufspuren durch den Kurbelwellen-Radialdichtring (4) prüfen und bei Bedarf die Riemenscheibe erneuern (unteres der Bilder unten).

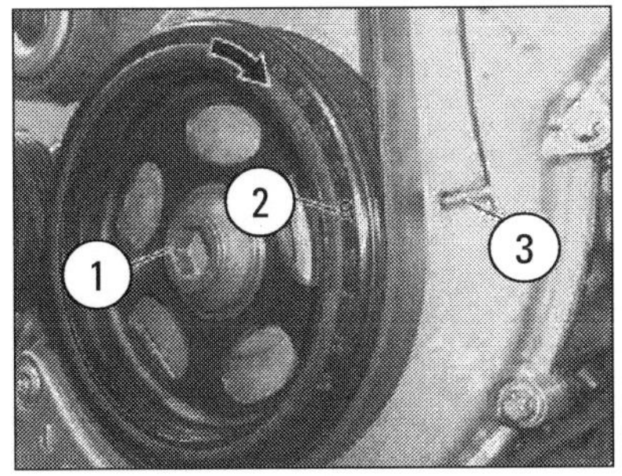

(1) Zentralschraube der Kurbelwelle, (2) OT-Markierung der Riemenscheibe, (3) Markierung am Steuergehäusedeckel.

Riemenscheibe (2) vor dem Steuergehäusedeckel. (1) Zentralschraube, (3) Nut, (4) Kurbelwellen-Radialdichtring, (5) Passfeder.

7 Die beiden Schrauben (2) aus dem Zylinderkopf und die acht Schrauben (3) aus dem Zylinderkurbelgehäuse herausdrehen. Steuergehäusedeckel (1) vorsichtig vom Zylinderkurbelgehäuse abdrücken (Bild unten). Dabei auf die Passstifte achten und nicht die Zylinderkopfdichtung beschädigen, damit der Zylinderkopf nicht ausgebaut werden muss!

8 Beim **Einbau** in umgekehrter Reihenfolge die Dichtflächen am Steuergehäusedeckel und am Zylinderkurbelgehäuse reinigen. Auf die Passstifte achten! Auf die Dichtfläche des Deckels Dichtmittel Loctite 5203 in Form einer Raupe von 1,2 bis 1,7 mm Dicke auftragen. An den Endpunkten an Zylinderkopf und Motorölwanne darf sich die Dichtmittelraupe auf 2 mm verdicken, sie darf aber nicht verstrichen werden. Nach Auftragen von Loctite den Deckel innerhalb von 10 Minuten ansetzen und festschrauben. Schrauben (3) mit 10 Nm und Schrauben (2) mit 20 Nm festziehen (Bild unten).

9 Vor Einbau der Riemenscheibe den vorderen Kurbelwellen-Radialdichtring (4, Bilder ganz unten links und rechts) erneuern. Der Ring wird mit einem Schraubendreher herausgehebelt. Dabei dürfen Kurbelwelle und Aufnahmebohrung für den Dichtring nicht beschädigt werden. Sauberen Lappen als Unterlage verwenden! Zum Einbau den Dichtring mit einem geeigneten Werkzeug bündig in den Steuergehäusedeckel einschlagen. Wenn an der Riemenscheibe Einlaufspuren festzustellen sind, sollte der vordere Kurbelwellen-Radialdichtring gleichmäßig um 0,7 mm tiefer eingeschlagen werden.

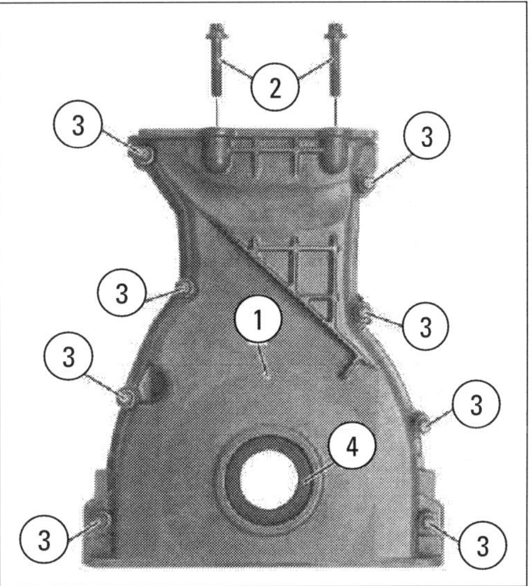

Steuergehäusedeckel (1) der CDI-Motoren: (2) Schrauben am Zylinderkopf, (3) Schrauben am Zylinderkurbelgehäuse, (4) Kurbelwellen-Radialdichtring.

Abschlussdeckel mit Dichtring aus- und einbauen

Arbeitsschritte  

Der Abschlussdeckel mit Radialwellendichtring am Zylinderkopf kann auch bei eingebautem Motor abmontiert werden. Das Fahrzeug wird auf der Hebebühne angehoben und das Motoröl abgelassen, ohne den Ölfilter auszubauen. Dann bei den Fahrzeugen mit Handschaltgetriebe 711.6 oder 716.5 das Schwungrad und bei Fahrzeugen mit Getriebeautomatik 722.8 die Mitnehmerscheibe ausbauen. Ölwanne ausbauen. Diese umfängliche Prozedur beschreiben wir im nachfolgenden Kapitel »Das Schmiersystem«.

1 **Ausbau:** Die fünf Schrauben (2) am Abschlussdeckel (1) herausschrauben. Den Abschlussdeckel mit Radialwellendichtring am Zylinderkurbelgehäuse lösen und abnehmen. Passhülsen (5) herausziehen, auf Zustand prüfen und ggf. erneuern (Bild unten).

2 **Einbau:** Dichtflächen am Abschlussdeckel und am Zylinderkurbelgehäuse gründlich reinigen. Dichtmittelreste mit Kleb- und Dichtstoffentferner (Loctite 7200, Loctite Deutschland GmbH, München) ablösen. Keine scharfkantigen Werkzeuge oder Schleifpapier verwenden, weil sonst die Dichtflächen beschädigt werden könnten (Undichtigkeiten!). Ölwanne mit Aceton reinigen.

3 Lauffläche an der Kurbelwelle (3) mit sauberem Lappen ohne Reinigungsmittel säubern.

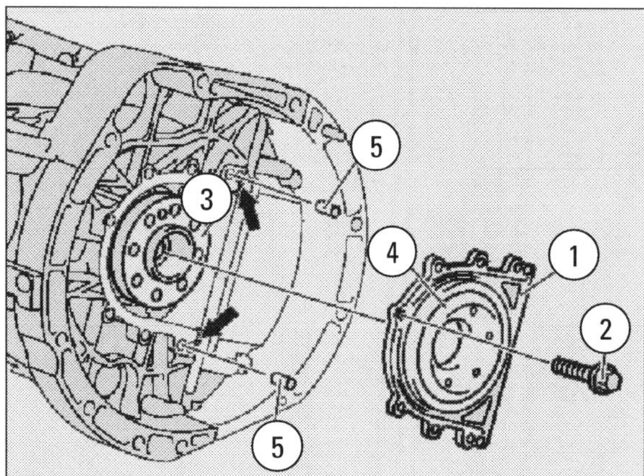

Abschlussdeckel (1) mit Radialwellendichtring: (2) Schrauben (fünf) Deckel/Zylinderkurbelgehäuse, (3) Kurbelwelle, (4) Montagehülse, (5) Passhülsen.

4 Dichtmittel Loctite 5970 auf die Dichtfläche des Deckels am Stoß (Pfeile im Bild links unten) der Ölwanne zum Zylinderkurbelgehäuse auftragen.

5 Abschlussdeckel mit Radialwellendichtring und Montagehülse (4; Deckel wird mit vormontierter Hülse geliefert) an der Kurbelwelle ansetzen. Deckel über die Montagehülse schieben und bündig an das Zylinderkurbelgehäuse anlegen, Montagehülse abnehmen. Die Dichtlippe des Deckels muss an der Kurbelwelle anliegen.

6 Schrauben (2) an- und Passhülsen (5) einsetzen, Schrauben mit 9 Nm am Zylinderkurbelgehäuse festziehen, Ölwanne einbauen, Schwungrad oder Mitnehmerscheibe einbauen, Motoröl einfüllen.

Arbeiten am Zylinderkopf

Arbeitsschritte  

- Hydraulisches Ventilspiel-Ausgleichelement prüfen: Zylinderkopfhaube ausgebaut; Motor an Riemenscheibe durchdrehen, bis Nocken den Rollenschwinghebel nicht mehr belastet. Dann das Ausgleichelement von Hand oder mit Kunststoff-/Holzkeil niederdrücken. Sinkt es ab, muss es erneuert werden. Auch wenn das Element den Schwinghebel nicht an den Grundkreis des Nockens drückt, muss es erneuert werden.

- Der Kettenspanner mit Dichtung kann bereits nach Öffnen der Motorhaube abgebaut werden: Zwei Schrauben (8 Nm) herausdrehen, Kettenspanner vom Zylinderkopf abnehmen. Beim Einbau Dichtflächen reinigen und Dichtung erneuern.

- Spannschiene und Gleitschiene im Steuergehäuse werden am ausgebauten, vom Vorderachsträger abgebauten Motor ausgebaut: Kolben Zylinder 1 auf OT, Steuergehäusedeckel und Kettenspanner ausbauen, Steuerkette vom Nockenwellenrad abnehmen und auf Spannung halten, Spannschiene vom Lagerbolzen abnehmen. Spannbügel für Ölpumpenkette entspannen, Gleitschiene vom Lagerbolzen abnehmen und nach unten ausbauen. Kurbelwelle und Nockenwelle nicht verdrehen, damit sich die Steuerzeiten nicht verstellen. Einbau umgekehrt, Führung an der Gleitschiene in den Lagerbolzen im Zylinderkopf einfahren.

DAS SCHMIER-SYSTEM

Öleinfüllöffnung der Benzinmotoren. Auf dem abgeschraubten Verschlussdeckel wird auf die Gefahr von Motorschäden hingewiesen, wenn der Ölstand über der Maximum-Markierung liegt.

Wartung

Reparatur

Alle Stellen im Motor, an denen Metalle aufeinander gleiten, müssen ständig mit Öl versorgt werden: Kolben, Zylinderlaufbahnen, die Lager von Kurbelwelle und Nockenwelle. Kein Triebwerk hält mehr als einige Minuten ohne passende Schmierung durch. Ein Teil des Schmieröls wird ferner zur Kolbenkühlung vom Kreislauf abgezweigt.

Der Ölkreislauf

Damit das Öl seine Aufgabe erfüllen kann, strömt es im Motorblock durch ein System von Leitungen und feinen Bohrungen an die richtige Adresse. Dieses System bildet von der Ölwanne über die verschiedenen Stationen bis in die Wanne zurück einen Kreislauf mit der Ölpumpe im Zentrum. Im Hauptstrom des Öls sitzt

am Motorblock ein Ölfilter (Bild unten), der Ruß, Metallabrieb und Staub zurück hält. Ein Überdruckventil an der Pumpe öffnet bei zu hohem Druck, so dass ein Teil des Öls in die Wanne zurück fließen kann. Durch die Mittelachse der Filterpatrone gelangt das gereinigte Öl direkt in den Hauptölkanal. Dort befindet sich der Ölsensor (bei Mercedes das Bauteil B40), der Stand, Temperatur und Qualität des Motoröls für die Datenverarbeitung an Bord erfasst.
Wenn der Ölfilter von Schmutz zugesetzt ist, umgeht ihn das Motoröl per Überdruckventil. Damit ist zwar die Ölversorgung sichergestellt, doch ungefiltertes Motoröl bewirkt höheren Verschleiß an den Lagerstellen. Deshalb sollte der Filtereinsatz bei jedem Ölwechsel ausgetauscht werden.
Vom Filter aus gelangt das Motoröl über Bohrungen im Zylinderblock zu den Schmierstellen der Kurbelwelle und zu den Pleueln. Von den Gleitlagern der Kurbelwelle wird das Öl in den Zylinderkopf und zu den Lagerstellen der Nockenwelle gedrückt. Von dort fließt es durch Rücklaufkanäle in die Ölwanne und wird wieder von der Ölpumpe (Bild nächste Seite) angesaugt.

Ventil begrenzt Öldruck

Damit die Schmierung bei jeder Belastung des Motors sichergestellt ist, muss der Öldruck stimmen. Bei zu kaltem und sehr zähflüssigem Öl kann ein zu hoher Druck entstehen. Dann öffnet ein Überdruckventil eine Umgehungsleitung (Bypass) und leitet das Öl direkt auf die Saugseite der Ölpumpe zurück. Der Ölkreislauf bleibt in diesem Fall erhalten.
Wenn durch Anzeigen und akustische Signale fehlerhafter Öldruck gemeldet wird, werden unter Umständen die Motorteile nicht mehr richtig geschmiert. Das kommt zum Beispiel vor, wenn der Wagen bei zu geringem Ölstand mit hohem Tempo durch eine Kurve fährt. Die Ölpumpe saugt dann Luft anstatt Öl aus der Ölwanne. Der Öldruck fällt abrupt ab, was zu schweren Lagerschäden führen kann.
Nach schnellen Autobahn- oder Passfahrten kann der Öldruck durch zu heißes und damit dünnflüssiges Öl unter den normalen Druck gesunken sein. Blinkt die gelbe Kontrollleuchte dann rot und gibt es Warnsignale, ist der Ölstand so niedrig, dass Motorschaden droht. Sofort anhalten, Motor abstellen, Öl auffüllen

Ölfilter (1) am Motor 266.940 (A 170).

Normen für Motoröl

SAE-Klasse: Die Society of Automotive Engineers (SAE) hat die zwei wichtigsten Kraftfahrzeug-Schmieröle nach der Viskosität klassifiziert. Diese SAE-Klassen J 300 (Motorenöle) und J 306 (Getriebeöle) wurden in entsprechende nationale Normen übernommen.
Die SAE-Klasse legt mit zwei Zahlen die Viskosität bei tiefen und bei hohen Temperaturen fest. Je kleiner die erste, durch ein »W« für Winter gekennzeichnete Zahl, desto dünner und bei Kälte besser fließend ist das Öl. »0W« schmiert noch bei minus 30 °C, »5W« ist gut bis unter minus 25 Grad, »10W« reicht bis minus 20, »15W« bis minus 15 und »20W« bis mindestens minus 5 Grad. Je größer die zweite Zahl, umso besser widersteht das Öl hohen Temperaturen: 30, 40, 50 sind gut bis plus 30, 40 oder 50 Grad Celsius und höher. Die Temperaturgrenzen dürfen kurzfristig über- und unterschritten werden.
Die A-Klasse-Motoren brauchen je nach den folgenden Temperaturspannen (durchschnittliche Lufttemperatur) die dazu angegebenen Öle nach SAE:

Unter -25 bis +30 °C:	0W-30 / 5W-30;
unter -25 bis über +30 °C:	0W-40 / 5W-40 / 5W-50;
-20 bis über +30 °C:	10W-30;
-20 bis weit über +30 °C:	10W-40 / 10W-50 / 10W-60;
-15 bis über +30 °C:	15W-40 / 15W-50;
-5 bis über +30 °C:	20W-40 / 20W-50.

ACEA-Norm: Von der Association des Constructeurs Européen d'Automobiles im Jahre 1996 eingeführte europäische Ölnorm: Für Benziner die Gruppen A1 (Sprit sparendes Öl), A2 (gering belastetes Öl), A3 (Hochleistungs-Öl). Für Diesel gilt eine Einteilung von B1 bis B4.

und prüfen, ob die Anzeige wieder den Normalzustand signalisiert. Wenn es weiterhin Warnsignale gibt: Wagen in die nächste Werkstatt schleppen.

Das Motoröl

Öl vermindert die Reibung und den Verschleiß bei Kolben und Zylindern, Lagern und Ventiltrieb. Es dichtet die engen Räume zwischen Kolben, Kolbenringen und Zylinderwand so fein ab, dass der hohe Druck, der bei der Verbrennung entsteht, fast ohne Verluste auf die Kurbelwelle übertragen wird. Öl kühlt auch die Kolben in den Zylindern und die Lager von Kurbelwelle und Nockenwelle. Es schützt vor Korrosion und bindet Schmutzpartikel sowie Verbrennungsrückstände.
Wichtige Kenngröße für Motoröl ist seine Viskosität. Sie ist das Maß für die Fließfähigkeit des Schmieröls. Im Winter muss ein Motoröl so dünnflüssig sein, dass es nach dem Kaltstart sofort alle Schmierstellen versorgt. Im Sommer dagegen ist dickflüssiges Öl gefragt, das auch bei hohen Temperaturen den Schmierfilm nicht abreißen lässt.

Mehrbereichs- und Leichtlauföle

Wie die meisten Autohersteller schreibt Mercedes-Benz Mehrbereichsöle vor. Sie bestehen aus Mineralöl und bis zu 20 Prozent Additiven. Additive verbessern den Viskositätsindex (VI). Ihre Molekülketten quellen beim Erhitzen und schrumpfen beim Abkühlen, so dass sie mehrere Viskositätsklassen überspannen können. Sie gewährleisten für den kalten wie für den heißen Motor die richtige Schmierfähigkeit, weshalb Mehrbereichsöl ganzjährig gefahren werden kann. Additive schützen das Öl vor Oxidation und verhindern das Aufschäumen bei hohen Drehzahlen.
Über die Eignung eines Öls entscheiden Spezifikation und Viskositäts-Klasse. Bei gleicher Spezifikation können die Produkte verschiedener Hersteller gemischt werden, wobei Mischungen einen geringeren Grad der beabsichtigten Wirkung zeigen können.

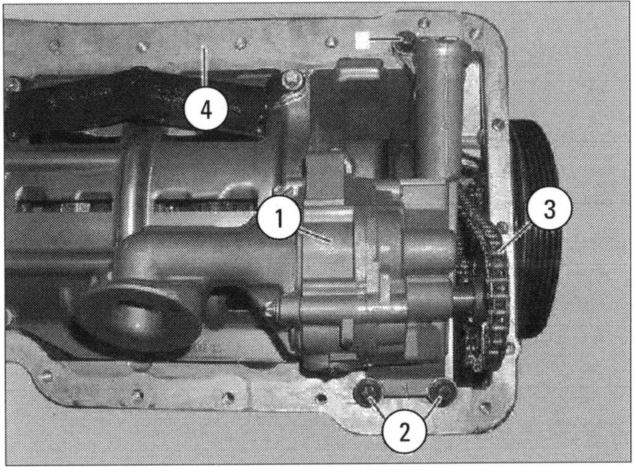

Ölpumpe (1) der Benzinmotoren. (2) Schrauben, (3) Ölpumpenkette, (4) Zylinderkurbelgehäuse.

Ölsorten für die A-Klasse

Prinzipiell dürfen nur Öle verwendet werden, die der Hersteller für die Motoren seiner Fahrzeuge freigegeben hat. Eine Übersicht der für Mercedes-Benz-Pkw zulässigen Motoröle bietet Blatt 223.2 der Betriebsstoffvorschriften. Blatt 224.1 zeigt im Diagramm die Viskositätsklassen für Pkw-Motoren. Die Mehrbereichsöle der A-Klasse-Benziner werden auf den Blättern 229.1, 229.3, 229.31 und 229.5 weiter spezifiziert, die Mehrbereichsöle für A-Klasse-Diesel ohne Partikelfilter auf den Blättern 228.1, 228.3, 228.5, 228.51, 229.1, 229.3, 229.31 und 229.5. Für die A-Klasse-Diesel mit Partikelfilter gelten die Blätter 228.51 und 229.31.
Die Blätter listen das umfangreiche Sortiment von Qualitäts-Mehrbereichsölen zahlreicher Hersteller auf. Es wird darauf hingewiesen, dass die DaimlerChrysler AG bisher kein Produkt freigegeben hat, das nachträglich als »Sonderzusatz« in die Motoren-Schmierstoffe von Mercedes-Benz-Fahrzeugen eingebracht oder zugemischt werden darf.

Achtung: Die Anwendung von Sonderzusätzen erfolgt in alleiniger Verantwortung des Fahrzeughalters! Im Schadensfall können gesetzliche Garantie- und Gewährleistungsansprüche eingeschränkt werden.

Wenn der Motor technisch in Ordnung ist, verbraucht er so wenig Öl, dass zwischen den einzelnen Ölwechselintervallen nichts oder nur eine geringe Menge nachgefüllt werden muss (»Nachfüllmenge«). Für die A-Klasse-Motoren ist Ölverbrauch bis maximal 0,8 Liter auf 1000 Kilometer normal. Liegt der Verbrauch

darüber, sind Reparaturmaßnahmen angezeigt.
Der Motor verbraucht Öl, weil es teilweise in den Verbrennungsraum gelangt und dort verbrennt. Ein undichter Motor, defekte Ventilschaftabdichtungen, auch verschlissene Kolbenringe oder zu viel Spiel zwischen Ventilführung und Ventilschaft treiben den Verbrauch in die Höhe. Daher regelmäßig das Öl wechseln und den Motor nicht übermäßig belasten!

Öl- und Filterwechsel

Im Betrieb wird die Ölqualität vermindert. Je schwerer die Betriebsbedingungen sind, um so schneller sind die guten Eigenschaften des Öls verbraucht. Aber selbst bei genauer Kenntnis der Betriebsverhältnisse lässt sich die Frage nach dem »richtigen« Ölwechselabstand (Intervall) nicht so leicht beantworten. Generell gilt für die Motoren der A-Klasse eine Mindestlaufzeit zwischen den Ölwechseln von 12 Monaten (15.000 Kilometer). Seit Juni 1997 gilt statt des Wartungssystems mit starren Intervallen das »Aktive Service-System - ASSYST«. Mercedes-Benz ermöglicht seitdem Serviceintervalle bis zu 24 Monaten (40.000 km). Durch Auswertung von Motordrehzahl, Motortemperatur, Motorlast und Zeit errechnet der Bordcomputer den Zeitpunkt des fälligen Service und zeigt die Fälligkeit im Kombiinstrument an.
Wer oft lange Strecken fährt, wird das Intervall voll ausnutzen können. Bei ständiger Stadtfahrt macht ein früherer Wechsel Sinn. Im Winter können bereits vier Monate (3.000 km) genug für das Motoröl sein. Jedenfalls ist es immer gut, nach jedem zweiten Tanken zum Ölmessstab zu greifen. In der Einfahrzeit oder bei älteren Motoren mit erhöhtem Ölverbrauch ist es sogar sinnvoll, das Öl bei jedem Volltanken zu kontrollieren.

Ölwechsel in eigener Regie?

Ölwechsel ist nicht ganz einfach. Das Do it yourself lohnt sich lediglich bei preiswerten Ölen von Zubehörhandel, Warenhaus oder Tankstelle. In den Vorschriften-Blättern werden aber nur von DaimlerChrysler geprüfte Schmierstoffe freigegeben.
Ölwechsel mit Ablassen und Filtertausch erfordert viel Zeit, weil das Fahrzeug aufgebockt werden muss. Schneller und sauberer geht es mit Absauggerät an der Tankstelle. Dabei bleibt jedoch der Schlamm in der Ölwanne, und Filtertausch ist auch nicht möglich.

Die nötige Füllmenge

Zur Füllmenge mit Filterwechsel wird von jedem Autohersteller auf die für den jeweiligen Motor aktuellen

Füllmengen der A-Klasse-Motoren bei Öl- und Filterwechsel:

Benzinmotoren	
■ 266.920/940/960/980	5,0 Liter
Dieselmotoren	
■ 640.940/941/942	5,8 Liter

Altöl richtig entsorgen

Sie können die Altölentsorgung dem Händler überlassen, bei dem Sie das Motoröl gekauft haben. Er muss das Altöl kostenlos zurücknehmen. Zum Nachweis die Quittung im Handschuhfach aufbewahren. Sie können das Altöl auch zusammen mit Ölfilter bei der Altölsammelstelle abgeben.

Ölfeuchte Stellen prüfen

Arbeitsschritte    

1 Starken Ölspuren im Motorraum oder unter dem geparkten Wagen rasch nachgehen! Ein undichter Motor weist auf einen technischen Mangel hin, der sich schnell verschlimmern kann. Motorwäsche, anschließend Probefahrt .

2 Die obere Motorabdeckung und die untere Motorraumverkleidung (bzw. Geräuschkapsel) ausbauen. Dichtung des Öleinfülldeckels, das Belüftungsrohr der Kurbelgehäuse-Entlüftung, die Ventildeckel-Dichtung sowie Zylinderkopfdichtung, Ölablassschraube, Ölfilter, Ölwannendichtung und Simmerringe an Nockenwelle und Kurbelwelle kontrollieren.

3 Motoröl kann sich bei starken Temperaturschwankungen durch die Poren von Dichtungen und Gehäusen arbeiten (Schwitzflecken). Diese Form der Transpiration ist normal. Entdeckte Undichtigkeiten aber müssen beseitigt werden.

Schmiersystem

Störungsbeistand

Störung	Ursache	Abhilfe
A Bei Einschalten der Zündung bleibt Öldruckkontrollleuchte dunkel.	1 Kontrollleuchte oder Öldruckschalter defekt.	Auswechseln.
	2 Steckverbindung korrodiert bzw. Kabelverbindung unterbrochen.	Überprüfen und reinigen, ggf. Kabel reparieren.
B Kontrollleuchte geht erst bei höheren Drehzahlen aus.	Bypassventil in der Ölfilterhauptstromleitung klemmt.	Öldruck überprüfen lassen, Ventil ggf. auswechseln lassen.
C Kontrollleuchte brennt nach Anspringen des Motors und geht auch beim Gasgeben nicht aus.	1 Zu wenig Öl im Motor.	Ölstand überprüfen, ggf. Öl nachfüllen.
	2 Ölansaugsieb in der Ölwanne zugesetzt bzw. Ölpumpe verschlissen.	Überprüfen bzw. ersetzen lassen.

Motorölstand prüfen und Öl nachfüllen

1 Öltemperatur mindestens 60 °C. Das entspricht einer Fahrt von etwa 10 Minuten nach dem Kaltstart. Fahrzeug in waagerechte Stellung bringen (auf ebener Fläche abstellen). Fünf Minuten warten, damit alles Öl in die Ölwanne abtropfen kann. Ölmessstab aus dem Führungsrohr ziehen, mit Papiertuch trocken wischen.

2 Messstab bis zum Anschlag wieder in das Führungsrohr einführen. Mindestens drei Sekunden verweilen lassen. Stab herausziehen. Die dunkle Färbung des anhaftenden Öls ist normal, sie entsteht schon nach kurzer Laufzeit durch angesammelte Schmutzpartikel.

3 Den Ölstand ablesen. Er soll für einwandfreien Fahrzeugbetrieb ohne Störungen zwischen den Markierungen für minimalen und maximalen Ölstand liegen. Pro Millimeter zu niedrigem Ölstand sind rund 0,1 l nachzufüllen. Niemals zu viel Öl nachfüllen! Überschüssiges Motoröl (pro Millimeter über der max-Marke rund 0,1 l) muss wieder abgesaugt werden. Überschuss kann Katalysator und Luftfilter schaden.

4 Öl nachfüllen, zweckmäßig mit einem kleinen Trichter. Ggf. nochmals den Stand überprüfen.

5 Ölmessstab wieder bis zum Anschlag in das Messstab-Führungsrohr einstecken.

Öl und Filter wechseln

Arbeitsschritte

1 Fahrzeug warm fahren, Motorhaube öffnen. Ölfilter entleeren, Filtereinsatz erneuern (folgende Arbeitsanleitung).

2 Motoröl bei warmem Motor absaugen oder ablassen. **Absaugen**: Den Ölmessstab aus dem Führungsrohr abziehen und den Saugstutzen eines Absauggerätes (DCAG empfiehlt ein Fabrikat der Deutschen Tecalemit, Bielefeld; Bestellnummer 1.386950.2) aufsetzen. Bedienungsanleitung befolgen.

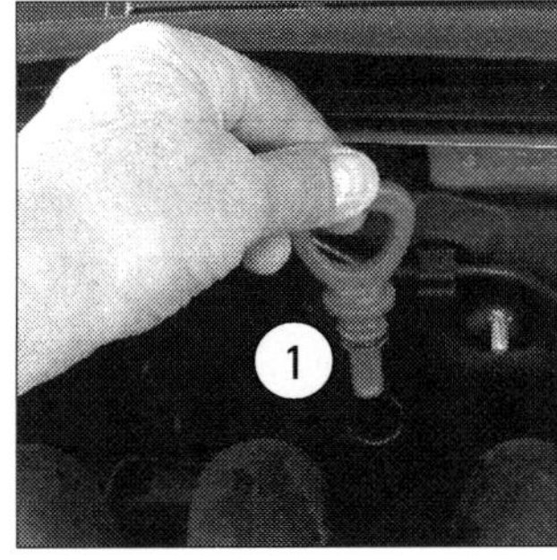

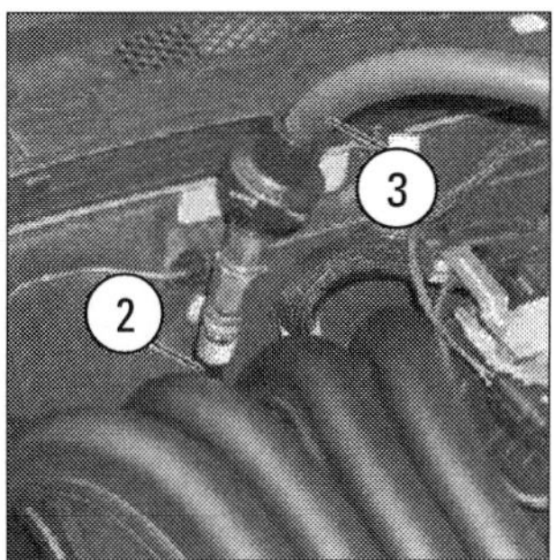

Ölmessstab (1) aus dem Führungsrohr (2) ziehen und Saugschlauch (3) des Motorölabsauggerätes anmontie-

Bei den Benzinmotoren wird nur der Saugschlauch mit einem Adapter an das Ölmessstabführungsrohr montiert, dann kann abgesaugt werden.
Bei den Dieselmotoren die elektrische Steckverbindung am Schalter für Kühlmittelstandskontrolle trennen. Den Ausgleichsbehälter aus den Gummilagern am rechten Federbeindom herausziehen, nach oben abnehmen und mit angeschlossenen Kühlmittelschläuchen hinter dem rechten Scheinwerfer ablegen. Den Ölrücklaufschlauch zwischen Ölabscheider und Ölmessstabführungsrohr mit einer Klemme (MB: 000 589 40 37 00) abklemmen. Dann den Messstab abziehen und Öl durch das Führungsrohr absaugen.
Ablassen: Fahrzeug anheben und aufbocken oder besser Hebebühne einsetzen. Untere Motorraumverkleidung (CDI: Geräuschkapselunterteil) ausbauen. Ölablassschraube mit einem Stiftringschlüssel herausdrehen, Öl ablassen und vorschriftsgemäß auffangen und entsorgen. Dichtring der Ölablassschraube (M14) erneuern, Schraube eindrehen und mit 30 Nm an der Ölwanne festziehen.

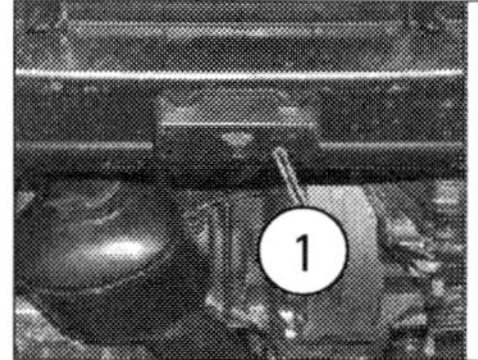

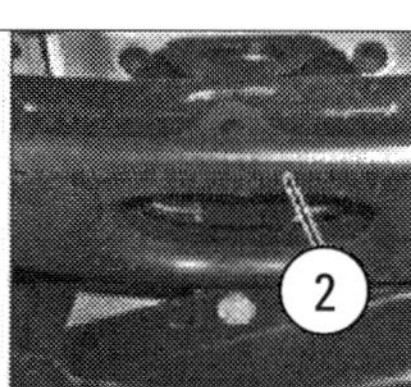

Wenn zum Anheben des Fahrzeugs Grubenlift oder Rangierwagenheber benutzt werden, dann nur an den vorgeschriebenen Aufnahmepunkten (1) an Vorder- und (2) an Hinterachse ansetzen (Bild). Mit Unterstellböcken unter den Aufnahmepunkten an der Karosserie sichern.

3 Motoröl einfüllen. Die Füllmenge bei Filterwechsel beträgt für die Benzinmotoren 5,0 Liter und für die CDI-Dieselmotoren 5,8 Liter. Nur Öl der für Mercedes-Benz vorgeschriebenen und zugelassenen Qualitätsstufen und Viskositätsklassen nach SAE verwenden! Wenn Motorenöl nach Betriebsstoffvorschrift Blatt 229,5 verwendet wird, verlängert sich das übliche Ölwechselintervall von 15.000 auf 20.000 km. Bei Fahrzeugen mit den aktiven Intervallsystemen Assyst oder Assyst plus verlängert sich das Ölwechselintervall um den Faktor 1,3. Damit die Intervallanzeige stimmt, muss die Verlängerung per Star Diagnosis in den Bordcomputer eingegeben werden. Bei jüngeren Fahrzeugmodellen und bei Assyst plus ist die Eingabe per Lenkradtasten (Bild) auch über das Kombiinstrument möglich.

4 Motor anlassen und die Dichtheit des Systems bei laufendem Motor überprüfen.

5 Wenn das Öl durch Herausdrehen der Ölablassschraube abgelassen worden war, die untere Motorraumverkleidung (CDI: Geräuschkapselunterteil) wieder einbauen.

Ölfiltereinsatz wechseln

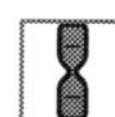

1 **Benzinmotoren:** Der Ölfilter befindet sich tief angesetzt rechts neben dem Ölmessstab-Führungsrohr hinter dem Saugrohr (Bild Seite 70). Zum Wechsel des Filtereinsatzes muss der Schraubdeckel herausgedreht werden. Dazu wird das Spezialwerkzeug »Verlängerung« (MB: 123 58900 16 00) eingesetzt. Deckel (1) aus dem Ölfiltergehäuse herausdrehen und mit Ölfiltereinsatz (2) abnehmen (Bild unten).

2 Damit ist das Ölfiltergehäuse entleert, Restöl kann ausgewischt werden. Unter den herausgenommenen Filtereinsatz wird eine Auffangwanne gestellt, um das heraustropfende Öl aufzunehmen.

3 Ölfiltereinsatz vom Schraubdeckel abziehen und Deckel von innen reinigen. Neuen Filtereinsatz aufschieben und den Dichtring (3) erneuern. Ölfilterschraubdeckel aufsetzen, mit der Verlängerung eindrehen und mit 25 Nm festziehen.

1 **Dieselmotoren:** Ladeluftschlauch (4) am Heißfilm-Luftmassenmesser (5) abmontieren.

2 Den im Gegensatz zu den Benzinmotoren bei den CDI von vorn leicht zugänglichen Ölfilterschraubdeckel (1) herausdrehen und mit dem Filtereinsatz (2) abnehmen (Bild links). Auf-

Ölfilter der A-Klasse-Benzinmotoren.
(1) Ölfilterschraubdeckel,
(2) Ölfiltereinsatz,
(3) Dichtring.

fangwanne unterstellen, abtropfendes Öl auffangen. Filtereinsatz vom Deckel abziehen. Filtergehäuse und Deckel innen auswischen.

3 Die beiden Dichtringe (3) erneuern. Neuen Ölfiltereinsatz auf den Schraubdeckel aufschieben. Den Deckel ins Ölfiltergehäuse hineindrehen und mit 25 Nm festziehen.

4 Ladeluftschlauch an Heißfilm-Luftmassenmesser montieren. Als Werkzeug zum Ab- und Anmontieren des Schlauchs einen Steckschlüsselsechskant 7 mm an biegsamer Welle für Schlauchschellen mit Schneckentrieb benutzen (z. B. von Hazet, Remscheid; Bestellnummer 426-7).

Öldruckschalter aus-/einbauen

Arbeitsschritte   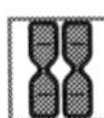

1 **Ausbau:** Die Benzinmotoren haben einen Öldruckschalter, die CDI-Dieselmotoren einen Ölstandgeber (Sensor für Ölstand, Öltemperatur und Ölqualität). Bei den Benzinmotoren ist der Schalter dicht hinter dem Ölfiltergehäuse an das Zylinderkurbelgehäuse geschraubt, bei den Dieselmotoren an die Ölwanne.
Voraussetzung für den eigentlich sehr einfachen Ausbau ist das Absenken des Motors mit Vorderachsträger. Das jedoch ist eine sehr arbeitsaufwändige, dem Motorausbau ähnliche Prozedur. Wir setzen sie hier voraus.

Ölfilter der A-Klasse-Dieselmotoren.
(1) Ölfilterschraubdeckel, (2) Ölfiltereinsatz, (3) Dichtringe, (4) Ladeluftschlauch, (5) Heißfilm-Luftmassenmesser.

2 Elektrische Steckverbindung am Öldruckschalter oder am Ölsensor trennen. Der Schalter ist direkt in das Zylinderkurbelgehäuse geschraubt, er wird herausgeschraubt. Der Sensor ist mit zwei Schrauben befestigt, die herausgedreht werden, damit er aus der Ölwanne herausgezogen werden kann.

3 **Einbau:** in umgekehrter Reihenfolge. Der Öldruckschalter wird mit 20 Nm eingeschraubt. Beim Ölsensor wird der Dichtring erneuert. Schrauben mit 5 Nm festziehen.

Öldruck prüfen

Arbeitsschritte   

1 **Benzinmotoren:** Wenn der Öldruckschalter ausgebaut wurde, den Kühlmittel-Ausgleichsbehälter abbauen und mit angeschlossener Kühlmittelleitung zur Seite legen.

2 Die Verschlussschraube oben aus dem Kettenspanner heraus- und den Doppelstutzen 166 589 00 63 00 mit Dichtring einschrauben. An diesen Doppelstutzen wird die Druckleitung des Prüfgerätes (103 589 00 21 00) angeschlossen.

3 Fahrzeug genau waagerecht stellen und mit Fernthermometer die Öltemperatur messen: Temperaturfühler des Thermometers durch Ölmessstab-Führungsrohr ins Motoröl einführen. Die Temperatur soll zur Druckprüfung 80 °C betragen (betriebswarmer Motor). Öldruck bei verschiedenen Drehzahlen des Motors messen. Er soll beim Gasgeben unverzögert ansteigen und folgende Werte erreichen:

bei 750 U/min	ca. 0,5 bar
bei 1000 U/min	ca. 0,9 bar
bei 2000 U/min	ca. 2,0 bar
bei 4000 U/min	ca. 3,2 bar

1 **Dieselmotoren:** Bei betriebswarmem Motor den Kühlmittelausgleichsbehälter abmontieren und mit angeschlossenen Leitungen zur Seite legen.

2 Die Verschlussschraube unten aus dem Ölfiltergehäuseheraus- und den Doppelstutzen 640 589 03 63 00 mit Dichtring einschrauben. An diesen Doppelstutzen wird die Druckleitung des Prüfgerätes (103 589 00 21 00) angeschlossen. Temperaturfühler des Fernthermometers in das Ölmessstab-Führungsrohr stecken, Länge entsprechend Messstab einstellen. Temperatur messen, sie soll 80 °C betragen.

3 Motor starten und Öldruck bei verschiedenen Drehzahlen messen. Er soll beim Gasgeben unverzögert ansteigen und folgende Werte erreichen:

im Leerlauf	ca. 0,8 bar
bei 2000 U/min	ca. 3,0 bar
bei 4000 U/min	ca. 4,0 bar

Ölwanne aus-/einbauen

Aus- und Einbau der Ölwanne sind sehr aufwändige Arbeiten, die bei Benzinmotoren und Dieseln im Prinzip ähnlich ablaufen. Zunächst Motoröl ablassen, Motor mit Vorderachsträger absenken.

1 **Benzinmotoren:** Fahrzeug absenken. **Ölmessstab-Führungsrohr ausbauen:** Ölmessstab herausziehen, die elektrische Leitung am Halter links neben dem Ölfilter, auf halber Länge des Führungsrohres, ausclipsen und Halterschraube herausdrehen. Elektrische Leitung am Führungsrohr freilegen und die Schraube des Halters am untersten Ende des Führungsrohres, wo es in die Ölwanne eintritt, herausschrauben. Den Halter nach oben schieben, das Führungsrohr zur Seite drehen und aus der Ölwanne herausziehen. Beim Einbau den Dichtring am unteren Halter erneuern und die Schraube mit 9 Nm an der Ölwanne festziehen.

2 Auspuffkrümmer mit Katalysator, beim Motor 266.280 (A 200 Turbo) das Auspuffflexrohr und dann den Generator ausbauen (siehe betreffende Kapitel).

3 Träger mit Keilrippenriemen-Spannvorrichtung wie beschrieben ausbauen, die Schrauben (2, Bild links unten) herausschrauben, Getriebeabstützung (ähnlich wie im Bild rechts unten im Fall CDI) am Getriebe anbauen und Motor mit Getriebe so weit anheben, bis das Motorlager hinten rechts entlastet ist. Die Schraube des Motorlagers aus dem Motorträger (6) herausschrauben.

4 Schrauben (3 und 4, Bild links unten) herausdrehen, die Ölwanne (1) mit einem Gummihammer vorsichtig vom Zylinderkurbelgehäuse lösen und abnehmen. Wenn die Ölwanne erneuert werden soll, die Schrauben (5) und die Schraube an der Aufhängeöse (7) herausdrehen und Motorträger sowie Öse abnehmen.

5 **Einbau** sinngemäß umgekehrt, dazu die Dichtflächen an der Ölwanne reinigen und Dichtmittel Loctite 5970 auftragen. Den Dichtring an der Ölablassschraube erneuern. Aufhängeöse mit 20 Nm anschrauben, Ölwanne mit 14 Nm an Zylinderkurbelgehäuse und Steuergehäusedeckel festziehen. Motorlager mit 80 Nm an Träger und den Träger mit 20 Nm plus Vierteldrehung an Ölwanne festschrauben.

1 **Dieselmotoren:** Keilrippenriemen, Kältemittelverdichter, Generator und Träger mit Keilrippenriemen-Spannvorrichtung ausbauen (wie beschrieben bzw. Kapitel »Die Fahrzeugelektrik«). Kältemittelverdichter mit angeschlossenen Leitungen am Unterboden befestigen.

2 Vorkatalysator (2) vom Katalysator (5, Bild unten) ab-

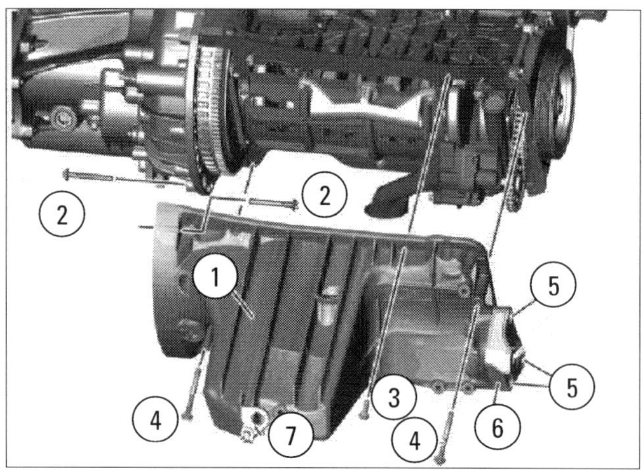

Ölwanne (1) der Benzinmotoren. (2) bis (5) Schrauben, (6) Motorträger mit Motorlager, (7) Aufhängeöse.

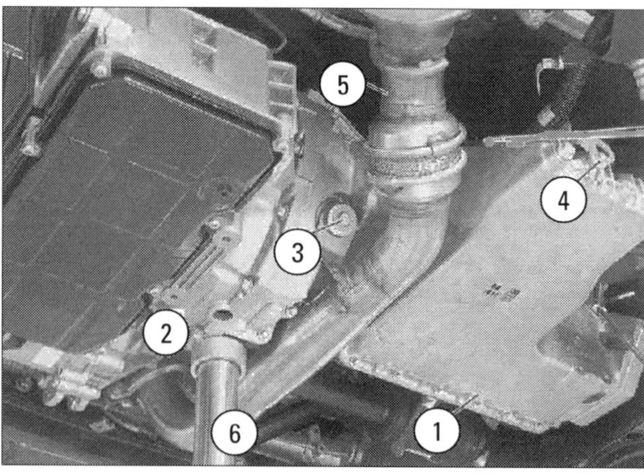

Ölwanne (1) der Dieselmotoren. (2) Vorkatalysator, (3) und (4) Schrauben, (5) Katalysator, (6) Getriebehalter.

bauen und den Katalysator vom Abgasrohr vor Partikelfilter (wenn Filter vorhanden) abbauen.

3 **Ölmessstab-Führungsrohr ausbauen:** Ölmessstab herausziehen, den Schlauch unten vom Führungsrohr abmontieren, die Befestigungsschraube für Rohr an Mischgehäuse herausdrehen und das Führungsrohr nach oben herausnehmen. Beim Einbau in umgekehrter Reihenfolge die Dichtung erneuern und die Schraube am Mischgehäuse mit 9 Nm festziehen.

4 Elektrische Steckverbindung am Ölsensor trennen, das Masseband an der Ölwanne und den Auspuffhalter am Getriebe abschrauben. Den Motor mit einem Getriebeheber (6, Bild vorige Seite, rechts unten) abstützen und so weit anheben, bis die hinteren Motorlager entlastet sind.

5 Die Schraube des Motorlagers (rechts aan der Ölwanne) herausdrehen und die Ölwanne abschrauben. Dabei die unterschiedlichen Durchmesser (M6 und M8) sowie Längen (20, 35, 55, 60 und 85 mm) beachten, notieren. Die Wanne bei Bedarf mit Gummihammer oder Montagekeil vorsichtig vom Zylinderkurbelgehäuse lösen.

6 **Einbau** sinngemäß umgekehrt. Die Dichtflächen an Wanne und Kurbelgehäuse mit Kleb- und Dichtstoffentferner reinigen und neues Dichtmittel auftragen (Loctite). Wanne wie notiert (Schraubengrößen) anschrauben und mit 6 plus in zweiter Stufe 13 Nm festziehen. Motorlager mit 55 Nm an Motorträger und Auspuffhalter mit 20 Nm an Getriebe schrauben. Öldichtheit bei laufendem Motor prüfen.

Ölpumpe aus-/einbauen

Arbeitsschritte   

Wenn die Ölwanne ausgebaut worden ist, lässt sich bei allen Motoren relativ einfach auf ähnliche Weise die Ölpumpe ausbauen.

1 **Benzinmotoren:** Schrauben (2) herausdrehen, die Ölpumpe (1) am Zylinderkurbelgehäuse (4) abnehmen und aus der Ölpumpenkette (3) aushängen (Bild Seite 71 links unten).

2 **Einbau** in umgekehrter Reihenfolge. Dazu den Dichtring erneuern und das Pumpensieb reinigen. Pumpe vor dem Einbau mit Motoröl befüllen, damit sie auch beim Erststart des Motors sofort Öl fördert. Die beiden Schrauben Ölpumpe an Zylinderkurbelgehäuse mit 14 Nm festziehen.

1 **Dieselmotoren:** Schrauben (1) herausdrehen und die Abdeckung (2) der Antriebskette (5) abnehmen. Schrauben (4) herausdrehen und die Ölpumpe (3) aus der Antriebskette ausfahren und abnehmen; wenn die Pumpe erneuert werden soll, das Ölsaugrohr (6) von der Pumpe abmontieren und umbauen (Bild unten).

2 **Einbau** in umgekehrter Reihenfolge. Dichtring erneuern und Pumpensieb reinigen. Trockene Pumpe mit Motoröl füllen, damit beim Erststart sofort Öl gefördert wird. Pumpe mit 14 Nm ans Zylinderkurbelgehäuse schrauben. Schraube für die Abdeckung mit 12 Nm, für das Ölsaugrohr mit 11 Nm festziehen.

3 **Alle:** Motor starten und warmlaufen lassen, dann abstellen. Motorölstand fünf Minuten nach dem Abstellen prüfen und ggf. korrigieren. Nach Probelauf die Dichtheit prüfen.

Öleinfüllrohr aus-/einbauen

Arbeitsschritte   

1 **Ausbau:** Motorhaube öffnen, die Schrauben am Flansch des Stutzens herausschrauben, das Einfüllrohr abnehmen.

2 **Einbau:** Umgekehrte Reihenfolge. Dichtflächen an Einfüllrohr und Zylinderkopfhaube reinigen und Dichtring erneuern. Schrauben mit 14 Nm an der Zylinderkopfhaube festziehen.

Ölpumpe (3) der Dieselmotoren. (1) Schrauben, (2) Abdeckung der Antriebskette, (4) Schrauben, (5) Antriebskette der Ölpumpe, (6) Ölsaugrohr.

DAS KÜHLSYSTEM

Hauptkomponenten des Kühlsystems: (1) Kühlmittelausgleichsbehälter rechts hinten im Motorraum, (2) Verschlussdeckel, (3) Schlauchleitung zum Kühler, (4) Kühler.

Wartung

Reparatur

Das Kühlsystem sorgt für die richtige Betriebstemperatur des Motors. Im System aus Kühler, Temperaturregler (Thermostat), Wasserleitungen, Ventilator (Kühlerlüfter) und einem Netz kleiner, genau bemessener Kanäle in Motorblock und Zylinder zirkuliert die in den Ausgleichsbehälter eingefüllte Kühlflüssigkeit. Der Wassermantel führt die Verbrennungswärme über die Schläuche des Kühlsystems an den Kühler ab.

Der Kurzschlusskreislauf

Nach dem Kaltstart zirkuliert das Kühlmittel im kleinen Kühlkreislauf, der sich auf Motor und Heizung beschränkt. In diesem Kurzschlusskreislauf hält der Thermostat den Durchfluss zum Kühler geschlossen. Das Kühlmittel gelangt auf direktem Weg zurück in den Motor. So erhitzt sich die Kühlflüssigkeit schneller und der Motor wird schneller warm. Der Kühler tritt erst in Aktion, wenn die Kühlflüssigkeit eine bestimmte Temperatur erreicht hat. Wenn dann der Kühlmittel-Temperaturregler öffnet, wird kaltes Wasser aus dem Kühler mit bereits erwärmtem Wasser aus dem kleinen Kühlkreislauf vorgemischt. Das verhindert einen Kälteschock für den Motor.

Kühlung bei Betriebstemperatur

Solange die Wassertemperatur steigt, öffnet der Thermostat den Kaltwasserzufluss aus dem Kühler immer weiter und schließt gleichzeitig den Kurzschlusskreislauf. Bei Betriebstemperatur zirkuliert die Kühlflüssigkeit vom unteren Kühlwasserschlauch zur Wasserpumpe (Kühlmittelpumpe), die sie in Motorblock und Zylinderkopf drückt. Der größte Teil läuft dann über den geöffneten Thermostat zum Kühler, während der Rest zum Wärmetauscher der Heizung fließt.
Das im Kühler unten abfließende kalte Wasser zieht heißes Kühlmittel oben in den Kühler nach. Dort wird es beim Zug durch die Kühlerlamellen (Kondensator) abgekühlt. Sinkt während der Fahrt die Wassertemperatur unter die vorgeschriebene Betriebstemperatur, sperrt der Thermostat den Kühlerdurchfluss erneut, bis sich das Kühlmittel wieder genügend erwärmt hat. Das ist der große Kühlmittelkreislauf.
Das Kühlsystem steht unter einem Überdruck von etwa 1,2 bis 1,5 bar bei Betriebstemperatur. Dadurch und durch den Einsatz von Kühlmittelzusätzen erhöht sich der Siedepunkt der Kühlflüssigkeit von 100 °C auf rund 135 °C. Die höhere Temperatur ermöglicht wirtschaftlicheren, Kraftstoff sparenden Motorbetrieb.

Komponenten des Kühlsystems

Ausgleichsbehälter: Lässt bei zu hohem Druck durch ein Überdruckventil im Deckel Wasserdampf entweichen. Der Behälter hat an der Außenseite eine Anzeige des Kühlmittelstandes (MIN/MAX-Markierungen).
Kühler-Kondensator: Vorn mittig hinter dem Kühlergrill. Dünnwandige Röhrchen sind durch ein Gerüst von Lamellen miteinander verbunden. Die vom Luftstrom bestrichene Fläche ist dadurch viele Quadratmeter groß.
Kühlerventilator: Dieser Lüfter verhindert ein Überhitzen des Kühlmittels.
Kühlmittelpumpe (Wasserpumpe): Sorgt für den Kreislauf des Kühlmittels. Sie wird über den Keilrippenriemen von der Kurbelwelle angetrieben.
Kühlmittel-Temperaturregler: Hält die Wassertemperatur konstant. Der Thermostat öffnet bei etwa 87 °C und lässt das Wasser zum Kühler oder zurück in den Motor strömen. Bei etwas über 100 °C endet der Öffnungshub.
Rohre und Schläuche: Verbinden die einzelnen Komponenten zum System.

Überdruck und Kühlerventilator

Wenn bei einem heißen Motor der Kühlmittel-Druck 1,5 bar übersteigt, tritt das Überdruckventil am Ausgleichsbehälter in Aktion. Es öffnet und lässt zum Druckausgleich etwas Wasserdampf entweichen.
Trotzdem kann es zum Beispiel bei Fahrten in der Stadt vorkommen, dass das Kühlmittel im System überhitzt wird. Dann muss der Kühlerventilator einspringen. Bei einer Kühlmitteltemperatur von 92 bis 97 °C wird die erste Stufe (halbe Drehzahl) geschaltet. Steigt die Kühlmitteltemperatur auf 99 bis 105 °C, schaltet der Thermoschalter in der zweiten Stufe auf volle Drehzahl. Durch diesen gesteuerten Einsatz des Lüfters und die thermostatische Regelung des Kühlmittelstroms werden die Betriebstemperatur schneller erreicht und der Kraftstoffverbrauch spürbar reduziert.

Das Kühlmittel

Kühlflüssigkeit besteht aus Wasser und Kühlmittelzusatz. Dieses Zusatzmittel schützt vor Frost, Korrosionsschäden, Kalkansatz und Überhitzung. Vom Hersteller wird das Korrosions-/Frostschutzmittel der Spezifikationsblätter 325.0 (Mercedes-Benz) vorgeschrieben, das von zahlreichen Produzenten weltweit unter diversen Namen angeboten wird. DaimlerChrysler Deutschland bietet diesen Zusatz unter den Artikelnummern 000 989 08 25 und 000 989 21 25 an.
Das Mittel sorgt auch für bessere Wärmeableitung. Deshalb soll das Kühlsystem ganzjährig mit einem Gemisch aus 50% Wasser und 50% Zusatz befüllt sein. Dieser Anteil des Zusatzes sichert zugleich Frostschutz bis -37 °C, ein Anteil von 55% schützt sogar bis -45 °C. Ein solch hoher Zusatzmittelanteil, der den maximal möglichen Gefrierschutz gewährleistet, ist nur für außerordentlich niedrige Umgebungstemperaturen zweckmäßig. Über 55% sollte der Anteil an Zusatzmittel keinesfalls betragen. Denn bei höherem Anteil verringern sich Frostschutz und Wärmeabfuhr wieder, die Kühlwirkung wird verschlechtert.
Der Kühlmittelzusatz verliert seine Wirksamkeit nach etwa vier Jahren und sollte dann erneuert werden. Mercedes-Benz: »Die maximal zulässige Gebrauchsdauer des Kühlmittels ist dem Wartungsheft, dem jeweils gültigen Service-bzw. Wartungsblatt oder den MB-Betriebsstoff-Vorschriften zu entnehmen«

Vor dem Einfüllen von neuem Kühlmittel muss das verbrauchte Mittel aus dem System gespült werden. Bei starker Verschmutzung oder Verölung soll das Kühlsystem gereinigt werden. Das Wasser für das Kühlmittel soll sauber und nicht zu hart sein.

Auch die besten Korrosions-/Frostschutzmittel werden bei schlechter Wasserqualität in ihrer korrosionsschützenden Wirkung beeinträchtigt. Daher muss das Wasser aufbereitet werden, wenn es nicht den Anforderungen entspricht. Sollte Enthärten nicht möglich sein, muss weiches oder destilliertes Wasser zugemischt werden.

Die Analysenwerte des Wassers sollten folgenden Anforderungen entsprechen, wobei es sicher schwierig ist, das für konkrete Fälle in Erfahrung zu bringen:

Wasserhärte:	0 bis 3,6 mmol/Liter (0 bis 20° d) *
pH-Wert bei 20 °C:	6,5 bis 8,5
Clorionengehalt:	max. 100 mg/Liter
Summe Chloride + Sulfate:	max. 200 mg/Liter

(* Bezeichnung für die Summe der Erdalkalien, die so genannte Wasserhärte; 1 mmol/l = 5,6° d)

Die Tabelle informiert über die Füllmengen bei den verschiedenen Motoren-Getriebe-Kombinationen:

Kühlmittelmenge und Frostschutz-Anteile bei den Modellen der A-Klasse

Motor-Nummer	266.920 / 940	266.960	266.980	640.940	640.941	640.942
A= Getriebe-Nummer	716.5	716.5	711.6	711.6 oder 716.5	---------	716.5
B = Getriebe-Nummer	722.8	722.8	722.8	722.8	722.8	722.8
Gesamtmenge Kühlflüssigkeit in Liter ca.	A = 6,5 / 7,0* B = 6,8 / 7,2**	A = 7,0 B = 6,8	A = 7,0 B = 6,8 /7,0**	A = 6,8 B = 6,5	A = --- B = 10,8	A = 9,4 B = 9,8
davon Kühlmittel bei Frostschutz bis -37 °C in Liter ca.	A = 3,25 / 3,5* B = 3,4 / 3,6**	A = 3,5 B = 3,4	A = 3,5 B = 3,4 / 3,5**	A = 3,4 B = 3,25	A = --- B = 5,4	A = 4,7 B = 4,9
davon Kühlmittel bei Frostschutz bis -45 °C in Liter ca.	A = 3,6 / 3,8* B = 3,7 / 3,9**	A = 3,8 B = 3,7	A = 3,8 B = 3,7 /3,8**	A = 3,7 B = 3,55	A = --- B = 5,8	A = 5,1 B = 5,4

***Der erste Wert gilt für Fahrzeuge ohne, der zweite Wert für Fahrzeuge mit Code 550 (aber ohne Code 580/581). Wieder andere Füllmengen gibt es bei Fahrzeugen mit Code 550, 580 und 581: statt 7,0 gilt dann 8,2 Liter, statt 3,5 gilt 4,1 Liter, statt 3,8 gilt 4,5 Liter.**

****Der erste Wert gilt für Fahrzeuge ohne Code 580/581, der zweite Wert für Fahrzeuge mit Code 580/581. Nur ein Wert: Mit Code 580/581.**
Code 550: Klima-Anlage

Code 580/581: Klimatisierungsautomatik / Komfort-Klimatisierungsautomatik

Arbeiten am Kühlsystem

Bei warmem Motor steht das Kühlsystem unter Druck. Vor Arbeiten an der Anlage muss deshalb Druck durch Öffnen des Schraubdeckels vom Ausgleichsbehälter abgebaut werden, der den Verschluss des gesamten Kühlsystems darstellt. Dabei kann heißer Dampf entweichen. Darum den Verschlussdeckel mit einem Lappen abdecken und vorsichtig öffnen. Sichern Sie alle Schlauchverbindungen mit Schellen, die dem Teilekatalog des Herstellers entsprechen. Verwenden Sie dazu die passenden Werkzeuge (Zangen).

Wenn es an den Kühlmittelrohren und Kühlmittelschlauchenden Markierungen gibt, müssen sie sich gegenüber stehen. Nur so ist spannungsfreie Verlegung der Kühlmittelschläuche gesichert. Vermeiden Sie beim Verlegen jede Berührung der Schläuche mit anderen Bauteilen!

Reißt während der Fahrt ein Kühlwasserschlauch, können Sie die Leckstelle provisorisch mit Klebeband abdichten. Lösen Sie zur Sicherheit den Verschlussdeckel des Ausgleichsbehälters eine Umdrehung. Dann baut sich nicht der volle Betriebsdruck auf und das Klebeband platzt nicht ab. Nach einer solchen Notreparatur stets auf die Kühlmitteltemperatur-Warnlampe achten! Den schadhaften Schlauch sollten Sie so bald wie möglich ersetzen.

Im Übrigen gilt: Bei allen Arbeiten im Motorraum müssen wegen der engen Bauverhältnisse die Leitungen für Kraftstoff, Hydraulik, Aktivkohle-Behälteranlage, Kühl- und Kältemittel, Bremsflüssigkeit, Unterdruck und Elektrik so verlegt werden, dass die ursprüngliche Leitungsführung gewahrt bleibt. Zu allen beweglichen oder heißen Bauteilen muss auf ausreichenden Freigang geachtet werden.

Kühlsystem

Störungsbeistand

Störung	Ursache	Abhilfe
A Temperatur-Warnleuchte brennt.	**1** Keilrippenriemen zu schwach gespannt oder gerissen.	Riemenspannung kontrollieren, Riemen ersetzen.
	2 Zu wenig Flüssigkeit im Kühlsystem.	Auffüllen, notfalls aus der Scheibenwaschanlage.
	3 Kabel zur Warnlampe hat Masseschluss.	Kabel am Temperaturgeber abziehen, Warnlampe muss verlöschen, sonst Masseschluss. Suchen!
	4 Thermostat öffnet den Kaltwasserzufluss aus dem Kühler nicht (Kühler kalt).	Thermostat ausbauen; weiterfahren oder abschleppen lassen.
	5 Elektrischer Kühlerventilator schaltet nicht ein.	Stecker am Thermoschalter und Lüftermotor prüfen. Thermoschalter und Lüftermotor prüfen (lassen).
	6 Überdruckventil im Verschlussdeckel des Ausgleichsbehälters defekt.	Ventil prüfen (lassen), Deckeldichtung prüfen Verschlussdeckel ggf. ersetzen.
	7 Geber der Temperaturanzeige hat Kurzschluss.	Austauschen.
	8 Kühler verstopft oder Lamellen zugesetzt.	Kühler reinigen.
B Schwache Heizleistung.	Thermostat schließt nicht völlig, aufgeheizte Kühlflüssigkeit strömt zu früh durch den Kühler.	Thermostat säubern, ggf. ersetzen.

Kühlmittel-Temperaturregler

Störungsbeistand

Erkennungsmerkmal	Ursache/Auswirkungen
A Motorbetriebstemperatur wird nur langsam erreicht, Heizwirkung ungenügend.	Thermostat-Ventilteller ist in »Offen«-Stellung blockiert (Ablagerungen); Zufluss zum Kühler ständig offen. Motor bleibt zu lange im Kaltlaufbetrieb. Thermostat baldmöglichst wechseln.
B Temperatur-Warnleuchte brennt trotz richtigem Kühlmittelstand. Kühler und unterer Schlauch zum Kühler sind kalt.	Thermostat-Ventilteller ist in »Geschlossen«-Stellung blockiert (defekte oder undichte Thermostatbuchse). Nicht weiterfahren, sonst entstehen schwere Hitzeschäden am Motor.

Kühlsystem auf Dichtheit prüfen

1 Wenn Verdacht auf Undichtigkeit des Kühlsystems besteht, sollte das überprüft werden. Falls kein Kühlsystemprüfgerät verfügbar ist, wie es die Fachwerkstatt verwendet, muss eine Sichtprüfung genügen: Sind die Wasserschläuche (Kühler, Motor, Heizanlage) dicht?

2 Die Schläuche kneten. Harte, spröde oder rissige Teile sofort austauschen! Schläuche auf den Stutzen und Federbandschellen müssen fest sitzen. Verrostete Schellen müssen ausgewechselt werden.

3 Prüfung mit Gerät: Fahrzeugheizung auf maximale Leistung stellen. Bei Betriebstemperatur, aber Kühlmitteltemperatur unter 90 °C den Verschlussdeckel (2) vom Kühlmittel-Ausgleichsbehälter (1; Bild Seite 78 Benziner, Seite 82 Diesel) eine halbe Umdrehung entgegen Uhrzeigersinn öffnen, Überdruck ablassen, dann den Deckel abschrauben..

4 Den Prüfverschluss (1) auf den Ausgleichsbehälter (2, Bild ganz unten) schrauben. Als Mercedes-Benz-Werkzeug hat dieser Verschluss (Detailbild) die Katalognummer 210 589 00 91 00. Er verfügt über einen Anschlussstutzen, an den eine Druckpumpe (3) angeschlossen werden kann. Werkzeugnummer der Druckpumpe mit Manometer: 124 589 24 21 00.

5 Mit Handpumpe (3) das Kühlsystem unter Druck setzen. Manometer-Anzeige beachten: Der Prüfüberdruck darf nicht höher als 1,4 bar sein, um Beschädigungen zu vermeiden.

6 Bei Druckabfall undichte Stelle beseitigen (Suche entsprechend Arbeitsschritt 1 und 2). Schadhafte Teile erneuern.

7 Wenn kein Druckabfall im Kühlsystem (mehr) festgestellt wird, den Prüfverschluss vom Ausgleichsbehälter abschrauben. Das Prüfgerät (Druckpumpe, Manometer, ggf. Druckschlauch) abnehmen. Verschlussdeckel des Ausgleichsbehälters aufschrauben, Heizungsschalter in Ausgangsstellung.

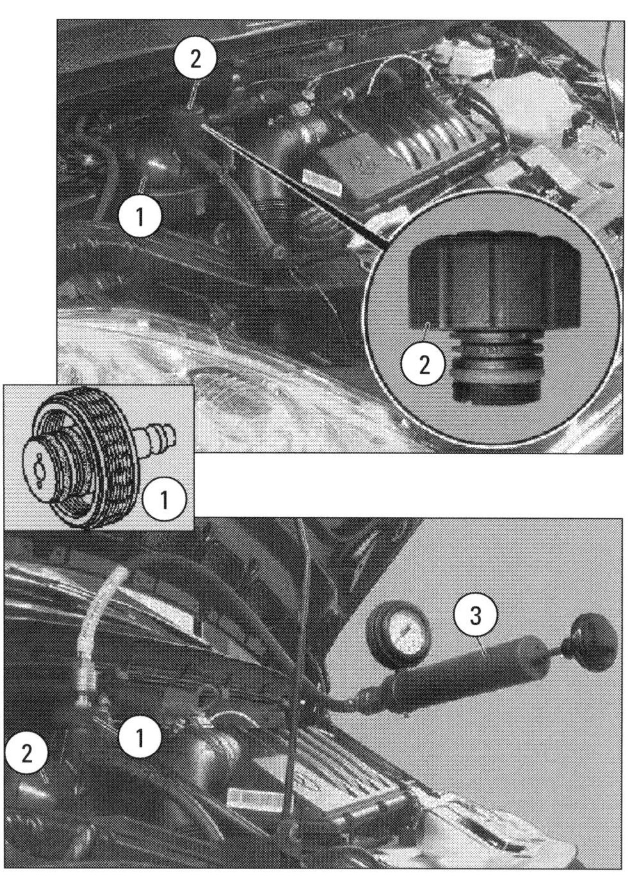

Bild oben: Kühlmittelausgleichsbehälter (1) bei den CDI-Motoren. Das Lupenbild zeigt (2) den Verschlussdeckel. Bild unten: (1) und Detailbild Prüfverschluss, (2) Ausgleichsbehälter, (3) Druckpumpe.

Kühlmittelstand/Frostschutz prüfen, nachfüllen

Arbeits-schritte    ständige Kontrolle

1 Zum Prüfen des Kühlmittelstandes muss das Kühlsystem geöffnet werden. Das darf nur bei Kühlmitteltemperaturen unter 90 °C geschehen. Da heiße Kühlflüssigkeit herausspritzen kann, Schutzhandschuhe, Schutzkleidung und Schutzbrille tragen!

2 Den Verschlussdeckel des Ausgleichsbehälters langsam eine halbe Umdrehung entgegen Uhrzeigersinn aufdrehen, Überdruck ablassen, Deckel abschrauben (Bild unten).

3 Kühlmittelstand an dem in den Behälter eingelassenen Steg prüfen: Bei kaltem Motor muss die Flüssigkeit bis zum Steg, bei warmem Motor bis 1 cm über dem Steg stehen (Bild ganz unten).

4 Mit einer Frostschutz-Spindel (Betriebsmittel 450 589 01 21 00) kann man den Anteil an Korrosions-/Frostschutzmittel in der Kühlflüssigkeit messen (Bild Seite 83, links unten). Falls Anteil zu niedrig ist (unter 50%), muss nachgefüllt werden.

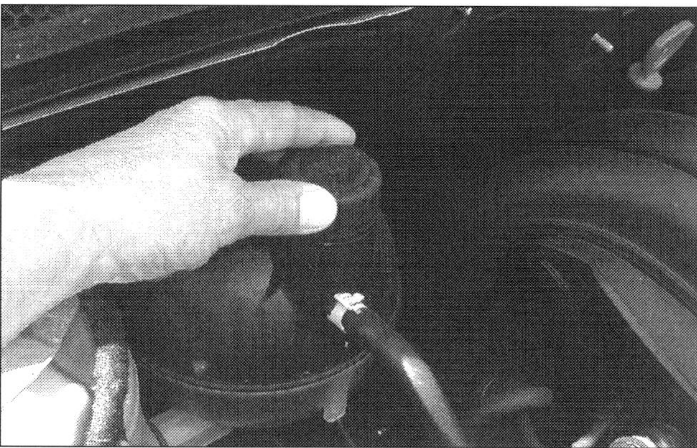

Bild oben: Den Schraubverschluss vorsichtig öffnen. Bild unten: Der Pfeil zeigt auf den Steg im Kühlmittelbehälter, an dem der Flüssigkeitsstand gemessen wird.

Kühlflüssigkeit wechseln

1 Ablassen: Fahrzeug zum Anheben vorbereiten oder auf der Hebebühne platzieren, Motorhaube öffnen. Wie beschrieben den Verschlussdeckel am Ausgleichsbehälter für Kühlmittel öffnen, den Kühlmittelstand kontrollieren und bei zu geringem Stand die Dichtheit des Systems prüfen.

2 Fahrzeug anheben und ggf. aufbocken. Die untere Motorraumverkleidung oder die Geräuschkapselunterteile ausbauen. Dadurch wird unten am Kühler und unten am Zylinderkurbelgehäuse jeweils das Ablassventil für die Kühlflüssigkeit zugänglich.

3 Einen Ablaufschlauch für die Kühlflüssigkeit zunächst auf das Ventil am Kühler aufschieben und einen geeigneten Auffangbehälter unter das andere Schlauchende stellen. Mit einem Schraubendreher die Ablassschraube am Ablassventil öffnen. Auslaufendes sauberes Kühlmittel kann wieder verwendet werden. Ablassschraube schließen und den Schlauch abziehen.

4 Nun den Ablaufschlauch auf das Ventil am Zylinderkurbelgehäuse aufschieben und Auffangbehälter unterstellen. Die Ablassschraube öffnen. Auch das hier auslaufende saubere Kühlmittel kann wieder verwendet werden. Ablassschraube schließen und den Schlauch abziehen.
Nach einer alten Faustregel soll gebrauchtes Kühlmittel nicht wieder verwendet werden, jedenfalls dann nicht, wenn Kühler, Wärmetauscher, Zylinderblock oder Zylinderkopf ersetzt wurden, weil gebrauchtes Kühlmittel nicht mehr genügend Bestandteile enthält, um auf den neuen Teilen einen Antikorrosionsbelag bilden zu können. Neuerdings aber empfiehlt Mercedes-Benz die ja auch ökologisch ratsame Weiterverwendung von sauberem gebrauchten Kühlmittel.

Messen des Frostschutzanteils in der Kühlflüssigkeit.

5 Einfüllen: Kühlmittel der beschriebenen Mischung von geeignetem Wasser und Korrosions-/Frostschutzmittel nach Spezifikation 325.0 in den Ausgleichsbehälter einfüllen. Nötige Menge siehe Tabelle auf Seite 80.

6 Da das Kühlsystem dann entlüftet werden muss, ist die Verwendung des **Kühler-Vakuum-Befüllgerätes** MB 285 589 00 21 00 zum Einfüllen des Kühlmittels am günstigsten. Das Gerät besteht aus Prüfverschluss, Kontrolleinheit mit Ablauf- und Zulaufventil sowie Aufsteckstutzen für Venturidüse, einem geschlossenen Auffangbehälter und den nötigen Schläuchen.

7 Verschlussdeckel vom Kühlmittel-Ausgleichsbehälter abschrauben und stattdessen den Prüfverschluss auf den Behälter schrauben. Kontrolleinheit des Gerätes auf den Prüfverschluss und die Venturidüse auf die Kontrolleinheit aufstecken. Ablaufventil und Zulaufventil schließen.

8 Zulaufschlauch des Kühlmittels auf den Behälter des Befüllgerätes aufstecken. Damit keine Luft angesaugt wird, müssen mindestens 2 Liter mehr Kühlflüssigkeit in diesem Behälter sein als die maximale Füllmenge des Kühlsystems nach der Tabelle auf Seite 80 beträgt.

9 Abluftschlauch in einen leeren offenen Behälter führen, Druckluftschlauch an der Venturidüse anschließen und mit Druck beaufschlagen. Ablaufventil öffnen, wodurch im Kühlsystem ein Unterdruck erzeugt wird. Zulaufventil so lange öffnen, bis sich der Zulaufschlauch mit Kühlmittel gefüllt hat. Ablaufventil schließen, wenn sich die Anzeige der Kontrolleinheit im grünen Bereich befindet.

10 Entlüften: Druckluftschlauch von der Venturidüse abnehmen und beobachten, ob der Unterdruck für 30 Sekunden stabil bleibt. Wenn nicht: Schläuche und Anschlüsse überprüfen, bei Bedarf nachziehen oder erneuern und nochmals Unterdruck erzeugen und beobachten. Zulaufventil öffnen, wodurch das Kühlsystem befüllt wird. Wenn kein Kühlmittel mehr angesaugt wird, das Ablaufventil öffnen.

11 Kontrolleinheit mit allen Anschlüssen und Prüfverschluss abnehmen. Kühlmittel bis zur Unterkante am Einfüllstutzen des Ausgleichsbehälters auffüllen.

12 Den Motor starten und die Motordrehzahl einige Minuten auf etwa 2000/min halten. Den Motor noch so lange im Leerlauf drehen lassen, bis der Lüfter anläuft. Kühlmittelstand prüfen und evtl. nochmals nachfüllen. Auch die Dichtheit des Kühlsystems nochmals prüfen.
Untere Motorraumverkleidung oder Geräuschkapselunterteil wieder einbauen.

Ausgleichsbehälter aus-/einbauen

1 Ausbauen: Elektrische Steckverbindung (2) hinten am Kühlmittelausgleichsbehälter (1) trennen (Bild unten).

2 Den unteren Kühlmittelschlauch (5) mit einer Abklemmzange für Schläuche bis 60 mm Durchmesser abklemmen. Den Verschlussdeckel (3) abschrauben und das Kühlmittel aus dem Ausgleichsbehälter (1) absaugen. Den oberen Kühlmittelschlauch (4) mit einer Schlauchklemmenzange vom Behälter abmontieren.

3 Den Ausgleichsbehälter mit seinen beiden Haltern (6) unten aus dem Federbeindom abziehen. und nach oben von der Halterung (7) abnehmen.

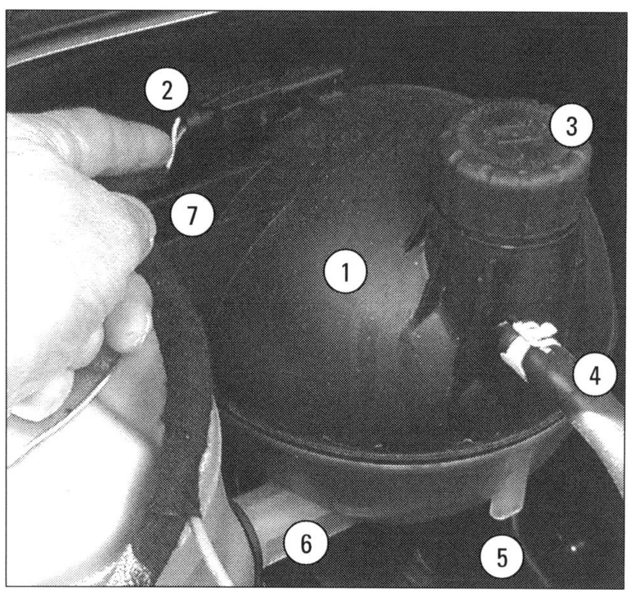

(1) Ausgleichsbehälter, (2) elektrische Steckverbindung, (3) Verschlussdeckel, (4) oberer und (5) unterer Kühlmittelschlauch, (6) Aufnahme am Federbeindom, (7) Halterung.

4 Den unteren Kühlmittelschlauch (3) mit einer Schlauchklemmenzange (210 mm lang, Spannbereich 80 mm) vom Ausgleichsbehälter (1) abmontieren.

5 Einbauen: In sinngemäß umgekehrter Reihenfolge. Dabei die Gummiaufnahmen im Federbeindom für Halter (6) auf richtigen Sitz und etwaige Beschädigungen prüfen. Bei Bedarf erneuern.

6 Kühlmittel einfüllen, Flüssigkeitsstand prüfen, Spezifikation und Einfüllmenge beachten..

Temperaturregler aus-/einbauen

  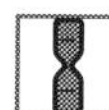

1 Ausbauen: Das Beispiel (Bild unten) zeigt die Situation bei den CDI-Motoren 640.940/941/942. Es ist sinngemäß auf die Benzinmotoren anzuwenden. Bei den Dieselmotoren sitzt der Thermostat im Ladeluftverteilerrohr, bei den Benzinmotoren am Zylinderkopf.
Kühlmittel ablassen, Luftfiltergehäuse ausbauen.

2 *Dieselmotoren:* Ladelufttemperaturgeber, Ansaugluftdrossel (Fahrzeuge ohne Partikelfilter) oder Drosselklappenansteller (Fahrzeuge mit Partikelfilter) ausbauen.
Benzinmotoren: Temperaturfühler Kühlmittel abnehmen, dazu Halteklammer herausziehen.

3 *Dieselmotoren:* Kühlmittelschläuche (2 und 3, Bild unten) am Regler abmontieren.
Benzinmotoren: Kühlmittelschläuche vom Wärmetauscher und vom Kühler am Regler abbauen.
Die Schlauchschellen auf Zustand prüfen, ggf. erneuern.

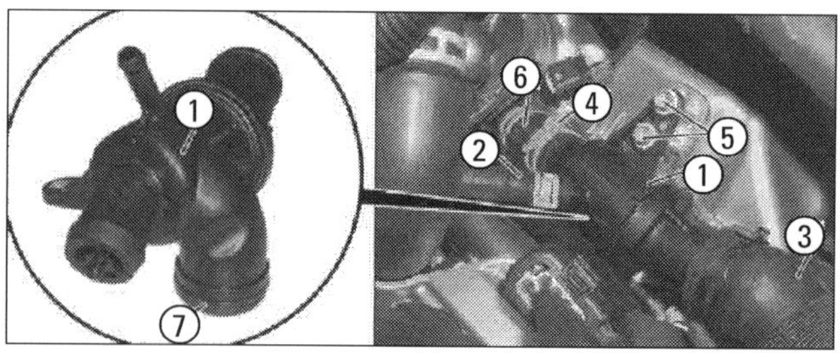

(1) Kühlmittel-Temperaturregler, (2, 3 und 6) Kühlmittelschläuche, (4) Schlauchschelle, (5) Schrauben für Thermostatgehäuse, (7) Dichtring.

4 *Dieselmotoren:* Schlauchschelle (4, Bild unten) öffnen und in Richtung Mischgehäuse schieben. Die beiden Schrauben (5) herausdrehen. Thermostat (1) aus dem Ladeluftverteilerrohr herausnehmen und vom Kühlmittelschlauch (6) abziehen.
Benzinmotoren: Die drei Befestigungsschrauben herausdrehen und den Temperaturregler vom Zylinderkopf abnehmen.

5 Einbauen: In sinngemäß umgekehrter Reihenfolge. Dabei alle Dichtringe erneuern. Bei den Benzinmotoren die Dichtflächen am Thermostat und am Zylinderkopf reinigen und die Profilgummidichtung erneuern.

Kühlmittelpumpe aus-/einbauen

1 Ausbauen: Die Kühlmittelpumpe (»Wasserpumpe«) sitzt mit ihrer Riemenscheibe bei Benzin- wie Dieselmotoren ganz vorn oben im Keilrippenriementrieb.
Bei Dieselfahrzeugen das Luftfiltergehäuse ausbauen. Kühlmittel ablassen, den Motor mit Vorderachsträger absenken.

2 Schrauben (1) an der Riemenscheibe (2, Bild unten) lösen und Keilrippenriemen abnehmen. Dann die Schrauben (13 Nm) herausdrehen und die Riemenscheibe abnehmen.

3 Schrauben (3) herausschrauben und die Kühlmittelpumpe (4) bei den Dieselmotoren vom Pumpengehäuse, bei den Benzinmotoren vom Zylinderkurbelgehäuse abnehmen.

4 Einbauen: In sinngemäß umgekehrter Reihenfolge. Die Dichtflächen an Pumpe und jeweiligem Gehäuse mit LU-Reiniger säubern. Die Profilgummidichtung an der Pumpe erneuern. Sie muss sicher in der Pumpennut sitzen. Pumpe mit 12 Nm (Diesel) bzw. 9 Nm festschrauben.

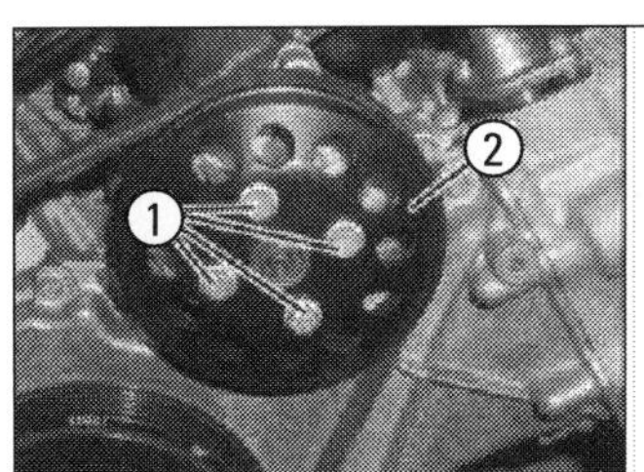

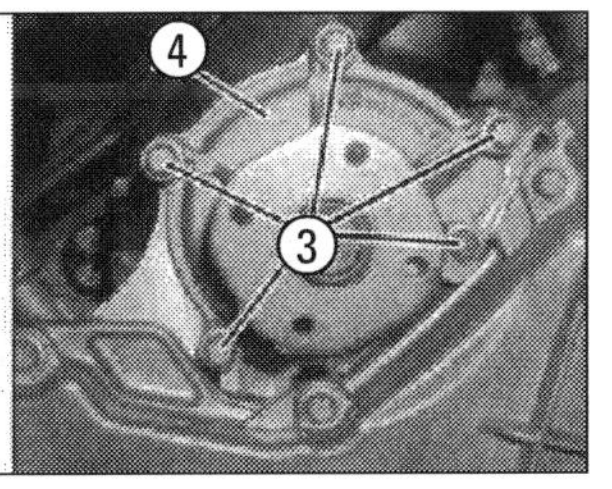

(1) Schrauben an der (2) Riemenscheibe, (3) Schrauben an der (4) Kühlmittelpumpe.

Kühlmittelrohr aus-/einbauen

Arbeits-
schritte

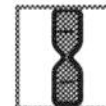

1 Ausbauen: Aus- und Einbau des Kühlmittelrohres und erst recht des Kühlers sind sehr anspruchsvolle Arbeiten. Wir gehen hier nur kurz auf die Arbeiten am Rohr ein und behandeln Kühler- und Lüfteraus-/-einbau im entsprechenden Band unserer Reihe »Reparaturanleitung«.
Das Bild unten zeigt für unser Beispiel die Situation beim CDI-Motor, und zwar das Kühlmittelrohr seitlich am Zylinderkopf. Ein weiteres Rohr verläuft oben, vor dem Ölfilter quer über den Motor.
Zum Ausbau Kühlmittel ablassen, Motor mit Vorderachsträger absenken. Luftansaugrohr, Kühlmittelausgleichsbehälter, Ölabscheider, Mischgehäuse, Thermostat, Glühkerze Zylinder 2, Motoraufhängeöse (3, Bild unten) ausbauen. Vom hinteren Rohr die vier Kühlmittelschläuche abziehen, Halteschrauben herausdrehen und Rohr nach oben abnehmen.

2 Ölfiltergehäuse und Ladeluft-Verteilerrohr ausbauen. Laufrad vorn rechts abmontieren, Keilrippenriemen und Kühlmittelpumpengehäuse ausbauen. Die drei Kühlmittelschläuche (2) abmontieren, Schrauben (4) herausdrehen und das seitliche Kühlmittelrohr (1) nach unten herausnehmen.

3 Einbauen: In sinngemäß umgekehrter Reihenfolge. Befestigungsschrauben des Kühlmittelrohrs an Motorträger und Pumpengehäuse mit 14 Nm, Aufhängeöse am Zylinderkopf mit 20 Nm festziehen. Kühlsystem auf Dichtheit, Motorölstand und Öldichtheit bei laufendem Motor prüfen.

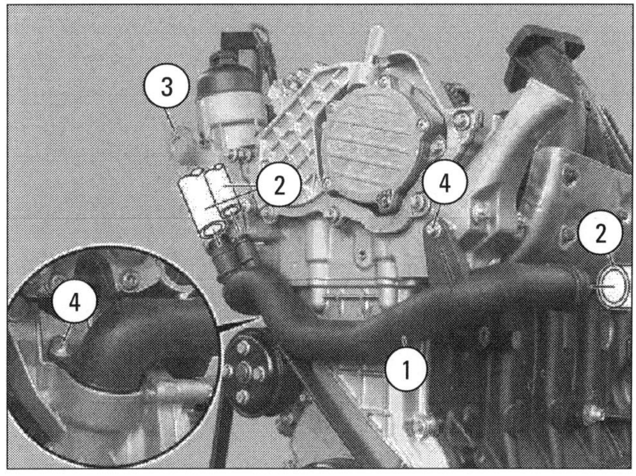

(1) Kühlmittelrohr, (2) Kühlmittelschläuche, (3) Motoraufhängeöse, (4) Schrauben.

DIE KRAFTSTOFF-VERSORGUNG

Komponenten der Tankanlage bei einem Benziner:
(1) Kraftstoffbehälter (Tank),
(2) außen liegender Kraftstofffilter,
(3) Aktivkohlebehälter.

Vier Baugruppen gewährleisten die möglichst umweltfreundliche und zuverlässige Versorgung auch jedes A-Klasse-Fahrzeugs mit Diesel- oder Otto-Kraftstoff:

Der **Kraftstoffbehälter (Tank)**, in den der Treibstoff über den Einfüllstutzen eingebracht wird. Er besteht aus Blech oder aus zweischichtigem Kunststoff und fasst 54 Liter bei 6 Liter Reserve.

Die **Kraftstoffpumpe** (Saugstrahlpumpe) mit Geber für Vorratsanzeige.

Der **Kraftstofffilter**, den der Kraftstoff von der Pumpe über Vorlaufleitung und das System der Kraftstoffaufbereitung zum Motor durchfließt.

Die **Kraftstoff-Leitungen**, also Vorlauf- (Zulauf-) und Rücklaufleitungen aus druckfestem Material und die (Entlüftungs-)Leitungen zum Aktivkohlebehälter.

Durch die Tankent- und -belüftung, wozu Entlüftungs- und Schwerkraftventil sowie bei Benzinmotoren der Aktivkohlefilter gehören, entweicht die Luft, wenn der Tank mit Kraftstoff gefüllt wird. Bei der Fahrt strömt entsprechend der verbrauchten Kraftstoffmenge von außen Luft in den Tank hinein, so dass sich kein Unterdruck bilden kann.

Wartung

Reparatur

Die Aktivkohlebehälter-Anlage

Über dem Kraftstoff im Tank bilden sich in Abhängigkeit von Luftdruck und Umgebungstemperatur Dämpfe, die beim Entweichen als Kohlenwasserstoff-Emissionen (HC) die Atmosphäre verunreinigen würden. Deshalb werden sie vom höchsten Punkt des Tanks über ein Schwerkraftventil (schließt bei 45° Neigung) und ein Absperrventil in den Aktivkohlebehälter abgeführt. Der Aktivkohlebehälter ist quer hinter dem Tank rechts am Fahrzeugunterboden eingebaut. Bei bestimmten Fahrzeugen befindet sich dazwischen ein außen liegender Kraftstofffilter.
Die Aktivkohle speichert die Kraftstoffdämpfe vorübergehend bis zum Spülvorgang, der Regenerierung der Aktivkohle. Durch die Belüftungsöffnung an der Unterseite des Aktivkohlebehälters wird Frischluft angesaugt. Die gespeicherten Dämpfe und Frischluft werden dosiert der Verbrennung zugeführt.
Das Regenerierventil verhindert, dass bei geöffnetem Magnetventil und anliegendem Saugrohrunterdruck Kraftstoffdämpfe aus dem Tank gesaugt werden. Es sichert, dass vorrangig eine Entleerung des Aktivkohlefilters stattfindet. Stromlos (z.B. bei Leitungsunterbrechung) ist das Magnetventil geschlossen. Der Aktivkohlebehälter wird dann nicht entleert.

Der Kraftstoff

Für unverbleite Ottokraftstoffe sind in Deutschland die Mindestanforderungen in der DIN EN 228 festgelegt. Die A-Klasse-Motoren brauchen Super bleifrei (ROZ 95; siehe Aufkleber an der Tankklappe!). Bei Normalbenzin (ROZ 91) müssen Sie mit Leistungsminderung oder höherem Kraftstoffverbrauch rechnen. Wird Kraftstoff niedrigerer Oktanzahl verwendet, könnten starke Motorbelastung durch Vollgas oder hohe Drehzahlen zu Motorschäden führen. Baldmöglichst Benzin höherer Oktanzahl nachtanken! Kraftstoff mit höherer Oktanzahl als nötig (Super Plus, ROZ 98) kann immer verwendet werden, bringt aber keine Vorteile.
Der Kraftstoff für die Dieselmotoren muss der DIN EN 590 entsprechen. Seine Cetan-Zahl (CZ) darf nicht unter 49 liegen. Bei niedrigen Temperaturen nimmt die Fließfähigkeit von Dieselkraftstoff ab, so dass Paraffinausscheidungen den Kraftstofffilter zusetzen und den Motorbetrieb empfindlich stören können.

Hinweise und Regeln

Bei Arbeiten an der Kraftstoffversorgung sind ähnliche Sicherheits- und Sauberkeitsregeln zu befolgen wie für Arbeiten an Motoren und Einspritzanlagen.

Sicherheitshinweise:

- Das Kraftstoffsystem steht unter Druck. Vor dem Öffnen von Schlauchverbindungen Putzlappen um die Verbindungsstelle legen. Durch vorsichtiges Abziehen des Schlauches Druck abbauen.
- Die Temperatur der Kraftstoffleitungen bzw. des Kraftstoffes kann bei Fahrzeugen mit CDI-Einspritzmotoren im Extremfall bis zu 100 °C betragen. Vor dem Öffnen von Leitungsverbindungen Kraftstoff abkühlen lassen, da akute Verbrühungsgefahr besteht. Schutzhandschuhe und Schutzbrille tragen. Prinzipiell jeden Hautkontakt mit Kraftstoff vermeiden!
- Bei allen Arbeiten muss in die Nähe der Montageöffnung des Kraftstoffbehälters der Abgasschlauch einer eingeschalteten Abgas-Absauganlage gelegt werden. Verwendet werden kann ein Radiallüfter mit einem Fördervolumen über 15 m^3/h.
- Beim Aus- und Einbau der Tankgeber oder der Kraftstoffpumpe aus dem Kraftstoffbehälter darf der Behälter zu höchstens zwei Drittel gefüllt sein. Beim Ausbauen des Kraftstoffbehälters gilt: Kein offenes Feuer im Umfeld, nicht rauchen, keine glühenden oder sehr heißen Teile in die Nähe des Arbeitsplatzes bringen. Der Tank sollte vor dem Ausbauen leer gefahren werden. Wird der Kraftstoff abgesaugt, kann der Tank mit der verbleibenden Restmenge gefahrlos ausgebaut werden.

Sauberkeitsregeln:

- Verbindungsstellen und deren Umgebung vor dem Lösen gründlich reinigen.
- Ausgebaute Teile auf einer sauberen Unterlage ablegen und abdecken. Keine fasernden Lappen benutzen.
- Geöffnete Bauteile sorgfältig abdecken, wenn die Reparatur nicht umgehend ausgeführt wird.
- Nur saubere Teile einbauen. Ersatzteile erst unmittelbar vor Einbau aus der Verpackung nehmen und keine unverpackt aufbewahrten Teile verwenden!
- Bei geöffneter Anlage möglichst nicht mit Druckluft arbeiten und Fahrzeug nicht bewegen. Dieselkraftstoff nicht auf die Kühlmittelschläuche laufen lassen! Wenn das geschieht: sofort reinigen!

In Deutschland gibt es aus diesen Gründen während der kalten Jahreszeit generell kältebeständigen Winterdiesel. Fließverbesserer oder Benzin dürfen nicht zugesetzt werden. Die Kraftstoffversorgung der CDI-Motoren ist mit einer Filter-Vorwärmanlage ausgerüstet, durch die mit Winterdiesel bis zu einer Außentemperatur von ca. -24 °C betriebssicher gefahren werden kann. Sollte der Kraftstoff bei noch niedrigeren Temperaturen so dickflüssig geworden sein, dass der Motor nicht mehr anspringt, muss das Fahrzeug einige Zeit in einen geheizten Raum (Garage, Werkstatt).

So spart man Kraftstoff

Nach dem Motorstart gleich losfahren, auch bei Frost. Zügig beschleunigen, früh in den nächsthöheren Gang schalten. Ist die gewünschte Geschwindigkeit erreicht, den Wagen im höchstmöglichen Gang mit wenig Gas rollen lassen. Der Motor soll nur beim Überholen oder beim Einspuren in den fließenden Verkehr hochdrehen.

Beim Halt vor einer Eisenbahnschranke oder Baustellenampel und im Stau unbedingt Motor abstellen. Schon nach 30 bis 40 Sekunden Motorpause ist die Ersparnis größer als die Kraftstoffmenge, die zum erneuten Anlassen des Motors benötigt wird. Nicht unnötig bremsen und niemals mit Höchstgeschwindigkeit fahren! Wenn Sie diese nur zu drei Viertel ausnutzen, sinkt der Kraftstoffverbrauch um rund die Hälfte.

Der Reifendruck kann um 0,1 bis 0,2 bar erhöht werden, was den Abrollkomfort etwas verschlechtert, dafür aber den Rollwiderstand verringert. Winterreifen ganzjährig fahren kostet bis zu 10 Prozent mehr Kraftstoff. Schalten Sie nicht benötigte elektrische Verbraucher ab. Den Ölstand bei jedem Tanken prüfen, die empfohlenen Motoröle verwenden und das Fahrzeug regelmäßig warten. Mit Mehrverbrauch muss ebenfalls rechnen, wer überflüssige Kilogramm in Kofferraum, Ablagen und Fächern umherfährt.

Begriffe rund um den Kraftstoff

Cetanzahl: Verhältniszahl für die Zündwilligkeit. Dem sehr zündwilligen Kraftstoff Cetan wird die 100 zugeordnet, dem extrem zündträgen Methylnaphtalin die 0. Die Cetanzahl eines Dieselkraftstoffs gibt an, wieviel Volumenprozent Cetan sich in einem Gemisch mit dem Vergleichskraftstoff befinden müssten, um seine Zündwilligkeit zu haben.

Dieselkraftstoff: Besteht aus verschiedenen Kohlenwasserstoffen. Durch seine hohe Zündwilligkeit läuft kontrollierte Selbstzündung in Sekundenbruchteilen ab.

Klopffestigkeit: Je höher das Kompressionsverhältnis ist, desto leichter kommt es zu Selbstentzündungen im Zylinder, wenn der Kraftstoff nicht klopffest genug ist. Superkraftstoff hält höhere Drücke aus als Normalbenzin, entzündet sich daher schwerer.

Normalbenzin/Superbenzin: Fast identisch hinsichtlich Reinheitsgrad, Verhalten bei Verdampfung (wichtig für Entzündbarkeit) und Energiebilanz (Heizwert je Kilogramm Kraftstoff). Die Klopffestigkeit ist bei Super höher als bei Normalbenzin.

Oktanzahl: Steht für die Klopffestigkeit eines Kraftstoffs. An der Zapfsäule findet man in der Regel die Bezeichnung »ROZ« (Research-Oktanzahl), seltener die Spezifikation »MOZ« (Motor-Oktanzahl).

Tankklappe aus-/einbauen

Arbeitsschritte  

1 Ausbau: Tankklappe (1) über rechtem Hinterkotflügel öffnen, den Clipp (2) am Scharnier (3) ausbauen und das Fangband (4) des Deckels zur Seite legen (Bild unten). Vorsicht, nicht den Lack beschädigen!

2 Schrauben (5) herausschrauben und Tankdeckel abnehmen.

3 Einbau: Tankklappe am Einbauort positionieren und mit den Schrauben (5) fixieren, die Schrauben aber erst

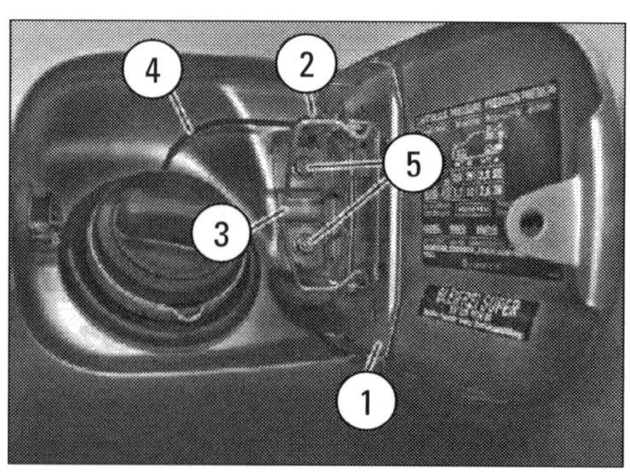

(1) Tankklappe, (2) Clip, (3) Scharnier, (4) Fangband, (5) Schrauben.

nach dem Einstellen der Klappe festziehen: Tankklappe schließen, Fugenmaß 4,0 +/- 0,5 mm Klappe/Karosserie einstellen, Klappe wieder öffnen und festschrauben.

4 Das Fangband mit Clip am Scharnier befestigen. Die Schraubenköpfe ggf. mit passendem Lackstift nachlackieren, Tankklappe schließen.

Kraftstoffbehälter mit Saugmaster entleeren

1 **Entleeren:** Wir demonstrieren das Entleeren durch Absaugen mit einem geeigneten Gerät wie »Saugmaster-Diesel« (Ecco GmbH, Wuppertal) an den CDI-Fahrzeugen mit den Motoren 640.940/941/942. Tankklappe öffnen, Verschlussdeckel am Einfüllstutzen abschrauben, Masseleitung (3) des Saugmasters (2) am Fahrzeug erden, um eventuelle Funkenbildung auszuschließen.

2 Absaugschlauch (1) leicht einölen und so weit wie möglich in den Tank-Einfüllstutzen schieben. Kraftstoff in den Sicherheitsbehälter (4) abpumpen (Bild unten).

3 Der Tank kann so allerdings nur zur Hälfte entleert werden. Daher Absaugschlauch aus dem Einfüllstutzen ziehen. Unterbodenverkleidung im Bereich des Kraftstoffbehälters ausbauen. Schlauchschellen am Einfüllschlauch des Kraftstoffbehälters lösen.

4 Einfüllschlauch vom Kraftstoffbehälter abziehen und den Absaugschlauch des Saugmasters ca. 75 cm durch die Öffnung in den Kraftstoffbehälter hineinschieben. Dabei nicht die Stauklappe in der Einfüllöffnung beschädigen!

5 Den restlichen Kraftstoff in den Sicherheitsbehälter abpumpen und den Absaugschlauch (MB-Werkzeug Nr. 168 589 00 90 00) aus dem Kraftstoffbehälter herausziehen.

6 **Befüllen:** Einfüllschlauch wieder auf die Öffnung am Kraftstoffbehälter schieben und die Schlauchschellen am Einfüllschlauch festschrauben. Schlauchschellen prüfen und ggf. erneuern. Die Unterbodenverkleidung im Bereich des Kraftstoffbehälters einbauen.

7 Das Saugmaster-Gerät vom Fahrzeug trennen. Den Kraftstoffbehälter sodann wie üblich durch die Einfüllöffnung befüllen. den Verschlussdeckel am Einfüllstutzen aufschrauben und die Tankklappe schließen.

Vorsicht bei der Tankentleerung!

Umgang mit Kraftstoff ist gefährlich! Vor allem beim Entleeren des Kraftstoffbehälters müssen Sie mit äußerster Vorsicht vorgehen:

- Kraftstoffbehälter nur im Freien entleeren. Abpumpgerät (z. B. »Saugmaster« von Ecco) mit Absaugschlauch verwenden. Auf keinen Fall den Kraftstoff durch Saugen an einem Schlauch mit dem Mund entleeren und jeden Hautkontakt vermeiden!
- Den Kraftstoffbehälter nie über einer Montagegrube entleeren. Die entweichenden Gase sind schwerer als Luft und würden für mehrere Stunden in der Grube bleiben. Folge: Gesundheitsschädigung durch Einatmen, akute Explosionsgefahr.
- Kraftstoff nur in einen verschließbaren, beschrifteten Behälter umfüllen. Gut sind spezielle Behälter mit Flammschutz und Druckausgleichs-Verschluss.
- Im entleerten Kraftstofftank befinden sich Restgase. Auch die sind gefährlich. Alle Arbeiten deshalb mit besonderer Vorsicht ausführen! Wenn sie in geschlossenen Räumen stattfinden, dürfen dort keine eingeschalteten elektrischen Geräte, offenen Flammen, Wärme- und Funkenquellen vorhanden sein.
- Wenn der Tank entsorgt werden soll, muss mit einer geeigneten Säge eine 30x30 cm große Öffnung eingebracht werden.

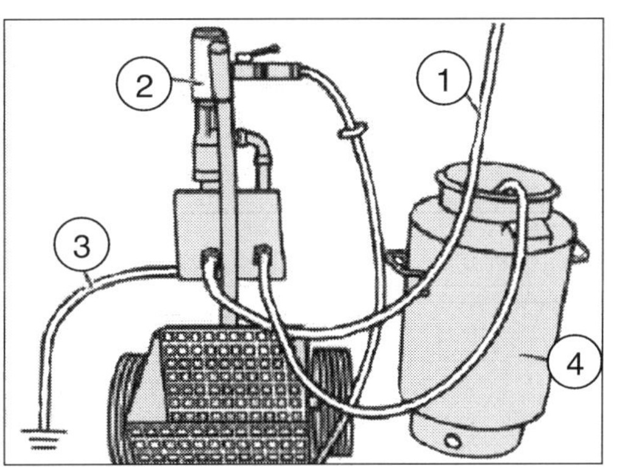

(1) Absaugschlauch, (2) »Saugmaster«-Gerät von Ecco, Wuppertal, (3) Erdung für die Absaugpumpe (Massekabel mit Klammer ans Fahrzeug), (4) Sicherheitsbehälter.

Kraftstoffbehälter richtig entsorgen

Praxistipp

Vorbereitung: Vor dem Öffnen den Kraftstoffbehälter vollständig entleeren, gründlich reinigen und mit einem nicht brennbaren Stoff (Wasser, Wasserdampf, Inertgas wie Stickstoff oder Kohlendioxid) spülen.

Blech-Kraftstoffbehälter entsorgen:
Mit Meißel oder Blechschere eine ca. 30x30 cm große Öffnung in die Behälterwand einbringen. Der abgelüftete Tank kann als Metallschrott verwertet werden.

Kunststoff-Kraftstoffbehälter entsorgen:
Mit einer geeigneten Säge eine ca. 30x30 cm große Öffnung in die Behälterwand einbringen. Der aufgeschnittene Behälter kann in Deutschland über das Mercedes Recycling System (MeRSy) als »sonstige Kunststoffteile« der Verwertung zugeführt oder mit der Fraktion des hausmüllähnlichen Gewerbemülls entsorgt werden.

Transport: Aufgeschnittene und abgelüftete Alt-Kraftstoffbehälter unterliegen nicht den Bestimmungen der GGVS für Gefahrguttransporte.

Kraftstoffbehälter über Serviceventil entleeren

Arbeitsschritte   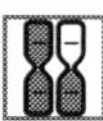

1 Entleeren: Wir demonstrieren diese Methode, zu der allerdings ein Werkstatt-Informations- und -diagnosesystem erforderlich ist (bei MB: Star Diagnosis Compact Pkw; Bestellnummer 6511 1801 00), an den Fahrzeugen mit Ottomotoren 266.920/940/960/980.
Tankklappe öffnen, den Verschlussdeckel am Einfüllstutzen abschrauben. Das ist erforderlich, damit beim Abpumpen des Kraftstoffs kein Unterdruck im Kraftstoffbehälter entstehen kann.

(1) Serviceventil der Benzinmotoren zwischen Öleinfüllrohr und rechter Doppel-Zündspule.

2 Motorhaube öffnen und den Verschlussdeckel vom Serviceventil (Bild links unten) abschrauben. Dieses Ventil befindet sich, wenn man vor dem Fahrzeug steht und auf den Motor schaut, hinten links hinter dem Öleinfüllrohr am Kraftstoffverteiler (in Fahrtrichtung hinten rechts).

3 Druckschlauch (MB: 119 589 04 63 00) am Serviceventil aufschrauben und Kraftstoffdruck abbauen. Auslaufenden Kraftstoff in »Saugmaster«-Sicherheitsbehälter auffangen.

4 Mit dem Werkstattsystem (ratsam: Star Diagnosis) die Kraftstoffpumpe ansteuern und auf diese Weise den Tank (in den Sicherheitsbehälter) entleeren. Vorsicht: Die Kraftstoffpumpe benötigt den Kraftstoffdurchfluss zur Kühlung und darf deshalb nicht bei entleertem Kraftstoffbehälter betrieben werden! Das würde zur Zerstörung der Pumpe führen.

5 Druckschlauch vom Serviceventil abschrauben, Ventil mit Schraubdeckel verschließen, Motorhaube schließen.

6 Befüllen mit Saugmaster: Gerät an Fahrzeug-Masse anschließen, Kraftstoff aus Sicherheitsbehälter durch die normale Einfüllöffnung in den Tank pumpen, Saugmaster vom Fahrzeug trennen, Tankverschluss aufschrauben.

Kraftstofffilter der CDI-Motoren aus-/einbauen

Arbeitsschritte   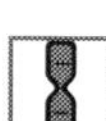

1 Ausbauen: Zündschlüssel abziehen, Motorhaube öffnen.

2 Der Kraftstofffilter (1) befindet sich links direkt neben dem Motor auf der Höhe des Luftfiltergehäuses. Die Kraftstoffschläuche (2) vom Filter abmontieren, den austretenden Kraftstoff mit saugfähigem Lappen auffangen.

3 Kraftstoffschläuche und Anschlussstutzen am Filter mit Verschlussstopfen (MB 129 589 009100) verschließen. Die beiden Klammern (3, Bild unten) öffnen und den Kraftstofffil-

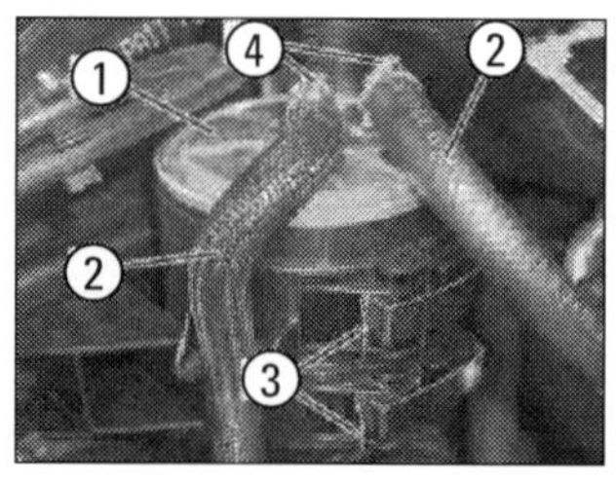

(1) Kraftstofffilter,
(2) Kraftstoffschläuche,
(3) Klammern,
(4) Clic-Schellen.

ter nach oben herausnehmen. Dann sofort die Kraftstoffschläuche auf Beschädigung prüfen und ggf. ersetzen.

4 **Einbauen:** Sinngemäß umgekehrt. Dabei die Clic-Schellen (4) erneuern. Es dürfen keine Schraub- oder Federbandschellen verwendet werden, weil es sonst zu Undichtigkeit kommen kann.

5 Motor starten und Dichtheit der Kraftstoffanlage prüfen.

Kraftstofffilter der Otto-Motoren aus-/einbauen

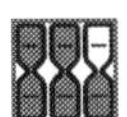

1 **Ausbauen:** Zündschlüssel abziehen, Fahrzeug mit Hebebühne anheben oder aufbocken.

2 Der Kraftstofffilter der Benzinmotoren ist als Lifetime-Bauteil serienmäßig in die Kraftstofffördereinheit (1) aus Pumpe und Geber integriert und in den Kraftstofftank (2) eingebaut. Der Tank muss ausgebaut werden.

3 **Kraftstoffbehälter ausbauen:**
- Den Kraftstoffbehälter wie beschrieben entleeren. Unterbodenverkleidung im Bereich des Kraftstoffbehälters ausbauen.
- Kunststoffbundmuttern des Tankhalters abschrauben und Halter ausbauen. Elektrische Steckverbindung trennen und die Klemm- bzw. Schlauchschellen an Entlüftungsschlauch, Einfüllschlauch und Kraftstoffschlauch lösen. Die drei Schläuche am Kraftstoffbehälter abbauen. Kraftstoffleitung der Standheizung (wenn vorhanden; Code 228) am Kraftstoffbehälter abbauen.
- Öffnungen am Kraftstoffbehälter mit geeigneten Verschlussstopfen verschließen.
- Schrauben des Kraftstoffbehälters herausschrauben und zusammen mit einem Helfer den Behälter nach unten abnehmen. Verschlussstopfen aus der Einfüllschlauchöffnung entfernen und Tank vollständig in einen Sicherheitsbehälter entleeren. Wenn der Tank erneuert werden soll, muss die Kraftstofffördereinheit mit Filter aus- und in den neuen Tank eingebaut werden. Neuen Tank außen mit Wachskonservierer (A 000 986 33 70/05; Sprühdose) behandeln.

4 Der Filter kann nicht separat erneuert, sondern muss mit der gesamten Fördereinheit ausgewechselt werden. Der Geber für Kraftstoffanzeige kann allerdings bei Bedarf aus der Fördereinheit ausgebaut und gewechselt werden (siehe die folgende Arbeitsanleitung).

Kraftstofffördereinheit ausbauen:
- Stecker des elektrischen Leitungssatzes an der Pumpe mit Geber und Filter trennen. Den Scheuerschutz mit dem elektrischen Leitungssatz nach oben abclipsen und abnehmen.
- Die sechs Muttern rings am Verschlussring abschrauben und den Ring abnehmen. Einbaulage der Kraftstoffpumpe mit Geber und Filter am Behälter markieren.
- Pumpe mit Geber und Filter vom Kraftstoffbehälter lösen und anheben, bis die Kraftstoffleitung zugänglich ist. Die Kraftstoffleitung am Schnellverschluss von der Fördereinheit trennen.

Anmerkung: Wenn die Kraftstoffpumpe mit Tankgeber bei Fahrzeugen mit CDI-Dieselmotor ausgebaut werden soll, ist zu beachten, dass sich dann an ihr zwei Kraftstoffleitungen befinden. Der Filter ist nicht integriert.

- Pumpe mit Geber und Filter vorsichtig durch Drehen und Kippen nach oben aus dem Kraftstoffbehälter herausführen.

5 **Außen liegenden Filter nachrüsten:**
Ältere A-Klasse-Modelle hatten serienmäßig einen außen liegenden Kraftstofffilter (Bild zu Kapitelbeginn und unten). Die Ausrüstung mit dem wartungsfreien, in die Fördereinheit

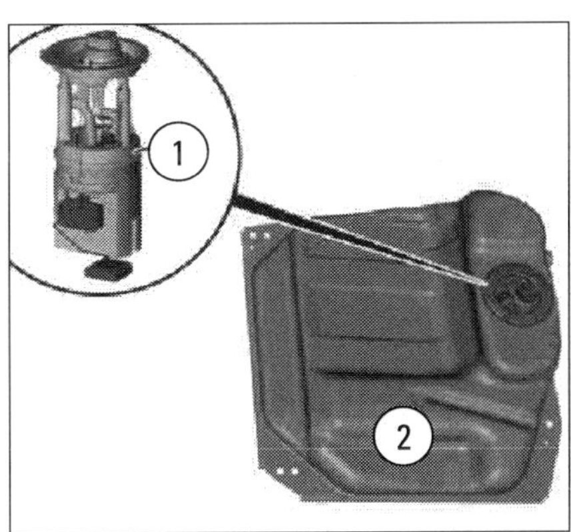

(1) Kraftstoffpumpe mit Tankgeber und integriertem Filter, (2) Kraftstoffbehälter (Tank).

Außen liegender Kraftstofffilter. Links daneben der Tank, rechts der Aktivkohlebehälter.

integrierten Lebensdauerfilter ist ein Entwicklungsfortschritt der neuen A-Klasse, der auf der hohen Qualität der modernen Ottokraftstoffe beruht. Für die Anforderungen von Ländern mit geringerer Kraftstoffqualität besteht die Möglichkeit, einen außen liegenden Filter nachzurüsten.

- Kraftstoffpumpe mit Tankgeber und Feinfilter wie beschrieben ausbauen und durch Pumpe mit Geber und Grobfilter (A 169 470 11 94) ersetzen.
- Passenden Halter (A 169 477 01 41) am Aktivkohlebehälter positionieren und mit einer Schelle (A 005 997 83 90) befestigen. Den außen liegenden Kraftstofffilter (A 002 477 27 01) in den Halter einclipsen. Der Pfeil auf dem Filter zeigt die Durchlaufrichtung des Kraftstoffs an. Die Führung des Halters muss an der Führung am Aktivkohlebehälter anliegen. Dieser darf nicht ausgebaut werden!
- Kraftstoffschlauch (N 000000 003 891) mit neuen Schlauchschellen am Kraftstoffbehälter und am Eingang des außen liegenden Filters anschließen und befestigen.
- Weiteren Kraftstoffschlauch mit neuen Schlauchschellen am Ausgang des außen liegenden Filters und an der Kraftstoffleitung anschließen und befestigen. Kraftstoffbehälter befüllen. Dichtheit des Systems überprüfen.

6 **Austausch:** Der Einbau erfolgt für alle Positionen sinngemäß in umgekehrter Reihenfolge. Klemmschellen und Schlauchschellen am Kraftstoffbehälter erneuern. Dichtring an der Kraftstoffpumpe mit Geber (und Filter) auf Zustand prüfen und ggf. erneuern.

Geber Kraftstoffanzeige aus-/einbauen

1 **Ausbau:** Wie beschrieben die Kraftstofffördereinheit (1) aus Pumpe und Tankgeber (2; Bild rechts oben) ausbauen.

2 Elektrische Steckverbindung (3) von der Pumpe/Geber-Einheit trennen und den elektrischen Leitungssatz aus den Haltern (4) aushängen.

3 Tankgeber (2) von der Fördereinheit (1) in Pfeilrichtung abziehen. Das Bild rechts oben zeigt den bereits abgenommenen Geber, der auf einer Schiene an der Pumpe geführt und durch einen Rasthaken mittig gehalten wird.

4 **Einbau** in umgekehrter Reihenfolge.

Aktivkohlebehälter aus-/einbauen

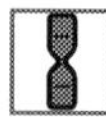

1 **Ausbauen:** Das Fahrzeug anheben oder aufbocken. Die Unterbodenverkleidung im Bereich des Kraftstoffbehälters ausbauen. Der Aktivkohlebehälter (Bild unten zeigt zusammen mit Filtergranulat die Ausführung des Behälters für die Fahrzeuge der A-Klasse) ist quer hinter dem Tank eingebaut.

2 Am Aktivkohlebehälter (1) die beiden Entlüftungsschläuche (2) zum Motor und (3) vom Tank abziehen (Bild nächste Seite links unten). Einbaulage der Schläuche beachten!

3 Aktivkohlebehälter in Pfeilrichtung schieben und von seiner Halteschiene abnehmen.

4 **Einbauen** in umgekehrter Reihenfolge.

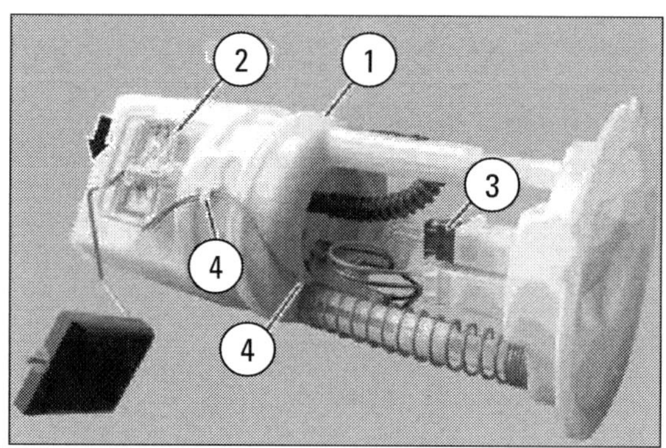

(1) Kraftstoffpumpe mit (2) Tankgeber, (3) elektrische Steckverbindung, (4) Halter.

Aktivkohlebehälter der neuen A-Klasse und Aktivkohle-Granulat.

Regenerierventil aus-/einbauen

1 **Ausbauen:** Luftfiltergehäuse ausbauen wie im Kapitel »Die Motoren« beschrieben. Das Umschaltventil Regenerierung befindet sich links oben vorn am Motor.

2 Elektrische Steckverbindung an der linken Seite des Umschaltventils trennen.

3 Die beiden Halteschrauben oben rechts und links am Ventil herausschrauben und das Regenerierventil abnehmen.

4 **Einbau** in umgekehrter Reihenfolge. Dabei den Dichtring am Ventil erneuern.

Tank-Einfüllstutzen aus-/einbauen

1 **Ausbauen:** Kraftstoffbehälter (5) wie beschrieben entleeren und Fahrzeug anheben oder aufbocken.

2 Bei den Fahrzeugen mit Benzinmotor die Unterbodenverkleidung im Bereich des Kraftstoffbehälters ausbauen.

3 Den Innenkotflügel im rechten Hinterkotflügel ausbauen.

4 Bei den Fahrzeugen mit Benzinmotor ist eine kurz vor dem Kraftstofftank eingebaute Schlauchschelle (7) am Einfüllschlauch (6) zu lösen. Diese Schelle muss beim Einbau überprüft und ggf. erneuert werden (alle Positionen siehe Bilder unten).

5 Klemmschelle (3) am Entlüftungsschlauch (4) öffnen. Den Entlüftungsschlauch und den Einfüllschlauch (6) vom Einfüllstutzen (1) abbauen und mit geeigneten Verschlussstopfen verschließen.

6 Die insgesamt drei Muttern (8) abschrauben. Unsere Bilder zeigen nur die obere und die untere Mutter, es gibt eine dritte etwa in der Mitte des Einfüllstutzens.

7 Die Dichtmanschette (2) von der Karosserie und vom Einfüllstutzen lösen und nach unten führen. Dann auch den Einfüllstutzen selbst nach unten führen und anschließend mit seinem oberen Teil zuerst aus dem Radlauf herausnehmen.

8 **Einbauen** in umgekehrter Reihenfolge. Dazu den Einfüllstutzen oben mittig zur Karosserieöffnung ausrichten. Die Dichtmanschette (2) prüfen und ggf. erneuern. Die Klemmschelle (3) ebenfalls erneuern.

9 Zum Abschluss der Arbeiten den Kraftstoffbehälter und die Anschlüsse sorgfältig auf Dichtheit prüfen.

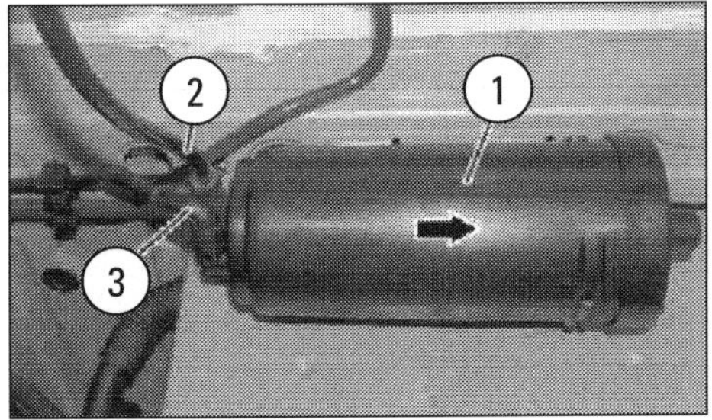

Einbaulage des Aktivkohlebehälters (1). (2 und 3) Entlüftungsschläuche. Ausbau in Pfeilrichtung.

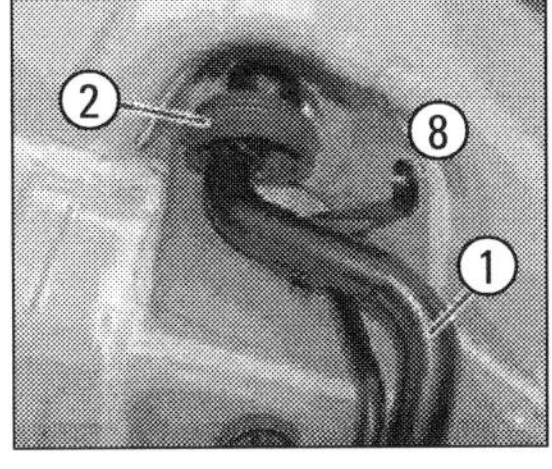

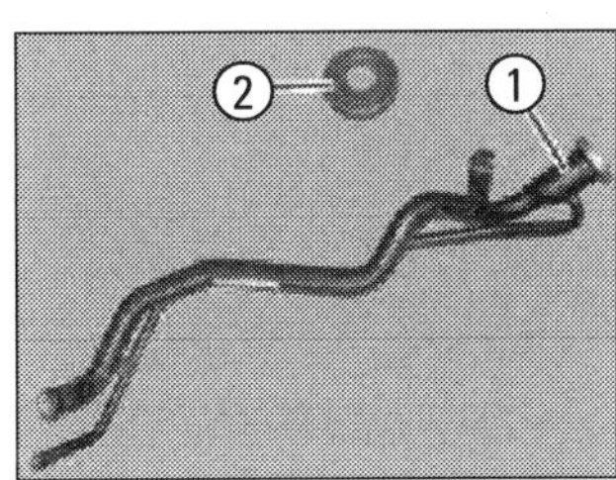

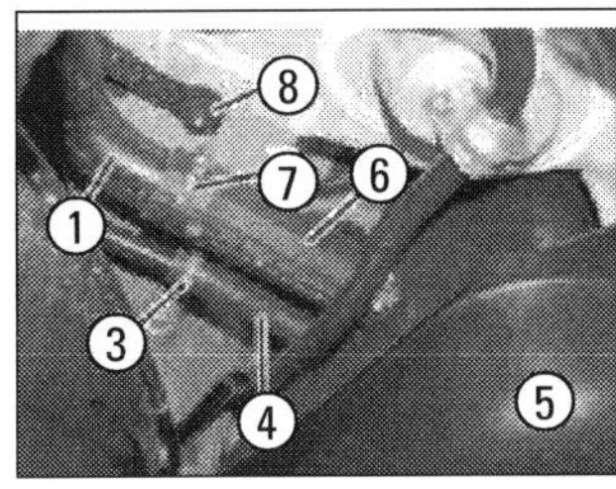

Der Einfüllstutzen (1) führt im rechten hinteren Radlauf fast senkrecht vom Bereich hinter der Tankklappe bis zum Kraftstoffbehälter. (2) Dichtmanschette, (3) Klemmschelle, (4) Entlüftungsschlauch, (5) Kraftstoffbehälter, (6) Einfüllschlauch, (7) Schlauchschelle, (8) Muttern.

EINSPRITZUNG UND ZÜNDUNG

Das Motorsteuergerät (1) der CDI-Motoren ist im Motorraum oben rechts an der Spritzwand, das Steuergerät (2) der Benziner ist auf dem Luftfiltergehäuse links neben dem Saugrohr platziert.

Wartung

Reparatur

Kraftstoffzufuhr und -dosierung, Zündung und Abgaskontrolle sind elektronisiert. Das Rechner-gestützte, lernfähige Motormanagement ist mit Kennfeldern vorprogrammiert. Es regelt die Gemischaufbereitung und die Kraftstoffeinspritzung, den Zündzeitpunkt und die Leerlaufdrehzahl, die Funktion der Lambda-Sonden, die Tankentlüftung und die Abgasnachbehandlung.

Das Motorsteuergerät

Bordcomputer erfassen den Ist-Zustand im Motorbetrieb, bestimmen den Soll-Zustand, steuern zur Einflussnahme Aktoren an, registrieren Fehlfunktionen im Speicher und kontrollieren mit diesen Daten sich und die Abläufe über Diagnosefunktionen. Das Motorsteu-

ergerät, eine flache, metallgekapselte Baueinheit, ist bei den Benzinmotoren als Einspritz- und Zündsystem ME, Ausführung 2.0 oder 2.8, im Motorraum oben auf dem Luftfiltergehäuse platziert. Bei den Dieselmotoren sitzt das Steuergerät CDI für Diesel-Direkteinspritz- und Glüh-Anlagen im Motorraum oben rechts an der Spritzwand.
Sensoren sowie das elektronische Fahrpedal melden Motor-, Kühlmittel- und Ansauglufttemperatur, Luftdichte, Abgaszusammensetzung, Motorbelastung, Drehzahl, Saugrohrdruck und »Fahrerwunsch«. Mit diesem komplexen elektronischen Motormanagement lassen sich auch niedriger Kraftstoffverbrauch und strenge Abgasgrenzwerte (EU4) optimal realisieren.

Wichtigste Systembauteile

Haupt-Komponenten im System zur Steuerung von Kraftstoffaufbereitung, Einspritzung und Motorbetrieb:

- Luftmassenmesser, Temperaturfühler für Ansaugluft- und Saugrohrtemperatur, Fühler für Saugrohrdruck. Menge und Beschaffenheit der angesaugten Luft sind Berechnungsfaktoren für Einspritzmenge.
- Drehzahlfühler und OT-Geber Informieren über Motordrehzahl sowie Stellung von Kurbelwelle und Kolben. Wichtig für Einspritz- und Zündzeitpunkte.
- Hallgeber für Nockenwellen- und Kurbelwellenposition erkennen den Zünd-OT des ersten Zylinders. Diese Werte sind für Klopfregelung, sequenzielle Einspritzung, Einspritzmenge, Zündzeitpunkt oder Glühzeit nötig.
- Der Geber am elektronischen Fahrpedal teilt mit, wie viel Gas der Fahrer gibt.
- Ein Drucksensor/Höhenmesser im Motorsteuergerät bestimmt präzise die Dichte der Umgebungsluft.
- Fühler im Kühlmittel-Kreislauf und im Kraftstoff-Tank melden Kühlmittel- und Kraftstofftemperatur.
- Lambda-Sonden vor und nach dem Katalysator messen anhand der Abgaszusammensetzung das Luft-Kraftstoff-Verhältnis des Gemisches: Lambda > 1: mageres Gemisch mit mehr Luft, Lambda < 1: fettes Gemisch. Bei Lambda = 1 arbeitet der Katalysator optimal.
- Klopfsensoren registrieren unregelmäßige (»klopfende«) Verbrennung und regulieren den Zündzeitpunkt.
- Drosselklappen-Steuereinheit mit Drosselklappensteller im Saugrohr regeln die Motorleistung.
- Relais, Starter und Kraftstoffpumpe werden vom Steuergerät angesteuert.

Eigendiagnose und E-Gas-Fahrpedal

Das Steuergerät mit Funktionsrechner und Überwachungsrechner enthält vor Kurzschlüssen und Überlastung geschützte Endstufen, die genügend Leistung für den direkten Anschluss der Stellglieder liefern. Die Diagnosefunktion erkennt mögliche Fehler und schaltet bei Bedarf den fehlerhaften Ausgang ab. Im RAM wird der Fehlereintrag gespeichert. Der Eintrag kann in der Werkstatt mit Auslesesystemen abgerufen werden. Mercedes-Benz verwendet das Diagnose- und Informationssystem »Star Diagnosis Compact Pkw«. Im Fahrzeug gibt es Anschlüsse dafür.
Die A-Klasse-Fahrzeuge sind wie erwähnt mit elektronischem Fahrpedal (E-Gas) ausgestattet. Ein Geber am Pedal informiert das Steuergerät über die Gaspedalstellung. Dieser »Fahrerwunsch« ist eine Haupteingangsgröße für das Motorsteuergerät, nach dessen Vorgaben die Drosselklappe betätigt wird.
Unter Last kann das Motorsteuergerät die Drosselklappe unabhängig vom Geber für Gaspedalstellung öffnen und schließen. Beim Beschleunigen kann also die Drosselklappe schon ganz geöffnet, das Gaspedal aber erst halb durchgetreten sein. Verluste an der Klappe werden vermieden. Dadurch ergeben sich bessere Werte für Schadstoffausstoß, Verbrauch und Drehmoment.
Der Datenaustausch zwischen den elektronischen Komponenten erfolgt über eine Sammelschiene mit dem für Kraftfahrzeuge konzipierten Bussystem CAN nach internationalem Standard. Das Steuergerät »Elektronischer Zündstartschalter« verknüpft die CAN-Teilnetze »Motor« und »Innenraum« zum Gesamtsystem.

Der Luftfilter

Wichtig für Motormanagement und Einspritzsysteme ist saubere Luft zur Verbrennung. Schmutzpartikel und Staubteilchen auf den Zylinderlaufbahnen würden nach kurzer Zeit Motorschäden verursachen. Daher muss die angesaugte Luft einen Filter passieren.
Die Schmutzpartikel lagern sich im Filtereinsatz aus vielfach gefaltetem feinporigem Papier ab, größere Staubteilchen fallen ins Filtergehäuse. Ein verschmutzter Filtereinsatz lässt nicht mehr genügend Ansaugluft in den Motor. Das Gemisch wird fetter, die Leistung sinkt und der Kraftstoffverbrauch steigt. Das Filterelement soll deshalb mindestens einmal im Jahr

gereinigt und nach zwei Jahren gewechselt werden (siehe Kapitel »Die Motoren«).

Die Einspritzanlage

Das integrierte System zur Steuerung von Einzelzylinder-Einspritzung und Zündanlage der Ottomotoren ist die »Motronik mit sequenzieller Einspritzung«. Jeder Zylinder hat sein Einspritzventil, das den Kraftstoff vor das Einlassventil spritzt. Beim Kaltstart lässt die Drosselklappen-Steuereinheit Luft zusätzlich zur Ansaugluft einströmen. Der Geber für Kühlmitteltemperatur meldet niedrige Temperatur, und das Steuergerät errechnet eine längere Öffnungsdauer für die Einspritzventile.

Meldet der Geber Erwärmung des Kühlmittels, wird die Einspritzdauer zurückgenommen. Gibt der Fahrer kräftig Gas, wird die Einspritzzeit kurzfristig verlängert. Für volle Leistung bei durchgetretenem Fahrpedal braucht der Motor noch mehr Kraftstoff.

Nach Signalen von Drosselklappen-Geber und Luftmassenmesser regelt das Steuergerät die Einspritzdauer. Wird die Maximal-Drehzahl überschritten, schaltet das Steuergerät die Einspritzventile ab. Beim Gaswegnehmen bleiben die Ventile geschlossen, wenn der Motor betriebswarm ist und wenn er über 1500 U/min dreht.

Bei den Dieseleinspritzmotoren wird reine Luft in die Zylinder gesaugt und dort hoch verdichtet. Dadurch erwärmt sie sich weit über die Zündtemperatur des Dieselkraftstoffs hinaus auf 600 bis 900 °C. Steht der Kolben kurz vor dem Oberen Totpunkt, wird Kraftstoff in den Zylinder eingespritzt. Diesel zündet von selbst, Zündkerzen sind nicht erforderlich.

Bei den A-Klasse-Dieselmotoren wird der Kraftstoff direkt in den Brennraum eingespritzt, und zwar in die Brennmulde im Kolben. Das Common-Rail-Einspritzsystem der nun schon zweiten Generation garantiert den sehr hohen Einspritzdruck von 1600 bar auch bei niedrigen Drehzahlen für definierte Voreinspritzung und sanfte Verbrennung.

Der Kraftstoff gelangt von der Kraftstoffpumpe bedarfsgeregelt zur Hochdruckpumpe und von dort über das Verteilerrohr (»Rail«) am Zylinderkopf gleichmäßig und mit überall gleicher Temperatur zu den Injektoren (Einspritzdüsen). Jeder Injektor wird über Steuergerät und Magnetventile mit der gleichen Menge versorgt. Dadurch werden runder Motorlauf, geringer Verbrauch und sehr gute Fahrleistungen erreicht.

Neu ist die Siebenloch-Einspritzdüse anstelle der bisherigen Sechsloch-Düse. Der neue Injektor verringert mit seinem um 20% kleineren Lochdurchmesser die Durchflussmenge pro Öffnung. Dadurch kann sich der Kraftstoff noch gleichmäßiger im Brennraum verteilen, sich schneller entzünden und vollständiger verbrennen als bisher.

Bei kaltem Motor wird nach Einschalten der Zündung »vorgeglüht« (Signal: Kontrollleuchte für Vorglühzeit). Im Brennraum jedes Zylinders steckt eine Glühkerze (Stabglühkerze R9). Die Vorglühdauer wird abhängig von der Umgebungstemperatur geregelt. Die neue Schnellstart-Glühanlage der A-Klasse verkürzt den Zeitbedarf für das Starten fast auf das Niveau eines Benziners. Nach Motorstart wird nachgeglüht: Geräusche werden vermindert, die Leerlaufqualität verbessert, Kohlenwasserstoff-Emissionen reduziert.

Die Phasen der Einspritzung bei CDI

- **Piloteinspritzung:**
  Für sanften Verbrennungsablauf mit geringen Verbrennungsgeräuschen und weniger Stickoxid-Emissionen wird vor der Haupteinspritzung eine kleine Kraftstoffmenge mit geringem Druck eingespritzt. Deren Verbrennung erhöht Druck und Temperatur im Brennraum. Das führt zu schneller Zündung der Haupteinspritzmenge und verringert den Zündverzug. Bei den CDI-Motoren der zweiten Generation in der neuen A-Klasse gibt es doppelte Voreinspritzung: Die Magnetventile der 1600-bar-Injektoren erlauben zwei Piloteinspritzungen innerhalb einer Millisekunde.
- **Haupteinspritzung:**
  Mit dem hohen Einspritzdruck, der bei maximaler Motorleistung (hohe Drehzahl, große Einspritzmenge) am größten ist, wird der Kraftstoff sehr fein zerstäubt, so dass er sich ausgezeichnet mit der Luft mischen kann. Das bewirkt vollständige Verbrennung bei Schadstoffreduzierung und hoher Leistungsausbeute.
- **Einspritzende:**
  Der Einspritzdruck fällt schnell ab, und die Düsennadel schließt das Ventil schnell wieder. Es wird verhindert, dass Kraftstoff mit geringem Einspritzdruck und großem Tropfendurchmesser in den Brennraum gelangt und nur noch unvollständig verbrennt.

Praxistipp

Arbeiten am Common Rail

Bei ordnungsgemäßer Arbeit können die Komponenten mehrmals am Motor wieder verbaut werden. Dichtringe und Dehnschrauben erneuern! Bei Demontagearbeiten offene Anschlüsse sofort mit geeigneten Stopfen verschließen. Beim Tausch von Komponenten die Original-Verschlusskappen des neuen Teils am ausgebauten Teil verwenden, sobald das neue Teil fertig eingebaut ist.

Die Zündanlage

Zündkerzen, Doppelzündspulen, Leistungsendstufen, Zündleitungen/Zündkabel und einige Sensoren (Klopfsensoren, Geber für Motordrehzahl, Hall-Geber), untereinander mit Steckkontakten verbunden, bilden die Zündanlage der A-Klasse-Benzinmotoren. Durch die Zündung mit einem elektrischen Funken wird das Kraftstoff-Luft-Gemisch in den Zylinder-Brennräumen entflammt. Damit wird die Verbrennung eingeleitet.

Optimaler Zündzeitpunkt

Von der Gemischentflammung bis zur vollständigen Verbrennung vergehen zwei Millisekunden. Bei gleicher Gemischzusammensetzung bleibt diese Zeit konstant. Der Zündfunke muss so frühzeitig überspringen, dass der Verbrennungsdruck in jedem Betriebszustand des Motors optimal ist. Denn das Gemisch kann seine optimale Wirkung nur entwickeln, wenn es zum richtigen Zeitpunkt gezündet wird. Eine sicher arbeitende Zündung ist auch die Voraussetzung für den einwandfreien Betrieb des Katalysators. Kommt es zu Zündaussetzern, kann der Katalysator wegen Überhitzung bei der Nachverbrennung geschädigt oder gar ganz zerstört werden.
Für den genauen Zündzeitpunkt ist das Motorsteuergerät zuständig. Sein Prozessor ist mit den Zündzeitpunkten für die verschiedenen Lastzustände des Motors programmiert. Die besten Werte stellen sich ein, wenn das Kraftstoff-Luft-Gemisch im Moment der höchsten Verdichtung gezündet wird, also dann, wenn der Kolben von der Aufwärtsbewegung des Kompressionshubs in die Abwärtsbewegung des Arbeitstaktes übergehen will.

Zündung und Verbrennung

Allerdings liegt der Zündzeitpunkt nicht exakt auf diesem oberen Totpunkt (OT), denn die Kraftstoffteilchen brauchen eine dreitausendstel Sekunde, bis sie sich entzünden. Der Startschuss für den Funken erfolgt deshalb noch während der Aufwärtsbewegung des Kolbens. Der Verbrennungsdruck dagegen setzt ein, wenn der Kolben den OT gerade überschritten hat. Da das Kraftstoff-Luft-Gemisch stets die gleiche Zeit zum Entflammen benötigt, wird es mit steigender Motordrehzahl früher gezündet.
Damit der Funke überspringt, muss an den Zündkerzenelektroden eine Hochspannung anliegen. Sie beträgt knapp 30.000 Volt. Auf diesen Wert wird die Bordspannung von 12 Volt durch die induktive Zündanlage mit den Zündspulen transformiert. Die eine der beiden Zündspulen mit Leistungsendstufe bedient die Zündkerzen der Zylinder 1 und 2, die andere die Zündkerzen der Zylinder 3 und 4.
Beim Zünden entstehen Temperaturen von rund 2.500 Grad und hohe Drücke. Damit der Funke trotzdem zuverlässig zwischen den Elektroden überspringt, ist der Anschlussbolzen der Kerze von einem keramischen Isolator umgeben. Mittelelektrode und Anschlussbol-

Klopfende Verbrennung

In Ottomotoren können unter bestimmten Bedingungen anormale Verbrennungsvorgänge auftreten. Sie begrenzen die Steigerung von Leistung und Wirkungsgrad. Diese unerwünschte stoßartige Verbrennung von Gemischteilen, die noch nicht von der Flammenfront erfasst sind, wird als Klopfen bezeichnet. Der Zündzeitpunkt liegt dann zu weit in Richtung früh.
Dabei können Flammgeschwindigkeiten von 2.000 Meter pro Sekunde auftreten, während bei normalen Verbrennungen nur Geschwindigkeiten von 30 Meter pro Sekunde vorkommen. Dauert die schlagartige Verbrennung mit zu starkem Druckanstieg länger an, können Zylinderkopf und Zylinderkopfdichtung, Kolben, Lager und Zündkerzen beschädigt werden.
Die Klopfsensoren nehmen die Schwingungen auf und veranlassen das Steuergerät, die Zündung etwas zurückzunehmen. Dank der Klopfregelung ist es auch möglich, einen für Superbenzin ausgelegten Motor vorübergehend mit Normalbenzin zu fahren.

zen stecken außerdem in einer elektrisch leitenden Glasschmelze.

Die Zündkerzen müssen alle 60.000 bis 100.000 Fahrtkilometer erneuert werden. Ausschlaggebend ist, dass die in der Betriebsanleitung genannten Kerzen mit dem richtigen Elektrodenwerkstoff und dem vorgeschriebenen Wärmewert verwendet werden. Denn damit eine Zündkerze exakt arbeitet, muss sie nach dem Motorstart schnell ihre Selbstreinigungstemperatur von etwa 400 °C erreichen. Bei Volllast darf die Temperatur ca. 800 °C nicht überschreiten. Bei zu hohem Wärmewert kann sich der Isolatorfuß stark erhitzen und Glühzündungen verursachen. Bei zu niedrigem Wärmewert verschmutzt der Isolatorfuß.

Zündkerzen müssen einen bestimmten Abstand zwischen den Elektroden aufweisen. Dieser Abstand kann sich mit zunehmender Laufzeit verändern. Durch die hohe Spannung beim Funkenüberschlag werden nämlich immer wieder kleine Metallpartikel von den Elektroden abgesprengt. Wird der Abstand zu groß, kann es zu Zündaussetzern kommen. Im Extremfall springt der Motor nicht mehr an.

Indikator Kerzengesicht

Am Zustand der Kerzenelektroden (»Kerzengesicht«) lässt sich erkennen, ob der Motor optimal arbeitet. Die Zündkerzen sind ein Spiegelbild der Verbrennung im Zylinder. Bei der Kontrolle der ausgebauten Zündkerzen auf diese Punkte achten:

- Isolatorspitze hellgrau bis grau gefärbt: Gute Einstellung der Einspritzanlage, der Motor läuft wirtschaftlich. Isolatorspitze weißlich gefärbt: Zündzeitpunkt stimmt nicht, automatische Zündzeitpunktverstellung im Steuergerät defekt.
- Schwarze rußartige Ablagerungen: Zündkerze erreicht ihre Selbstreinigungs-Temperatur nicht (z. B. durch häufigen Kurzstreckenverkehr), falscher Wärmewert, CO-Gehalt zu hoch.
- Ölschicht über Elektroden: Kolbenringe, Ventilführungen oder Abdichtungen der Ventilschäfte schadhaft. Möglicherweise wurden Motoröl oder Kraftstoff mit Zusätzen verwendet, die nicht der vorgeschriebenen Spezifikation entsprechen. Zündkerzen austauschen, das richtige Öl und einwandfreien Kraftstoff nehmen, erneut den Zustand der Kerzen überprüfen.

Arbeiten an Einspritz- und Zünd-Anlage

Es gibt selbst bei diesem hochkomplizierten System von Einspritzung und Zündung eine ganze Reihe von Arbeiten, die man mit etwas Übung und Erfahrung, wenn immer möglich in Kooperation mit der Fachwerkstatt, ausführen kann. Regelmäßige Wartungsarbeiten sind z. B. beim Diesel das Entwässern und der Austausch des Kraftstofffilters. Bei allen Wartungen und Reparaturen sind die in den beiden »Praxistipps« auf diesen Seiten angeführten Verhaltensregeln zu beachten.

Der einwandfreie Zustand aller Bauteile und ihrer elektrischen Kabelverbindungen wird in der Werkstatt mit dem Systemtester »Star Diagnosis« überprüft. Wenn Sie bei Funktionsstörungen selbst zu dem Schluss kommen, dass ein bestimmtes Bauelement de-

Arbeitsregeln für die Zündanlage

Die Zündanlage gilt nach gesetzlichen Richtlinien als gefährliche Anlage. Für alle Arbeiten sind besondere Sicherheitsmaßnahmen zu beachten. Auch bei Wartungsarbeiten ist größte Vorsicht angesagt.

- Berühren Sie bei eingeschalteter Zündung auf keinen Fall die spannungsführenden Teile von Primär- und Sekundärstromkreis oder die Zündleitungen.
- Leitungen der Zündanlage nur bei ausgeschalteter Zündung ab- und anklemmen. Auch Motorwäsche nur bei ausgeschalteter Zündung durchführen!
- Schalten Sie bei allen Wartungsarbeiten und Reparaturen stets die Zündung aus, ob beim Wechsel der Zündkerzen oder beim Anschluss von Prüfgeräten.
- Bei eingeschalteter Zündung genügt eine Erschütterung des Fahrzeugs, um an einer Zündkerze einen Hochspannungsimpuls auszulösen: Lebensgefahr und Gefahr für Bauteile der Zündanlage!
- Wenn der Motor mit Anlassdrehzahl betrieben werden soll, ohne dass er anspringt, ziehen Sie den Stecker von der Leistungsendstufe für Zündspulen ab. Sie können auch alle Zündspulen herausnehmen und von den Einspritzventilen die Stecker abziehen.
- Zum Schutz des Motorsteuergerätes die Zündung ausschalten, wenn die Batterie an-/abgeklemmt wird.

fekt sein muss, lassen Sie Bauteile und Leitungen in der Werkstatt überprüfen. Mit Multimeter und Diodenprüflampe können Sie mögliche Schäden nur grob abschätzen.

Geber-Funktion überprüfen

Das ordnungsgemäße Funktionieren von Gebern bestimmt die Funktion der gesamten Einspritzanlage. Sie können eine gewisse Grobüberprüfung der Funktion wichtiger Geber vornehmen: An den Kontakten der Anschlussstecker können Sie die Ansteuerungsspannung für den betreffenden Geber und an den Steckkontakten der Geber deren Innenwiderstand messen. Dieser muss im Normalfall zwischen einigen Dutzend Ohm und mehreren Kiloohm liegen.
An den Kontakten der Zuleitungen können Sie gegen Motormasse mittels Lampe, Multimeter oder Prüfbox Kurzschlüsse oder Leitungsunterbrechungen feststellen. Systematisch nach Schaltplan vorgehen! Gefundene Leitungsfehler müssen beseitigt werden.
Nach Arbeiten am System immer Fehlerspeicher löschen lassen oder vor dem Motorstart zehn Sekunden die Zündung einschalten! Spätestens bei einer kurzen Probefahrt lernt das Steuergerät die Anpassung an die Motorgegebenheiten wieder, falls kein permanenter Fehler im Speicher eingetragen ist. Ein sporadischer Fehler wird in der Regel automatisch aus dem Fehlerspeicher gelöscht, wenn er innerhalb von 40 Warmlaufphasen nicht mehr auftritt.

Praxistipp

Arbeitsregeln für die Einspritzanlage

- Vor und nach Reparaturen immer Fehlerspeicher des Motorsteuergeräts abfragen (»Star Diagnosis«).
- Zur einwandfreien Funktion bei allen Prüfungen ist eine Spannung von mindestens 11,5 Volt erforderlich.
- Alle Unterdruckschläuche und Anschlüsse auf Falschluft prüfen. Kraftstoffschläuche im Motorraum nur mit Federbandschellen sichern.
- Leitungen aller Art, für stoffliche Medien ebenso wie für elektrischen Strom, müssen immer im Sinne der ursprünglichen Leitungsführung verlegt werden. Ausreichend Freigang zu beweglichen oder heißen Bauteilen sichern. Getrennte elektrische Steckverbindungen vor Schmutz und Nässe bewahren.
- Verbindungsstellen und deren Umgebung vor dem Lösen gründlich reinigen.
- Ausgebaute Teile auf sauberer Unterlage ablegen und abdecken. Keine fasernden Lappen verwenden!
- Geöffnete Teile sorgfältig abdecken, wenn die Reparatur nicht sofort ausgeführt wird.
- Nur saubere Teile einbauen. Teile erst unmittelbar vor dem Einbau aus der Verpackung nehmen. Keine unverpackt aufbewahrten Teile verwenden.
- Bei geöffneter Anlage das Arbeiten mit Druckluft und das Bewegen des Fahrzeugs vermeiden.

Einspritzventile und Injektoren

Um die Einspritzdüsen der Benzinmotoren zu überprüfen und auszutauschen, muss der Kraftstoffverteiler mit den Ventilen aus dem Saugrohr ausgebaut werden. Die Düsen sind axial ins Saugrohr gesteckt und nicht arretiert. Im Kraftstoffverteiler werden die Einspritzventile durch Verdrehsicherungen in Vierkantführungen gehalten.
Die Kraftstoffinjektoren der CDI-Motoren werden auch durch Sicherungsklammern und dazu durch Spannpratzen gehalten. Bei festsitzenden Injektoren müssen zum Ausbau schon mal Ausschlagklaue und Schlagauszieher herhalten. In schwierigen Fällen muss man sogar Gewindeadapter zum Ausbau einsetzen, dann aber ist auch eine Erneuerung des jeweiligen Kraftstoffinjektors fällig.

Notwendig: Sauberkeit und Vorsicht

Wesentlich für die gute Arbeit des Diesel-Einspritz-Systems ist die Sauberkeit von Rail und Injektoren. Die Reinigung von Injektor-Schächten und -Schäften ist daher eine entscheidende Phase bei allen Reparaturarbeiten.
Bei allen Arbeiten an Komponenten des Common-Rail-Systems muss sehr sorgfältig und vorsichtig vorgegangen werden. Im Fehlerfall sind Komponenten komplett zu tauschen. Die Montagehinweise zu den einzelnen Komponenten müssen unbedingt beachtet und strikt befolgt werden!
Wegen der Nähe zu den Arbeiten an den Injektorschächten behandeln wir in diesem Kapitel auch den Aus- und Einbau des Abgasturboladers. Ansonsten wäre das auch ein Thema für das folgende Kapitel »Die Abgasanlage«.

Benzin-Einspritzung

Störungsbeistand

Störung	Ursache	Abhilfe
A Kalter Motor springt nicht an, schlecht an oder stottert.	**1** Kraftstoffpumpen-Relais defekt.	Überprüfen lassen.
	2 Kraftstoffpumpe fördert nicht oder ungenügend.	Benzin im Tank? Pumpe kontrollieren, Fördermenge messen lassen.
	3 Druckregler defekt.	Systemdruck messen lassen.
	4 Unterdrucksystem undicht.	Schlauchleitungen überprüfen.
	5 Steuergeräte oder bestimmte Geber defekt.	Prüfen (lassen), ggf. auswechseln.
	6 Zündanlage defekt.	Überprüfen.
	7 Ansaugsystem undicht (Nebenluft).	Schlauchleitungen überprüfen.
B Warmer Motor springt nicht oder schlecht an oder er stirbt gleich wieder ab.	**1** Wie beim kalten Motor.	Wie beim kalten Motor.
	2 Unterdruckleitung zum Kraftstoff-Druckregler defekt.	Prüfen lassen.
	3 Einspritzventil(e) undicht.	Ventil(e) überprüfen (lassen).
	4 Drosselklappen-Steuereinheit nicht abgeglichen (nur nach Tausch bzw. Ausbau).	Grundeinstellung überprüfen (lassen).
	5 Lambda-Sonde defekt.	Funktion prüfen, ersetzen.
C Motor hat Aussetzer.	Kraftstofffilter verstopft.	Filter auswechseln.
D Motorleistung ungenügend.	Drosselklappe geht nicht in Vollgas-stellung.	Steuerung überprüfen (lassen).

Sichtprüfung der Anlage

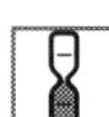

1 Bei Problemen, die vom Motormanagement verursacht sein können, zunächst folgende Teile auf Risse und Dichtigkeit überprüfen: Unterdruckschlauch des Bremskraftverstärkers, Kraftstoffleitungen, Druckregler und Kraftstoffrücklaufleitung vom Druckregler.

2 Bei mangelhaftem Kontakt von Steckverbindungen die Kontakte mit Kontaktspray behandeln. Im Notfall die Kontaktzungen ein wenig nachbiegen.

3 Kontrollieren, ob der Motor Nebenluft zieht (oft bei Leerlaufproblemen): Unterdruckschläuche auf Risse und festen Sitz prüfen. Schläuche am Ansaugkrümmer (zum Bremskraftverstärker, zum Kraftstoffdruckregler, zum Magnetventil der Aktivkohlebehälter-Anlage) überprüfen.

4 Motor warmfahren und im Leerlauf drehen lassen. Mit Startkraftstoff-Spray den Drosselklappenstutzen, die Leitungen zu den durch Unterdruck gesteuerten Aggregaten und die Flanschdichtungen der Ansaugkanäle einsprühen. Steckverbindungen zu den Lambda-Sonden trennen.

5 Verändert sich beim Besprühen einer bestimmten Stelle die Motor-Drehzahl, liegt hier eine Undichtigkeit vor.

Steuergerät des Einspritzsystems aus-/einbauen

Das Steuergerät CDI für die Dieselmotoren und das Steuergerät Motorelektronik ME für die Benzinmotoren sind in Metallkapseln im Motorraum eingebaut. Das Dieselgerät ist bei

Diesel-Einspritzung

Störungsbeistand

Störung	Ursache	Abhilfe
A Motor springt nicht an.	**1** Drehzahlgeber oder Steuergerät defekt oder kein Kontakt.	Geber, Steuergerät und Leitung prüfen lassen.
	2 Fehler in der Spannungsversorgung oder Einspritzdüsen defekt.	Prüfen lassen, ggf. Düsen wechseln.
	3 Kraftstoffleitungen oder Filter verstopft, Leitungen undicht oder geknickt.	Leitungen und Filter prüfen und reinigen, ggf. Kraftstofffilter ersetzen.
	4 Tankbelüftung zu, Kraftstoffsieb im Tank verstopft.	Belüftung reinigen.
B Leistungsmangel oder schwarzer Rauch nach dem Start.	**1** Geber, Einspritzdüsen defekt, Kraftstoffleitung, Kraftstoff- oder Luftfilter verstopft.	Geber, Düsen, Leitungen prüfen lassen. Filter oder/und Leitungen reinigen oder ersetzen.
	2 Magnetventil für Ladedruckbegrenzung oder Zuleitung defekt.	Geber, Ventil und Leitung prüfen lassen.
	3 Luftmassenmesser defekt.	Prüfen lassen.
C Kraftstoffverbrauch zu hoch.	**1** Luftfilter verschmutzt.	Filtereinsatz ersetzen.
	2 Kraftstoffanlage undicht oder Rücklaufleitung verstopft.	Sichtprüfung: Leitung von Einspritzpumpe bis Tank durchblasen.
	3 Leerlauf- oder Höchstdrehzahl zu hoch, Motor oder Einspritzdüsen defekt.	Unbedingt überprüfen lassen.

Mercedes-Benz Baugruppe N3/9, das Benzinergerät N3/10. Sie sind im Motorraum oben rechts an der Spritzwand (CDI) bzw. auf dem Luftfiltergehäuse links neben dem Motor (Benziner) eingebaut (Bilder auf Seite 94).

1 **Ausbau CDI:** Bei Wechsel des Steuergerätes: Anpassung mit »Star Diagnosis«. Ansonsten Motorhaube öffnen

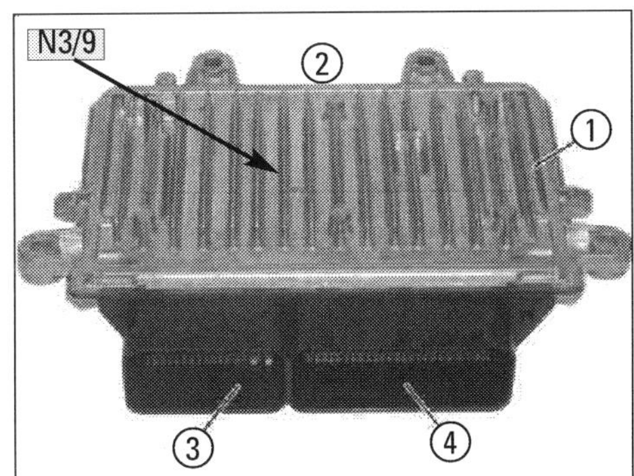

Steuergerät CDI: (1) Kühlkörper als Deckel, (2) elektrische Steckverbindung oben, (3) elektrischer Anschluss Fahrzeug/Aufbau, (4) elektrischer Anschluss Motor.

und Stütze verriegeln, den Kühlmittelausgleichsbehälter lösen und mit angeschlossenen Leitungen zur Seite legen.

2 Elektrische Steckverbindung (2) oben am Gerät N3/9 abziehen, die Verriegelungen der elektrischen Steckverbindungen (3) und (4) unten am Gerät lösen und die Steckverbindungen trennen. Die Haltemuttern (5 Nm) am Deckel (1) abschrauben und das Gerät abnehmen (Bild links unten).

3 **Einbau** sinngemäß umgekehrt.

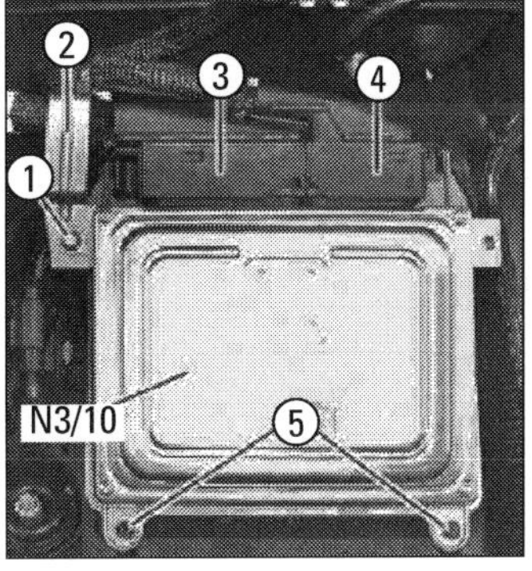

Steuergerät ME: (1, 5) Schrauben, (2) Halter Leitungssatz, (3) Stecker Motorleitungssatz, (4) Stecker Fahrzeugleitungssatz.

1 Ausbau Benziner: Falls ein Wechsel des Steuergerätes vorgesehen ist, muss die Anpassung mit dem System Star Diagnosis erfolgen. Dazu Grunddaten zwischenspeichern und auf das neue Steuergerät ME übertragen.

2 Zündung ausschalten. Bei Fahrzeugen mit Motor 266.980 (Turbo-Motor) die Motorabdeckung ausbauen.

3 Schraube (1) aus Leitungssatzhalter (2) herausschrauben, Steckverbindungen (3) und (4) entriegeln und abziehen, die beiden Schrauben (5) herausdrehen und ME-Steuergerät N3/10 nach hinten hochklappen (Bild S. 101, rechts unten). ME-Steuergerät aus den drei Haltern am unteren Rand aushängen und entnehmen.

4 **Einbau** sinngemäß umgekehrt. Dabei die Dichtung am Luftfiltergehäuse erneuern. Die Stecker (3) für Motor- und (4) für Fahrzeugleitungssatz vorsichtig ansetzen und verriegeln. Steuergerät mit 4 Nm am Luftfiltergehäuse und den Leitungshalter mit 16 Nm am Steuergerät festschrauben.
Anmerkung: Aus-/Einbau werden auch im Motoren-Kapitel im Zusammenhang mit dem Luftfilter-Wechsel beschrieben.

CDI-Einspritzleitungen aus-/einbauen

Arbeitsschritte   

Von der Förderpumpe im Tank gelangt der Kraftstoff zur Hochdruckpumpe und von dort zur Rail (Bild unten) im hinteren Bereich oben am Zylinderkopf. Die Rail speichert den auf Einspritzdruck gebrachten Kraftstoff und gibt ihn über die Einspritzleitungen, leicht gekrümmte kurze Rohre, an die Kraftstoffinjektoren weiter. Die Einspritzleitungen sind mit Überwurfmuttern an Rail und Injektoren angeschraubt.

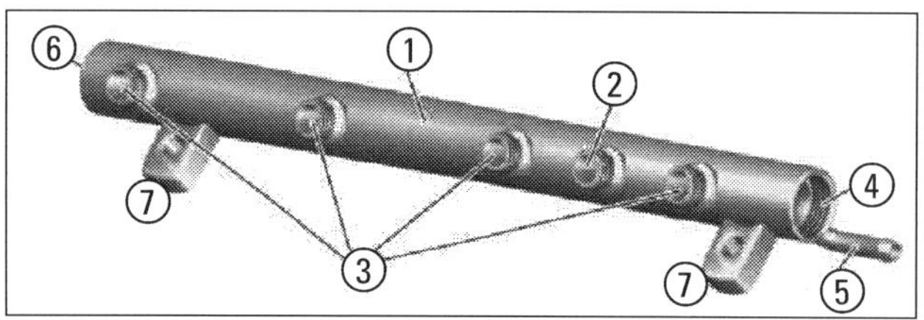

Anschlüsse an der Rail (1) der CDI-Motoren: (2) von der Hochdruckpumpe, (3) zu den Kraftstoff-Injektoren, (4) Druckregelventil, (5) Kraftstoffrücklauf vom Druckregelventil, (6) Raildrucksensor. (7) Befestigungslaschen.

1 Ausbau: Motorhaube öffnen, Luftfiltergehäuse und Injektorschachtabdeckung ausbauen (»Die Motoren«). Überwurfmuttern beiderseits der Einspritzleitungen von Rail und Injektoren abschrauben. Mit Schraubenschlüssel am Gewindestutzen der Injektoren gegenhalten, damit sich der Stutzen nicht löst. Anziehdrehmoment von 27 Nm nicht überschreiten, damit sich beim nächsten Lösen der Gewindestutzen nicht mitlöst. Schlüsselweiten der Überwurfmuttern: SW 18 und SW 14. Ringschlüsseleinsatz (000589770300) verwenden.

2 Einspritzleitungen abnehmen. Die Leitungen nicht quetschen oder verbiegen! Nach der Demontage müssen die Anschlüsse mit geeigneten Stopfen (MB-Satz 129589009100) verschlossen werden. Auf größte Sauberkeit achten! Damit es nicht zu Leitungsbrüchen durch Verspannungen kommt, müssen beim Lösen von mehr als einer Einspritzleitung die Schrauben an den Rail-Befestigungslaschen (7; Bild Seite 101 unten rechts) vom Zylinderkopf gelöst werden.

3 Dichtkegel an den Einspritzleitungen prüfen. Wenn Druckstellen festgestellt werden, muss die jeweilige Leitung erneuert werden.

4 **Einbau** in umgekehrter Ausbaureihenfolge. Auf exakten Sitz der Einspritzleitungen achten! Wenn mehrere Leitungen ausgebaut und daher die Schrauben an den Laschen (7) gelöst wurden, werden erst die Einspritzleitungen angesetzt und dann die Schrauben mit 16 Nm wieder festgezogen.

5 Bei laufendem Motor gründlich die Dichtheit der Kraftstoffanlage prüfen.

CDI-Rail aus-/einbauen

Arbeitsschritte   

Funktion der Rail ist es, durch das in ihr gespeicherte Kraftstoffvolumen die Druckschwingungen zu dämpfen, die durch die pulsierende Kraftstoffversorgung der Hochdruckpumpe und die kurzzeitige große Kraftstoffentnahme während der Einspritzung entstehen. Sie kann wie die Einspritzleitungen relativ einfach aus- und eingebaut werden.

1 Ausbau: Motorhaube öffnen, Luftfiltergehäuse und Injektorschachtabdeckung ausbauen (»Die Motoren«). Die elektrische Steckverbindung am Raildrucksensor trennen, der den Abschluss der einen Railseite bildet (6, Bild links). Die beiden Kabelbinder links und rechts an der Rail lösen.

2 Den Motorentlüftungsschlauch über der Rail und wie beschrieben die Einspritzleitungen ausbauen. Dann die Kraftstoff-Druckleitung vom Anschluss (2; Bild Seite 102 links unten) an der Rail und die Kraftstoff-Rücklaufleitung (1) am Druckregelventil (2, Bild unten) abmontieren.

3 Die beiden beim Ausbau der Einspritzleitungen gelockerten Schrauben an den Rail-Haltelaschen voll herausschrauben und die Rail abnehmen. Das Druckregelventil darf dabei nicht abmontiert werden. Nach Ausbau der Rail unter Beachtung höchstmöglicher Sauberkeit die Anschlüsse sofort mit Verschlussstopfen aus dem MB-Satz 129589009100 verschließen.

4 **Einbau** in umgekehrter Ausbaureihenfolge. Die Schrauben zur Befestigung der Rail am Zylinderkopf erst nach dem Ansetzen der Einspritzleitungen festziehen (16 Nm).

5 Motorprobelauf durchführen und dabei die Dichtheit der Kraftstoffanlage prüfen.

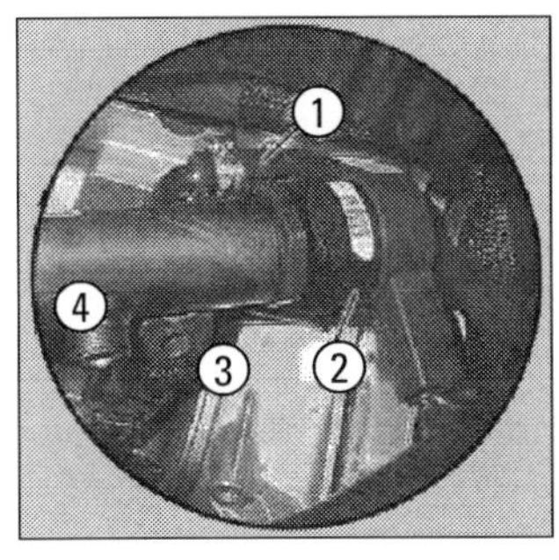

Druckregelventil (2) an der Rail. (1) Kraftstoff-Rücklaufleitung, (3) Lasche zur Rail-Befestigung am Zylinderkopf, (4) Gewindestutzen zum Anschluss einer Einspritz-

CDI-Hochdruckpumpe aus-/einbauen

Die Hochdruckpumpe, eine Radialkolbenpumpe mit drei im Winkel von je 120° angeordneten Pumpenelementen, ist rechts am Zylinderkopf angebaut. Sie wird mit 1,6-facher Nockenwellendrehzahl von der Nockenwelle angetrieben. Der Kraftstoffdruck von der Pumpe, der am Mengenregelventil anliegt, wird vom Überströmventil auf 4,5 bis 6,0 bar geregelt. Mitgeführte Luft gelangt in den Rücklauf.

1 **Ausbau:** Motorhaube öffnen, Luftfiltergehäuse und Ansauglufthutze ausbauen. Den Ladeluftkanal bei Fahrzeugen mit Partikelfilter (Code 474) vom Drosselklappensteller, bei Fahrzeugen ohne Partikelfilter von der Ansaugluftdrossel abmontieren und zur Seite legen.

2 Elektrische Steckverbindungen am Kraftstoff-Temperaturfühler (9) und am Mengenregelventil (2) trennen. Die Druckleitung vom Anschluss (4; 22 Nm) und den Kraftstoffverteiler vom Anschluss (6; 20 Nm) der Hochdruckpumpe (1) abmontieren (Bild unten).

3 Die drei Schrauben an den Haltelaschen herausdrehen und Hochdruckpumpe vom Deckel am Zylinderkopf abziehen. Pumpe nicht öffnen, Mengenregelventil nicht abbauen.

4 **Einbau** umgekehrt. Dichtflächen reinigen, Dichtringe erneuern, Schrauben mit 16 Nm anziehen.

5 Motorprobelauf durchführen und dabei die Dichtheit der Kraftstoffanlage prüfen.

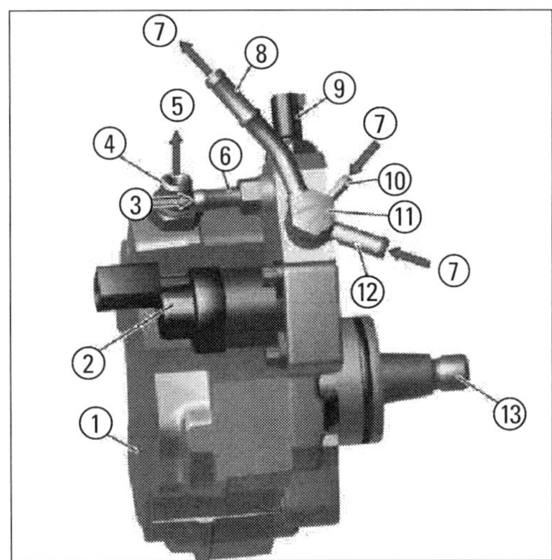

Die Hochdruckpumpe (1):
(2) Mengenregelventil,
(3) mit Niederdruck vom Tank über den Verteiler einströmender Kraftstroff zum
(6) Zulauf,
(4) Anschluss für den
(5) Kraftstoffhochdruck zur Rail,
(7) Kraftstoffrücklauf (8) zum Tank, (10) von den Injektoren (Leckleitung), (11) von der Hochdruckpumpe und (12) vom Druckregelventil,
(9) Kraftstoff-Temperaturfühler,
(13) Antrieb der Hochdruckpumpe über die Einlassnockenwelle.

CDI-Injektoren aus-/einbauen

Arbeits-schritte   

Die Kraftstoff-Einspritzventile der CDI-Motoren werden Injektoren (1) genannt. Sie tragen bei Mercedes-Benz die Bauteilkennung Y76. In neuester Technologie werden dazu Piezo-Injektoren eingesetzt. Sie werden oben im Zylinderkopf von angeschraubten Spannpratzen (2) gehalten (Bild unten). Die Injektoren spritzen Kraftstoff, fein zerstäubt, in bestimmter Menge zum richtigen Zeitpunkt in den Verbrennungsraum.

1 Ausbau: Motorhaube öffnen und Luftfiltergehäuse ausbauen. Wagen anheben und Geräuschkapsel-Unterteile ausbauen. Bei Fahrzeugen mit Partikelfilter den Katalysator, bei Fahrzeugen ohne Partikelfilter den Vorkatalysator ausbauen.

2 Den Abgasturbolader ausbauen (siehe später), die Öleinfüllvorrichtung vom Zylinderkopf abmontieren und die Injektorschachtabdeckung ausbauen. Die elektrische Steckverbindung (7, Bild unten) an den Kraftstoffinjektoren trennen.

3 Wie beschrieben die Einspritzleitungen (5) ausbauen, die Sicherungsklammern (4) hineindrücken (Pfeil) und die Leckölleitung (6) abziehen sowie die Spannpratzen der Injektoren abschrauben (Bild unten). Die einzelnen Injektoren in ihrer Zuordnung zum Einbauplatz markieren und unter leichtem Hin- und Herbewegen herausnehmen. Bei fest sitzenden Injektoren eine Ausschlagklaue (8) anstelle der Spannpratze ansetzen und den Injektor mit einem Schlagauszieher ausbauen (Klaue 640589003300, Abzieher 667589036300). Als Ausbaumethode für sehr fest sitzende Kraftstoffinjektoren ist der Einsatz eines Gewindeadapters (MB: 668589013400) zu empfehlen. Damit lässt sich der Injektor herausschrauben; er ist dann aber nicht mehr verwendungsfähig und muss ersetzt werden.
Beim Ausbau bleiben die Sicherungsklammern an den Injektoren.

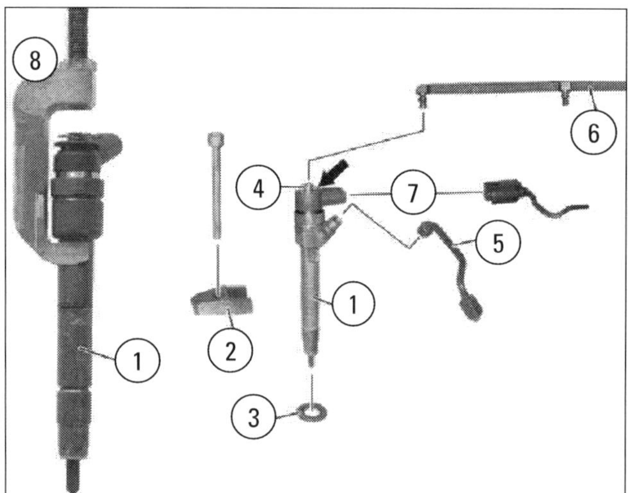

(1) Injektor, (2) Spannpratze, (3) Dichtring, (4) Sicherungsklammer, (5) Einspritzleitung, (6) Leckölleitung, (7) elektrischer Steckanschluss, (8) Ausschlagklaue.

4 Reinigung: Die ausgebauten Kraftstoff-Injektoren müssen gesäubert, dürfen aber nicht zerlegt werden! Injektorschäfte und die Injektorschächte, die bis zur Säuberung mit Stopfen verschlossen werden müssen, mit Vlieslappen reinigen. Dann die Schächte mit Rund- und Zylinderbürste reinigen, mit Druckluft ausblasen und mit Vlieslappen nachwischen. Die Schäfte mit einer Messingdrahtbürste reinigen, mit Vlieslappen nachwischen und mit Spezialfett (MB 001 989 42 51 10) einfetten. Die Düsenspitzen der Injektoren nur mit Vlieslappen reinigen, um Beschädigungen zu vermeiden.

5 Einbau in sinngemäß umgekehrter Reihenfolge. Die Dichtringe (3) an den Injektoren und den Dichtring der Öleinfüllvorrichtung am Zylinderkopf erneuern. Die Injektoren an den markierten Stellen einbauen. Beim Einbau neuer Kraftstoffinjektoren muss eine Anpassung an das Steuergerät erfolgen (Werkstattsystem Star Diagnosis).

6 Die Schrauben der Spannpratzen sind beim Injektoreinbau generell zu erneuern. Beim Einbau der Einspritzleitungen muss auf Spannungsfreiheit geachtet werden: Die Leitungen lose an Rail und Injektor montieren, ehe die Spannpratzenschrauben des Kraftstoffinjektors in drei Stufen mit 7 Nm plus Vierteldrehung plus Vierteldrehung festgezogen werden. Wenn beim Ausbau die Sicherungsklammern von den Injektoren abgezogen wurden, müssen sie erneuert werden.

Abgasturbolader beim CDI aus-/einbauen

Arbeits-schritte   

1 Ausbau: Motorhaube öffnen und Luftfiltergehäuse ausbauen. Wagen anheben und Geräuschkapsel-Unterteile ausbauen. Katalysator (bei Fahrzeugen mit Partikelfilter) oder Vorkatalysator (bei Fahrzeugen ohne Partikelfilter) und das Luftansaugrohr ausbauen.

2 Bevor das Luftansaugrohr vom Abgasturbolader abgeschraubt und herausgenommen werden kann, muss es vom Heißfilm-Luftmassenmesser abmontiert werden. Dann die elektrische Steckverbindung am Heizelement des Entlüftungsschlauchs trennen und den Entlüftungsschlauch vom Luftansaugrohr abziehen.

3 Am Abgasturbolader (1) den Unterdruckschlauch (2) abziehen und die Öldruckleitung (4) abmontieren (Bilder unten).

4 Den Halter (5), der den Abgasturbolader an der Injektorschachtabdeckung hält, ausbauen. Ladeluftschlauch (7) vom Geräuschdämpfer (6) des Turboladers (1) abmontieren. Das Wärmeschutzblech ausbauen und die drei Schrauben herausdrehen, mit denen der Turbolader am Auspuffkrümmer befestigt ist.

5 Abgasturbolader nach oben herausnehmen und dabei die Ölablaufleitung mit dem Turbolader aus dem Zylinderkopf ziehen. Wenn der Abgasturbolader erneuert werden soll, müssen die Ölablaufleitung abmontiert und der Geräuschdämpfer ausgebaut werden.

6 **Einbau** in umgekehrter Reihenfolge. Alle Dichtungen erneuern. Ölablaufleitung erst anziehen, wenn der Turbolader fest verschraubt ist. Schrauben am Halter (5) erst lose anlegen, dann mit 30 Nm anziehen.

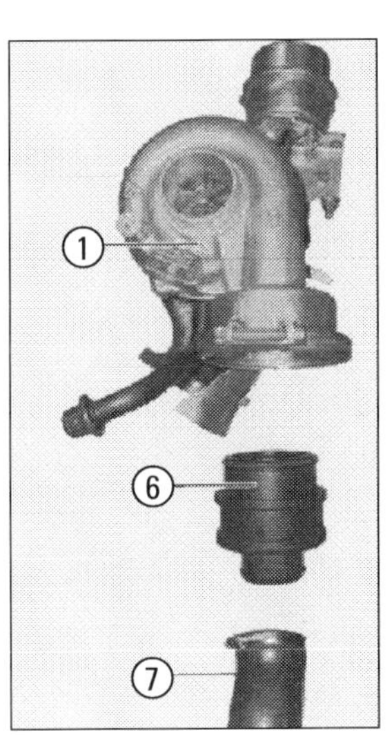

(1) Abgasturbolader, (2) Unterdruckschlauch, (3) Öldruckleitung, (4) Halter für Luftfiltergehäuse, (5) Halter Turbolader/Injektorschachtabdeckung, (6) Geräuschdämpfer, (7) Ladeluftschlauch.

Glüh(zeit)endstufe und Glühkerzen aus-/einbauen

Arbeitsschritte   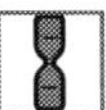

Die Glüh- oder besser ***Glühzeit-Endstufe*** ist links hinter dem Luftfiltergehäuse angeordnet (Bild unten). Sie hat die Bauteilbezeichnung N14/3 und regelt die Glühkerzenspannung, um eine extrem kurze Vor- und Startglühzeit und ein kontrolliertes Nachglühen zu erreichen. Über einen LIN-Datenbus (**L**ocal **I**nterconnected **N**etwork) werden der Glühzeitendstufe vom Steuergerät CDI Daten über Motordrehzahl, Motorlast und Kühlmitteltemperatur zur Verfügung gestellt. In Abhängigkeit von diesen Betriebszustands-Parametern wird über das in der Endstufe gespeicherte Kennfeld die Ansteuerung der Glühkerzen bestimmt.

1 **Ausbau Endstufe:** Motorhaube öffnen und die elektrischen Steckverbindungen an den Anschlussbuchsen (A; Bild unten) trennen. Sodann die Glühzeitendstufe (N14/3) vom Luftfiltergehäuse abmontieren.

2 **Einbau** in umgekehrter Reihenfolge.

Von der Glühzeitendstufe mit einer Spannung von 6 bis 11 V beaufschlagt und masseseitig getaktet werden die ***Glühkerzen*** (Bauteilbezeichnung R9). Sie sind hinter dem Zylinderkopf in die Füllungseinlasskanäle eingesetzt und erwärmen die dem Motor zugeführte Ladeluft. Dadurch wird bei kaltem Motor der Brennraum vorgewärmt. Beim Kaltstart wird kurzzeitig Batteriespannung angelegt. So kann die Glühzeit auf maximal 3 s reduziert und eine Glühkerzentemperatur bis zu 1000 °C erreicht werden.

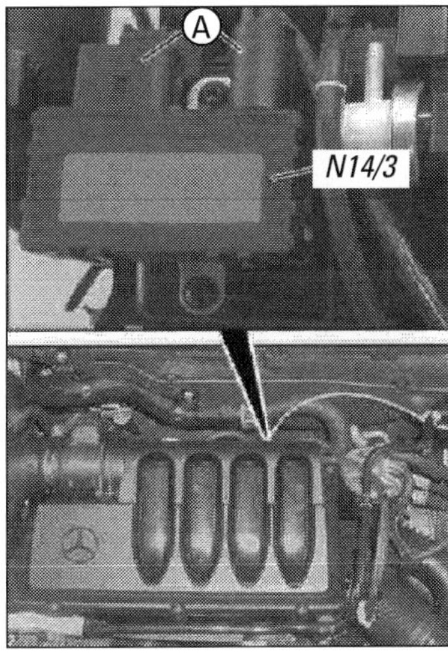

(N14/3) Glüh(zeit)endstufe, (A) Buchsen für den elektrischen Anschluss.

1 Ausbau Glühkerzen: Kühlmittel am Kühler ablassen. Luftfiltergehäuse, Ölabscheider, Mischgehäuse und Kühlmittel-Temperaturregler ausbauen. Elektrische Steckverbindungen an den Glühkerzen trennen und die Kerzen mit geeignetem Steckschlüsseleinsatz (MB 001589800900) herausdrehen.

2 Einbau umgekehrt. Erst das Kühlsystem, dann bei einem Probelauf den Motor auf Dichtheit prüfen.
Anmerkung: Die Glühkerzenschächte werden mit Perlon-Zylinderbürsten von 6 mm und 10 mm Durchmesser gereinigt.

Kraftstoffverteiler mit Einspritzventilen aus-/einbauen

Arbeitsschritte   

Der Kraftstoffverteiler der Benzinmotoren ist ein ähnliches rohrförmiges Bauteil wie die Rail der CDI-Motoren. Er ist am Zylinderkopf ins Saugrohr oder beim A 200 Turbo ins Ladeluft-Verteilerrohr eingebaut. Der Verteiler trägt unten von rechts nach links die Kraftstoff-Einspritzventile für Zylinder 1 bis 4, oben rechts das Entlüftungsventil und oben links die Kraftstoffleitung.

1 Ausbau: Luftfiltergehäuse ausbauen. Die elektrischen Leitungen zu den Kraftstoffeinspritzventilen freilegen und die Steckverbindungen an den Einspritzventilen trennen. Bei den Fahrzeugen mit Turbomotor (266.980) auch die elektrische Steckverbindung am Hallgeber Nockenwelle trennen, den Halteclip lösen und die Leitung vorsichtig ein Stück unter dem Ladeluft-Verteilerrohr hervorziehen, um den Zugang zu den Befestigungsschrauben zu erleichtern.

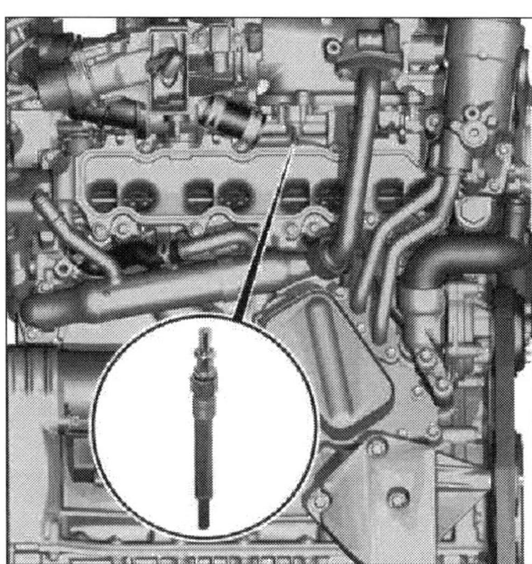

(R9) Eine der vier Glühkerzen mit Hinweis auf ihren Einbauplatz hinter dem Zylinderkopf.

2 Die Unterdruckleitung vom Umschaltventil Regenerierung aus dem Halteclip am Kraftstoffverteiler ausclipsen.

3 Schutzkappe vom Entlüftungsventil am Kraftstoffverteiler abschrauben, einen Druckschlauch an das Ventil schrauben und den Kraftstoffdruck über das Ventil abbauen. Dann den Kraftstoff in einen Sicherheitsbehälter ablassen.

4 Kraftstoffleitung am Kraftstoffverteiler abbauen und mit einem geeigneten Stopfen verschließen.

5 Bei Fahrzeugen mit Turbomotor 266.980 die beiden einzelnen Halteschrauben am Ladeluft-Verteilerrohr sowie die jeweils zwei Schrauben an den beiden Haltern des Ladeluft-Verteilerrohrs vom Zylinderkopf abschrauben. Den Clip unten am Ölmessstabführungsrohr lösen und das Rohr vorsichtig zur Seite drücken. Die beiden Halter abnehmen.

6 Den Kraftstoffverteiler mit den vier Einspritzventilen aus dem Saugrohr (beim Turbomotor aus dem Ladeluft-Verteilerrohr) herausziehen.

7 Einbau in umgekehrter Reihenfolge. Die Dichtringe unten an den Einspritzventilen erneuern und zur leichteren Montage mit Motoröl benetzen. Die Schrauben Saugrohr/Zylinderkopf und Ladeluft-Verteilerrohr/Zylinderkopf mit 15 Nm festziehen. Schrauben erst vorsichtig ansetzen, dann festschrauben. Schraubschelle an der Kraftstoffleitung auf Zustand prüfen und ggf. erneuern. Alle Kabelbinder erneuern und darauf achten, dass die elektrischen Leitungen nicht an den Einspritzventilen anliegen.

Einspritzventile und Drucksensor aus-/einbauen

Arbeitsschritte   

Die Kraftstoff-Einspritzventile (Bauteile Y62y1 bis -4) sind in den Kraftstoffverteiler eingesteckt und mit Verdrehsicherungen, speziellen Klammern in Führungen, gesichert. Der Saugrohr-Drucksensor (B28) ist mit zwei Schrauben vorn rechts oben am Saugrohr festgeschraubt (Bilder nächste Seite).

1 Ventil-Ausbau: Den Kraftstoffverteiler (2) mit den vier Einspritzventilen Y62y1 bis Y62y4 wie beschrieben ausbauen.

2 Mit einem geeigneten Werkzeug die Verdrehsicherung (3) des jeweiligen Kraftstoff-Einspritzventils (1a...1d) aus der Führung (Pfeil) ausclipsen und das Ventil aus dem Kraftstoffverteiler herausziehen.

3 Einbau umgekehrt. Dichtringe (4, 5) erneuern und leicht mit Motoröl benetzen. Die Verdrehsicherung muss spürbar in die Vierkantführung einrasten (oberes Bild unten).

1 Drucksensor-Ausbau: Motorhaube öffnen. Der Druckgeber ist ohne weitere vorbereitende Arbeiten aus der Position rechts seitlich vor dem Fahrzeug stehend zugänglich und leicht auszubauen.

2 Die elektrische Steckverbindung (2) am Saugrohr-Drucksensor B28 (1) trennen. Die beiden Schrauben (3) herausschrauben und den Druckgeber vom Saugrohr abnehmen.

3 Einbau sinngemäß umgekehrt. Der Dichtring am Druckgeber muss erneuert werden. Auf korrekten Sitz der elektrischen Steckverbindung achten! Die beiden Halteschrauben mit 3 Nm am Saugrohr festziehen.

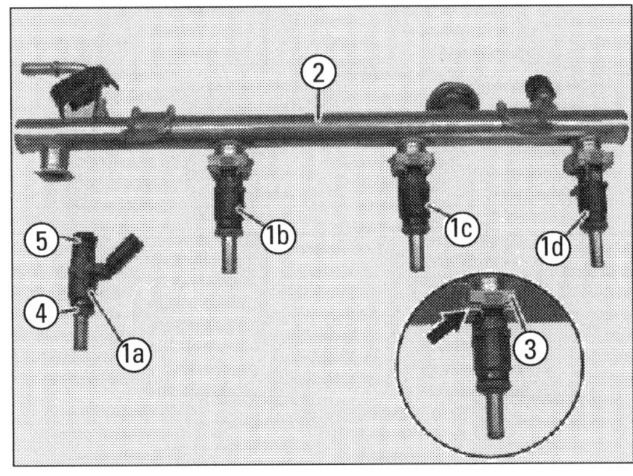

(1a...1d) Kraftstoff-Einspritzventile Y62y1...Y62y4, (2) Kraftstoffverteiler, (3) Verdrehsicherung, (4, 5) Dichtringe.

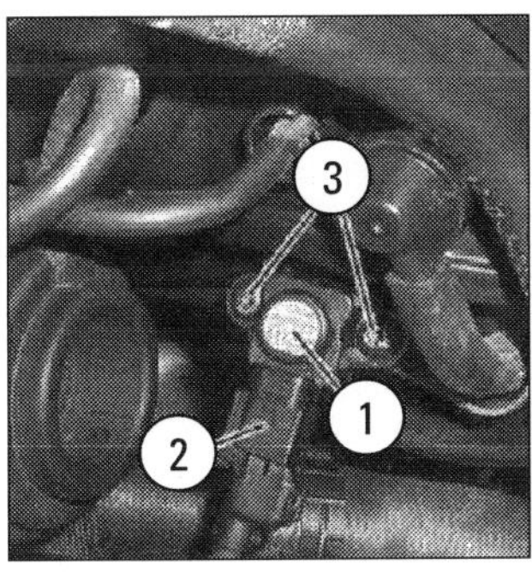

(1) Saugrohr-Drucksensor Bauteil B28, (2) elektrische Steckverbindung, (3) Schrauben.

Steller und Geber aus-/einbauen

Ausbau:

1 Drosselklappen-Steller: An der linken oberen Motorseite ist das Stellglied Drosselklappe zugänglich. Zum Ausbau Steckverbindung trennen, Leitungssatz ausclipsen, vier Schrauben herausdrehen, Motorentlüftung abziehen und den Steller abnehmen.

2 Klopfsensor: Um freien Zugang zum Bauteil A16 zu haben, muss das Luftfiltergehäuse ausgebaut werden. Der Sensor ist am unteren Saugrohrende links vom Ölfilter mit einer einzigen Schraube am Zylinderkurbelgehäuse befestigt. Zum Ausbau die Steckverbindung (2) trennen, die Schraube (3) herausdrehen und den Klopfsensor (1) abnehmen (oberes der beiden Bilder unten).

3 Positionsgeber Nockenwelle: Dieser Hallgeber B6/1 ist nach Öffnen der Motorhaube rechts oben vorn am Motor direkt zugänglich. Er ist an die Zylinderkopfhaube (Bild ganz unten), beim A 200-Turbo (266.980) aan den seitlichen Deckel des Nockenwellengehäuses geschraubt. Zum Ausbau elektrische Steckverbindung (2) trennen, Schraube (3) herausdrehen und den Geber (1) aus dem Zylinderkopf herausziehen.

(1) Klopfsensor, Bauteil A16, (2) elektrische Steckverbindung, (3) Schraube.

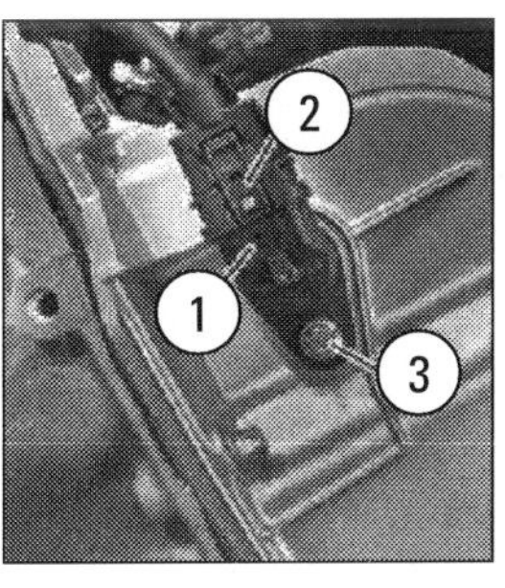

(1) Hallgeber Nockenwelle, Bauteil B6/1, (2) elektrische Steckverbindung, (3) Schraube.

4 Positionsgeber Kurbelwelle: Um an den Einbauort dieses Bauteils L5 unten links am Motor heranzukommen, muss das Fahrzeug (am besten mit der Hebebühne) angehoben werden. Dann wieder die elektrische Steckverbindung (2) trennen, die Schraube (3) herausdrehen und den Positionsgeber (1) aus dem Zylinderkurbelgehäuse herausziehen (Bild unten). Wenn der Geber erneuert werden soll, muss die Anpassung mit dem System Star Diagnosis erfolgen.

Einbau:

1...4 Der Einbau erfolgt in allen Fällen sinngemäß umgekehrt. Dabei auf den korrekten Sitz der elektrischen Steckverbindungen achten! Die Schraube Klopfsensor/Zylinderkurbelgehäuse mit 20 Nm festziehen. Beim Hallgeber Nockenwelle den Dichtring erneuern und Befestigungsschraube mit 12 Nm anziehen. Schraube beim Kurbelwellen-Geber: 9 Nm.

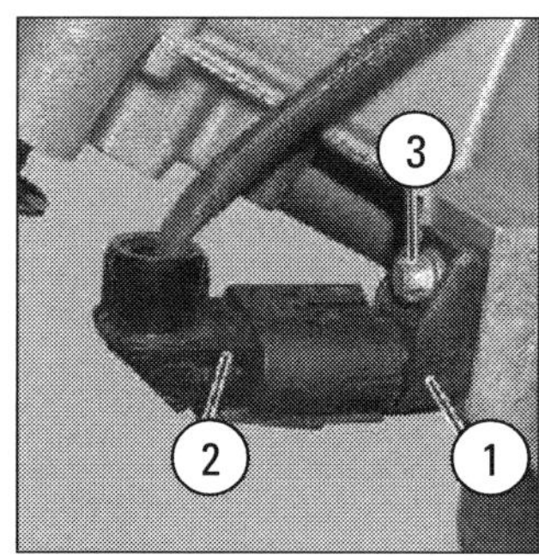

(1) Positionsgeber Kurbelwelle, Bauteil L5, (2) elektrische Steckverbindung, (3) Schraube.

Zündspulenmodul aus-/einbauen

Arbeitsschritte   

Die Ottomotoren der neuen A-Klasse arbeiten zur Erzeugung der Zündspannung mit zwei Doppelzündspulen. Modul T1/1 bedient Zylinder 1 und 2, Modul T1/2 die Zylinder 3 und 4. Die Zündspulenmodule sind mit je einer Schraube an die Zylinderkopfhaube geschraubt (Bild unten).

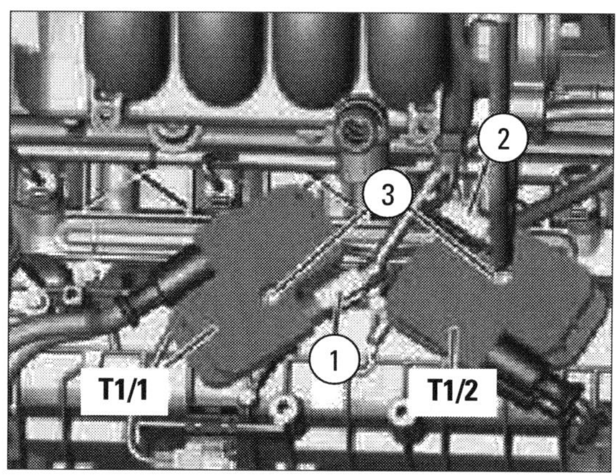

(1, 2) elektrische Steckverbindungen, (3) zwei Schrauben, (T1/1 und T1/2) Zündspulen.

Motor und Zündanlage

Störungsbeistand

Störung	Ursache	Abhilfe
A Motor springt schlecht oder gar nicht an.	**1** Zündtrafo oder Zündkerzen feucht oder verschmutzt; kein Zündfunke.	Trocknen oder reinigen,evtl. mit Zündspray behandeln.
	2 Steckverbindungen locker oder oxidiert.	Kontrollieren, erneuern (lassen).
	3 Drehzahl- oder Hallgeber defekt oder ohne Kontakt.	Überprüfen lassen, Stecker fest aufsetzen, ggf. ersetzen.
	4 Zündspule defekt.	Austauschen.
	5 Endstufe oder Steuergerät defekt.	Kontrollieren lassen, austauschen.
B Motor läuft unrund, hat Zündaussetzer.	Zündkerze defekt oder Zündkabel unterbrochen.	Austauschen, Leitung ersetzen.
C Motor hat keine Leistung.	**1** Luftmassenmesser defekt oder ohne Kontakt.	Kontrollieren lassen, ggf. ersetzen.
	2 Kühlmittel- oder Ansaugluft-Temperatursensor defekt; Stecker sitzt nicht korrekt.	Sensor und Steckverbindungen kontrollieren, ggf. ersetzen.

1 Ausbau: Unterdruckleitung des Bremskraftverstärkers am Saugrohr abziehen. Luftfiltergehäuse ausbauen.

2 Die jeweils zwei Schrauben unten zwischen den Zündspulen und oberhalb des Zündspulenmoduls T1/2 aus der Saugrohrabstützung herausschrauben und die Abstützung vom Saugrohr abnehmen. Die Schraube schräg rechts unter der (demontierten) Saugrohrstütze herausdrehen und den Halter abnehmen.

3 Die elektrischen Steckverbindungen (1, 2; Bild Seite 108, rechte Spalte) trennen. Zündkabel (2, 3; Bild ganz unten) aus den Zündspulenmodulen (1, Bild unten) herausziehen. Schrauben (3, Bild Seite 108) herausschrauben und die Zündspulen abnehmen.

4 Einbau in umgekehrter Reihenfolge. Zündspulen mit 8 Nm (Sandguss-Zylinderkopfhaube) oder 14 Nm (Druckguss-Zylinderkopfhaube) festschrauben. Den Halter Saugrohrstütze mit 10 Nm ans Saugrohr schrauben. Zündkabel (2) der Zylinder 1 und 3 bei »a« an der Zylinderkopfhaube befestigen und in den Anschluss »a« der Zündspule Zylinder 1+2 (T1/1) bzw. der Zündspule Zylinder 3+4 (T1/2) einstecken. Zündkabel (3) der Zylinder 2 und 4 bei »b« an der Zylinderkopfhaube befestigen und in den Anschluss »b« der Zündspule Zylinder 1+2 (T1/1) bzw. der Zündspule Zylinder 3+4 (T1/2) einstecken.
Achtung: Hochspannung führende Teile nicht berühren!

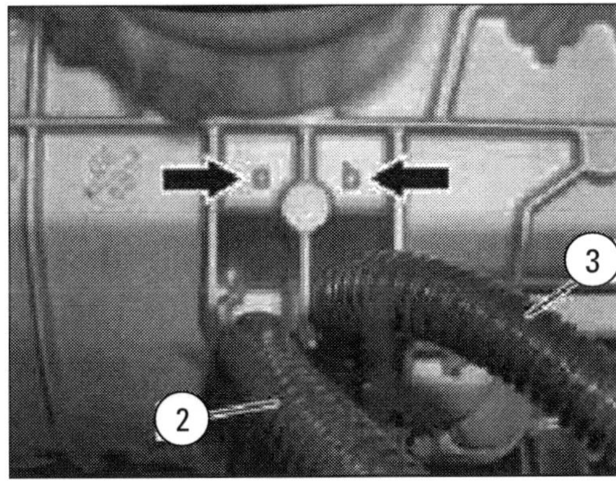

(1) Zündspulenmodul T1/1 bzw. T1/2, (2, 3) Zündkabel. Pfeile: Positionen »a« und »b« der Zündkabel an der Zylinderkopfhaube.

Zündkerzen wechseln

Arbeitsschritte  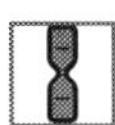 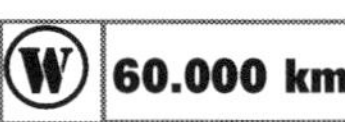

1 Ausbau: Schlüssel aus dem Zündschloss abziehen. Untere Motorraumverkleidung ausbauen. Dabei den Unterschied zwischen Fahrzeugen mit und ohne Schlechtwetterpaket (Code 484) berücksichtigen.

2 Bei Fahrzeugen mit Turbomotor Wärmeschutzbleche und Stütze an Abgasturbolader und Motorträger ausbauen.

3 Die Zündkerzenstecker (1) mit dem Abdrückwerkzeug 266589016100 von den Zündkerzen (R4) abdrücken. Das Abdrückwerkzeug nur am Wulst (2) der Stecker ansetzen, sonst werden diese beschädigt. Dann mit einem Zündkerzenschlüssel (112589010900) die Zündkerzen aus dem Zylinderkopf herausdrehen. Dabei nicht die Vorkat-O2-Sonde (G3/2) beschädigen! Stecker und Leitungen auf Schäden prüfen.

4 Einbau umgekehrt. Die Zündkerzen werden mit 28 Nm im Zylinderkopf festgeschraubt. Zündleitungen ausrichten, scheuerfrei verlegen und in die Führungskanäle der Zylinderkopfhaube drücken. Die Kerzenstecker müssen beim Aufdrücken hör- und spürbar auf den Zündkerzen einrasten.

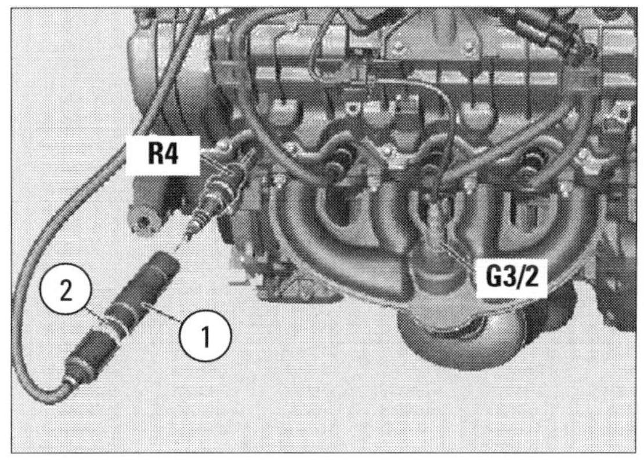

Einbaulage der Zündkerze (R4).
(1) Zündkerzenstecker, (2) Wulst, (G3/2) O2-Sonde vor dem Katalysator.

DIE ABGASANLAGE

Ob zweiströmig getunt oder schlicht mit einem Endrohr: Im hinteren Abgasrohr sitzen Hauptschalldämpfer, bei den A 170 und A 200 auch ein Nachschalldämpfer und bei den neueren CDI ein Partikelfilter.

Wartung

Reparatur

Die Abgas- oder Auspuffanlage am Fahrzeugunterboden reinigt mit Katalysatoren die Verbrennungsabgase und leitet sie mit geringem Gegendruck zum Endrohr am Fahrzeugheck. Außerdem soll sie die Verbrennungsgeräusche auf ein Minimum reduzieren und die Motorleistung optimieren. Die Anlage beginnt mit dem Abgaskrümmer, an den bei den Ottomotoren motornah der Vorkatalysator (auch »Stirnwandkatalysator«) geschraubt ist. Die Lambda-Sonden (Mercedes: »O2-Sonden«) vor und nach dem Katalysator regeln in linearer Abhängigkeit vom Betriebszustand dessen optimale Funktion.
Dem Katalysator folgt das vordere Abgasrohr mit dem »Unterbodenkatalysator« (bei Dieselmotoren ein NO_x-Speicherkatalysator). Ins hintere Abgasrohr sind ein Hauptschalldämpfer und bei den A 170 und A 200

auch ein Nachschalldämpfer, bei den neueren CDI ein Partikelfilter anstelle des Katalysators integriert.
Bei Montagearbeiten an der Abgasanlage müssen Sie immer darauf achten, dass kein Bauteil mit Vorspannung montiert wird. Die generelle Forderung lautet, die Anlage spannungsfrei zu positionieren und ausreichend Abstand zur Karosserie zu gewährleisten.

Abgasentgiftung und »EOBD«

Kraftstoff besteht im Wesentlichen aus Kohlenstoff und Wasserstoff. Bei der Verbrennung im Motor verbindet sich der Kohlenstoff mit Luftsauerstoff zu Kohlendioxid. Der Wasserstoff vereinigt sich mit Sauerstoff zu Wasser, das infolge der Verbrennungswärme als Dampf aus dem Auspuff entweicht. Infolge des Stickstoffanteils der Verbrennungsluft und von Schwefel im Kraftstoff sowie im Ergebnis unvollständiger Verbrennung entstehen Giftstoffe: Stickoxide, Schwefeldioxid, Kohlenmonoxid, Kohlenwasserstoffe und Rußpartikel.
Beim Dieselmotor, der mit Luftüberschuss arbeitet, bilden sich zwar weniger schädliche Gase, dafür aber mehr Rußpartikel. Eine Entgiftung ist also zum Einhalten der strengen Abgasnormen (EU4) bei Benzinmotoren wie CDI unerlässlich. Die Herstellung günstiger Kraftstoff-Luft-Gemische und die Entgiftung der Abgase erfolgen durch Techniken und Bauteile wie Ladeluftsystem, Abgasrückführung, Katalysatoren und Partikelfilter (siehe Techniklexika). Überwacht wird die einwandfreie Funktion der abgasrelevanten Bauteile und Systeme während der Fahrt durch europäische On-Board-Diagnose (EOBD). Im Kombiinstrument gibt es dafür die »Kontrollleuchte Motordiagnose«.

Ständige Kontrolle durch »AU«

Kraftfahrzeuge müssen regelmäßig auf ihr Abgasverhalten geprüft werden. Abgasuntersuchungen (AU) führen markengebundene und freie Werkstätten, Tankstellen, DEKRA und TÜV durch. Bei Wartung in der Werkstatt gehört die AU zum Service. Zur Untersuchung muss die Auspuffanlage intakt sein, ins Ansaugsystem darf keine Nebenluft eintreten. Der Ölstand muss stimmen, und Luftfilter sowie Zündkerzen sollen in einwandfreiem Zustand sein.
Die Untersuchung wird am Fahrzeug durch eine Prüfplakette am vorderen Kennzeichen dokumentiert. Am Neuwagen ist die AU-Plakette drei Jahre gültig, dann sind Kontrollen im Zweijahres-Rhythmus (ältere Fahrzeuge, Lkw, Taxen und Mietwagen jährlich) fällig. Zahlen auf der Plakette geben Monat und Jahr für die Fälligkeit der nächsten Abgasuntersuchung an.
Der Katalysator entfaltet seine reinigende Wirkung ab 300 °C. Bei Kaltstart wird eine gewisse Aufheizzeit benötigt, ehe er befriedigend arbeitet. Das betrifft auch die Arbeit der Lambda-Sonden, die aus diesem Grunde be-

Komponenten im Abgas

Kohlendioxid (CO_2): Farbloses, nicht brennbares, ungiftiges Gas. Entsteht bei der Verbrennung kohlenstoffhaltiger Brennstoffe wie Benzin und Diesel durch Verbindung von Kohlenstoff und Sauerstoff. CO_2 verringert die Schutzwirkung der Ozonschicht gegen die UV-Strahlung der Sonne.
Kohlenmonoxid (CO): Ein farb- und geruchloses, explosives, sehr giftiges Gas. Wird bei der Abgasuntersuchung gemessen. Auch beim Diesel tritt CO bei unvollständiger Verbrennung von Kohlenstoff auf, allerdings zwei Drittel weniger als beim Benzinmotor. In geschlossenen Räumen schon in geringer Konzentration in der Atemluft tödlich. Verbindet sich im Freien schnell mit Sauerstoff zum ungiftigen Kohlendioxid.
Kohlenwasserstoffe (HC): Unverbrannte Kraftstoffanteile im Abgas. Beim Dieselmotor entstehen sie in nur geringem Ausmaß. Wirken reizend auf Sinnesorgane oder wie Benzol sogar krebserregend.
Rußpartikel: Entstehen aus unverbrannten Kohlenstoffen und Asche. Durch Luftüberschuss infolge Turbolader verringert sich der Rußanteil im Abgas.
Schwefel: Die Wirksamkeit des Oxidationskatalysators wird erheblich vom Schwefelgehalt im Diesel-Kraftstoff beeinflusst. Üblicher Tankstellen-Diesel hat bis zu 350 ppm Schwefel (1 ppm = ein Millionstel Teil).
Schwefeldioxid (SO_2): Das farblose, stechend riechende, nicht brennbare Gas begünstigt Erkrankungen der Atemwege und trägt über Schwefelsäure oder schwefelige Säure zum sauren Regen bei. Bildet sich in geringen Mengen vor allem bei Dieselmotoren infolge Schwefelanteil im Kraftstoff.
Stickoxide (NO_x): Der Anteil dieser Verbindungen zwischen Stickstoff und Sauerstoff steigt bei hohen Verbrennungstemperaturen, hohem Druck und Sauerstoffüberschuss. Einige Stickoxide sind gesundheitsschädlich.

heizt werden. Durch das Auftreten von Kondensat in der Kaltstartphase kann aber eine beheizte Sonde beschädigt werden. Daher wird die Nach-Kat-Sonde erst nach Erreichen einer Temperatur von ca. 300 °C beheizt. Bei der Vor-Kat-Sonde nahe dem Motor besteht die Gefahr der Zerstörung durch Kondensat nicht. Sie wird sofort nach Motorstart beheizt.
Die Lambda-Regelung mit nur einer Sonde wäre wegen der längeren Gaslaufzeiten zu träge. Mit zwei Sonden kann weitgehend allen Forderungen entsprochen werden, wobei die Nach-Kat-Sonde zudem noch die Katalysatorfunktion überprüft und weniger verschmutzungsanfällig ist.

Filter gegen Rußpartikel

Die Partikelemission beim Dieselmotor liegt deutlich höher als beim Ottomotor. Die Partikel (englisch »Particulate Matter« = PM) bestehen zum größeren Teil aus Kohlenstoffteilchen (Ruß). Angelagert sind Kohlenwasserstoffverbindungen, Kraftstoff- und Schmierölaerosole und Sulfate je nach Schwefelgehalt des verwendeten Kraftstoffs. Meist lagern sich Aldehyde mit aufdringlichem Geruch an.
Verschmutzung, Sichtbehinderung und übler Geruch belasten die Umwelt. Von den am Ruß angelagerten Aromaten wird darüber hinaus eine gesundheitsgefährdende Wirkung vermutet. Deshalb werden von verantwortungsbewussten Autoherstellern Diesel-Pkw zunehmend mit speziellen Filtern ausgerüstet, von Mercedes-Benz seit Jahresmitte 2005 serienmäßig. Rußpartikel können in diesen Filtern aus Edelstahlwolle, Keramik oder Sintermetall aufgefangen werden. Die Filter muss man in bestimmten Zeitabständen chemisch oder thermisch regenerieren.

Elemente zur Abgasverbesserung

Bei großem Luftüberschuss verbrennt der Kraftstoff im Brennraum »sauber«. Abgasbestandteile wie Kohlenmonoxid und Ruß bilden sich daher in sehr geringen Konzentrationen.

Turbolader:
Dieses System sorgt für mehr Ansaugluft. Bei geringen Einspritzmengen des Kraftstoffs entsteht Luftüberschuss bei der Verbrennung. Es entstehen weniger Abgas-Schadstoffe, die Geräusche werden reduziert, Leistungsausbeute und Wirkungsgrad erhöht.

Geregelte Katalysatoren:
Bei Benzinmotoren gewährleisten sie auf der Basis von Lambda-Sonden und Motorsteuergerät die Abgasentgiftung. Die von den O2-Sonden gemeldeten Sauerstoffkonzentrationen im Abgas und die Daten zum Betriebszustand des Motors (Drehzahl, Last) sind Grundlage für die Regelung. Ein Verhältnis von Lambda = 1 bedeutet, dass für die Verbrennung von 1 kg Kraftstoff 14,7 kg Luft zur Verfügung stehen. Dies wäre ein theoretisch optimales Kraftstoff-Luft-Mischungsverhältnis. Das Motorsteuergerät ermittelt den Lambda-Regelwert für ein optimales Gemisch.

Ungeregelte Oxidationskatalysatoren:
Bei Dieselmotoren nutzen diese Systeme den hohen Restsauerstoffanteil im Abgas aus. Dadurch werden Kohlenwasserstoffe und Kohlenmonoxid deutlich reduziert.

Die Abgas-Rückführung

Eine Möglichkeit zum Absenken der Temperaturen in den Brennräumen des Dieselmotors, die für den hohen Anteil von Stickoxiden verantwortlich sind, ist die Einleitung von Abgasen. Abgas-Rückführung kann Stickoxide auch bei den Ottomotoren verringern. Dazu wird aus dem Abgasstrom des Motors durch ein ventilgeregeltes System ein Teil abgezweigt.
Die Menge wird je nach Motorbelastung dosiert und ins Ansaugrohr zurück geleitet. Das Abgas kann natürlich nicht noch einmal verbrannt werden, da es kaum noch verbrennungsfähige Anteile enthält. Es verringert aber den Zustrom frischer Verbrennungsluft und bewirkt so eine Absenkung der Temperaturen und damit eine Verringerung von Stickoxidanteil und Rußbildung.

Lebensdauer des Auspuffs

Der Auspuff moderner Pkw ist für etwa 60.000 Kilometer gut, wobei die Lebensdauer natürlich auch von den Einsatzbedingungen des Fahrzeugs abhängt. Ist man überwiegend auf kurzen Strecken unterwegs, fallen mehr Kondensat, Ruß und aggressive Säuren im Innern der Anlage an als beim Langstreckenbetrieb mit voll durchgewärmtem Motor.
Das Auspuffrohr mit angebautem Kat ist seltener als die anderen Teile vom Rost bedroht, weil dort die Ver-

brennungsgase noch mit Temperaturen zwischen 800 und 1.000 °C einströmen. Danach verlieren die Abgase an Temperatur und sind am Endrohr nur noch 150 bis 300 °C heiß. Dort tritt das meiste Kondenswasser aus. Es mischt sich mit Verbrennungsrückständen zu aggressiven Säuren und lässt das Auspuffblech von innen nach außen durchrosten.
Teile der Auspuffanlage können bei Langstreckenfahrten unter Temperaturspannungen leiden, wenn bei Regen das heiße Blech ständig kalten Duschen ausgesetzt ist. Dann kann das Material reißen oder brechen. Spritz- und Salzwasser fördern den Rostfraß von außen. Steinschlag oder Aufsetzen auf hartem Untergrund wirken lebensverkürzend.

Ladeluftsystem mit Abgasturbolader

Eine wirkungsvolle Methode zur Steigerung der Motorleistung besteht darin, die Füllung des Zylinders mit Frischluft für die Verbrennung zu verbessern. Diese Aufladung bewirken beim A 200 Turbo und bei den CDI die Abgasturbolader. Sie benutzen die Abgase als Antriebsenergie. Die Gase passieren das Turbinengehäuse, wo sie das Läuferrad auf über 100.000 U/min beschleunigen. Der Läufer treibt über die Welle das Verdichterrad. Es saugt Frischluft ins Verdichtergehäuse und presst sie in die Verbrennungskammern. Die komprimierte, aufgeheizte Luft wird in einem Ladeluftkühler wieder abgekühlt. Dadurch wird die Leistungsausbeute noch verbessert, denn kühlere Luft enthält mehr Sauerstoffteilchen.

Arbeiten an der Auspuffanlage

Für Arbeiten an Abgasanlage und Ladeluftsystem gelten die Vorschriften, die für Arbeiten an Motor oder Kraftstoffsystem üblich sind. Beachten Sie darüber hinaus folgende Regeln (siehe auch »Praxistipp«):

- Gelöste oder aufgeschnittene Kabelbinder an den selben Stellen wieder einbauen oder erneuern.
- Schlauchstutzen und Schläuche müssen vor dem Montieren öl- und fettfrei sein.
- Dichtungen, Dichtringe und selbstsichernde Muttern sind immer zu ersetzen.
- Schlauchverbindungen mit Schnellverschluss-Kupplungen und Schlauchschellen sichern. Bei der Montage müssen Haltenasen und Clips stets spürbar und nur damit sicher einrasten.

Arbeiten an der Auspuffanlage

- Auf rostigem Blech können Sie nicht mehr richtig schweißen. Der Erfolg von Reparaturen an einer durchgerosteten Auspuffanlage ist meist nur von kurzer Dauer. Auspuffkitt und Bandagen halten zwar einigermaßen, aber das Blech bricht dann bald neben der Reparaturstelle aus.
- Bei Auspuffanlagen mit Vor- und Nachschalldämpfer kommt es häufig vor, dass nach dem Austausch des einen wenige Monate später auch der zweite auswechselbedürftig ist. Werkstätten wechseln deshalb die Auspuffanlage in der Regel komplett aus. Prüfen Sie den Zustand der Anlage genau und entscheiden Sie erst dann, ob Sie einzelne Teile oder das ganze System austauschen.
- Die Auspuffanlage ist mit dem Auspuffkrümmer durch Bolzen und Muttern fest verbunden. Am Fahrzeugboden ist sie mit Gummilagern befestigt. Bei gründlicher Kontrolle der Anlage müssen diese Aufhängungen unbedingt mit untersucht werden.
- Bei einer Demontage darf die Abgasanlage keinesfalls herunterfallen. Dabei könnte der Keramikkörper im Katalysator beschädigt werden.
- Beim Ausbau der Abgasanlage ist zu beachten, dass der mit dem Abgaskrümmer verbundene Abgasturbolader bei einem Defekt nur komplett ersetzt werden kann. Der Turbolader ist ein Präzisionsteil. Zum Austausch empfiehlt sich eine Werkstatt.
- Die Abgasanlage kann, wenn sie bei der Demontage abgestützt wird, komplett mit allen Schalldämpfern ausgebaut werden.
- Denken Sie vor den Arbeiten grundsätzlich daran, beim Ersatzteilkauf neue selbstsichernde Muttern sowie Dichtungen und Haltegummis mitzunehmen.
- Wenn die Untersuchung ergibt, dass Rohre getrennt werden müssen, geschieht das am besten durch kräftige Drehbewegungen oder Hammerschläge. Wenn das nicht funktioniert, sägen Sie die Rohrverbindung des defekten Schalldämpfers 100 mm hinter der Verbindungsstelle ab. Den Rest des Rohres mit der Metallsäge in Längsrichtung aufsägen und mit einem kräftigen Schraubendreher aufhebeln.
- Die Verschraubungen der Auspuffanlage lassen sich beim nächsten Mal leichter lösen, wenn Sie die Gewinde beim Einbau mit hochhitzefestem Kupferfett bestreichen. Das gilt auch für die Rohrverbindungen.

Zustand der Auspuffanlage kontrollieren

Arbeitsschritte   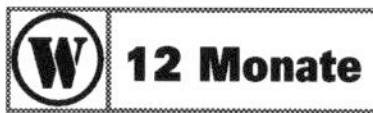

1 Fahrzeug auf Hebebühne anheben oder absolut rüttelsicher aufbocken. Er darf nicht kippeln, wenn Sie heftig an den Rohren der Auspuffanlage drehen oder zerren.

2 Komponenten auf Brüchigkeit, Einrisse oder sonstige Schäden überprüfen, bei Bedarf ersetzen. Zur Kontrolle den Auspuff an den Schraubbefestigungen rütteln.

3 Verschraubungen am Auspuffkrümmerflansch auf festen Sitz prüfen. Wenn sich beim Demontieren eine Verschraubung nicht lösen lässt, mit rostlösendem Mittel behandeln oder durch Überdrehen abreißen.

4 Mit einem Lappen das Auspuffendrohr zuhalten. Der Motor muss nach kurzer Zeit ausgehen. Gibt es zischelnde Geräusche an Verbindungsstellen (Zylinderkopf/Auspuffkrümmer, Auspuffkrümmer/Abgasrohr/Katalysator etc.) und läuft der Motor ungestört weiter, ist die Anlage an der Geräuschstelle undicht. Undichtigkeiten müssen beseitigt werden.

5 Sehr dumpfer Auspuffton und Knallen im Schiebebetrieb weisen auf einen durchgerosteten Auspuff hin. Schalldämpfer mit einem Hammer rundum gründlich abklopfen, auch an den Stirnseiten. Nicht zu zaghaft hämmern. Klingt es bei jedem Schlag hell, ist das Blech noch gesund. Wird das Klopfgeräusch an manchen Stellen dumpfer, ist die Außenhaut bereits geschwächt und wird bald durchbrechen.

6 Wenn Teile der Anlage schon einmal ersetzt wurden, trennt man die Steckverbindung der Rohrenden am besten in erwärmtem Zustand. Schweißbrenner oder Propangasbrenner verwenden und Feuerlöscher bereithalten.

Anmerkung: In den folgenden Reparaturanleitungen werden Arbeiten für Benziner (Motoren 266) und für Dieselfahrzeuge (Motoren 640) demonstriert. Bei der Demontage von Teilen oder der kompletten Auspuffanlage die Anlage stets gut abstützen, damit nichts herunterfällt.
Einbaulage und Freigängigkeit der Auspuffanlage prüfen. Die Anlage muss spannungsfrei montiert sein, bei Bedarf Auspuffanlage ausrichten. Ein Helfer kann dabei sehr nützlich sein. Nach getaner Arbeit immer Motorprobelauf durchführen und Auspuffanlage auf Dichtheit prüfen.

Praxistipp: Altteile richtig entsorgen

Wurden Katalysatoren ausgebaut und ersetzt, müssen die Altteile vorschriftsmäßig entsorgt werden. Sie dürfen nicht wie Schrott behandelt werden, weil sie wertvolles Edelmetall enthalten, das wieder in den Produktionsprozess eingebracht werden kann. DaimlerChrysler bietet seit 1989 eine Rückgabemöglichkeit mit Rückwertvergütung der Altkatalysatoren an.
Der ausgebaute Dieselpartikelfilter ist ebenfalls ein hochwertiges Altteil und wird im Tausch aufbereitet. Den ausgebauten Partikelfilter mit den Stopfen und der Verpackung des Neuteils versehen und über den bestehenden Rückführungsprozess für Tauschteile dem Logistic Center (LC) zuführen.

Auspuffkrümmer mit Katalysator aus-/einbauen

(Benzinmotoren 266.920/40/60, A 150/170/200)

Arbeitsschritte  

1 **Ausbau:** Fahrzeug mit Hebebühne anheben oder absolut rüttelsicher aufbocken. Steckverbindung der O2-Sonde vor KAT und O2-Sonde nach KAT jeweils aus Halteklammer ausclipsen und trennen (Bild unten). Sonden ausschrauben.

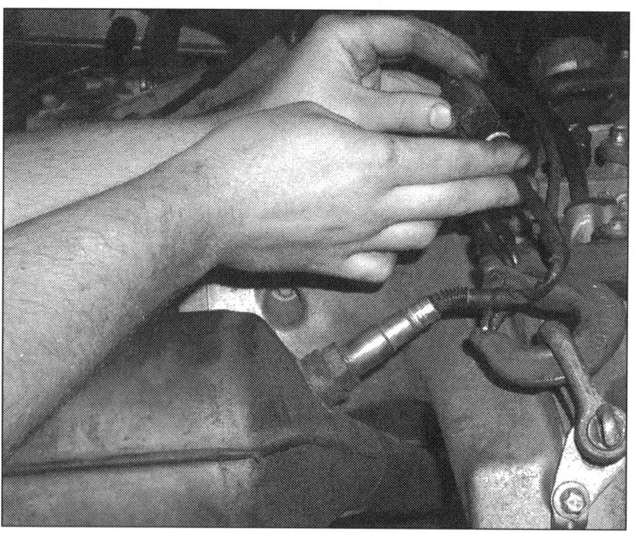

Steckverbindung der O2-Sonde ausklipsen.

2 Klemmschelle (1) an der Verbindungsstelle von Auspuffkrümmer mit Katalysator zum Hauptschalldämpfer mit geeignetem Werkzeug trennen (oberes der beiden Bilder unten).

3 Bundmuttern (3) zur Befestigung des Auspuffkrümmers an den Stehbolzen des Zylinderkopfs abschrauben. Die Schrauben (4) aus dem Halter des Auspuffs am Getriebe herausschrauben und den Auspuffkrümmer mit Katalysator (1) ausbauen (unteres der Bilder unten).

4 Auspuffkrümmer mit Katalysator erst vom Zylinderkopf und dann nach unten abnehmen.

5 **Einbau** sinngemäß in umgekehrter Ausbaureihenfolge. Dabei Auspuffkrümmerdichtung (5) und Bundmuttern (3) sowie Klemmschelle (1 bzw. 2) und Auspuffdichtung (2) immer erneuern. Zustand der Gewindebolzen am Zylinderkopf prüfen, ggf. Bolzen erneuern.

Klemmschelle (1) mit geeignetem Werkzeug ausbauen. (2) Auspuffdichtring.

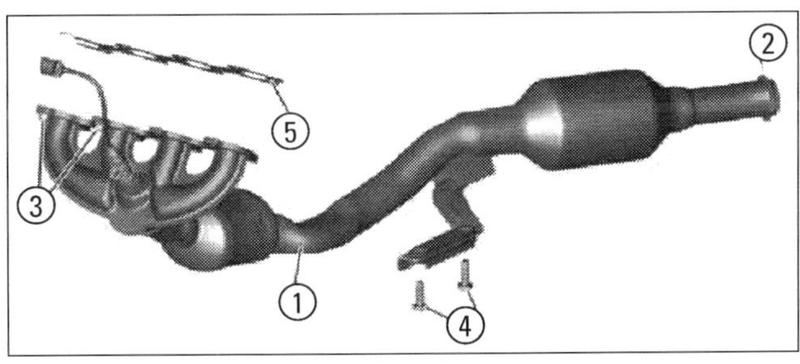

(1) Auspuffkrümmer mit Katalysator, (2) Klemmschelle, (3) Bundmuttern, (4) Schrauben, (5) Auspuffkrümmerdichtung.

6 Gewinde der Sonden mit Heißschmierpaste bestreichen und auf den korrekten Sitz der Steckverbindungen der Sonden achten. Bundmuttern mit 30 Nm, die Schrauben Halter an Getriebe mit 35 Nm und die O2-Sonden mit 43 Nm festziehen.

Auspuffanlage der Benzinmotoren außer Turbo komplett aus-/einbauen

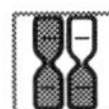

1 **Ausbau:** Fahrzeug anheben oder rüttelsicher aufbocken.

2 Nur für A170 und A 200: Nachschalldämpfer (5; Bild ganz unten) gemäß nachfolgender Reparaturanleitung ausbauen

3 Klemmschelle (1) an der Verbindungsstelle von Auspuffkrümmer mit Katalysator (Bilder linke Spalte) zum Hauptschalldämpfer (3) abbauen.

4 Nur für A 150: Schrauben aus Lagerdeckel Stabilisator herausschrauben und Lagerdeckel Stabilisator abnehmen.

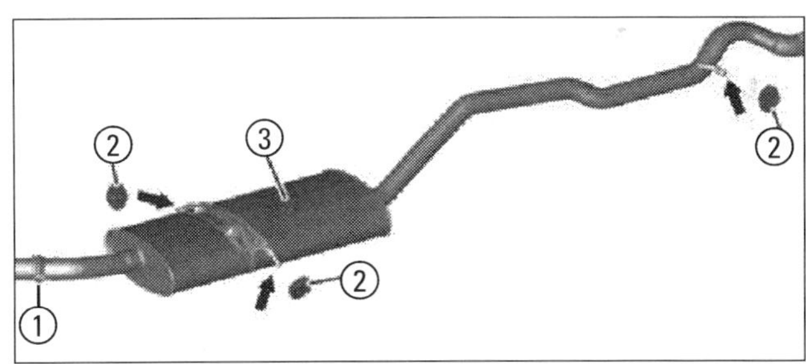

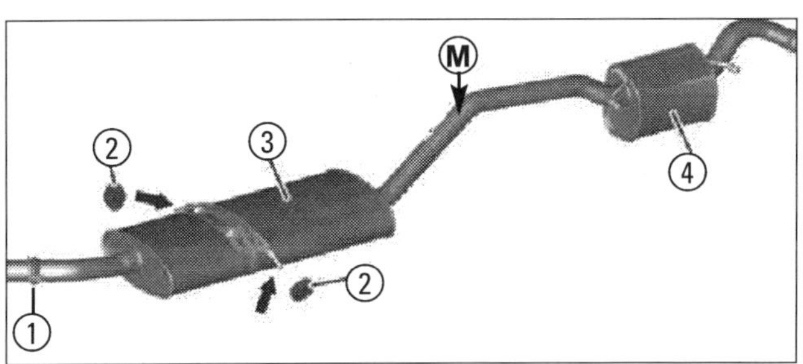

Auspuffanlage nach Krümmer mit Kat des A 150 (oben) und des A 170 / A 200 (unten).
(1) Klemmschelle; verbindet Auspuffkrümmer mit Katalysator (1, Bild links) und (3) Hauptschalldämpfer. (2) Haltegummis für Halter (Pfeile), (4) Nachschalldämpfer. (M) Trennstelle.

5 Haltegummis (2) aus den Haltern (Pfeile) aushängen und Hauptschalldämpfer (3) abnehmen (Bilder vorige Seite und unten).

6 Auspuffkrümmer mit Katalysator ausbauen (siehe vorhergehende Reparaturanleitung).

7 **Einbau** sinngemäß in umgekehrter Ausbaureihenfolge.

Nachschalldämpfer aus-/einbauen

Arbeitsschritte  

1 **Ausbau:** Fahrzeug mit Hebebühne anheben oder rüttelsicher aufbocken. Beim A 200 und beim A 200 Turbo Teile der Unterbodenverkleidung (Abdeckung Aeroplatte) ausbauen.

2 Bei Fahrzeugen mit einteiliger Auspuffanlage: Hauptschalldämpfer (3) und Nachschalldämpfer (4) an der Rohrmarkierung (M, Bild Seite 115) mit einem Kettenrohrabschneider (z. B. von der Firma Hazet) trennen.
Bei Fahrzeugen mit geteilter Auspuffanlage: Rohrschelle (1, Bild rechts unten) zwischen Hauptschalldämpfer und Nachschalldämpfer lösen.

3 Haltegummis (2) aus den Haltern (Pfeile) aushängen und den Nachschalldämpfer abnehmen (Bilder links und Seite 115). Soll der Nachschalldämpfer erneuert werden, ist auch die am Ende des Auspuffs sichtbare Auspuffblende (1) abzunehmen. Dazu die Schraube (2) lösen (Bild Mitte und ganz unten).

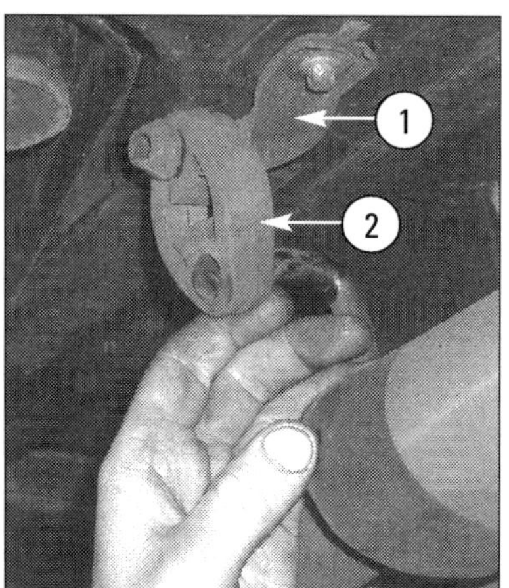

Beispiele für die Aufhängung der Abgasanlage mit Halter (1) und Haltegummi (2). Bild unten: Abnehmen eines Haltegummis vom Halter.

4 **Einbau** sinngemäß in umgekehrter Ausbaureihenfolge. Zuerst Rohrschelle auf das Rohr des Nachschalldämpfers schieben. Rohrschelle grundsätzlich erneuern.

5 Halter des Nachschalldämpfers in die Haltegummis einhängen. Vorher Haltegummis prüfen und ggf. erneuern. Nachschalldämpfer ausrichten, Rohrschelle positionieren und mit 40 Nm festziehen.

6 Beim Erneuern des Nachschalldämpfers die Auspuffblende und bei entsprechenden Fahrzeugen die unteren Verkleidungen (Abdeckung Aeroplatte) wieder anbauen.

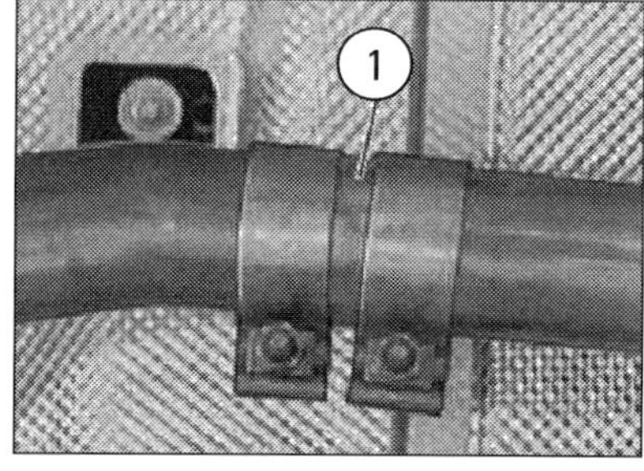

(1) Rohrschelle; Beispiel einer auch bei Dieselfahrzeugen verwendeten Bauform.

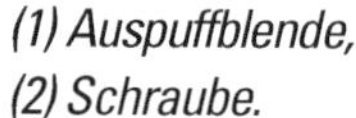

(1) Auspuffblende, (2) Schraube.

Auspuffanlage des A 200 Turbo komplett aus-/einbauen

1 **Ausbau:** Fahrzeug anheben oder rüttelsicher aufbocken. Den Nachschalldämpfer auf ähnliche Weise ausbauen wie in der vorangegangenen Anleitung beschrieben. Verbindung mit Rohrschelle siehe Bild ganz unten.

2 Die Muttern (2) an der Flanschverbindung (1) abschrauben (oberes der drei Bilder unten). Die drei Haltegummis aus den Haltern (zwei an jeder Seite vorn, einer links hinten) aushängen und den Hauptschalldämpfer abnehmen.

3 Jetzt das Auspuffflexrohr mit Nachkatalysator ausbauen: Die drei Muttern an der Flanschverbindung Flexrohr/Katalysator abschrauben, die Schraubverbindung am Halter trennen, das Flexrohr aus dem Haltegummi aushängen und abnehmen. Auspuffdichtung vom Flexrohr am Flansch (1) zum Hauptschalldämpfer (oberes der Bilder unten) abnehmen.

4 **Einbau** sinngemäß in umgekehrter Ausbaureihenfolge. Die Dichtflächen an den Flanschverbindungen zum Hauptschalldämpfer und zum Katalysator reinigen. Die Auspuffdichtung zwischen Flexrohr und Hauptschalldämpfer erneuern. Die Muttern an den Flanschverbindungen erneuern und jeweils mit 35 Nm festziehen. Schraube am Halter des Flexrohres mit 25 Nm anziehen.

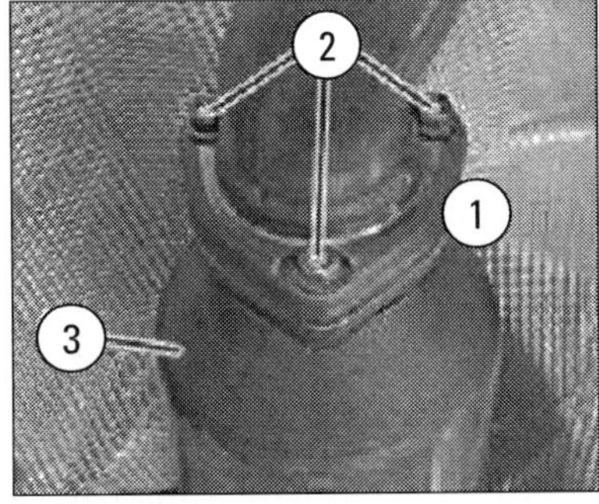

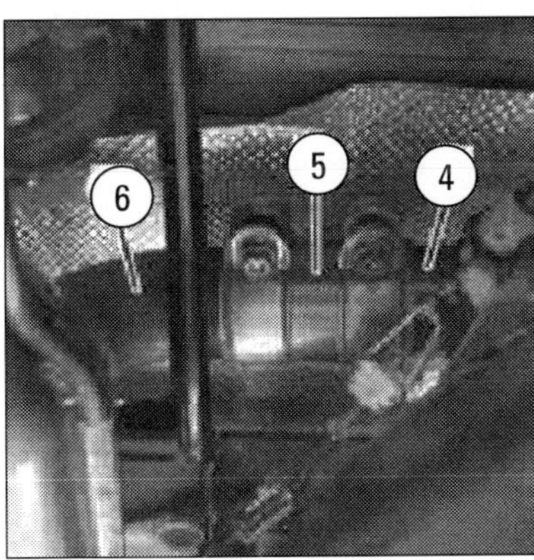

Abschnitte an der Auspuffanlage des A 200 Turbo. (1) Flanschverbindung, (2) Muttern, (3) Auspuffflexrohr mit Nachkatalysator, (4) Nachschalldämpfer, (5) Rohrschelle, (6) Hauptschalldämpfer.

Das Auspuffflexrohr ist per Flansch mit dem Hauptschalldämpfer verbunden. Die Rohrschelle verbindet die Rohre von Haupt- und Nachschalldämpfer.

Auspuffkrümmer mit Vorkat aus-/einbauen

(CDI-Motoren 640.940/41/42, A 160/180/200 CDI)

1 Fahrzeug auf der Hebebühne platzieren. Motorhaube öffnen. Bei Fahrzeugen ohne Partikelfilter den Vorkatalysator, bei Fahrzeugen mit Partikelfilter den Katalysator gemäß nachfolgenden Arbeitsanleitungen ausbauen.

2 Die insgesamt fünf Schrauben (3) herausdrehen und das Wärmeschutzblech (2) herausnehmen (Bild unten).

3 Bei Fahrzeugen mit Partikelfilter den Temperaturfühler vor Abgasturbolader gemäß später folgender Arbeitsanleitung ausbauen. Die drei Schrauben (7) Auspuffkrümmer/Abgasturbolader herausdrehen. Die zehn Muttern (4) am Auspuffkrümmer (1) abschrauben und Krümmer herausnehmen.

4 **Einbau** umgekehrt. Dichtflächen reinigen, Dichtungen (5, 6) erneuern, Stiftschrauben zu (4) am Zylinderkopf prüfen und ggf. erneuern. Muttern/Schrauben (4, 7) mit 30 Nm anziehen.

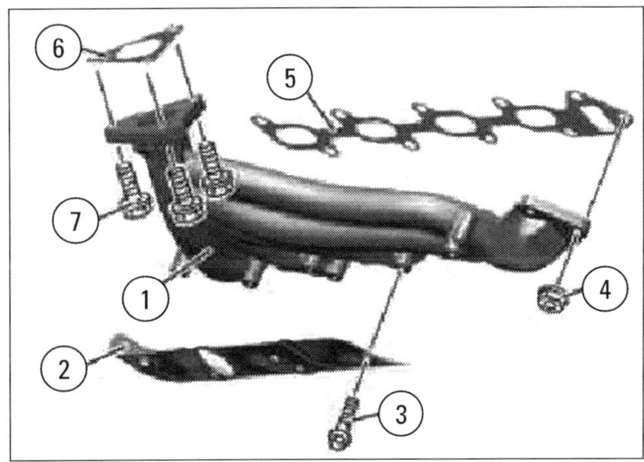

(1) Auspuffkrümmer, (2) Wärmeschutzblech, (3) Schraube(n), (4) Mutter(n), (5 und 6) Dichtungen, (7) Schrauben.

Vorkatalysator (motornah) der CDI-Motoren aus-/einbauen

1 **Ausbau:** Motorhaube öffnen, Luftfiltergehäuse ausbauen. O2-Sonde (5) vor Kat gemäß nachfolgender Anleitung ausbauen. Elektrische Steckverbindung am Druckregelventil (3) trennen.

2 Halter (3) des Vorkatalysators (1) ausbauen und Klemmschelle (6) lösen.

3 Geräuschkapsel-Unterteile ausbauen. Schraube (8) herausdrehen und Klemmschelle (7) lösen. Vorkatalysator nach oben herausnehmen.

4 **Einbau** umgekehrt. Vorkatalysator spannungsfrei befestigen. Dichtflächen Turbolader/Vorkat reinigen, Dichtring erneuern. Klemmschellen (6, 7) prüfen und ggf. erneuern.

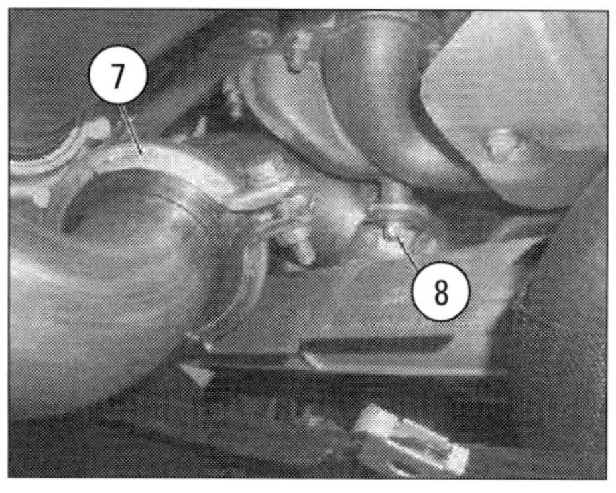

(1) Vorkatalysator, (2) elektrische Steckverbindung, (3) zu Halter und Druckregelventil Y74, (4) Halter, (5) Vorkat-O2-Sonde G3/2, (6, 8) Klemmschellen, (7) Schraube.

O2-Sonde aus-/einbauen

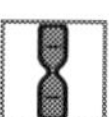

1 **Ausbau:** Motorhaube öffnen und das Luftansaugrohr links oben am Luftfiltergehäuse ausbauen. Dadurch wird die elektrische Steckverbindung (G3/2x1) mit dem Halter (1) zugänglich. Stecker mit Halter vom Luftfilterhalter abziehen (oberes der beiden Bilder unten).

2 Die elektrische Leitung an der Aufnahme (1) aushängen und die O2-Sonde (G3/2) vor Katalysator aus dem motornahen Katalysator herausdrehen (unteres der beiden Bilder unten).

3 Wenn die O2-Sonde ausgewechselt werden soll, muss der Halter (1, oberes Bild) umgebaut werden.

4 **Einbau** in umgekehrter Reihenfolge. Dabei das Gewinde der O2-Sonde vor Kat mit Heißschmierpaste (MB: 0009897651) bestreichen. Die O2-Sonde wird mit 50 Nm am Katalysator festgeschraubt. Motorprobelauf durchführen und die Auspuffanlage auf Dichtheit prüfen.

CDI-Katalysator mit Endrohr aus-/einbauen

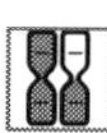

Die Auspuffanlage der Fahrzeuge mit CDI-Motor ohne Diesel-Partikelfilter besteht nach dem Krümmer mit Vorkatalysa-

(G3/2x1) elektrische Steckverbindung für O2-Sonde, (1) Halter für Steckverbindung.

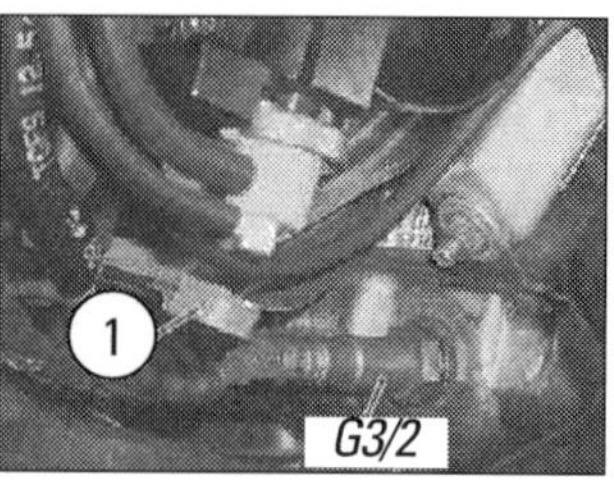

(G3/2) Vorkat-O2-Sonde, (1) Aufnahme.

tor aus Katalysator (4), Schalldämpfer (5) und Endrohr (6, Bilder unten). Katalysator und Schalldämpfer sind mit einem durchgehenden Rohr verbunden. Die Anlage ist in Gummilagern aufgehängt.

1 **Ausbau Katalysator:** Fahrzeug auf Hebebühne anheben oder aufbocken und Geräuschkapsel-Unterteile ausbauen.

2 Katalysator (4) an der durch eine ins Rohr eingeschlagene Kerbe gekennzeichneten Trennstelle (T1) mit einem Kettenrohrabschneider (z. B. von der Firma Hazet) rechtwinklig vom Schalldämpfer (5) abtrennen. Trennstelle gleich entgraten.

3 Klemmschelle (1) zum Vorkatalysator am vorderen Auspuffrohr abmontieren, Schraube (3) vor Gummilager (2) im vorderen Auspuffrohr vor Katalysator herausdrehen. Katalysator (4) aus Gummilager (2) aushängen und herausnehmen.

4 **Ausbau Endrohr:** Endrohr (6) an der durch eingeschlagene Kerbe gekennzeichneten Trennstelle (T2) hinter dem Schalldämpfer (5) mit dem Kettenrohrabschneider rechtwinklig vom Schalldämpfer abtrennen.
Damit ist jetzt auch der **Schalldämpfer ausgebaut**. Er muss nur noch aus den beiden Gummilagern (2) ausgehängt werden.

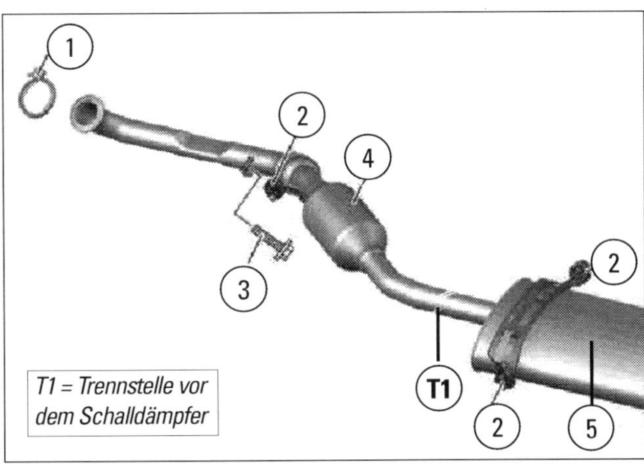

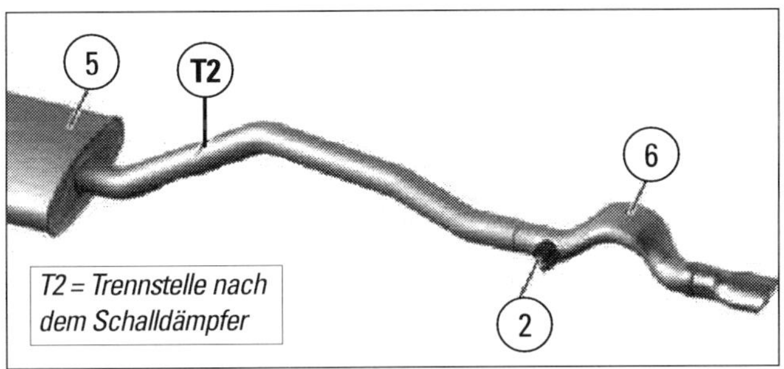

Auspuffanlage ohne Partikelfilter: (1) Klemmschelle, (2) Gummilager, (3) Schraube, (4) Katalysator, (5) Schalldämpfer, (6) Endrohr.

5 Endrohr (2) aus dem Gummilager (9) aushängen und nach hinten herausnehmen.

6 **Einbau Katalysator:** sinngemäß umgekehrte Ausbaureihenfolge. Rohrschelle auf das Abgasrohr des Katalysators aufschieben und Katalysator ins Gummilager einhängen. Vorher Gummilager auf Verschleiß prüfen und ggf. erneuern.

7 Schraube (3) vor Gummilager (2) im vorderen Auspuffrohr etwas hineindrehen und Katalysator mit Schalldämpfer durch Rohrschelle (1, Seite 116, rechts oben) an Trennstelle (T1) lose verbinden. Katalysator ausrichten und mit Klemmschelle (1) und Schraube (3) befestigen.

8 Schalldämpfer (5) ausrichten und mit Rohrschelle an der Trennstelle (T1) spannungsfrei befestigen.

9 **Einbau Endrohr:** sinngemäß umgekehrt. Zuerst Endrohr (6) von hinten einführen und in Gummilager (2; ggf. erneuern) einhängen. Endrohr mit Schalldämpfer durch Rohrschelle an der Trennstelle (T2) lose verbinden. Dann Endrohr ausrichten und mit Rohrschelle spannungsfrei befestigen.

Diesel-Partikelfilter aus-/einbauen

Arbeitsschritte  

Bei Fahrzeugen mit Code 474 ist anstelle des Katalysators vor dem Schalldämpfer ein Partikelfilter (D), MB-Bauteil 114 verbaut. Zur Orientierung beim Arbeiten gelten analog die Bilder links unten und auf Seite 120 links.

1 **Ausbau:** Fahrzeug anheben oder aufbocken und Geräuschkapsel-Unterteile ausbauen. Dieselpartikelfilter (D) an der durch eine eingeschlagene Kerbe gekennzeichneten Trennstelle mit dem Kettenrohrabschneider (1) rechtwinklig vom Schalldämpfer trennen. Trennstelle entgraten.

2 Überwurfmuttern der Druckleitungen (3) seitlich am Partikelfilter abschrauben, Halter der Druckleitungen durch Herausdrehen der Schraube (2) abbauen und Leitungen vom Partikelfilter abnehmen.

3 Muttern (4) vor der Stirnwand Partikelfilter zum vorderen Auspuffrohr abschrauben. Dieselpartikelfilter aus dem Gum-

milager aushängen, herausnehmen und Dichtung (5) an der Stirnwand des Filters abnehmen. Zur einfacheren Demontage und späteren Montage empfiehlt es sich, Gleitflüssigkeit Naphtolen H zu verwenden.

4 **Einbau** umgekehrt. Neue Dichtung an der Stirnwand des Partikelfilters ansetzen, Rohrschelle auf das Abgasrohr des Partikelfilters aufschieben, Partikelfilter am vorderen Abgasrohr einsetzen und in das Gummilager einhängen. Gummilager auf Verschleiß prüfen und ggf. erneuern.

5 Partikelfilter und Schalldämpfer mit Rohrschelle lose verbinden. Filter mit vorderem Abgasrohr verbinden, dazu neue Muttern mit 20 Nm anziehen. Schalldämpfer ausrichten und mit Rohrschelle spannungsfrei befestigen.

6 Druckleitungen an Dieselpartikelfilter montieren. Dabei Überwurfmutter Druckleitung an Partikelfilter mit 20 Nm und Schraube Halter Druckleitung an Partikelfilter mit 3 Nm anziehen. Einbaulage und Freigängigkeit der Auspuffanlage prüfen, Geräuschkapsel-Unterteile einbauen und Fahrzeug absenken.

7 Wenn das Dieselpartikelfilter erneuert wurde, muss mit Star Diagnosis eine Anpassung des Steuergerätes CDI vorgenommen werden (Menüpunkt »Steuergeräte-Anpassung«).

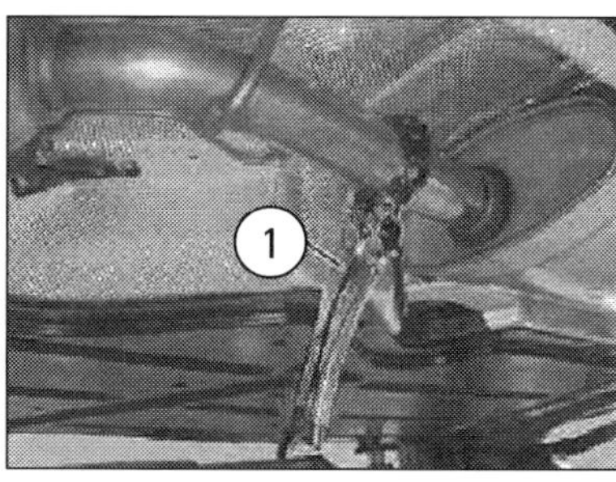

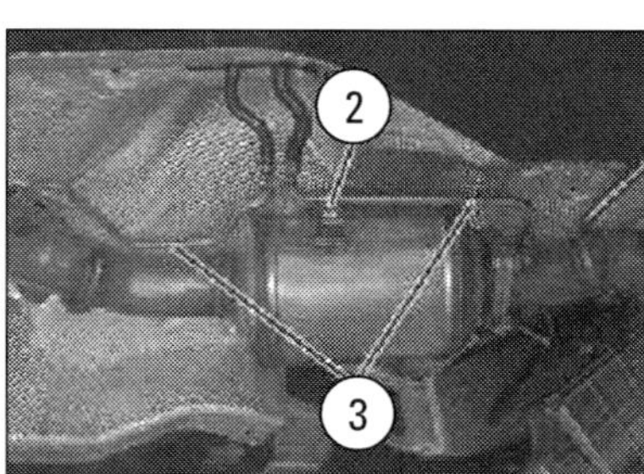

(1) Kettenrohrabschneider, (2) Schraube, (3) Druckleitungen.

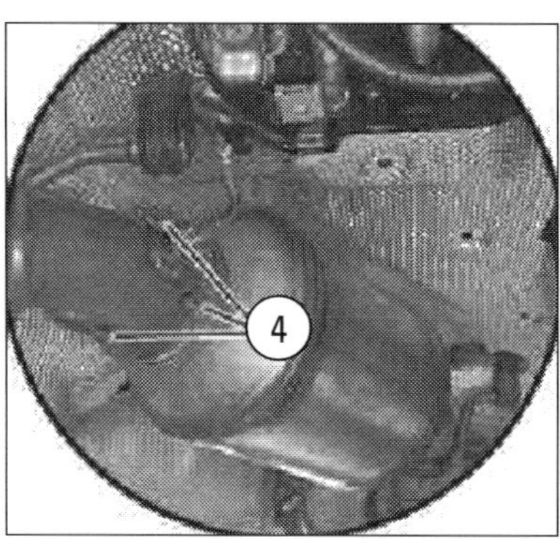

(4) Muttern, (5) Dichtung, (D) Dieselpartikelfilter, Bauteil 114.

Temperaturfühler vor Abgasturbolader aus-/einbauen

(CDI-Motoren 640.940/41/42 mit Partikelfilter)

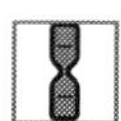

1 **Ausbau:** Motorhaube öffnen und Abgasturbolader ausbauen (Kapitel »Die Motoren«).

2 Die elektrische Steckverbindung am Temperaturfühler (MB-Bauteil B19/11) von der Halterung am Zylinderkurbelgehäuse ausclipsen und trennen.

3 Die elektrische Leitung zum Temperaturfühler vor Abgasturbolader aus den Halteklammern ausclipsen.

4 Den Temperaturfühler vor Abgasturbolader (B19/11) aus dem Auspuffkrümmer herausschrauben und entnehmen.

5 **Einbau** in umgekehrter Reihenfolge. Vor dem Einschrauben das Gewinde des Temperaturfühlers mit Heißschmierpaste (0009897651) bestreichen. Dann den Fühler mit 45 Nm am Abgaskrümmer festschrauben.

6 Falls erforderlich, den Fehlerspeicher mit Star Diagnosis auslesen und löschen. Motorprobelauf durchführen und die Auspuffanlage auf Dichtheit prüfen.

DIE KRAFT-ÜBERTRAGUNG

Das Sechsgang-Schaltgetriebe ist eine Neuentwicklung. Nach dem Drei-Wellen-Konzept wurden sechs Gänge in einem ähnlich kompakten Gehäuse realisiert wie beim Fünfgang-Getriebe. Das neue Schaltgetriebe überträgt jedoch mit maximal 300 Nm (A 200 CDI) ein weit höheres Motordrehmoment.

Wartung

Reparatur

Die vom Motor produzierte Leistung gelangt zu den Rädern über ein System der Kraftübertragung aus Kupplung, Getriebe und Achsantrieb. Diese drei Akteure sind durch Gelenke, Wellen und Zahnräder miteinander verbunden. Welche Kraft sie real an die Räder übertragen, hängt ganz davon ab, was dem Wagen vom Fahrer abverlangt wird.

Der Kraftfluss vom Motor zum Achsantrieb muss beim Starten, beim fahrbereiten Stehen oder zum Wechseln der Gänge hergestellt und unterbrochen werden können. Das Ankoppeln und Trennen übernimmt in Fahrzeugen mit mechanischem Schaltgetriebe die Kupplung, bei der der A-Klasse als hydraulisch betätigte Einscheiben-Trockenkupplung ausgeführt. Sie ermöglicht auch ruckfreies Anfahren, indem sie die unterschiedlichen Drehzahlen von Kurbelwelle und Getriebe-Antriebswelle ausgleicht.

Zur Kupplungsbetätigung dient ein Pedal, mit dem Ausrücklager, Kupplungsscheibe und Druckplatte bedient werden. Das Pedal fehlt in Fahrzeugen mit Automatikgetriebe. Bei ihnen ist die Kupplung ins Getriebe integriert und funktioniert vollautomatisch.
Das Getriebe passt die Motordrehzahl der gewünschten Geschwindigkeit der Räder an, weil der Motor nur in einem begrenzten Drehzahlbereich verwertbare Leistung bietet. Beim Anfahren wird an den Antriebsrädern ein großes Drehmoment benötigt. Dazu übersetzt der erste Gang die Motordrehzahl für die Räder ins Langsamere. Bei der Autobahnfahrt im sechsten Gang verhält es sich umgekehrt, eine Übersetzung ins Schnellere wird wirksam.
Der Achsantrieb ist die letzte Zwischenstation, über die das vom Motor produzierte Drehmoment die Antriebsräder erreicht. Seine Aufgabe besteht darin, die Drehzahlen vom Getriebe ins Langsamere zu übersetzen, das Drehmoment zu vergrößern und es gleichmäßig an die Antriebsräder zu übertragen.
Für die neue A-Klasse stehen drei Getriebevarianten zur Verfügung: ein neues 6-Gang-Schaltgetriebe, das bewährte 5-Gang-Schaltgetriebe und erstmals in der Mercedes-Benz-Geschichte ein stufenloses Automatikgetriebe, die so genannte »Autotronic«.

Das neue 6-Gang-Schaltgetriebe

Das serienmäßige Sechsgang-Schaltgetriebe 711.6xx (Bilder vorige und diese Seite) für A 180 / 200 CDI und

Praxistipp

Getriebegeräusche

Geräusche aus dem Getriebe deuten fast immer auf Verschleiß von Zahnrädern oder Wellenlagern hin. Solche Geräusche treten meist bei Fahrzeugen mit hoher Laufleistung auf. Zunächst den Ölstand im Getriebe kontrollieren und dann unterscheiden:

- Bei heulendem Geräusch nur in einem Gang ist höchstwahrscheinlich die Verzahnung des betreffenden Gangradpaares verschlissen.
- Geräusche in allen Gängen werden durch Schäden am Achsantrieb oder an den Wellenlagern des Getriebes verursacht.
- Raue, mahlende Geräusche bei warmem Getriebe zeigen schlagende Synchronringe an.

Praxistipp

Abschleppen bei Automatik-Getriebe

Springt ein Wagen mit automatischem Getriebe einmal nicht an, sollten Anschieben oder Anschleppen nach Möglichkeit vermieden werden. Versuchen Sie es besser zunächst mit dem Starthilfekabel.
Müssen Sie Ihr Fahrzeug abschleppen lassen, dann nur in Vorwärtsrichtung und im Leerlauf. Dabei nicht schneller als 50 km/h fahren und höchstens 50 km weit schleppen, sonst reicht die Getriebeschmierung wegen Überhitzung nicht aus. Im Zweifelsfall das Auto lieber verladen.

A 200 TURBO ist eine Neuentwicklung. Auf Basis des Drei-Wellen-Konzepts wurden sechs Gänge in einem ähnlich kompakten Aluminiumgehäuse realisiert wie beim Fünfgang-Getriebe. Das neue Schaltgetriebe überträgt aber mit 300 Nm (A 200 CDI) ein weitaus höheres Motordrehmoment.
Die Antriebswelle und die beiden Abtriebswellen sind im permanenten Eingriff. Die Gänge 1 bis 4 werden auf der außerhalb des Ölsumpfes angeordneten Abtriebswelle geschaltet. Dadurch bietet das Sechsgang-Getriebe auch bei niedrigen Außentemperaturen hohen Schaltkomfort. Dem gleichen Ziel dienen die aufwändigen Synchronisierungen: Dreifachkonus im 1. und 2. Gang, Doppelkonus für die Gänge 3 und 4 so-

Aluminium-Gehäuse des neuen 6-Gang-Schaltgetriebes

Schäden an Gelenk und Antriebswelle

Praxistipp

Sporadisch können Geräusche auftreten, die auf einen Defekt am Achsantrieb hinweisen:

- Rhythmische Schlag- oder Knack-knack-knack-Geräusche beim Gasgeben deuten auf einen Schaden am radseitigen Gelenk hin.
- Vibriert und zittert bei eingeschlagenen Rädern das Lenkrad, ist meist das äußere Gelenk beschädigt.
- Knackgeräusche beim Anfahren signalisieren oftmals einen Defekt an der Antriebswelle.

wie 5 und 6. Die Gänge 5 und 6 sowie der Rückwärtsgang sind auf der unteren Abtriebswelle angeordnet. Die Stangen, die auf zwei Ebenen die Schaltgabeln führen, sind wälzgelagert und lassen sich deshalb besonders leicht betätigen. Auf das Getriebe wird ein Modul für alle Schaltungsfunktionen aufgeschraubt: Widerlager der Seilzugbefestigung, Hebel für die Gassen- und Gangwahl sowie die Schaltwelle mit den Mitnehmern für die Schaltgabeln.
Der Schalthebel ist mittels Seilzug mit dem Schaltmodul zum Schalten und Wählen der einzelnen Gänge verbunden. Ein hydraulischer Zentralausrücker gewährleistet leichtgängige und wartungsfreie Bedienung der Kupplung, deren Betätigungskräfte über die Lebensdauer der A-Klasse konstant bleiben. Zusätzlich steigert ein Zweimassen-Schwungrad den Komfort. Zwei in Spreizung und Drehmomentklasse unterschiedliche Varianten des Getriebes ermöglichen optimale Anpassung an Benziner und CDI.

Das 5-Gang-Schaltgetriebe

Bei den Modellen A 150 / 170 / 200 und A 160 CDI bleibt serienmäßig das bewährte Fünfgang-Schaltgetriebe (716.53x) im Einsatz. Es ist im Detail modifiziert und an die neuen Motoren angepasst worden. Zu den Modifikationen zählen im Einzelnen die neuen Übersetzungen für den ersten und zweiten Gang sowie neue Achsübersetzungen für die Benzinmotoren und den A 160 CDI. Die bewährte präzise und leichtgängige Bedienung mit kurzen Schaltwegen wurde beibehalten. Das kompakte und sehr leichte Fünfgang-Schaltgetriebe kann ein maximales Drehmoment von 185 Newtonmetern (A 200) übertragen.

Erstmals stufenlose Automatik

Für alle Modelle der neuen A-Klasse ist auf Wunsch das neu entwickelte stufenlose Automatikgetriebe »Autotronic« lieferbar. Es ist das erste Mercedes-Getriebe, das nach dem Prinzip einer »Continuous Variable Transmission« (CVT) arbeitet. Die Übersetzungen werden mittels Kegelscheiben-Variator und Schubgliederband stufenlos verändert (siehe die folgenden Bilder). Die bei anderen Automatikgetrieben üblichen Zahnradpaarungen gibt es nicht. Dadurch beschleunigt die A-Klasse ohne Zugkraftunterbrechung, und der Motor erreicht seine Maximalleistung schneller als bei einer herkömmlichen Automatik. Die »Autotronic« bietet hohen Fahr- und Geräuschkomfort.
Es stehen drei Fahrprogramme zur Auswahl: ein Komfort- und ein Sport-Programm sowie ein manuelles Fahrprogramm. Die Bedienung der neuen »Autotronic« ist ebenso einfach wie die eines herkömmlichen Automatikgetriebes. Durch Tastendruck können die beiden Fahrprogramme »C« (Komfort) und »S« (Sport)

Stufenloses Automatikgetriebe Autotronic mit Schubgliederband (1) im Kegelscheiben-Variator.

gewählt werden. Im Komfort-Programm hält das Getriebe die Motordrehzahl stets auf möglichst niedrigem Niveau, was sanfter beschleunigt und weniger Kraftstoff verbraucht. Im Sport-Programm arbeitet die »Autotronic« adaptiv: Sie erkennt automatisch die individuelle Fahrweise und passt die Schaltstrategie dementsprechend an, stellt also durch Anhebung des Drehzahlniveaus eine höhere Leistungsreserve zur Verfügung.

Im manuellen Fahrprogramm, das durch Antippen des Wählhebels in Querrichtung aktiviert wird, teilt die »Autotronic« ihren gesamten Übersetzungsbereich in sieben virtuelle Stufen auf. Das Hoch- oder Zurückschalten erfolgt ebenfalls durch kurzes Antippen des Wählhebels. Displayanzeige im Kombiinstrument informiert über die jeweils gewählte Gangstufe.

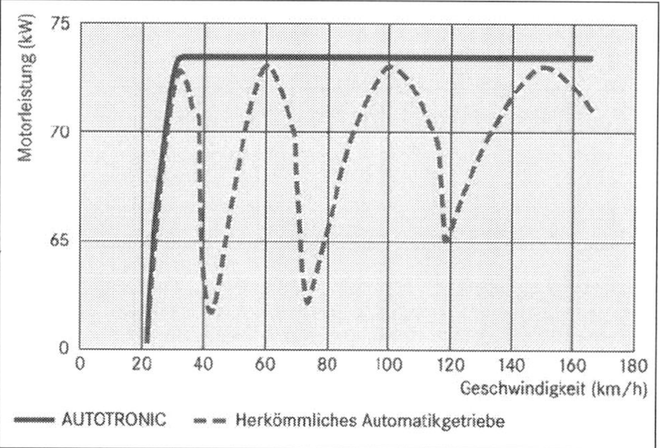

Leistungsvergleich beim Beschleunigen: Die Autotronic schaltet ohne Unterbrechung der Zugkraft.

Kernstück der »Autotronic« ist der so genannte Variator. Er besteht im Wesentlichen aus zwei Paar Kegelscheiben, deren technisch ausgeklügeltes Zusammenspiel für jede Fahrsituation zur Einstellung der günstigsten Übersetzung führt. Das geschieht spontan, zügig gleitend und sehr komfortabel, so dass die Arbeit der »Autotronic« kaum wahrzunehmen ist. Komfortables und zügiges Fahren wird ferner vom Mercedes-typischen Drehmomentwandler zwischen Motor und »Autotronic« bewirkt.

In das Getriebe ist ein leistungsfähiger Mikro-Computer integriert. Er ist via Datenbus in das elektronische Netzwerk eingebunden und verarbeitet die Signale verschiedener Getriebesensoren. Aus den Sensordaten berechnet dieses Steuergerät die aktuelle Fahrgeschwindigkeit, das tatsächliche Drehmoment am Eingang des Getriebes, die erforderlichen Ströme für die elektrohydraulische Getriebesteuerung sowie die Wahl der jeweils besten Übersetzung und die Funktion der Wandlerüberbrückung.

Die Getriebesteuerung berücksichtigt die Beladung des Fahrzeugs, Steigungen oder Gefällstrecken sowie Daten über die Längs- und Querbeschleunigungen und die individuelle Fahrweise. Für jeden Betriebszustand des Wagens und für jeden Fahrerwunsch wird so die richtige Getriebeübersetzung ausgewählt.

Stufenlos arbeitender Variator: (1) Sekundärscheibensatz, (2) Wegscheiben, (3) Schubgliederband, (4) Primärscheibensatz, (5) Hydraulikpumpe.

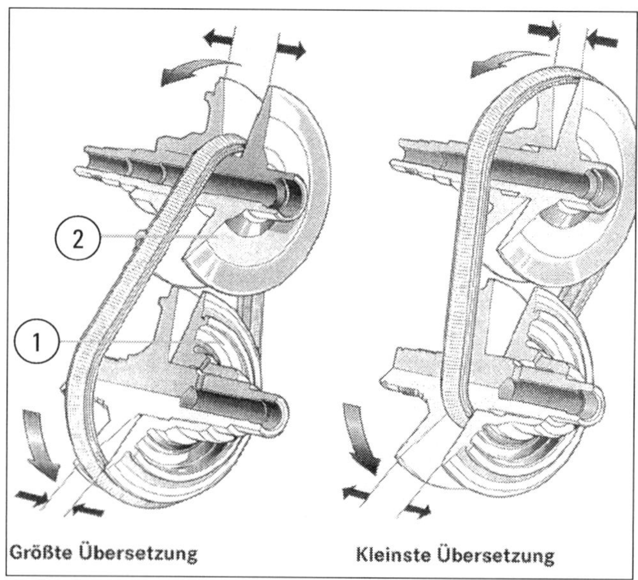

Stufenlose Getriebeübersetzung nach Situation. Die Spreizung beträgt 6,41. (1) Primärscheiben, (2) Sekundärscheiben.

Das Getriebeöl

Alle Getriebe sind wie die Motoren mit einer Ölwanne ausgestattet. Öl ist erforderlich für ständige Schmierung und Kühlung von Radsätzen, Lagern und Wellen. Getriebeöle sind konstruktionsgerechte Substanzen. Sie müssen konstruktiven, technologischen und stofflichen Anforderungen ebenso genügen wie den Forderungen an Lagerfähigkeit, Umweltverträglichkeit, weltweite Verfügbarkeit, Wirtschaftlichkeit und Qualität der Schmierstoffeigenschaften.
Mercedes-Benz hat Ölstandards festgelegt, die im Einzelnen auf bestimmten Blättern der Betriebsstoffvorschriften dokumentiert werden. Berücksichtigt wird, dass Getriebeöle einer definierten Qualität vielfach in den unterschiedlichsten Aggregaten eingesetzt werden können, dass einige Aggregate aber auch ganz spezielle Schmierstoffe erfordern. Die Vorschriftenblätter für Getriebeöle sind daher recht zahlreich.
Normalerweise sind die Getriebe mit Lebensdauerfüllungen versehen, so dass Nachfüllen oder Wechseln von Öl nicht erforderlich ist. In bestimmten Reparaturfällen ist das aber unumgänglich, weshalb wir hier kurz auf die Spezifikationen eingehen, ansonsten aber auf die Vorschriftenblätter mit den Details der für Mercedes-Benz-Fahrzeuge freigegebenen Öle verweisen:

1. Getriebeöle Blatt 235.1/.4/.5/.10/.11/.12
2. ATF Blatt 236.1 ... 236.12 und Blatt 236.81.

■ Für die mechanischen Getriebe 711.6 und 716.5 ist Getriebeöl der SAE-Klasse 75W-80W nach Blatt 235.10 vorgeschrieben. Konkrete Produkte sind MB 317 der Exxon Mobil Corporation (USA) und Schaltgetriebeöl A 001 989 2603 der DaimlerChrysler AG, Stuttgart. Die Füllmenge beträgt 1,8 Liter.

■ Für die Automatikgetriebe 722.8 der A-Klasse ist Flüssigkeitsgetriebeöl der SAE-Klasse ATF nach Blatt 236.12 vorgeschrieben. Konkrete Produkte sind Fuchs Titan ATF 3353 der Fuchs Petrolub AG, Mannheim, Shell ATF 3353 der Shell International Petroleum Company (England) und ATF 3353 A 001 989 4503 der DaimlerChrysler AG. Füllmenge: 6 Liter.

Geberzylinder aus-/einbauen

1 Ausbau: Abdeckung (7) unter der Instrumententafel links ausbauen, um die Pedalanlage (1) mit dem Kupplungsgeberzylinder (2) freizulegen (Bild unten).

2 Waschwasserbehälter der Scheibenwaschanlage ausbauen. Die Bremsflüssigkeit aus dem Vorratsbehälter absaugen und den Verbindungsschlauch am Behälter abziehen.

3 Oben am Kupplungsgeberzylinder befindet sich eine mechanische Sicherung, die mit einem geeigneten Werkzeug entriegelt, aber nicht ausgebaut wird. Dann die hydraulische Leitung aus dem Geberzylinder herausziehen.

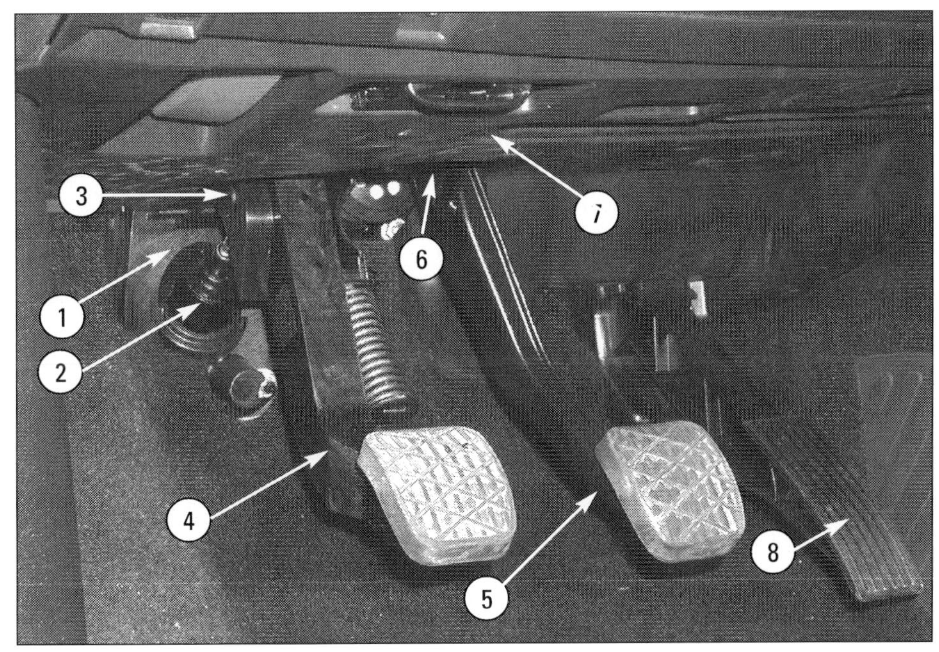

(1) Pedallagerbock, (2) Kupplungsgeberzylinder, (3) Bolzen mit Sicherung oben am Kupplungspedal, (4) Kupplungspedal, (5) Bremspedal, (6) (abgedeckt) mechanischer Bremslichtschalter, (7) Abdeckung unter der Instrumententafel links, (8) Gaspedal.

4 Bolzen (3) oben am Kupplungspedal (4, Bild Seite 125) ausbauen; den Bolzen prüfen und ggf. erneuern. Den Geberzylinder mit einem geeigneten Werkzeug nach links drehen und aus der Führung im Pedallagerbock lösen. Kupplungsgeberzylinder durch den Motorraum herausnehmen.
Wenn der Geberzylinder erneuert werden soll, muss jetzt noch der Verbindungsschlauch abgezogen werden.

5 **Einbau:** In sinngemäß umgekehrter Reihenfolge. Die Dichtungen der Verbindungsschläuche am Kupplungsgeberzylinder und am Bremsflüssigkeitsbehälter prüfen und ggf. erneuern.
Kupplungsbetätigung entlüften und den Kupplungsgeberzylinder auf Dichtheit prüfen. Zum Absaugen und Einfüllen der Bremsflüssigkeit zweckmäßig ein Bremsflüssigkeitswechsel-Gerät benutzen.

Kupplungspedal aus-/einbauen

Arbeitsschritte   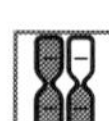

Fahrzeuge mit mechanischem Getriebe 711.x und 716.x verfügen über ein Kupplungspedal. Um dieses ausbauen zu können, muss die Pedalanlage ausgebaut werden.

1 **Ausbau:** Kupplungsgeberzylinder wie beschrieben ausbauen. Bremslichtschalter ausbauen: Elektrische Steckverbindung am (mechanischen) Schalter oben links am Bremspedal trennen. Arretierung eindrücken, Schalter nach rechts verdrehen und herausnehmen.

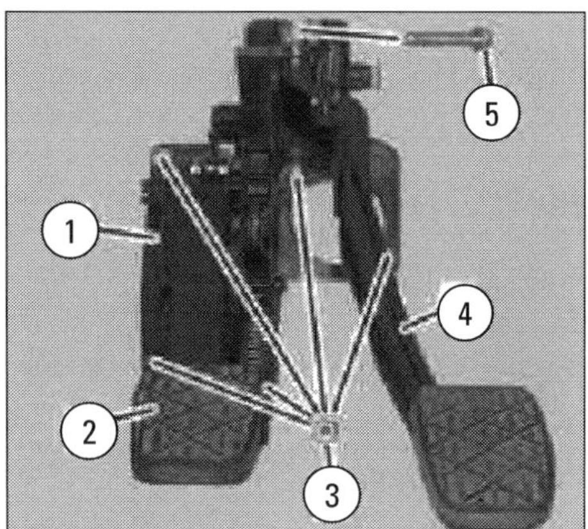

(1) Pedalanlage, (2) Kupplungspedal, (3) Muttern, (4) Bremspedal, (5) Schraube.

2 Elektrische Steckverbindung am Kupplungspedal (2) trennen. Die mechanische Sicherung für den Bolzen am Bremspedal (4) ausbauen.

3 Die Schraube (5) herausdrehen. Bodenbelag im Bereich der Muttern (3) zurückziehen und Muttern herausdrehen. Pedalanlage (1) ca. 1 cm nach hinten ziehen, den Bolzen aus dem Bremspedal herausziehen und **Pedalanlage** nach hinten abnehmen (Bild unten links).

4 Rückzugfeder oben am **Bremspedal** aushängen und Sicherung rechts daneben aus dem Bolzen herausziehen. Rasthaken am Bolzen gleichmäßig zusammendrücken und Bolzen herausnehmen. Den Bolzen sofort auf Verschleiß prüfen und ggf. ersetzen. Beim Einbau den Bolzen leicht mit Langzeitschmierfett (MB: 0009896351) fetten. Bremspedal vom Pedallagerbock abnehmen.

5 **Kupplungspedal** (1, Bild unten) bis zum unteren Umlenkpunkt durchdrücken, das entlastet die Feder. Das Pedal bleibt selbstständig in dieser Position. Bolzen (5) unten am Pedal herausnehmen, auf Verschleiß prüfen und ggf. ersetzen. Beim Einbau muss er leicht mit Langzeitschmierfett (MB: 0009896351) gefettet werden. Rasthaken am Bolzen (3) oben am Kupplungspedal gleichmäßig zusammendrücken und Bolzen herausnehmen, ebenfalls sofort auf Verschleiß prüfen und ggf. ersetzen. Beim Einbau leicht mit Langzeitschmierfett 0009896351 fetten.

6 Kupplungspedal vom Lagerbock (4) abnehmen. Wenn das Pedal erneuert werden soll, muss der Anschlag (2) oben am Pedalhebel ausgebaut werden.

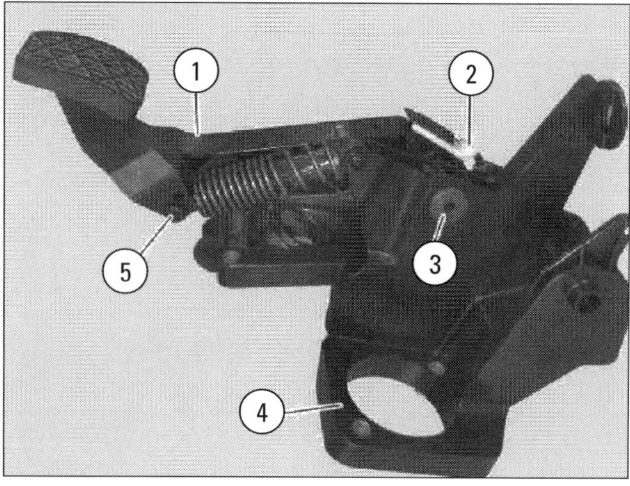

(1) Kupplungspedal, (2) Anschlag, (3) oberer Bolzen, (4) Lagerbock, (5) unterer Bolzen.

7 **Einbau** sinngemäß in umgekehrter Reihenfolge. Zum Wiedereinbau des Bremslichtschalters den Betätigungsstift vollständig herausziehen, Bremspedal durchdrücken, Schalter einsetzen und nach links verdrehen, bis die Arretierung einrastet. Der Betätigungsweg stellt sich automatisch ein.

Kupplungsbetätigung entlüften

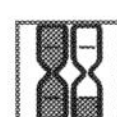

Für diese Arbeit ist ein handelsübliches Bremsflüssigkeitswechsel-Gerät erforderlich.

1 Motorhaube öffnen, Verschlussdeckel am Vorratsbehälter für Bremsflüssigkeit abschrauben, Bremsflüssigkeitswechsel-Gerät am Bremsflüssigkeitsbehälter anschließen und einschalten.

2 Fahrzeug anheben. Staubkappe (2) abnehmen und den Schlauch eines geeigneten Bremsflüssigkeits-Auffangbehälters am Entlüftungsventil anschließen.
Bei Fahrzeugen mit Getriebe 711.x befindet sich die Entlüfterschraube (3) am Kupplungsnehmerzylinder (1; Bild unten), bei Fahrzeugen mit Getriebe 716 sitzt die Entlüfterschraube am Zentralausrücker.

3 Bei Fahrzeugen mit **Getriebe 711:** Entlüftungsventil (3) öffnen (Bild unten). Erst wenn die Bremsflüssigkeit blasenfrei und ohne Verunreinigungen austritt, darf das Ventil wieder geschlossen werden.

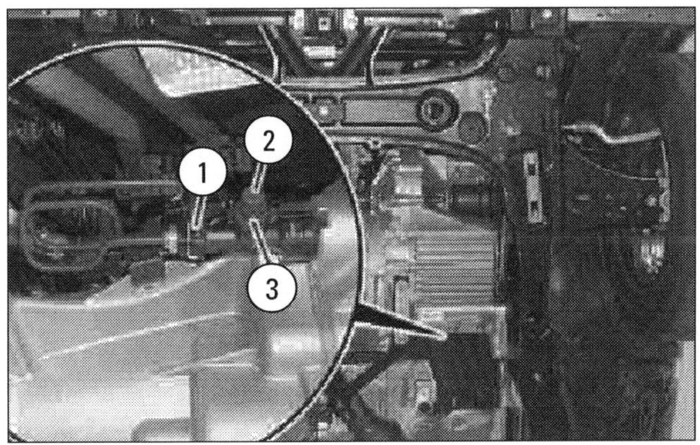

(1) Kupplungsnehmerzylinder, (2) Staubkappe, (3) Entlüftungsventil. Das Beispiel zeigt die Situation beim Getriebe 711.640.

4 Bei Fahrzeugen mit **Getriebe 716:** Von einem Helfer Kupplungspedal betätigen und halten lassen, dann Entlüftungsventil am Zentralausrücker für ca. 5 s öffnen, bis Luft bzw. ein Luft-Bremsflüssigkeitsgemisch austritt. Anschließend das Entlüftungsventil schließen und Kupplungspedal langsam zu seinem oberen Anschlagpunkt zurückführen lassen. Den Entlüftungsvorgang 9 bis 13 mal wiederholen.

5 Entlüftungsventil mit einem Anziehdrehmoment von 5 Nm (Getriebe 711) oder 7 Nm (Getriebe 716) festziehen und mit Staubkappe verschließen. Fahrzeug absenken, Bremsflüssigkeitswechsel-Gerät ausschalten und abbauen.

6 Bremsflüssigkeitsstand prüfen und ggf. richtig stellen. Funktion der Kupplungsbetätigung sowie Dichtheit des Systems prüfen.

Schaltmodul schmieren

1 Das aufs Schaltgetriebe 716.x geschraubte Schaltmodul muss regelmäßig mit Motoröl geschmiert werden. Getriebe in den 1. Gang schalten, Motorhaube öffnen.

2 Schaltmodul an den durch (1) und (2) markierten Stellen, aber keinesfalls die Schaltzüge (3) schmieren (Bild unten). Dazu 60 cm langen Schlauch auf die Ölspritzkanne aufstecken. Ablaufendes Schmiermittel unbedingt abwischen, damit nicht auf Getriebeundichtigkeit geschlossen wird.

3 Getriebe mehrmals durchschalten.

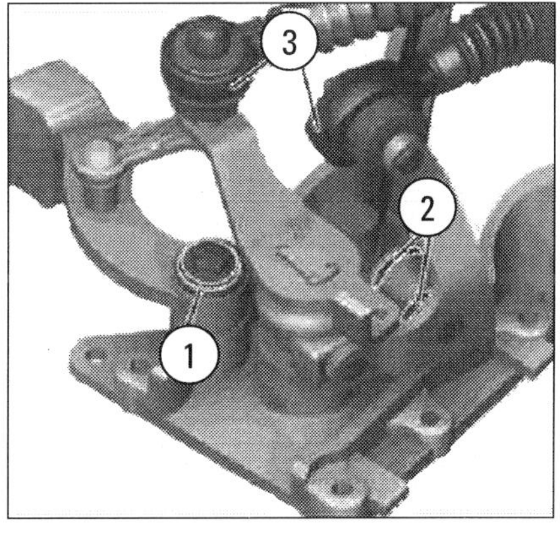

Schaltmodul des Getriebes 716.x.
(1) und (2) Schmierstellen, (3) Schaltzüge.

Schaltmodul (Getriebe 711) aus- und einbauen

Arbeits-schritte   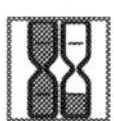

Zum Ausbau der Schaltmodule beider Schaltgetriebe (711.x und 716.x) sind aufwändige Arbeitsschritte wie Ausbau des ganzen Getriebes oder zumindest Ausbau des Luftfilters, Aushängen des Luftansaugrohres, Ausbau der Scheibenwaschanlage und Abbau von Schaltzügen erforderlich. Im Fall des Getriebes 716 muss das Lenkgetriebe in Mittelstellung gehalten werden. Falls aber das Lenkrad doch verdreht wurde, muss man die Mittelstellung der Kontaktspirale einstellen. Auch das Trennen der Lenkungskupplung kann nötig werden. Von Arbeiten am Lenkrad mit seinem Airbagpaket aber müssen wir abraten.
Wir beschreiben daher hier nur den Aus- und Einbau des Schaltmoduls am neuen Sechsgang-Getriebe 711.x für den Fall, dass man an einem ausgebauten Getriebe arbeiten kann. Dieses Schaltmodul muss übrigens nicht wie das am Fünfgang-Getriebe 716.x geschmiert werden. Für den Getriebeausbau skizzieren wir später das prinzipielle Vorgehen.

1 **Ausbau:** Das Schaltmodul (2) muss in neutraler Position stehen. Ist das gewährleistet, werden die vier Befestigungsschrauben (3) aus dem Getriebegehäuse (1) herausgeschraubt (Doppelbild unten).

2 Schaltmodul etwa 20 mm anheben und um 180° verdrehen. Eventuell muss das Modul dazu mit einem geeigneten Kunststoffhammer vom Getriebegehäuse gelöst werden. Das gelöste Schaltmodul aus dem Getriebegehäuse herausziehen und die Dichtflächen mit Loctite 7200 reinigen.

3 **Einbau** in umgekehrter Reihenfolge. Wenn das Schaltmodul erneuert wird, müssen der Rückwärtsgang-Schalter aus- und umgebaut und die Schaltgabeln erneuert werden.

4 Beim Einbau die (gereinigten) Dichtflächen des Moduls mit Dichtmittel Loctite 5970 bestreichen und auf den richtigen Sitz des Moduls im Getriebegehäuse achten. Die Schrauben (3) müssen erneuert und mit 23 Nm festgezogen werden.

5 Zur Funktionsprüfung alle Gänge durch Betätigen des Moduls durchschalten.

Schalt- und Wählzug aus-/ einbauen und einstellen

Arbeits-schritte  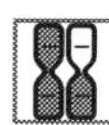

1 **Ausbau:** Fahrzeug anheben. Vordersitze, Mittelkonsole, vordere Bodenbeläge links und rechts und Dämmmatte ausbauen (Kapitel "Der Innenraum").

2 Rasthaken am Schaltzug (2) lösen und Schaltzug nach oben aus der Mittelschaltung (4) herausdrehen.

3 Rasthaken am Wählzug (1) lösen und Wählzug nach oben aus der Mittelschaltung (4) herausdrehen.

4 Einbaulage der Sicherungen (5/6) der Einstelleinrichtungen (7/8) zum leichteren Einstellen des Schalt- und Wählzuges markieren. Sicherungen (5/6) der Einstelleinrichtungen

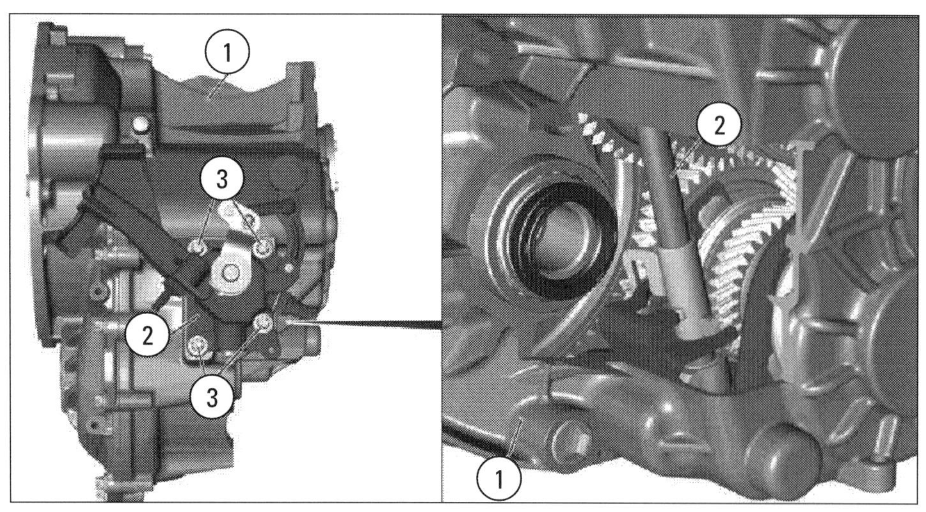

Das Schaltmodul beim Getriebe 711.640.
(1) Getriebegehäuse,
(2) Schaltmodul,
(3) Schrauben.

(7/8) nach hinten schieben, in dieser Position durch Verdrehen nach rechts arretieren (Bilder unten).

5 Luftfiltergehäuse unten vorn am Fahrzeug ausbauen. Manschette des Schalt- und Wählzuges mit geeignetem Werkzeug vorsichtig aus der Stirnwand ausclipsen. Achtung: Bei Beschädigung der Manschette müssen Schalt- und Wählzug ersetzt werden! Schalt- und Wählzug zusammen aus der Stirnwand herausführen und abnehmen.

6 Einstelleinrichtungen (7/8) an der Mittelschaltung (4) aushängen und abnehmen.

7 **Einbau** sinngemäß umgekehrt. Schalt- und Wählzug in die Stirnwand einsetzen. Von einem Helfer im Innenraum den korrekten Sitz der Rastnasen prüfen lassen.

8 Die Markierung der Schalt-/Wählzug-Manschette muss nach oben zeigen. Die Manschette darf nicht verdreht oder verkantet eingebaut werden, da bei einem erneuten Ausbau die Gefahr einer Beschädigung der Manschette besteht. Dann müssten die Züge erneuert werden.

9 Vor dem Einbau der Mittelkonsole auf folgende Weise **Wählzug und Schaltzug einstellen:**

- Getriebe in Leerlaufstellung bringen. Die Sicherungen (5) und (6) der Einstelleinrichtungen (7) und (8) nach hinten schieben und in dieser Position durch Verdrehen nach rechts arretieren.
- Schaltzug (2) aus der Einstelleinrichtung (7) und Wählzug (1) aus der Einstelleinrichtung (8) lösen. Wenn jetzt der Schalthebel (4a) bewegt wird, dürfen sich Schaltzug und Wählzug nicht bewegen und auch keinerlei Widerstand erzeugen.
- Nun den Schalthebel mit einem Einstellring fixieren. Dieser Ring gehört zum Lieferumfang der Mittelschaltung, jedoch nicht zum Lieferumfang von Schaltzug und Wählzug. Er kann aber auch einzeln als Ersatzteil bestellt werden. Der Einstellring darf nur für einen einzigen Einstellvorgang verwendet werden.
- Die Sicherungen der Einstelleinrichtungen durch Verdrehen nach links lösen. Dadurch werden die Einstelleinrichtungen durch Federkraft in ihre Ausgangsposition gebracht und arretieren den Wählzug und den Schaltzug automatisch.
- Einstellring vom Schalthebel abnehmen.

10 Funktion und Leichtgängigkeit der Schaltung prüfen und den Einstellvorgang ggf. wiederholen.

Praxistipp

Arbeiten an der Autotronic

Ab Dezember 2004 wird in Fahrzeuge der neuen A-Klasse, der Baureihe 169, das stufenlose Getriebe 722.8 eingebaut. An dieser »Autotronic« dürfen generell nur folgende Arbeiten vorgenommen werden:

- Software-Aktualisierung (Flashen),
- Wandlertausch,
- Ölwanne abdichten, Ölfilter erneuern, Einstellung des Ölstandes und
- Austausch des kompletten Getriebes.

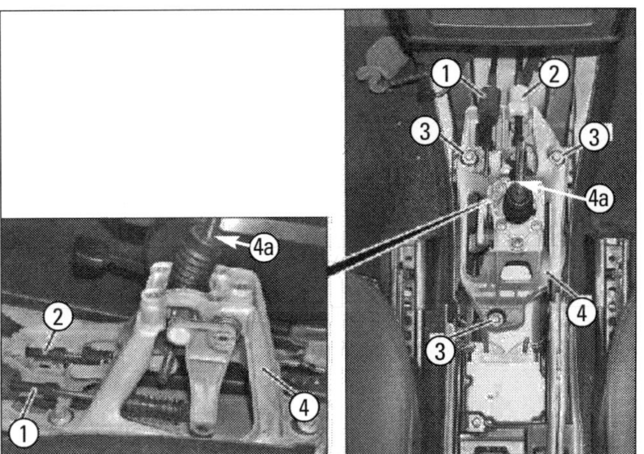

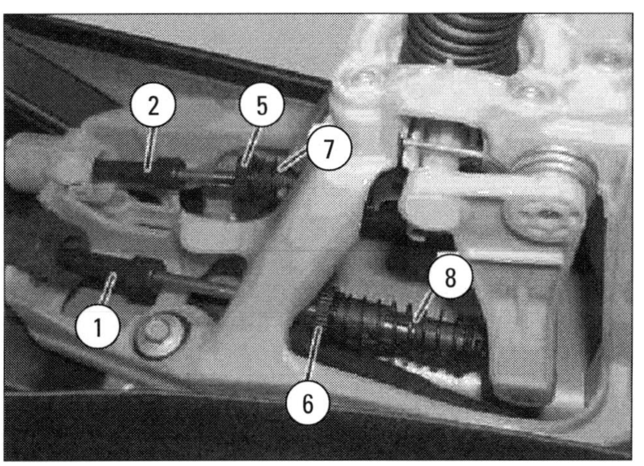

Die Wähl-/Schaltzug-Situation am Beispiel des Fahrzeugs mit Getriebe 716.x:
(1) Wählzug, (2) Schaltzug, (3) Schrauben an der (4) Mittelschaltung mit dem (4a) Schalthebel, (5) und (6) Sicherungen an (7) und (8) Einstelleinrichtungen. (Die Situation für das Schaltgetriebe 711.x ist ähnlich).

Schaltgetriebe 711 / 716 aus-/einbauen

(Prinzipieller Arbeitsablauf)

1 **Ausbau:** Masseleitung der Batterie abklemmen. Schrauben und Bundmuttern der Vorderachswellen lösen, Vorderachsträger ausbauen.

2 Klemmschelle und Haltegummi am Katalysator abmontieren, Schalt- und Wählzug des Getriebes ausbauen. Elektrische Steckverbindung am Rückfahrlichtschalter trennen und Spreizclip-Kabelbinder ausclipsen.

3 Motor auf der linken Seite mit Motorbrücke so weit absenken, bis die Schrauben vom Motorträger vorn am Längsträger zugänglich sind. Jeweilige Schrauben herausdrehen und Verbindungsstreben abnehmen.

4 Lagerbock abmontieren, Schrauben herausdrehen und Motorträger vorn abnehmen. Vorderachswellen aus dem Getriebe herausziehen. Motor mit Getriebeheber und geeigneter Platte an Ölwanne abstützen und Motorabstützung der Motorbrücke von Getriebe und Längsträger abmontieren.

5 Leitung vom Kupplungsnehmerzylinder trennen, sofort mit geeignetem Verschlussstopfen (MB: Verschlussstopfensatz 129 589 00 91 00) verschließen und Halteklammer abmontieren. Schrauben am Starter herausdrehen.

6 Zweiten Getriebeheber mit Getriebeplatte unter Getriebe positionieren und sichern. Schrauben am Getriebe herausdrehen. Getriebe von den Zentrierhülsen lösen und nach unten ausfahren (Vorsicht mit Kabeln und Leitungen).

7 **Einbau** sinngemäß in umgekehrter Reihenfolge. Darauf achten, dass beide Zentrierhülsen fest im Kurbelgehäuse sitzen, ggf. Zentrierhülsen ersetzen.

8 Bei Wiederverwendung der alten Mitnehmerscheibe: Getriebeantriebswelle an Verzahnung rundherum mit Heißschmierpaste leicht fetten. Es muss sichergestellt werden, dass kein Fett auf den Kupplungsbelag und den Zentralausrücker gelangt, da sonst der Faltenbalg des Zentralausrückers zerstört werden kann.

9 Beim Einbau der Vorderachswellen darf das Drehmoment der Schrauben (1. Stufe 80 Nm, 2. Stufe 90°) und der Bundmuttern (1. Stufe 100 Nm, 2. Stufe 60°) nicht überschritten werden, um Beschädigungen am Radlager zu vermeiden.

10 Getriebeölstand prüfen, ggf. richtig stellen, Kupplungsbetätigung entlüften und Schaltung auf Leichtgängigkeit prüfen, ggf. Schaltung einstellen.

Getriebeölstand prüfen und Öl nachfüllen

1 **Schaltgetriebe 716.5:** Unten seitlich hat das Schaltgetriebe eine Verschlussschraube für Kontrolle und Öleinfüllung (1). Umgebung dieser Schraube und der Ölablassschraube (2; Bild unten) reinigen und Öleinfüllschraube aus dem Getriebegehäuse herausdrehen.

2 Der Ölstand soll ca. 10 mm unterhalb der Unterkante der Einfüllbohrung liegen. Mit einem rechtwinklig gebogenen Draht oder einem abgewinkelten Innensechskant-Schlüssel den Stand prüfen. Wenn der Stand korrekt ist, enthält das Getriebe 1,8 Liter Öl.

3 Nachfüllen nur bis Unterkante Einfüllbohrung. Getriebeöl MB 235.10 (Schaltgetriebeöl A 001 989 2603 der DaimlerChrysler AG oder Gear Oil MB 317 von Exxon) verwenden.

4 Ölwechsel nur bei betriebswarmem Getriebe: Umgebung von Öleinfüll- und Ölablassschraube reinigen, erst die Ölein-

(1) Öleinfüllschraube, (2) Ölablassschraube am Schaltgetriebe 716.5x.

füll-, dann die Ölablassschraube herausdrehen. Getriebeöl ablaufen lassen und in geeignetem Behälter auffangen.

5 Vor dem Einfüllen Ölablassschraube mit Dichtmittel (Loctite Dri-Seal 5061) bestreichen und mit 25 Nm festziehen. Getriebeöl bis zur Unterkante der Einfüllöffnung (1,8 Liter) einfüllen, Öleinfüllschraube ebenfalls mit Dichtmittel bestreichen und auch mit 25 Nm festziehen.

1 ... 4 **Schaltgetriebe 711.6:** Fahrzeug anheben, Motorraumverkleidung unten (Motor 266) oder Geräuschkapsel-Unterteile (Motor 640) ausbauen. Analog zum Schaltgetriebe 716.5 verfahren. Die Verschlussschraube für Ölkontrolle und -einfüllung befindet sich hier an der Hinterseite links, die Ölablassschraube etwas rechts davon unten am Getriebe.

5 Neue Ölablassschraube eindrehen und mit 57 Nm festziehen. Kein Dichtmittel verwenden! Getriebeöl bis zur Unterkante der Einfüllöffnung (1,8 Liter) einfüllen, neue Öleinfüllschraube verwenden und ebenfalls mit 57 Nm festziehen.

6 Getriebe auf Dichtheit prüfen.

Ölstand in der Autotronic prüfen und richtigstellen

 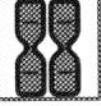 

Auf äußerste Sauberkeit achten! Umfeld von Trennstellen immer gründlich reinigen. Nicht fusselnde Reinigungstücher verwenden! Kleinste Schmutzpartikel in den hydraulischen Komponenten können die Funktion des Getriebes beeinträchtigen und zum Ausfall führen. Gummierte, ölfeste und faserfreie Handschuhe tragen. Getriebeteile sauber lagern und abdecken (sehr gut: Kunststoffkiste mit Abdeckung.

1 Fahrzeug waagerecht stellen, gegen Anfahren sichern, Wählhebel in Position »P« stellen und Motorhaube öffnen.

2 Platte (1) vom Sicherungsstift (2) der Verschlusskappe (3) des Öleinfüllrohres (4) am Getriebe mit geeignetem Flachschraubendreher (S) abbrechen. Den in der Kappe verbleibenden Sicherungsstift nach unten herausdrücken (Pfeil). Verschlusskappe vom Öleinfüllrohr abziehen (Bilder rechts).

3 Wenn das Getriebe (z.B. nach Reparatur oder zum Ölwechsel) neu befüllt werden muss, mit aufsteckbarem Füllrohr (MB 140 589 49 63 00) und Trichter (z.B. Spezialwerkzeug MB126 589 12 63 00) Getriebeöl ATF nach MB-Norm 236.12 (ATF 3353 A 001 989 4503 der DaimlerChrysler AG) einfüllen. Nur soviel Getriebeöl einfüllen, wie abgelassen wurde. Zuviel eingefülltes Getriebeöl unbedingt mit Handpumpe (MB 210 589 00 71 00) absaugen.

4 Motor starten, Motordrehzahl kurzzeitig (3 s) auf 2000/min anheben, Betriebsbremse betätigen und Fahrstufen bei stehendem Fahrzeug und Leerlaufdrehzahl des Motors mehrmals durchschalten. Motor in Wählhebelstellung »P« mindestens 2 min mit Leerlaufdrehzahl laufen lassen.

5 Getriebeöltemperatur mit Diagnosesystem »Star Diagnosis« abfragen. Messstab (MB 168 589 01 21 00) mit Ledertuch (fusselfrei) abwischen, bis zum Anschlag in das Öleinfüllrohr stecken und niedrigsten Skalenwert auf der Vorder- und Rückseite ablesen. Getriebeöltemperatur (50 °C oder 80 °C) und Motordrehzahl 700/min (±50) einhalten und nicht im Notlauf prüfen! Die Skalenwerte für die Endbefüllung betragen bei 50 °C 2-4 und bei 80 °C 5-7.

6 Messung wiederholen: Getriebe-Ölwechsel = 4,0 Liter; Getriebe befüllt = 5,7 Liter; Getriebe, Wandler befüllt = 6,0 Liter; Getriebe, Wandler, Kühlsystem befüllt: 6,5 Liter. Zuviel eingefülltes Getriebeöl mit Handpumpe (MB 210 589 00 71 00) absaugen. Bei Nachfüllen oder Absaugen von Öl nochmals Schritte 4 und 5. Nach Arbeiten am Getriebeölkühlsystem müssen 0,125 Liter Öl zusätzlich eingefüllt werden.

7 Diagnosesystem abklemmen, Verschlusskappe auf Öleinfüllrohr aufstecken, mit neuem Stift (2) sichern. Stift muss in die Kappe einrasten. Getriebe auf Dichtheit prüfen.

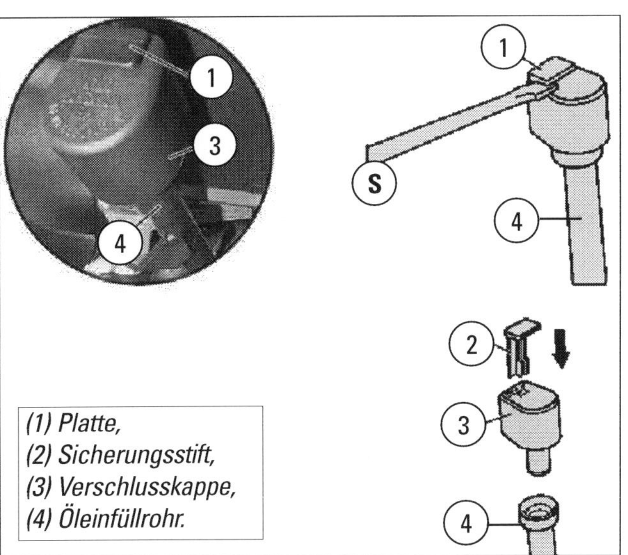

(1) Platte,
(2) Sicherungsstift,
(3) Verschlusskappe,
(4) Öleinfüllrohr.

DAS FAHRWERK

Das Fahrwerk der neuen A-Klasse genügt höchsten Ansprüchen an Sicherheit und Fahrkomfort.

Wartung

Reparatur

Vorbildliche Agilität, präziser Geradeauslauf, hohe Lenkpräzision, ausgezeichneter Abrollkomfort, gute Bremswirkung und souveränes Fahrverhalten bis in den Grenzbereich kennzeichnen das Fahrwerk der neuen A-Klasse (W 169). Damit werden die bereits hohen Standards des Vorgängermodells W 168 nochmals übertroffen.
In diesem Kapitel behandeln wir Federn und Stoßdämpfer, Radaufhängungen, Lenkung, Räder und Reifen. Den Bremsen, ebenfalls dem Fahrwerk zuzurechnen, widmen wir ein eigenes Kapitel.

Eine fahrwerkstechnische Innovation

Mercedes-Benz wartet bei der neuen A-Klasse mit einer fahrwerkstechnischen Innovation auf, der so genannten sphärischen Parabelachse. Sie zeichnet sich durch präzise Radführung und gute Wankabstützung in Kurven aus. Diese Hinterachskonstruktion leistet einen wesentlichen Beitrag zum hohen Niveau von Fahrdynamik und Fahrkomfort

Kernstück ist ein nach vorn gekrümmter Achskörper (Bild unten). Er tritt an die Stelle herkömmlicher Achslenker und dient zur Befestigung der Räder. Die Verbindung zur Karosserie erfolgt über die getrennt angeordneten Federn und Stoßdämpfer, über den Drehstabilisator sowie über ein mittig angeordnetes Elastomer-Zentrallager.
Für Radführung und Seitenkraftabstützung ist ein spezielles Gestänge zuständig, das nach dem britischen Erfinder James Watt benannt wird. Die beiden Streben des Watt-Gestänges sind am hinteren Teil des Achskörpers angelenkt und in der Mitte über eine drehbare Koppel, ein stabiles Schmiedeteil, mit der Karosserie verbunden. Die Hinterachskonstruktion arbeitet mit Schraubenfedern und Einrohr-Stoßdämpfern des neuartigen selektiven Dämpfungssystems. Die Achse wird mit aerodynamisch vorteilhaften Kunststoffverkleidungen vor Steinschlag geschützt.

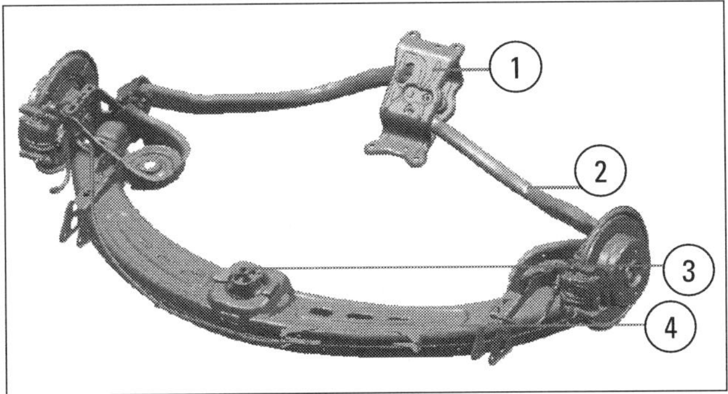

Parabel-Hinterachse: (1) Koppelgelenk für das Wattgestänge , (2) radführende Strebe des Wattgestänges, (3) Elastomer-Zentrallager, (4) Gekrümmter Achskörper.

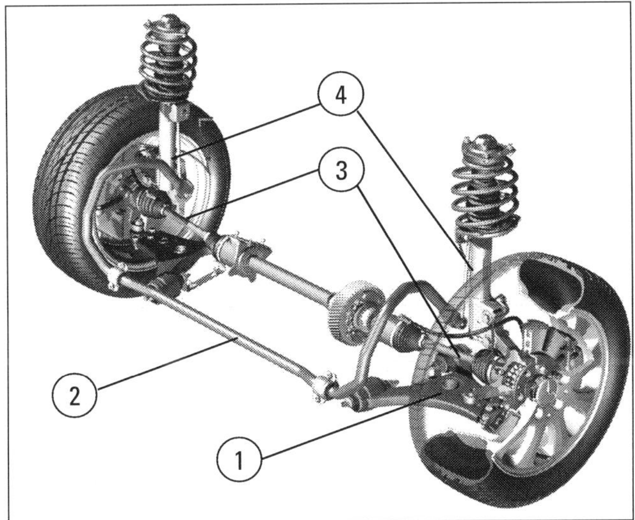

Vorderachse mit Einzelradaufhängung: (1) untere Querlenker, (2) Querstabilisator, (3) Antriebswellen rechts und links, (4) McPherson-Federbeine mit Selektiv-Dämpfung.

Das selektive Dämpfungssystem

Am dynamischen Fahrverhalten der A-Klasse hat die Vorderachskonstruktion (Bild links unten) maßgeblichen Anteil. Die angetriebene, hinsichtlich Bauraum, Gewicht und Achskinematik optimierte McPherson-

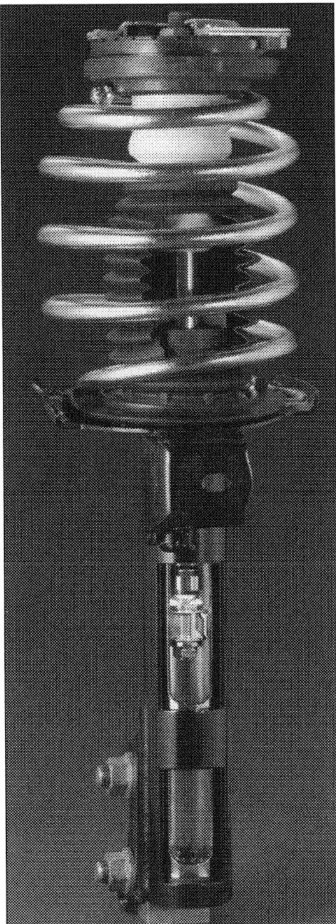

Bild links: Selektives Dämpfungssystem am Federbein der Vorderachse.

Bild unten: Funktionsschema der selektiven Dämpfung. (A) Dämpfung bei normaler Fahrweise: (1) Steuerkolben in mittlerer Position, (2) offener Bypass-Kanal durch den Kolbenzapfen. (B) Straffere Dämpfung bei dynamischer Fahrweise: (3) Steuerkolben in unterer Position, (4) geschlossener Bypass-Kanal.

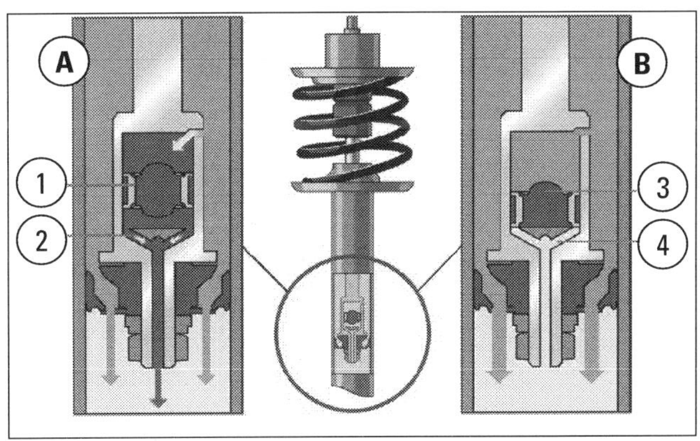

Elektronisches Stabilitätsprogramm ESP

Technik-lexikon

Durch das von Mercedes und anderen Herstellern als »Elektronisches Stabilitätsprogramm - ESP« bezeichnete System wird ein Fahrzeug bis an die physikalische Grenze stabil gegen Ausbrechen. Das Anti-Schleuderprogramm soll nicht etwa Fahrwerksschwächen kompensieren. ESP erhöht die aktive Fahrsicherheit: Der Wagen bleibt damit selbst in schwierigen und unerwarteten Situationen noch besser beherrschbar. ESP bewirkt in kritischen Fahrsituationen gezielte Bremseingriffe an einzelnen Rädern und eine bedarfsgerechte Anpassung der Motorleistung zur Stabilisierung des Fahrzeugs – besonders in Kurven und bei plötzlichen Ausweichmanövern.

ESP erkennt eine fahrdynamisch kritische Situation beispielsweise an einem durchdrehenden Rad. Sofort wird ESP aktiv und bremst je nach Situation und Bedarf eins oder mehrere Räder gezielt ab. Zusätzlich wird, falls vom System als notwendig erkannt, automatisch das Motordrehmoment angepasst. So unterstützt ESP den Fahrer dabei, das Fahrzeug wieder zu stabilisieren. Doch kann auch ESP nur im Rahmen der fahrphysikalischen Gesetze helfend eingreifen.

Herzstück des Stabilitäts-Programms ist ein Gierratensensor. Er verfolgt ständig die Bewegung des Fahrzeugs um seine Hochachse und vergleicht den gemessenen Ist-Wert mit dem Sollwert, der sich aus der Lenkvorgabe des Fahrers und der Geschwindigkeit ergibt. Sobald das Fahrzeug von dieser Ideallinie abweicht, greift ESP ein und begrenzt Schleuderbewegungen schon beim Entstehen. ESP verbindet die Funktionen von Anti-Blockier-System ABS und Antriebs-Schlupf-Regelung ASR bei gleichzeitiger Erweiterung um eine Fahrstabilitätshilfe.

Eine neue, serienmäßige Zusatzfunktion des ESP ist die Anhängerstabilisierung. Im Rahmen der physikalischen Möglichkeiten kann sie den Pendelschwingungen eines Anhängers bereits im Ansatz entgegenwirken. Erst wenn ein zusätzliches Abbremsen zur Stabilisierung unumgänglich wird, passt die ESP-Anhängerstabilisierung auch automatisch die Fahrgeschwindigkeit an.

Achse mit Federbeinen - einer kompakten Einheit aus Schraubenfedern sowie Zweirohr-Stoßdämpfern - und Drehstab-Stabilisatoren ist auf einem Integralträger montiert.
Wird das Rad normalerweise vom Federbein, von der Spurstange sowie einer Sturzstrebe mit Querstabilisator geführt, so zeichnet sich die Vorderachse der neuen A-Klasse durch zusätzliche starre Dreiecklenker aus. Sie übernehmen die Radführungsaufgabe des Querstabilisators, der durch Drehstabgestänge und neu entwickelte Gummilager mit den Federbeinen verbunden ist. Diese Lösung bietet bessere Möglichkeiten zur Abstimmung des Fahrwerks hinsichtlich Elastokinematik und Abrollkomfort und erleichtert die präzise Einstellung von Nachlaufwinkel und Sturz.
Auch die Vorderachse verfügt über die serienmäßige Besonderheit des neuartigen selektiven Dämpfungssystems. Es stellt eine Weltpremiere im Automobilbau dar. Mithilfe dieser Technik werden die Stoßdämpferkräfte der jeweiligen Fahrsituation angepasst: Bei normaler Fahrweise sorgt eine »weichere« Stoßdämpfer-Charakteristik für hohen Abrollkomfort. Bei dynamischer Fahrweise steht die volle Dämpfkraft zur Verfügung und das Fahrzeug wird bestmöglich stabilisiert. Das selektive Dämpfungssystem kommt ohne aufwändige Sensorik und Elektronik aus.

ESP verbessert die Fahrstabilität

Auch in der neuen A-Klasse verbessert ein intelligentes Elektronisches Stabilitäts-Programm ESP die Fahrzeugkontrolle in fahrdynamisch kritischen Situationen. Weitere Vorteile des ESP: Jedes einzelne Rad kann zum Stabilisieren individuell gebremst und die abge-

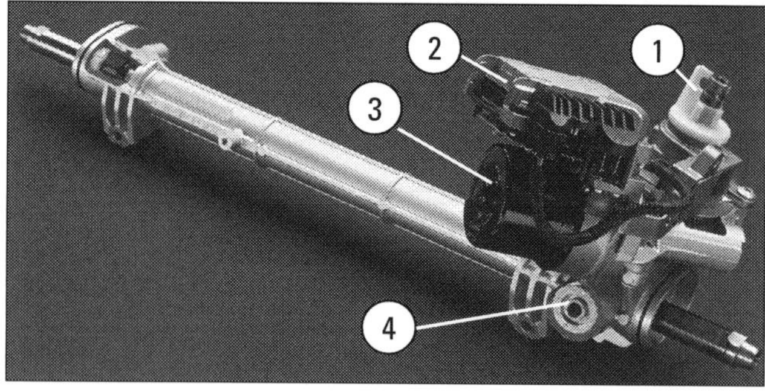

Elektromechanische Servolenkung:
(1) Eingangswelle, (2) Steuergerät, (3) Stellmotor, (4) Zahnstangenlenkung.

gebene Motorleistung für beste Traktion bei größtmöglicher Stabilität optimiert werden. Wenn ESP eingreift, blinkt die Warnleuchte im Kombi-Instrument.

Komfortable elektrische Servolenkung

Die elektromechanische Servolenkung der A-Klasse basiert, wie heute in fast allen Autos, auf einer konventionellen Zahnstangenlenkung. Sie ist vor der Achsmitte angeordnet und dirigiert die Vorderräder. Die Zahnstangenlenkung gestattet gut ansprechendes sowie zielgenaues Lenken und ist auf Achsen und Lenkgeometrie abgestimmt.
Mithilfe des als Parameterlenkung bezeichneten Servosystems aus Steuergerät, Sensoren und Stellmotor wird eine stufenlose Lenkkraftunterstützung geregelt. Die elektrische Servolenkung macht sich vor allem beim Einparken sowie unterhalb von 100 km/h bemerkbar und reduziert das Lenkmoment geschwindigkeitsabhängig (Bild unten).
Der Elektromotor ist mit einem Mikro-Computer ausgestattet, der in das Daten-Bus-Netzwerk integriert ist. Hier ruft er regelmäßig aktuelle Daten über die Fahrgeschwindigkeit, die Motordrehzahl, den Lenkwinkel und das Drehmoment am Torsionsstab ab. Anhand dieser Informationen lässt sich die Servo-Unterstützung geschwindigkeitsabhängig dosieren (»parametrieren«). Damit ist die Lenkkraftunterstützung des Autofahrers bei niedrigem Tempo größer als bei hoher Geschwindigkeit. Park- oder Rangiermanöver werden komfortabler absolviert als mit einer herkömmlichen Servolenkung. Die Parameterfunktion wird für jede Modellvariante exakt programmiert.
Da sich der Elektromotor nur beim Lenken einschaltet, ist der Energiebedarf geringer als bei hydraulischer Lenkung. Das spart Kraftstoff. Die elektromechanische Lenkung arbeitet ohne Hydrauliköl und lässt sich deshalb einfacher montieren und reparieren.

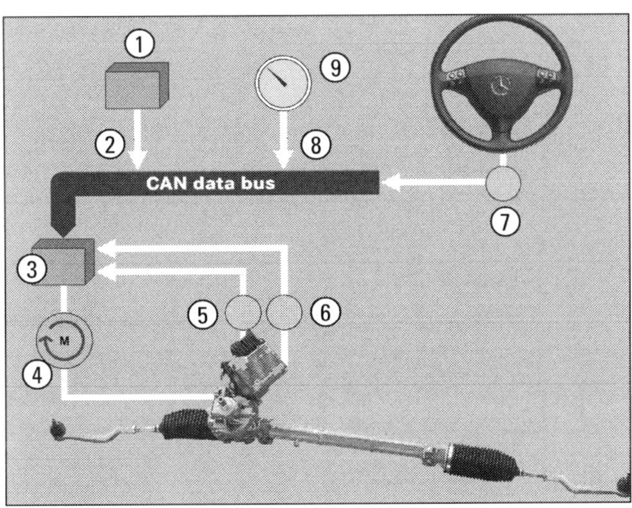

Komponenten der elektromechanischen Servolenkung: (1) Motorsteuergerät, (2) Motordrehzahl, (3) elektronisches Steuergerät der Servolenkung, (4) bürstenloser Elektromotor, (5) Lenkkraft-Sensor, (6) Positionsgeber des Elektromotors, (7) Lenkwinkel-Sensor, (8) Fahrgeschwindigkeit, (9) Anzeige im Cockpit.

Begriffe der Lenkgeometrie

Nachlauf: Abstand (in Fahrtrichtung) zwischen der gedachten Verlängerungslinie der Lenkdrehachse zum Boden und dem Mittelpunkt der Reifenaufstandsfläche. Durch den Nachlauf werden die Räder gezogen (und nicht geschoben). Sie neigen deshalb dazu, sich von selbst geradeaus zu stellen und diese Stellung auch beizubehalten.
Spreizung: Die Neigung der Lenkungsdrehachse zu einer Senkrechten. Denkt man sich eine Linie dieser Achse zum Boden und misst den Abstand zur Mittellinie durch das Rad (Mittelpunkt der Reifenaufstandsfläche), erhält man den Lenkrollradius. Dieser soll möglichst klein sein, um die Störkräfte in der Lenkung zu verringern. Die Spreizung bewirkt zusammen mit dem Nachlauf, dass sich bei eingeschlagenen Rädern das Fahrzeug etwas anhebt. Lässt man das Lenkrad los, stellen sich die Räder selbst in die Mittelstellung zurück (Rückstellmoment).
Sturz: Die Neigung des Rades zu einer Senkrechten. Vermindert Fahrbahnstöße auf die Teile der Lenkung, reduziert Lenkkräfte und Reibung der Räder auf der Fahrbahn. Haben die Vorderräder positiven Sturz, stehen die Räder oben im Radkasten geringfügig weiter auseinander als unten am Boden.
Vorspur: Die Vorderräder stehen vorn enger zusammen als hinten (rollen aufeinander zu). Das gleicht die Reibung zwischen Rad und Straße aus, die das linke Rad nach links und das rechte nach rechts drücken will. Die Vorspur verhindert Flattern der Räder und Radieren der Reifen. Bei der Fahrt durch eine Kurve schwenkt das kurveninnere Rad zur Unterstützung der Lenkbewegung und der Lenkkräfte stärker ein als das kurvenäußere. Die Vorspur geht in Nachspur über (Räder stehen hinten enger zusammen als vorn).

Radeinstellung prüfen

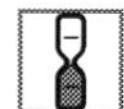

1 Unternehmen Sie eine kurze Probefahrt zur Überprüfung der Lenkgeometrie. Dazu müssen beide Vorderreifen dieselbe Reifensorte und Profiltiefe aufweisen und den vorgeschriebenen Luftdruck haben.

2 Kontrollieren Sie genau, ob die Lenkradspeichen bei Geradeausfahrt symmetrisch stehen. Die richtige Stellung der Vorderräder entscheidet darüber, ob Ihr Fahrzeug auf ebener Strecke und in Kurven ruhig und sicher auf der Straße liegt. Nach harter Berührung des Bordsteins kann die Geometrie der Vorderradaufhängung gestört sein. Ein schief sitzendes Lenkrad ist ein Zeichen für Spurfehler. Auch verschlissene Gelenke und Gummilager oder unsachgemäße Reparaturen wirken sich negativ auf das Fahrverhalten aus.

Hinweise und Regeln

- Schweiß- und Richtarbeiten an tragenden und Rad führenden Bauteilen der Radaufhängung und an Lenkungsteilen sind prinzipiell nicht zulässig. Beschädigte Teile dürfen nicht durch Schweißen repariert, sondern müssen grundsätzlich erneuert werden.
- Fehlerhafte Lenkgeometrie lässt sich weitgehend beim Fahren ergründen. Die Vermessung der Radstellung jedoch ist Sache der Werkstatt.
- Größte Sauberkeit beachten! Verbindungsstellen und deren Umgebung vor dem Lösen gründlich reinigen. Keine fasernden Lappen verwenden.
- Ausgebaute Teile auf sauberer Unterlage ablegen. Abdecken, wenn die Reparatur nicht sofort erfolgt. Ersatzteile erst unmittelbar vor dem Einbau aus der Verpackung nehmen. Nur original verpackte Teile verwenden.
- Geöffnete Bauteile bis zur Reparatur sorgfältig abdecken oder verschließen. Liegen Teile offen, darf nicht mit Druckluft gearbeitet und das Fahrzeug nicht bewegt werden.
- Abgelassenes Hydrauliköl nicht wieder verwenden.
- Bei Arbeit auf der Hebebühne Fahrzeug zwischen den Säulen ausrichten und die vier Aufnahmeteller an den vorgeschriebenen Aufnahmepunkten unten an der Karosserie platzieren.

3 Läuft das Auto auf ebener Fahrbahn und bei losgelassenem Lenkrad geradeaus? Zieht es zur Seite? Stellt sich die Lenkung nach Kurven von selbst geradeaus?

4 Prüfen Sie im Stand: Stehen die Vorderräder symmetrisch zueinander? Ist das Reifenprofil gleichmäßig abgenutzt? Zeigen die Außenkanten stärkere Verschleißspuren als die Innenseiten?

5 Wenn Sie Anlass zum Zweifel an der Radeinstellung haben, wenden Sie sich unverzüglich an die Werkstatt zur präzisen Vermessung und ggf. Reparatur. Immer Vorder- und Hinterachse zusammen vermessen, vorgegebene Sollwerte einhalten. Autohersteller bestehen oft auf dem Einsatz von ihnen freigegebener Achsmessgeräte.

Zustand der Stoßdämpfer prüfen

Kontrollieren Sie bei der Probefahrt zur Überprüfung der Lenkgeometrie auch den Stoßdämpferzustand. Nach zwei verschlissenen Reifensätzen haben die Stoßdämpfer in der Regel nur noch die Hälfte ihrer ursprünglichen Wirkung. Wenn die Räder keinen ständigen Kontakt mehr zum Boden haben, sind die Stoßdämpfer reif für den Austausch.

1 Prüfen, ob die Lenkung flattert und ob die Karosserie bei der Fahrt über Unebenheiten nachschwingt. Die verbreitete Schaukelmethode, bei der man den Wagen am Kotflügel aufschaukelt und plötzlich loslässt, ersetzt keine Prüfung. Damit können Sie bestenfalls nur einen total ausgefallenen Stoßdämpfer feststellen.

2 Wirkt das Fahrzeug in Kurven schwammig? Dann werden die kurveninneren Räder nicht genügend auf den Boden gedrückt, die äußeren nicht stark genug entlastet. Springen die Räder auch auf normaler Fahrbahn? Schauen Sie nach, ob sich die Reifen ungleichmäßig abnutzen.

3 Tritt an der Dichtung der Kolbenstange des Dämpfers (vorn wie hinten) Öl aus (Schwitzen)? Das muss genau überprüft und eingeschätzt werden, aber es ist kein Grund, einen Dämpfer zu ersetzen. Geringer Ölaustritt ist sogar von Vorteil, weil dadurch der Dichtring geschmiert wird und sich die Lebensdauer erhöht.

Wenn ein Ölfleck sichtbar ist (aber stumpf, matt, eventuell durch Staub trocken) und sich nicht weiter ausbreitet als vom oberen Dämpferverschluss (Kolbenstangendichtring) bis zum unteren Federteller, gilt der Dämpfer als in Ordnung.

4 Lassen Sie die Stoßdämpfer zur exakten Diagnose einmal im Jahr auf dem Prüfstand eines Automobilclubs, von TÜV oder DEKRA kontrollieren.

Lenkungsspiel prüfen

1 Die Räder geradeaus stellen. Greifen Sie durchs geöffnete Fenster und drehen Sie das Lenkrad kurz hin und her.

2 Das Vorderrad muss sich sofort mitbewegen. Achten Sie dazu auf die Felge! Der elastische Reifen kann einen Teil des Einschlags schlucken, ehe er sich bewegt.

3 Wenn die Lenkung um die Geradeausstellung kein Spiel hat, aber bei stärkerem Einschlag spürbar klemmt, ist die Zahnstange verschlissen. Dann muss das Lenkgetriebe ausgetauscht werden.

Radlagerspiel prüfen

1 Laute Laufgeräusche signalisieren oftmals Schäden am Radlager. Treten die Geräusche zum Beispiel in Rechtskurven auf, ist das linke Radlager defekt. Radlager müssen bei Schäden ausgetauscht werden. Das ist eine Sache für die Werkstatt. Lager, Laufringe, Nabe und Lenk-Schwenklager sind in engen Toleranzen gefertigt, die bei der Montage Spezialwerkzeuge erforderlich machen.

2 Stellen Sie den Wagen auf festem Boden ab. Packen Sie das Rad im oberen Bereich und versuchen Sie, es quer zum Wagen zu bewegen. Bei einwandfreien Lagern darf kein Spiel vorhanden sein.

3 Wenn Sie Spiel an den vorderen Radlagern feststellen, lassen Sie einen Helfer die Bremse treten. Wiederholen Sie die Kontrolle. Wenn immer noch Spiel festgestellt wird, ist das Achsgelenk defekt. Reparieren und austauschen!

Faltenbälge, Spurstangengelenke und Gummimanschetten prüfen

Arbeits-
schritte

1 Zündung ausschalten. Fahrzeug anheben, dass die Räder frei hängen. Die aus dem Lenkgetriebe links und rechts austretenden Spurstangen (3) werden jeweils von einem mit Klemmschelle (2) gesicherten Faltenbalg (1) geschützt. Den Faltenbalg im gestreckten Zustand mittels Links- und Rechtseinschlag der Lenkung auf Risse, Scheuerstellen und Eindrückungen prüfen. Die Faltenbalgwülste dabei keinesfalls ein- oder umdrücken. Beschädigungen am Faltenbalg führen langfristig zu Undichtigkeiten. Wenn nötig, Faltenbalg ausbauen und erneuern (spätere Arbeitsanleitung).

2 Spurstange mit Kopf und Gelenk (5) der rechten und linken Spurstange kräftig drücken und ziehen. Ist ein Spiel spürbar, muss das Spurstangengelenk erneuert werden (spätere Arbeitsanleitung).

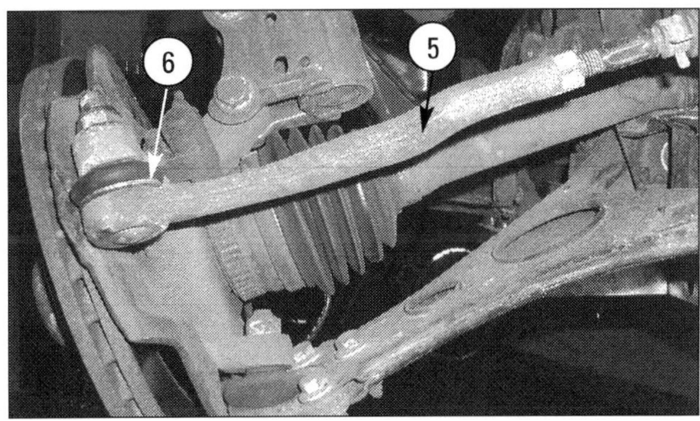

Bild oben: (1) Faltenbalg, (2) äußere Klemmschelle, (3) Spurstange, (4) Kontermutter.
Bild unten: (5) Spurstange mit Kopf, (6) Gummimanschette.

3 Mit einer Taschenlampe die Gummimanschette (6) des linken und rechten Spurstangengelenks ableuchten. Gründlich auf Dichtheit und auch auf kleinste Verschleißspuren prüfen. Bei undichter Manschette muss das Spurstangengelenk erneuert werden.

Spurstange aus- und einbauen

  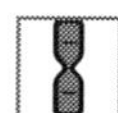

Für diese Arbeit werden Druckstück und Abzieher (Mercedes-Benz Werkzeuge 171589003400 und 601589043300) benötigt (Bilder rechte Spalte unten).

1 **Ausbau:** Das Fahrzeug anheben und das jeweilige vordere Laufrad abmontieren (spätere Anleitung).

2 Spurstange (1) vom Achsschenkel (3) abdrücken. Dazu müssen zunächst die Kontermutter (4; Bild Seite 137) an der inneren Spurstange gelöst (nach dem Lösen nicht mehr auf der inneren Spurstange verdrehen!) und die selbstsichernde Mutter (4) vom Bolzen (5) der Spurstange abgeschraubt werden Bild unten). Bolzen mit einem geeigneten Werkzeug gegenhalten.

(1) Spurstangenkopf, (2) Gummimanschette, (3) Achsschenkel, (4) selbstsichernde Mutter, (5) Bolzen.

3 Das Druckstück montieren und das Spurstangengelenk mit dem Abzieher (Bilder unten) abdrücken. Dabei darf keinesfalls die Gummimanschette beschädigt werden, da sonst Schmierstoff aus dem Spurstangengelenk austritt.

4 Abzieher und Druckstück abnehmen und die Konusverbindung des Gelenks reinigen. Beim Einbau darf kein Fett oder Öl am Konus und am Gewinde sein, da sich das Spurstangengelenk sonst lösen könnte. Spurstange von der inneren Spurstange abschrauben.

5 Der **Einbau** erfolgt sinngemäß in umgekehrter Reihenfolge. Die selbstsichernde Mutter erneuern und mit 60 Nm, die Kontermutter ebenfalls mit 60 Nm festziehen, nachdem die Spurstange bis zur Kontermutter aufgeschraubt wurde.

6 Im Anschluss eine Fahrwerkvermessung in der Werkstatt vornehmen lassen.

Faltenbalg aus- und einbauen

1 **Ausbau:** Fahrzeug anheben, jeweiliges vorderes Laufrad sowie die Motorraumverkleidung abmontieren (Kapitel »Die Motoren«). Spurstange wie beschrieben ausbauen.

2 Kontermutter von der inneren Spurstange abschrauben

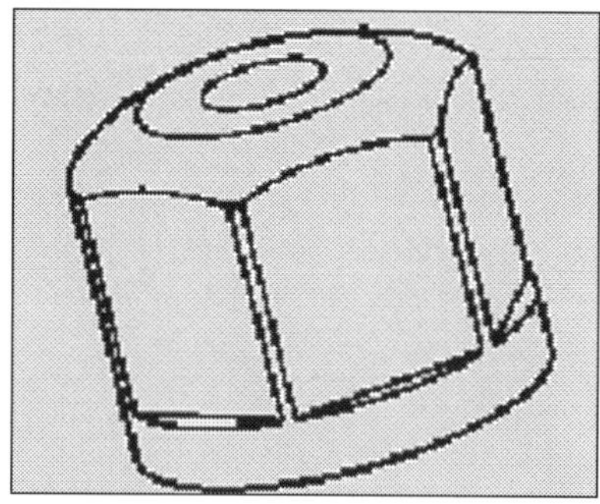

Druckstück 171 589 00 34 00.

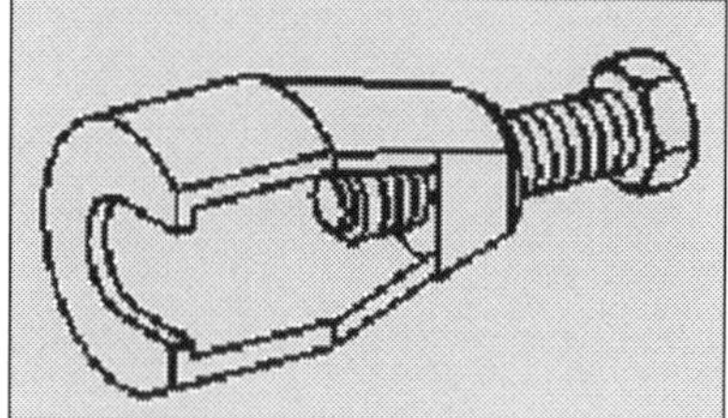

Abzieher 601 589 04 33 00.

und die äußere Klemmschelle vom Faltenbalg abmontieren. Die innere Klemmschelle vom Faltenbalg mit einem Seitenschneider entfernen.

3 Faltenbalg vom Lenkgetriebe abziehen.

4 Zahnstange auf Verschmutzung und Beschädigung, z. B. Korrosion, prüfen. Werden Verschmutzungen oder Beschädigungen an der Zahnstange festgestellt, muss die Zahnstangenlenkung erneuert werden.

5 **Einbau** in sinngemäß umgekehrter Reihenfolge. Faltenbalg auf Beschädigungen prüfen, ggf. erneuern. Der Dichtring muss immer erneuert werden. Beim Aufschieben des Faltenbalgs den Dichtring nicht verschieben.

6 Eine neue innere Klemmschelle montieren und mit einer handelsüblichen Klemmzange spannen. Richtigen Sitz der inneren Klemmschelle prüfen.
Anmerkung: Die ins Lenkgetriebe führende innere Spurstange ist in zwei verschiedenen Ausführungen erhältlich, die sich im Konuswinkel der Verbindungsstelle von Spurstange und Zahnstange unterscheiden. Wenn die innere Spurstange erneuert werden soll, muss daher die ET-Nummer am Lenkgetriebe beachtet werden, damit keine falsche Spurstange eingebaut wird.

Federbein vorn aus- und einbauen

Arbeits-schritte  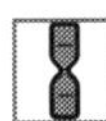

1 **Ausbau:** Fahrzeug zwischen Hebebühnensäulen ausrichten, die vier Aufnahmeteller an den vorgeschriebenen Aufnahmepunkten platzieren. Vordere Laufräder abbauen.

2 Halter (3) und Verbindungsstange (2) am Federbein (1; Bild rechts) abbauen (selbstsichernde Mutter).

3 Federbein am Achsschenkel abbauen. Lappen zwischen Integralträger und Querlenker legen, um Lackbeschädigungen am Integralträger bzw. Querlenker zu vermeiden.

4 Die drei Schrauben am Federbeindom herausschrauben, Rasthaken oben am Dom zusammendrücken, dabei Federbein gegen Herabfallen sichern. Dann das Federbein herausnehmen.

5 **Einbau** sinngemäß umgekehrt. Schrauben Federbein an Federdom mit 20 Nm + 45°, Mutter Federbein an Achsschenkel mit 120 Nm + 90° und selbstsichernde Mutter Verbindungsstange an Federbein mit 60 Nm festziehen. Im Anschluss eine Fahrwerksvermessung in der Werkstatt vornehmen lassen.

Federbein vorn zerlegen und zusammenbauen

Arbeits-schritte  

Federbein wie beschrieben ausbauen. Für die anschließenden Arbeiten werden aus der Mercedes-Benz-Sonderwerkzeugreihe 203 589 01- das Spanngerät 31 00 und die Spannplatten 63 02 benötigt.

1 **Zerlegen:** Spanngerät (1) in einen Schraubstock spannen und die Spannplatten (2; Foto) einsetzen. Feder (1) so in die Spannplatten einsetzen, dass mindestens drei Windungen der Feder gespannt werden. Feder spannen, bis das Federbeinlager (3; Zeichnung) entlastet ist (Bilder nächste Seite).

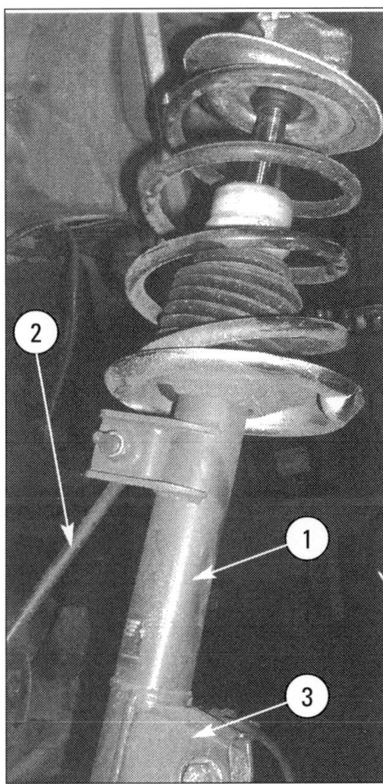

Das McPherson-Federbein vorn links. (1) Federbein, (2) Verbindungsstange, (3) Halter.

2 Abdeckkappe (5) abbauen und die darunter liegende Mutter (4) der Kolbenstange (6) abschrauben. Beim Lösen der Mutter Kolbenstange des Stoßdämpfers (7) gegenhalten. Federbeinlager abnehmen, prüfen und ggf. erneuern.

3 Stoßdämpfer aus der Feder entnehmen, auf Beschädigung prüfen und ggf. erneuern. Alten Stoßdämpfer fachgerecht über einen Schrotthändler entsorgen. Feder entspannen und aus den Spannplatten herausnehmen.

4 **Zusammenbauen:** Feder (1) in die Spannplatten des Spanngeräts einsetzen und spannen. Feder so in den Spannplatten ansetzen, dass mindestens drei Windungen gespannt werden. Gummilager (8) in den Stoßdämpfer (7) einsetzen

5 Stoßdämpfer in die Feder einsetzen. Selbstsichernde Mutter (4) zur Befestigung des Federtellers an der Kolbenstange (6) mit 67 Nm festschrauben, dabei Kolbenstange gegenhalten. Die Mutter ist stets zu erneuern.

6 Feder entspannen und zusammengebautes Federbein aus den Spannplatten des Spanngerätes entnehmen. Feder in die entsprechende Aufnahme am Gummilager einsetzen.

7 Federbein wie beschrieben wieder einbauen. Sind Zerlegen und Zusammensetzen des Federbeins als Folge eines Unfalls vorgenommen worden, muss eine Fahrwerksvermessung in der Werkstatt durchgeführt werden.

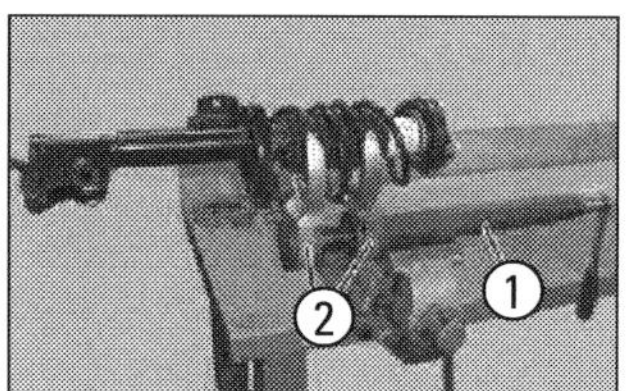

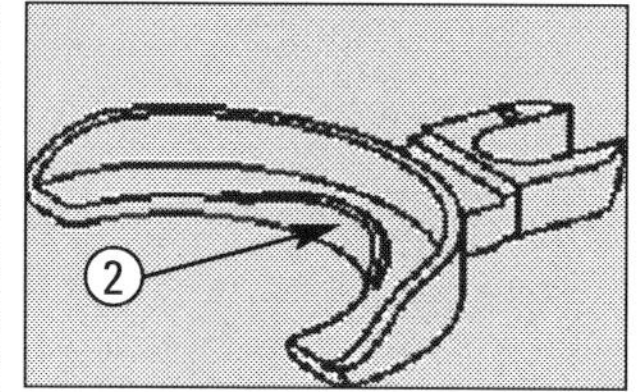

Federbein im Schraubstock: (1) Spanngerät, (2) Spannplatte(n).

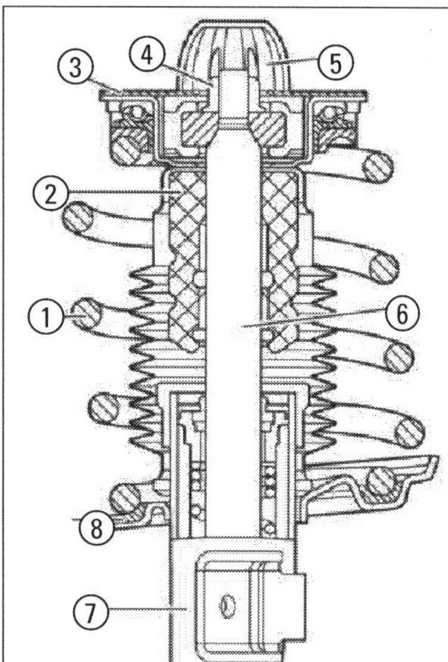

Federbein im Längsschnitt: (1) Feder, (2) Anschlagpuffer, (3) Federbeinlager, (4) Mutter, (5) Abdeckkappe, (6) Kolbenstange, (7) Stoßdämpfer, (8) Gummilager.

Stoßdämpfer hinten aus- und einbauen

Arbeitsschritte  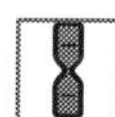

Stoßdämpfer immer nur paarweise wechseln. Stets nur an einer Achsseite arbeiten, niemals gleichzeitig an beiden.

1 **Ausbau:** Deckel des Staufachs im Kofferraum links und rechts öffnen. Innenschale des rechten Staufachs herausklappen und linkes Staufach ausräumen.

2 Selbstsichernde Mutter (2) abschrauben. Stoßdämpfer oben (1a) mit Halteschlüssel gegenhalten (Bild unten).

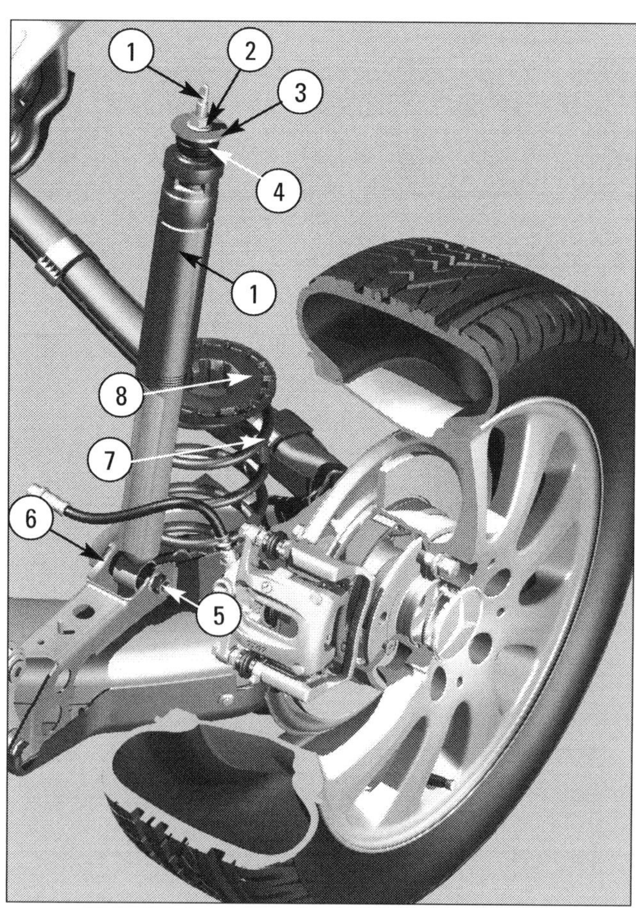

(1) Stoßdämpfer, (1a) Stoßdämpfer oben, (2) Mutter, (3) Scheibe, (4) Gummilager, (5) Mutter, (6) Schraube, (7) Hinterfeder, (8) Gummibeilage oben (unten ebenfalls vorhanden).

3 Scheibe (3) und Gummilager (4) abnehmen. Laufrad hinten links bzw. rechts abbauen. Selbstsichernde Mutter (5) abschrauben und Schraube (6) herausziehen.

4 Stoßdämpfer (1) zusammendrücken und herausnehmen.

5 **Einbau** in sinngemäß umgekehrter Reihenfolge. Selbstsichernde Muttern (2) und (5) erneuern. Mutter (2) Stoßdämpfer an Karosserie mit 20 Nm, Schraube (6) Stoßdämpfer an Hinterachsträger mit 50 Nm anziehen. Stoßdämpfer (1) und Gummilager (4) auf Beschädigungen prüfen, ggf. erneuern. Bei Erneuerung des Stoßdämpfers den alten fachgerecht über einen Schrotthändler entsorgen.

Hinterfeder aus- und einbauen

Arbeitsschritte  

Für die folgenden Arbeiten werden Spanngerät und Spannplatten (Bild unten) benötigt, das sind die Mercedes-Sonderwerkzeuge 203 589 01 3100 und 169 589 02 6300.

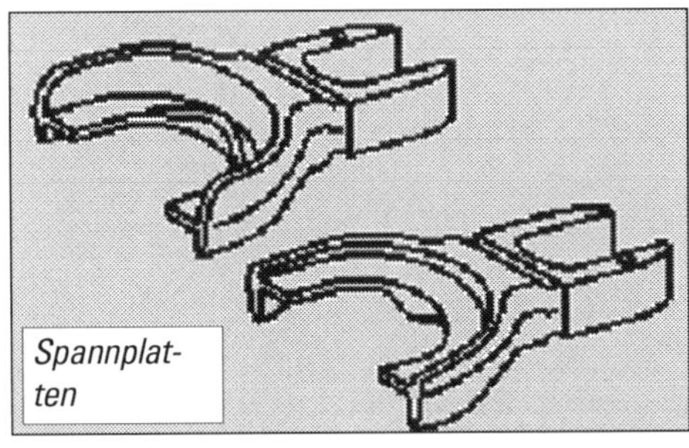
Spannplatten

(1) Hinterfeder, (2, 3) Gummibeilage oben und unten, (4) Spannplatten, (5) Spanngerät.

1 **Ausbau:** Fahrzeug anheben und entsprechendes Laufrad abmontieren.

2 Spannplatten (4) in Spanngerät (5) einsetzen und Spanngerät mit Spannplatten an Hinterfeder (1) ansetzen (Bild links unten). Um die Hinterfeder ausreichend vorzuspannen, müssen mindestens drei Windungen gegriffen werden.

3 Hinterfeder spannen und zusammen mit Spanngerät und Spannplatten aus der Hinterachse herausnehmen. Ausgebaute Feder mithilfe von Spanngerät und Spannplatten entspannen, Hinterfeder entnehmen.

4 Gummibeilagen oben (2) und unten (3) abbauen, auf Beschädigungen prüfen und ggf. erneuern.

5 **Einbau** sinngemäß in umgekehrter Reihenfolge. Auf korrekten Sitz der Hinterfeder achten. Nach Erneuerung der Feder oder der Gummibeilagen vorsorglich die Scheinwerfereinstellung prüfen.

Gelenkmanschetten prüfen

Arbeitsschritte  

Die Achsgelenke sitzen in einer Fett-Dauerfüllung in Dichtungsbälgen. Diese schützen vor Nässe und Schmutz. Die Gelenke sind zwar wartungsfrei, aber ein beschädigter Dichtungsbalg bedeutet vorzeitiges Aus fürs Gelenk. Eindringender Schmutz wirkt wie Schmirgelsand, Feuchtigkeit lässt es mit der Zeit festrosten. Deshalb sollten die Dichtungsbälge sehr sorgfältig geprüft werden.

Drücken Sie die Manschetten zusammen, dann entdecken Sie auch versteckte Risse (Bild).

Einen schadhaften Dichtungsbalg kann man nicht ersetzen, der komplette Austausch des jeweiligen Achsgelenks ist dann nötig. Das ist Arbeit für die Fachwerkstatt.

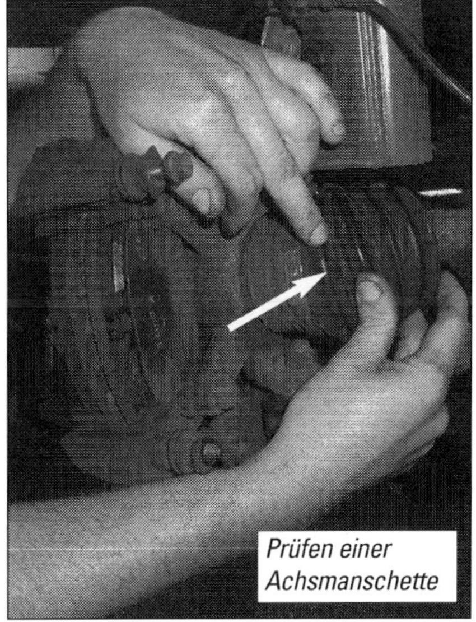
Prüfen einer Achsmanschette

Reifen und Felgen

Mit ihrem Unterbau, ihrer Gummimischung und ihrem ausgefeilten Profil leisten moderne Reifen einen wesentlichen Beitrag zur passiven Sicherheit. Sie tragen das Gewicht des Fahrzeugs, fangen kleinere Stöße der Fahrbahn ab und übertragen die Kräfte, die bei Antrieb, Bremsen und Kurvenfahrt entstehen.

Aufbau in Schichten

Die schlauchlosen Gürtelreifen heutiger Fahrzeuge sind in mehreren Schichten aufgebaut (Bild unten). Profil und Mischung des äußeren Laufstreifens beeinflussen entscheidend die Eigenschaften. Die darunter liegende Base senkt den Rollwiderstand. Die Stahlcordlagen unter Nylonbandagen steigern die Fahrstabilität. Form- und Festigkeitsträger des Reifens ist die Karkasse. Die Innenseele, eine gasdichte Schicht, ersetzt den früher üblich gewesenen Schlauch. Das Seitenteil schützt die Karkasse vor Beschädigungen. Kernprofil und Wulstverstärker unterstützen Lenk- und Fahrpräzision und fördern die Fahrstabilität. Der Kern sorgt für festen Sitz auf der Felge.

Bestimmungsgrößen für Reifen

Die Ziffern und Buchstaben auf der Flanke eines Reifens stehen für die Reifendaten. Wichtig ist vor allem das Format des Reifens. Der Serienreifen für die A-Klasse hat die Abmessungen 195/55 R16. Der Reifenquerschnitt ist also 195 mm breit. Die zweite Zahl bestimmt das Verhältnis von Höhe und Breite. Im Beispiel beträgt es 55 Prozent. Je kleiner dieses Verhältnis, umso flacher und breiter der Reifen. »R« steht für die Radialbauart von Gürtelreifen, die Zahl dahinter nennt den Durchmesser der Felge in Zoll. Welche Reifengrößen und Felgen für Ihr Fahrzeug zugelassen sind, steht in den Kfz-Papieren.
Im Bild unten bezeichnet die Ziffer 6 den Kennbuchstaben für die zulässige Höchstgeschwindigkeit des Reifens: »Q« steht für 160 km/h, »S« für 180 km/h, »T« für 190 km/h, »H« für 210 km/h und »V« für 240 km/h Spitze. Für maximal 300 km/h gilt das Geschwindigkeitssymbol »Y«.

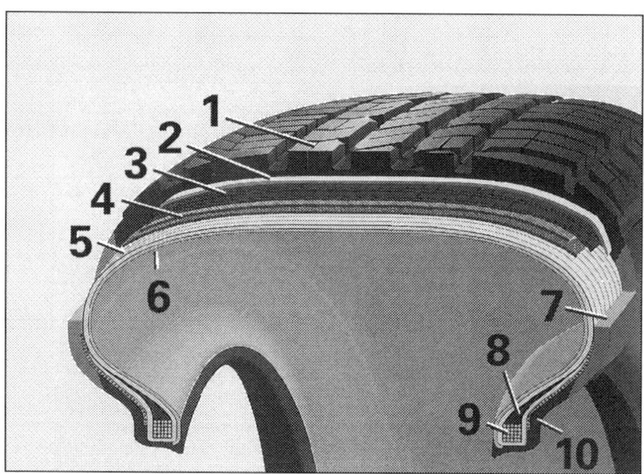

Pkw-Reifenaufbau: (1) Laufstreifen, (2) Base, (3) Nylonbandage, (4) Stahlcordlagen, (5) Karkasse, (6) Innenseele, (7) Seitenteil, (8) Kernprofil, (9) Kern, (10) Wulstverstärker.

Herstellungsdatum und ECE-Prüfnummer

Auf Reifen, die seit Januar 2000 hergestellt wurden und werden, sind Herstellungswoche und Jahr mit einer 4-stelligen Zahl angegeben. So bedeutet 0904, dass der Reifen in der 9. Produktionswoche des Jahres

Die DOT-Nummer benennt Produktionswoche und Jahr.

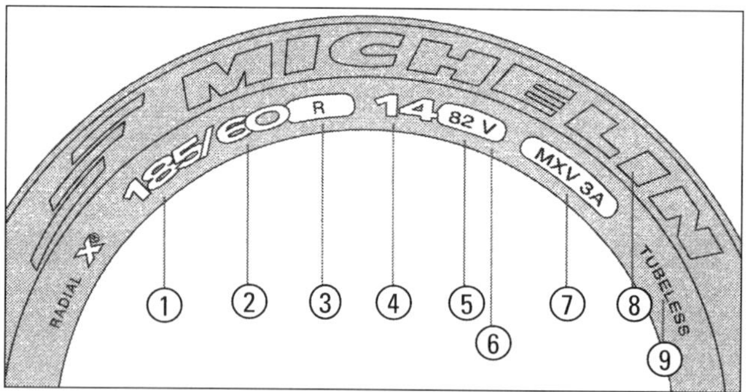

Daten auf der Reifenflanke:
(1) Nennbreite in mm, (2) Höhen-Breiten-Verhältnis in Prozent, (3) Radialkarkasse, (4) Nenndurchmesser in Zoll,
(5) Load-Index (82 = 475 kg),
(6) Speed-Symbol (V = bis 240 km/h),
(7) MXV 3A = Typ,
(8) Name des Herstellers,
(9) Schlauchloser Reifen.

2004 hergestellt wurde. Bis Ende 1999 war das Datum der Herstellung mit einer dreistelligen »DOT«-Nummer (Bild) angegeben. Auf Reifen ab Produktionsjahr 1990 steht hinter dieser Zahl ein kleines Dreieck. 187 plus Dreieck besagt zum Beispiel, dass der Reifen in der 18. Woche des Jahres 1997 produziert wurde.

Reifen, die nach dem 1. Oktober 1998 hergestellt wurden, müssen eine ECE-Prüfnummer auf der Reifenflanke tragen. Diese Nummer (»E« und Zahl für das Herkunftsland, z. B. »1« für Deutschland) besagt, dass der Pneu typgeprüft entsprechend europäischem Qualitäts-Standard ist.

Bestimmungsgrößen für Felgen

Die Größe einer Felge gibt man nach Normvorschrift stets in Zoll an. Die Felge für die Serienbereifung der A-Klasse (195/55 R16; Bild unten) wird mit 6J x 16 gekennzeichnet. Diese Angabe beschreibt Tiefbettfelgen von 6 Zoll Breite und 16 Zoll Durchmesser. Der Buchstabe »J« steht für die Form des Felgenhorns. Weitere wichtige Bestimmungsgröße ist die Einpresstiefe.

Begrenzte Laufleistung

Angaben über die Kilometer-Laufleistung sind von Reifenherstellern kaum zu erwarten. Denn der Reifenverschleiß hängt von Motorisierung, Straßenbeschaffenheit und Fahrweise ab. Die Reifen der angetriebenen Räder bringen es bei mittlerer Motorisierung und normaler Straßenbeschaffenheit auf eine durchschnittliche Laufleistung von 50.000 bis 60.000 Kilometer. Aber auch bei nur seltener Fahrt sind die Reifen spätestens nach acht Jahren am Ende. Denn die Mischung des Gummis verändert sich mit der Zeit.

Die serienmäßige Stahlfelge eines A-Klasse-Fahrzeugs.

Optional können für den Mercedes auch Reifen mit Notlaufeigenschaften geliefert werden. Diese MOExtended-Bereifung gibt es allerdings nur in Verbindung mit Leichtmetallrädern und einem Reifendruckverlust-Warner. Solche Reifen verfügen über selbsttragende Seitenwände, die sie bei einem Luftdruckverlust abstützen und so zumindest für kurze Zeit das Weiterfahren ermöglichen. Die Reichweite beträgt bei einer Höchstgeschwindigkeit von 80 km/h und teilweise beladenem Fahrzeug rund 50 km, mit voll beladenem Kofferraum rund 30 km. Mithilfe des serienmäßigen Reifen-Reparatursets »Tirefit« können zudem kleinere Beschädigungen des Reifens abgedichtet und so die Fahrstrecke bis zum Reifenwechsel deutlich verlängert werden. Allerdings beträgt auch in diesem Fall die maximal zulässige Geschwindigkeit 80 km/h.

Ursachen für Reifenverschleiß

Heftiges Aufprallen auf die Bordsteinkanten ist gefährlich. Dabei können Schäden an der Reifenstruktur auftreten, die zunächst unsichtbar sind. Die Gefahr solcher Schäden besteht auch beim Parken, wenn der Reifen an die Bordsteinkante gequetscht oder nur mit einem Teil der Aufstandsfläche auf einer Kante abgestellt wird.

Praxistipp

Risikofaktor Luftdruck

Ein schlecht oder gar nicht gewarteter Reifen kann sich zum Risikofaktor für Fahrer und Auto entwickeln. Fahren Sie zum Beispiel einen Reifen mit zu geringem Luftdruck unter sehr hoher Last, kann dies zu Schäden im Unterbau führen. Diese Schäden bleiben jedoch oft längere Zeit verborgen. Wird der vorher geschädigte Reifen dann stark beansprucht, können durch die enormen Fliehkräfte bei hohen Geschwindigkeiten sogar einzelne Reifenteile abreißen.

Räder richtig tauschen

Sie können den Kauf neuer Reifen hinausschieben, indem Sie die Räder jeweils einer Fahrzeugseite gegeneinander austauschen. Der Abrieb der Reifen erfolgt so gleichmäßiger und auch die Sägezahnbildung, ein Aufstellen der Profilblöcke durch die unterschiedliche Achsgeometrie, wird vermieden. Besonders an der Hinterachse tritt dieses Phänomen häufig auf, da die Antriebskräfte fehlen.
Nachteil der regelmäßigen Tauscherei: Beim Ersatz der Reifen sind vier Exemplare auf einmal fällig. Außerdem können Sie beim Wechsel in kurzen Kilometerabständen im Reifenprofil mögliche Fehler von Radaufhängung, Lenkung und Stoßdämpfer nicht mehr deutlich erkennen. Beim Reifentausch darauf achten, auf jeder Achse Reifen des gleichen Fabrikats, mit gleichem Profil und Alter zu montieren.

Winterreifen und Schneeketten

Winterreifen rollen auf kalter Fahrbahn sowie auf Schnee und Eis sicherer als Sommerreifen. Sie werden aus einer Gummimischung mit einem hohen Anteil Naturkautschuk hergestellt, die bei Temperaturen unter sieben Grad besser auf der Straße haftet.
Voraussetzung für die gute Übertragung der Motor- und Bremskräfte auf die Straße ist jedoch ein Profil von mindestens 4,0 Millimetern gegenüber der minimal zulässigen Profiltiefe von 1,6 mm (besser sind 2,4 mm) bei Sommerreifen. Weniger Profil als vier Millimeter disqualifiziert den Reifen für den Wintereinsatz. Bestücken Sie alle vier Räder mit Winterreifen! Kombination von Sommer- und Winterreifen ist gefährlich.
Für Winterreifen genügt eine schmale Ausführung. Ratsam ist ein zweiter Satz Felgen. Das Ummontieren der Reifen im Frühjahr und im Herbst kommt auf die Dauer viel teurer. Bei Winterreifen den Luftdruck um 0,2 bar erhöhen und die zulässige Höchstgeschwindigkeit beachten (Sticker ans Armaturenbrett!).
Bei Schnee und Eis sind Schneeketten zulässig, die möglichst feingliedrig sein sollen. Auf Reifen bestimmter Formate dürfen sie allerdings nicht aufgezogen werden. Wenn die Reifen geeignet sind, nehmen Sie die Radzierblenden ab und sichern Sie die Radschrauben mit den passenden Abdeckkappen (Werkstatt). Die Ketten sollen einschließlich Kettenschloss nicht mehr als 15 mm auftragen.

Indikator Reifenlaufbild

Außenseite (vorn) abgefahren: Meist durch flotte Fahrweise in Kurven. Reifen auf den Felgen drehen lassen oder gegen Hinterräder austauschen.

Außenseiten stärker abgefahren als Profilmitte: Reifen wurde lange Zeit mit zu niedrigem Luftdruck gefahren.

Einseitig abgefahrene Laufflächen: Sind meist auf Sturzfehler zurückzuführen (Achsvermessung!).

Gratbildung am Reifenprofil lässt auf Spurfehler schließen (Achsvermessung!).

Schräges Profil: Falsche Radeinstellung. Leichtmetallräder können die Radstellung durch die manchmal geringere Einpresstiefe der Felgen negativ beeinflussen.

Abnutzung in Profilmitte: Bei häufigem Fahren mit Höchstgeschwindigkeit und bei zu hohem Reifendruck bauchen die Reifen durch die Fliehkraft aus, nutzen daher in der Mitte stärker ab.
Ungleiche Abnutzung: Meist durch Unwucht im Rad. Auswuchten erforderlich.

Unwucht: Macht sich durch Vibrationen am Lenkrad oder Schütteln im Vorderwagen bemerkbar. Ursache ist eine ungleichmäßige Gewichtsverteilung am Rad, die auch für erhöhten Reifenverschleiß sorgt.
Dynamische Unwucht kommt beim schnellen Drehen des Rades zur Wirkung. Die übergewichtige Stelle sitzt nicht in der Mittelebene des Rades, sondern etwas nach außen bzw. innen versetzt. Das Rad flattert und wackelt bei schneller Fahrt. Kann auch bei nicht präzise gefertigten Reifen auftreten.
Statische Unwucht zeigt sich, wenn man das Rad am aufgebockten Wagen frei auspendeln lässt: Der Schwerpunkt wird sich ganz von selbst nach unten begeben. Ein Rad mit einer statischen Unwucht hüpft beim Fahren, die Stoßdämpfer verschleißen schneller.

Auswuchten ist Sache der Werkstatt. Dort schraubt man das Rad auf eine Auswuchtmaschine, die Unwuchten anzeigt. An die entsprechenden Stellen der Felgen werden Gewichte montiert, die den unrunden Lauf ausgleichen.

Praxistipp

So halten die Reifen länger

- Verwenden Sie Reifen, die zur Höchstgeschwindigkeit passen. Zu hohes Tempo bewirkt mehr Abrieb, im schlimmsten Fall den Reifenkollaps.
- Machen Sie die Wärmeprobe: Ist der Reifen handwarm, steht es gut um ihn. Ein heißer Gummi ist ein Alarmzeichen, das auf zu niedrigen Luftdruck oder einen beschädigten Unterbau hinweist.
- Wenn Sie häufig auf der Autobahn mit Höchsttempo unterwegs sind: Montieren Sie Reifen, deren Geschwindigkeitsindex eine Klasse höher ist als im Fahrzeugschein verlangt.
- Beim Einparken nicht mit der Reifenflanke am Bordstein schrammen! Über Bordsteine und Schwellen nur langsam und immer im rechten Winkel rollen.

Zustand der Reifen kontrollieren

Arbeitsschritte   

1 Wagen aufbocken. Jedes Rad einmal komplett durchdrehen. Steinchen und andere Fremdkörper vorsichtig mit einem kleinen Schraubendreher aus den Profillamellen entfernen. Sitzt in der Reifendecke eine Glasscherbe oder ein Nagel, kann an dieser Stelle Luft entweichen.

2 Auf Einstiche, Schnitte, Risse und herausgebrochene Profilstücke achten. Dringt Feuchtigkeit ins Reifeninnere?

3 Von außen ist nicht zu erkennen, ob der stabilisierende Stahlgürtel schon von Rost angefressen ist. Lassen Sie beschädigte Reifen zur Sicherheit vom Fachmann prüfen. Das gilt übrigens auch bei auffälligem Reifenabrieb.

4 Das Reifenprofil muss über die gesamte Lauffläche mindestens 1,6 mm tief sein. Ist das Profil bis auf diese Tiefe abgefahren, wird auf der Lauffläche an mehreren Stellen ein Profilstandsanzeiger sichtbar. Die Buchstaben »TWI« für »Tread Wear Indicator« auf der Reifenflanke zeigen, wo sich diese Verschleißanzeiger befinden.
Das Fahrverhalten wird mit abnehmendem Profil schlechter, vor allem bei Nässe. Sommerreifen sollte man daher besser bereits bei einer Profiltiefe von 2 mm, Winterreifen bei 4 mm tauschen.

5 Kontrollieren Sie, ob alle Reifen gleichmäßig abgefahren sind und ob es Auswaschungen gibt.

6 Seitenwände (Flanken) genau ansehen. Beulen deuten auf eine Beschädigung des Reifenunterbaus hin.

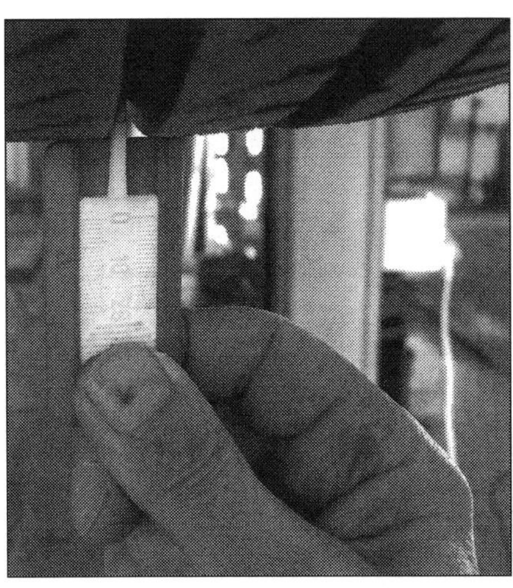

Prüfen der Profiltiefe mit einer Profillehre. Sommerreifen möglichst bei 2 mm, Winterreifen bei 4 mm tauschen.

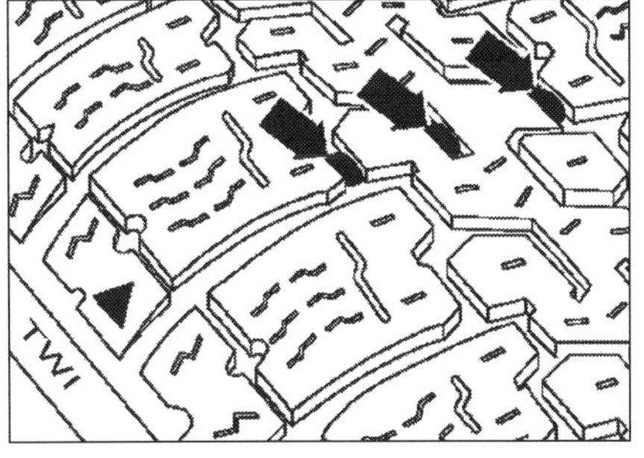

Verschleißanzeige: Die Pfeile weisen auf die Indikatoren. Von den Buchstaben »TWI« (links unten) deutet eine Pfeilspitze auf die Anzeiger.

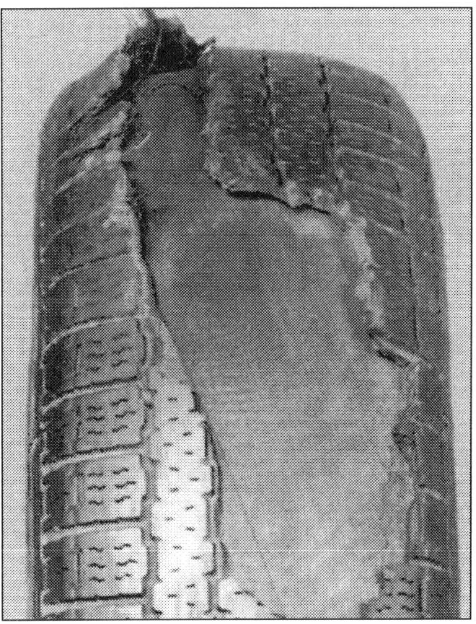

Abriss von der Reifenoberfläche. Dieser Reifen ist natürlich nicht mehr verwendbar, aber es gibt auch unauffällig herausgebrochene Profilstücke. Dann drohen Eindringen von Feuchtigkeit und Rosten des Stahl-

Reifenfülldruck prüfen

Arbeitsschritte 

1 Die Fülldruckwerte für die (Sommer-)Reifen finden Sie auf einem Aufkleber auf der Innenseite der Tankklappe. Je nach Reifentyp und Zuladung bewegt sich der nötige Druck zwischen 1,9 und 3,0 bar. Der Fülldruck von Winterreifen muss um 0,2 bar höher sein als der in Tabellen und auf dem Aufkleber angegebene Reifenfülldruck.

2 Luftdruck stets bei kalten Reifen kontrollieren. Während der Fahrt erwärmt sich der Reifen, der Innendruck steigt um einige Zehntel bar. Sie erhalten falsche Werte, wenn Sie direkt nach einer längeren Fahrt den Druck prüfen.

3 Kontrollieren Sie den Reifendruck regelmäßig alle vier Wochen. Bei Markenreifen ist ein Druckverlust von 1,5 Prozent im Monat normal. Mehr weist auf Schäden hin. Der Reifendruck sollte keinesfalls unter die geforderten Werte sinken. Dagegen hat ein um 0,2 - 0,3 bar höherer Druck Vorteile: Die Lenkung arbeitet feinfühliger, Reifen halten länger, und der Kraftstoffverbrauch sinkt ein wenig.

4 Reifenventile mit Schutzkappen verschließen. Gelangt Schmutz ins Ventil, wird die Funktion beeinträchtigt.

Abschrägung des Profils durch falsche Radeinstellung. Leichtmetallräder können die Radstellung durch geringere Felgeneinpresstiefe beein-

In der Reifenmitte abgefahrenes Profil durch häufiges Fahren mit Höchstgeschwindigkeit und zu hohem Reifendruck.

Rad prüfen und wechseln

Arbeitsschritte  

1 **Ausbauen:** Feststellbremse anziehen, 1. Gang oder Rückwärtsgang einlegen, bei Fahrzeugen mit »Autotronic« den Wählhebel auf »P« stellen. Ggf. Warnblinker einschalten.

2 Räder der anderen Wagenseite gegen Wegrollen sichern (Keile, Steine). Bordwerkzeug entnehmen. Radschraubenschlüssel (MB: Steckschlüssel 230 589 01 09 00 mit Einsatz 126 589 04 09 00) bis Anschlag aufschieben. Schrauben diagonal eine Umdrehung nach links drehen. Schlüssel möglichst weit am Ende anfassen. Lassen sich Schrauben nicht lockern, mit dem Fuß kräftig auf das Schlüsselende drücken.

3 Wagenheber unter dem vom Fahrzeughersteller bezeichneten Bereich (Eindrückungen unterm Schweller) ansetzen und einrasten. Die Klaue muss gut greifen, der Heberfuß liegt mit seiner ganzen Fläche auf festem Untergrund auf. Wagenheber ausrichten, Klaue bis zum festen Anliegen hochdrehen, Wagen weiter anheben. Bei Arbeit mit der Hebebühne: Fahrzeug zwischen den Säulen ausrichten und Aufnahmeteller an den vorgeschriebenen Stellen platzieren. Schrauben herausdrehen, Rad abnehmen.

4 **Prüfen:**

- Radschrauben auf beschädigtes Gewinde, korrodierten Kugelbund oder abgenutzte Zinkschicht am Kugelbund kontrollieren. Erneuern Sie schadhafte Schrauben, weil sie sonst abscheren könnten. Der Kugelbund muss öl- und fettfrei sein.
- Reifen auf Beschädigung und Zustand prüfen, Profiltiefe messen. Die Scheibenräder auf Verschmutzung, auf Schäden an Zentrierung, Kugelkalotten und Felgenhörnern, auf

So lagern Sie Reifen richtig

- Reifen mit Wasser reinigen und gut trocknen. Fremdkörper (Rollsplitt) aus den Profilrillen entfernen.
- Laufrichtung und Position der Reifen markieren.
- In trockenem, kühlem und dunklem Raum lagern. Benzin, Öl, Fett und Chemikalien fernhalten.
- Reifen mit Felgen stapelt man liegend, am besten auf einer alten Holzpalette. Reifen ohne Felgen senkrecht stellen. Die Pneus von Zeit zu Zeit drehen.

Öl- und Fettfreiheit der Kugelkalotten und auf Korrosion der Anlagefläche untersuchen.

■ Radnabe und Bremsscheibentopf an der Radanlagefläche auf Verunreinigung und Korrosion prüfen und ggf. mit Drahtbürste oder Schmirgelleinwand reinigen.

5 Umsetzen: Außer bei Fahrzeugen mit Mischbereifung an Vorder- und Hinterachse sollten nach einer Fahrstrecke zwischen 5.000 und 10.000 km die Räder paarweise umgesetzt werden: Hinten links nach vorn links, hinten rechts nach vorn rechts und umgekehrt. Laufrichtung beibehalten!

6 Einbauen: Neues (oder im Falle eines vorübergehenden Radtausches nach Panne unterwegs mit »Tirefit« behandeltes) Rad so drehen, dass sich Schraubenlöcher (Felge) mit Gewinde (Radnabe) decken. Laufrad aufschieben, Radschrauben eindrehen.
Gewinde von Radschrauben nicht mit Schmier- oder Korrosionsschutzmitteln behandeln. Radschrauben falscher Länge oder Kalottenform dürfen nicht eingedreht werden, weil die Funktion der Bremse oder der Festsitz des Rades dadurch beeinträchtigt werden könnten.

7 Wagen ablassen und Radschrauben über Kreuz mit abschließenden 110 Nm festziehen. Schrauben nicht etwa mit einem verlängerten Radschlüssel anknallen, die Bremsscheiben könnten sich verziehen! Folge: Ungleichmäßige Bremswirkung und Reifenverschleiß.

8 Reifeninnendruck aller Reifen richtig stellen und Ventilschutzkappen aufdrehen.
Bei Fahrzeugen mit Reifendruckkontrolle (Code 475) zur Vermeidung von Korrosion nur Ventilschutzkappen aus Kunststoff verwenden. Bei diesen Fahrzeugen die Reifendruckkontrolle aktivieren.

9 Nach 50 km Festsitz der Radschrauben prüfen.

Reifen mit »Tirefit«-Kit abdichten

Mit der Tirefit-Ausstattung, die im linken Ablagefach im Kofferraum des Fahrzeugs untergebracht ist, können kleine Stichverletzungen, besonders in der Reifenlauffläche, abgedichtet werden. Das Dichtmittel kann bei Außentemperaturen bis -20 °C verwendet werden. Dabei eingedrungene Fremdkörper, z. B. Nägel oder Schrauben, möglichst nicht aus dem Reifen entfernen. Bei Schnitt- oder Stichverletzungen des Reifens, die größer als 4 mm sind, bei Schäden an der Felge oder wenn mit sehr geringem Reifendruck gefahren wurde, ist eine Reparatur mit Tirefit-Dichtmittel nicht mehr möglich.
Das Dichtmittel ist eine Emulsion aus Kautschuk und Terphentolharz, die gesundheitsschädigend und leicht endzündlich ist. »Tirefit« nur nach Vorschrift anwenden, nicht verschlucken, nicht berühren! Offenes Feuer/Licht vermeiden. Bei Haut- oder Augenkontakt sofort mit viel klarem Wasser abspülen, mit Tirefit verschmutzte Kleidung ausziehen und möglichst mit Perchlorethylen reinigen lassen. Ausgetretenes Dichtmittel ansonsten trocknen lassen und danach wie eine Folie abziehen.

1 Feststellbremse anziehen, ersten Gang einlegen, bei automatischem Getriebe Stellung »P« schalten. Tirefit-Ausstattung aus dem Kofferraum holen.

2 Je nach Ausführung (siehe Betriebsanleitung) entweder
■ das Stecker-Kabel und den Schlauch aus dem Kompressorgehäuse ziehen und den Schlauch ans Reifenventil oder
■ auf den Flansch der Tirefit-Füllflasche schrauben, diese mit dem Kopf nach unten in die elektrischen Luftpumpe stecken und die Füllflasche mit dem Reifenventil verbinden.

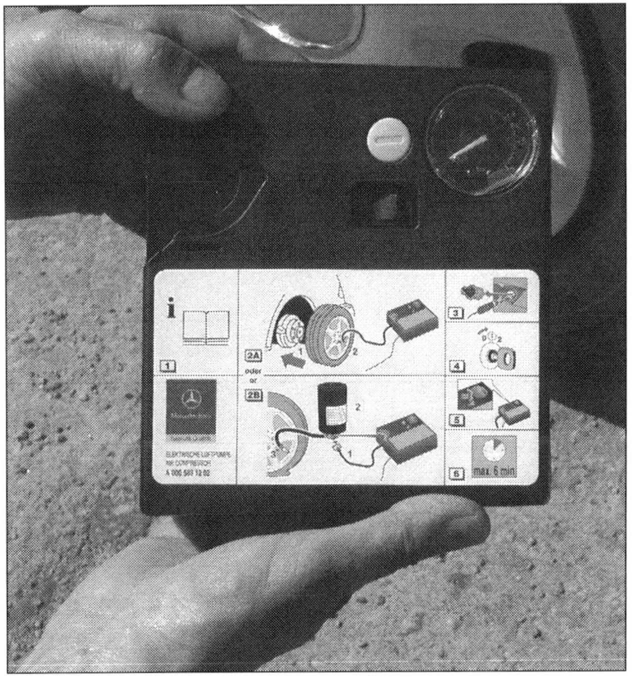

Kompressor mit Anleitung »Reifen mit Tirefit abdichten«..

3 Den Stecker des Anschlusskabels der elektrischen Luftpumpe in die Steckdose des Zigarettenanzünders stecken.

4 Zündschlüssel auf Stellung »1« drehen

5 Den Schalter an der elektrischen Luftpumpe auf »I« drücken.

6 Der Reifen wird nun aufgepumpt und das Dichtmittel eingebracht. Den Kompressor 5 Minuten laufen lassen, aber nicht länger als 6 Minuten. Danach Pumpe abkühlen lassen.

7 Wenn nach 5 Minuten der Luftdruck von 1,8 bar nicht erreicht wird, die Luftpumpe ausschalten, diese abnehmen und mit dem Fahrzeug 10 m vor- und zurückfahren. Das Dichtmittel kann sich so besser verteilen. Die Füllflasche nun von der elektrischen Pumpe abnehmen und den Reifen erneut aufpumpen. Wenn nach weiteren 5 Minuten der Luftdruck von 1,8 bar nicht erreicht werden kann, ist der Reifen zu stark beschädigt. Nicht weiterfahren, Werkstatt verständigen.

8 Wurde jedoch ein Reifendruck von 1,8 bar erreicht, den Schalter an der elektrischen Luftpumpe auf »0« drücken und Luftpumpe abnehmen. Sofort losfahren, damit sich das Dichtmittel im Reifen verteilen kann. Nach etwa 10 Minuten Fahrt anhalten und den Reifendruck am Manometer der elektrischen Luftpumpe überprüfen. Wenn der Reifen jetzt weniger als 1,3 bar beträgt, ist der Reifen zu stark beschädigt. Nicht weiterfahren, sondern Werkstatt verständigen. Wenn der Reifendruck aber noch mindestens 1,3 bar beträgt, Luftdruck erhöhen: elektrische Pumpe einschalten. Muss der Reifendruck dann etwas verringert werden, Öffnungsschraube am Manometer öffnen und das gelbe Entlüftungsventil neben dem Manometer drücken.

Warnhinweis zur Höchstgeschwindigkeit nach Einsatz.

9 Mit einem durch Tirefit reparierten Reifen darf nicht schneller als 80 km/h gefahren werden. Der entsprechende Aufkleber »max. 80 km/h« (Bestandteil der Tirefit-Ausstattung, Bild links unten) muss im Sichtbereich des Fahrers befestigt werden.

10 Nach Benutzung sollte das Tirefit-Kit so bald wie möglich in einer qualifizierten Fachwerkstatt ersetzt werden.
Bis zum Einsatz von Tirefit ist regelmäßig das Verfallsdatum auf der Füllflasche zu kontrollieren. Die Haltbarkeit des Dichtmittels beträgt vier Jahre, gerechnet ab Herstellungsdatum. Altes oder gebrauchtes Tirefit ist umweltgerecht wie beispielsweise Lackierungs-Reststoff zu entsorgen.

Dichtmittel »Tirefit« aus Reifen ablassen

Arbeitsschritte  

1 Abmontiertes Laufrad mit Ventil nach oben abstellen, damit kein Dichtmittel herausspritzen kann. Ventileinsatz herausdrehen und Druck aus dem Reifen ablassen. Überwurfmutter des Ventilkörpers abschrauben und das Ventil aus dem Scheibenrad herausziehen. Die Radoberfläche nicht beschädigen! In der Ventilbohrung zurückbleibende Ventilreste ins Innere des Laufrades drücken. Bei Fahrzeugen mit Reifendruckverlust-Warnung Ventil nicht aus dem Rad ziehen, sondern ins Laufrad hineindrücken.

2 Rad mit Ventilbohrung nach unten für 10 Minuten aufrecht und etwas erhöht abstellen. An der leeren Tirefit-Füllflasche einen mindestens 400 mm langen Schlauch anbringen (Originalschlauch ersetzen). Leere Füllflasche zusammendrücken, Schlauch durch die Ventilbohrung des Scheibenrades in das Dichtmittel eintauchen.

3 Druck auf leere Füllflasche unterhalb des Laufrades verringern. Dadurch wird das Dichtmittel zu etwa 90% aus dem Rad abgesaugt. Wenn keine leere Füllflasche verfügbar ist: Die Lauffläche des Reifens mit 10 mm-Spiralbohrer durchbohren und das Dichtmittel in einen geeigneten Behälter abfließen lassen. Dann das Scheibenrad mit einem feuchten Tuch von Resten des Dichtmittels reinigen. Tirefit entsorgen.

DIE BREMS-ANLAGE

Hinterradbremse eines A-Klasse-Fahrzeugs: Der Bremssattel (1) mit Bremssattelträger (2), Belaghaltefedern (3) und Bremsklötzen (4) ruht über der Bremsscheibe (5). Die Bremsleitung (6) versorgt den Radbremszylinder im Sattel mit hydraulischem Druck.

Wartung

Reparatur

Ihr Fahrzeug verfügt über eine leistungsfähige Bremsanlage, denn die Modelle der A-Klasse fahren bis zu 220 km/h Spitze. Das hydraulische Zweikreissystem besteht aus Unterdruckverstärker, Hauptbremszylinder, Scheibenbremsen vorn und hinten, Feststellbremse, Anti-Blockier-System ABS, Brems-Assistent-System BAS und Elektronischem Stabilitäts-Programm ESP.

Alle Motorvarianten (außer A150 und A160 CDI) haben innen belüftete Vorderrad-Scheibenbremsen. Der Durchmesser beträgt 276 bis 288 mm, die Dicke zwischen 12 bis 25 mm betragen. An der Hinterachse sorgen massive Bremsscheiben (258 mm Durchmesser) von 8 mm Dicke für sichere Verzögerung.

Die Zweikreis-Bremsanlage

Die Straßenverkehrs-Zulassungsordnung (StVZO) fordert für jedes Kfz zwei Bremskreise, die unabhängig voneinander arbeiten. Wenn ein System ausfällt, soll das andere das Fahrzeug immer noch abbremsen können. Deshalb verfügt Ihre A-Klasse über eine diagonal aufgeteilte Zweikreisbremsanlage: Ein Bremskreis ist für linkes Vorderrad und rechtes Hinterrad, der andere für rechtes Vorderrad und linkes Hinterrad zuständig. Fällt ein Bremskreis aus, bleiben ein Vorder- und ein Hinterrad bremsfähig. Man muss kräftiger aufs Pedal steigen, dieses lässt sich weiter durchtreten, der Anhalteweg wird länger.

Funktionsprinzip: Hydraulischer Druck

Beim Bremsen presst eine Druckstange am Pedal einen Doppelkolben in den Hauptbremszylinder, der eine Einheit mit dem Bremskraftverstärker bildet. Die Kolben übertragen die Fußkraft auf die Bremsflüssigkeit im Hauptbremszylinder. Der entstehende hydraulische Druck wird in dem mit pneumatischem Unterdruck versorgten Bremskraftverstärker etwa verdoppelt und setzt sich über Schlauch- und Rohrleitungen zu den Bremssätteln fort. Dort drücken die Kolben der Radbremszylinder die Bremsklötze gegen die Bremsscheiben. Beim Lösen des Bremspedals werden die Kolben und dadurch die Bremssättel von den Bremsscheiben zurückgezogen. Diese drehen wieder frei.
Der Bremskraftverstärker bringt etwa 60% der Bremskraft auf. Bei Benzinmotoren wird sein Unterdruck am Ansaugrohr entnommen, Dieselmotoren arbeiten mit Vakuumpumpe oder Tandempumpe für Kraftstoff- und Unterdruckversorgung.

Für den Notfall Bremsassistent

Das Brems-Assistent-System, kurz BAS, zählt in allen Modellen der A-Klasse zur Serienausstattung. BAS wirkt in Notbremssituationen. Wenn Sie schnell auf die Bremse treten, erhöht BAS automatisch den Bremsdruck der Bremse und verkürzt so den Bremsweg. Trotz dieser automatischen Vollbremsung blockieren die Räder nicht, weil das Anti-Blockier-System ABS die Bremskraft präzise bis zur optimalen Schlupfgrenze dosiert, wodurch der Wagen lenkbar bleibt. Wenn Sie das Bremspedal lösen, funktioniert die Bremse wieder wie gewohnt. BAS wird deaktiviert. Ist BAS gestört, steht die Bremsanlage weiterhin mit voller Bremskraftverstärkung zur Verfügung, in Notbremssituationen wird die Bremskraft jedoch nicht automatisch zusätzlich verstärkt. Der Bremsweg kann sich daher verlängern.

Das Antiblockiersystem ABS

Die A-Klasse ist serienmäßig auch mit einem Anti-Blockier-System ausgestattet. Das elektronisch gesteuerte ABS verhindert durch einen gezielten Eingriff an den einzelnen Rädern, dass diese bei Vollbremsung blockieren. Dabei wird der Bremsdruck über die hydraulische Anlage etwa vier bis fünf Mal pro Sekunde variiert. Durch die automatische Stotterbremsung bleiben die Räder stets lenkbar. ABS wirkt unabhängig von der Straßenbeschaffenheit ab einer Geschwindigkeit von etwa 8 km/h. Bei glatter Straße regelt ABS bereits bei nur leichtem Bremsen.
Die Kontrollleuchte des ABS-Bremssystems leuchtet mit dem Einschalten der Zündung auf und verlischt, wenn der Motor läuft, spätestens nach zwei Sekunden oder wenn schneller als 6 km/h gefahren wird. Leuchtet sie während der Fahrt, dreht entweder ein Rad länger als 20 Sekunden durch oder es liegt eine Störung im ABS-System vor. Es kann auch sein, dass die Bordspannung unter 10,0 Volt gefallen ist. Wenn ABS gestört ist, können Sie trotzdem weiterfahren, denn die Bremse funktioniert ja. Aber die Räder könnten nun beim Bremsen blockieren. Dadurch ist die Lenkfähigkeit des Fahrzeugs beim Bremsen eingeschränkt und der Bremsweg kann sich verlängern. Wenn ABS aufgrund einer Störung abgeschaltet ist, dann ist auch BAS abgeschaltet. Suchen Sie die Werkstatt auf!

Die Feststellbremse

Den gesetzlichen Vorschriften folgend, verfügt die A-Klasse über eine Feststellbremse als zweite unabhängige Bremsbetätigung. Sie wird mechanisch über Seilzüge betätigt, ist feststellbar und wirkt auf die beiden Hinterräder. Das Fahrzeug kann damit im Stand gegen unbeabsichtigte Fortbewegung (Rollen) gesichert werden. Die Feststellbremse, eine Handbremse, muss nachgestellt werden, wenn sich der Hebel mehr als drei Rasten hochziehen lässt und dabei keine Bremswirkung spürbar wird.

Arbeiten am Bremssystem

Viele Wartungen und andere Arbeiten an der Bremsanlage können Sie selbst ausführen. Auch bei einer intakten Bremsanlage kann zum Beispiel der Bremsflüssigkeits- Pegel sinken. Ursache können der Verschleiß an den Bremsbelägen oder auch Defekte am Kupplungssystem sein. Regelmäßige Kontrolle des Flüssigkeitsstandes ist auf jeden Fall angesagt.
Ebenfalls wichtig ist die Kontrolle des Wassergehalts der Bremsflüssigkeit (siehe »Techniklexikon«). Untersuchungen haben gezeigt, dass bei vielen in Deutschland rollenden Fahrzeugen die Bremsflüssigkeit infolge Wasseraufnahme den kritischen Siedepunkt von 150 °C unterschreitet. Das kann zum Versagen der Bremsen führen.
Regelmäßig, mindestens jedoch alle 15.000 Kilometer oder einmal im Jahr sollte die Stärke der Bremsbeläge kontrolliert werden. Bremsbeläge grundsätzlich immer auf beiden Seiten erneuern. Mit neuen Bremsbelägen auf den ersten 200 Kilometern häufige Vollbremsungen vermeiden, der Belag verändert sonst seine Struktur. Er verhärtet (»verglast«) und erreicht dadurch nicht seine beste Bremswirkung.
Bremsbeläge, die Sie weiter verwenden wollen, sollten Sie beim Ausbau kennzeichnen. Sie müssen an gleicher Stelle wieder eingebaut werden. Gelangt Luft beim Abnehmen von Bremsschläuchen oder Öffnen von Bremsleitungen ins Bremssystem, müssen Sie die Anlage entlüften. Meist genügt es, wenn Sie nur den Bremskreis entlüften, an dem Sie gearbeitet haben.
Wirkt die Bremse an den Rädern ungleichmäßig, könnten die Gleitflächen von Bremssattel und Bremszange korrodiert sein. Der Bremssattel wird dadurch schwergängig. Wenn infolge einer defekten oder nachlässig montierten Staubmanschette Schmutz und Feuchtigkeit in das Bremssattelgehäuse eindringen, muss der Kolben gereinigt werden.

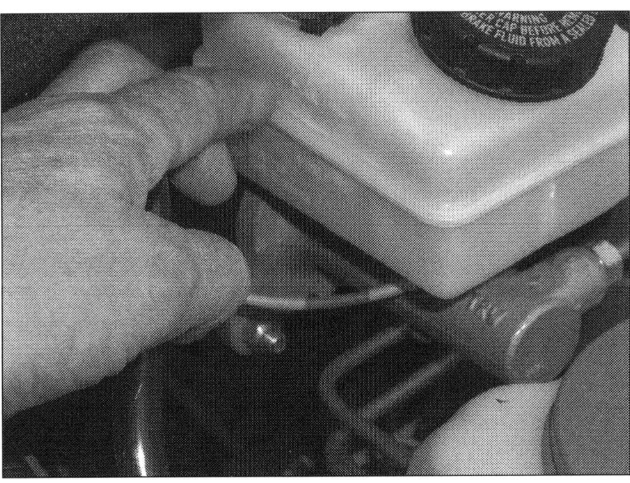

Der Bremsflüssigkeitsbehälter mit MAX-/MIN-Markierungen hinten links im Motorraum.

Bremsflüssigkeit

Mercedes-Benz setzt die Bremsflüssigkeit »DOT 4 plus« ein, eine Weiterentwicklung des DOT 4-Standards (US-Sicherheitsvorschrift FMVSS 116) mit höherem Nasssiedepunkt. Übliches Wechselintervall: zwei Jahre. Die Bremsflüssigkeit aus Glykol und Polyglykoläther ist noch bei minus 40 °C dünnflüssig. Ihr Siedepunkt liegt über 270 °C. Da sie hygroskopisch ist, nimmt Bremsflüssigkeit Wasser auf, was u. a. durch undichte Bremsschläuche und Gummimanschetten geschehen kann. Sie nimmt aber auch Luftfeuchtigkeit auf, weshalb sie nur in verschlossenen, gut abgedichteten Vorratsbehältern (Original-Gebinden) aufbewahrt werden darf.
Durch Wasseraufnahme sinkt der Siedepunkt. Bei einem Wassergehalt von 2,5 Prozent liegt er nur noch bei 150 °C (kritische Grenze). In diesem Fall können sich bei stark erhitzten Bremsen (Gebirgsfahrt, Vollbremsungen) Dampfblasen in der Bremsflüssigkeit bilden. Diese werden beim Bremsen zusammengepresst, das System kann keinen stabilen Bremsdruck aufbauen, das Pedal lässt sich tief durchtreten, schlimmstenfalls bis auf den Boden. Es ist sogar möglich, dass die Bremsen ganz ausfallen.
Die Sicherheit erfordert daher den regelmäßigen zweijährlichen Wechsel der Bremsflüssigkeit. Sie sollte möglichst im Frühjahr erneuert werden. Die für alle Mercedes-Benz-Fahrzeugtypen freigegebene »MB 331.0 Bremsflüssigkeit 000 989 08 07« (DOT 4 plus) garantiert hohe Betriebssicherheit und die Aufrechterhaltung des hohen Siedepunktes über die gesamte Gebrauchsdauer.

Kenndaten der Bremsen bei den Fahrzeugen der A-Klasse

Ohne Detaillierung nach Ausstattungslinien. Genaue Daten konkreter Fahrzeuge aus den Datenblättern entnehmen!

Motorisierung	Scheibendurchmesser	Sch.-Dicke	Verschleiß*	Belagdicke	Verschleiß**
Vorn:					
A150, A160 CDI	276 mm	12 mm	10 mm	18,7 mm	2 mm
A170, A200, A180 CDI	276 mm	22 mm	19,43 mm	18,7 mm	2 mm
A200 Turbo, A200 CDI	288 mm	25 mm	22,4 mm	19,7 mm	2 mm
Hinten:					
Alle Typen	258	8 mm	7 mm	14,4 mm	2 mm

* Verschleißgrenze für die Bremsscheibendicke.
** Verschleißgrenze für die Bremsbelagdicke, ohne Rückenplatte gemessen!

Die Bremsbelagdicke ist mit Rückenplatte, der Verschleiß ohne Rückenplatte angegeben. Bei Bremsbelägen mit Verschleißanzeige leuchtet bei etwa 2 bis 3 mm Dicke (ohne Rückenplatte!) die Kontrolllampe auf.

Zustand der Bremsanlage prüfen

1 Bremskraftverstärker, Hauptbremszylinder und Bremssättel auf Beschädigungen und Undichtigkeiten prüfen.

2 Alle Anschlüsse und Verbindungen von Schläuchen und Leitungen auf richtigen Sitz, Undichtigkeiten und Korrosion prüfen. Auf dunkle und feuchte Flecken achten. Kontrollieren Sie besonders, ob Hydraulikleitungen geknickt oder Anschlüsse an der Hydraulikeinheit undicht sind.

3 Bremsschläuche, elektrische Leitungen und Steckkupplungen prüfen. Wenn sie Scheuerstellen aufweisen und Schläuche feucht oder aufgequollen sind: auswechseln.

4 Bremsschläuche dürfen nicht in sich verdreht und nirgendwo porös und brüchig sein. Bei maximalem Lenkeinschlag muss ihr Abstand zu anderen Achsteilen mindestens 15 mm betragen.

5 Eine Minute lang mit voller Kraft aufs Bremspedal treten. Das Pedal darf nicht nachgeben. Eine exakte Druckprüfung ist allerdings Sache der Werkstatt.

7 Alle festgestellten Mängel müssen unverzüglich in eigener Arbeit oder durch die Werkstatt beseitigt werden.

Vorsicht bei Wartung und Reparatur

■ Regelmäßige Kontrolle der Bremsanlage ist für Autofahrer die beste Lebensversicherung. Scheuen Sie sich nicht, die Räder abzunehmen und den Zustand von Bremsscheiben und Bremsbelägen gründlich zu prüfen!

■ Machen Sie sich andererseits aber nur ans Schrauben, wenn Sie ganz sicher sind. Suchen Sie sonst besser die Werkstatt auf. Beachten Sie, dass beim Reinigen der Anlage Bremsstaub anfällt, der zu gesundheitlichen Schäden führen kann. Niemals Bremsstaub einatmen!

■ Bei Wartungs- und Reparaturarbeiten ist strikt darauf zu achten, dass kein Mineralöl, Schmierfett oder ähnliche Stoffe in die Bremsanlage gelangen. Wird Öl festgestellt, Tandem-Hauptbremszylinder und Ausgleichsbehälter für Bremsflüssigkeit erneuern, gesamte Bremsanlage mit neuer Bremsflüssigkeit durchspülen, alle Baugruppen mit Bestandteilen aus Gummi auswechseln, Bremsanlage entlüften.

■ Bremsbeläge sind Bestandteil der Allgemeinen Betriebserlaubnis (ABE), außerdem vom Werk auf das jeweilige Fahrzeug abgestimmt. Deshalb dürfen nur vom Automobilhersteller beziehungsweise vom Kraftfahrtbundesamt (KBA) freigegebene Bremsbeläge (mit KBA-Freigabenummer) verwendet werden.

Bremsenfunktion prüfen

Arbeits-schritte   

1 Für die Bremsprüfung eine abgelegene Straße aufsuchen und andere Verkehrsteilnehmer nicht gefährden!

2 Schritttempo fahren. Mit voller Kraft bremsen, dann den Gummiabrieb auf der Straße ansehen. Die Bremsen ziehen gleichmäßig, wenn die Spuren gleich lang sind. Die gleiche Übung mit der Feststellbremse durchführen.

3 Auf etwa 50 km/h beschleunigen, Lenkrad loslassen, Hände griffbereit halten. Zuerst sanft, dann scharf bis zum Stillstand bremsen. Das Fahrzeug soll die Spur halten. Bei scharfem Bremsen spüren Sie das ABS-Regeln.

4 Nach dem Test auf leicht abschüssiger Strecke Fahrzeug aus dem Stand losrollen lassen. Drehen die Räder frei?

5 Wärmeprobe an den Felgen: Alle vier müssen gleich warm sein. Ursache für zu hohe Temperatur sind z. B. schleifende Bremsen oder defekte Radlager.

Bremsscheiben prüfen

Arbeits-schritte   

1 Räder abschrauben, Bremsscheiben genau ansehen. Eine bläuliche Verfärbung der Scheibe ist normal.

2 Sind Rillen durch Schmutz oder zu stark abgefahrene Beläge in den Scheiben? Sie dürfen nicht tiefer als 0,5 mm sein. Durch hohe Belastung können Haarrisse entstehen. Die Länge solcher Haarrisse darf nicht mehr als 25 mm betragen. Bei gelochten Bremsscheiben die Haarrisslänge inklusive Lochdurchmesser messen!

3 Bei Riefen oder zu starken Verschleißspuren Scheiben paarweise austauschen, niemals nachbearbeiten!

4 Prüfen Sie die Perforationen der Bremsscheiben. Sind die Bohrungen durch Bremsabrieb zugesetzt, müssen sie mit einem geeigneten Dorn gereinigt werden. Ist dies nicht möglich, Bohrer mit 4,3 mm Durchmesser verwenden. Bohren Sie keinesfalls größer und heben Sie keine Späne von der Bremsscheibe ab!

(1) Bremsscheibe, Bild oben von der Seite, Bild rechts in der Draufsicht zwischen den Bremsbacken (2). Rechts sind die Luftkanäle der innenbelüfteten Scheibe zu sehen.

5 Die Stärke der Scheiben messen Sie am besten, indem Sie zwischen Messschieber und Bremsscheibe eine Münze legen. Die Dicke der Münzen müssen Sie vom gemessenen Wert abziehen. Messen Sie die Bremsscheibe an mehreren Punkten. Es gilt der jeweils schlechteste Wert.

6 Zu dünne Scheiben (Verschleißgrenzwert in mm siehe Tabelle) müssen immer paarweise ausgetauscht werden.

Bremsbeläge prüfen

1 Wagen anheben, Räder abbauen. Die Räder müssen wieder in gleicher Position eingebaut werden. Deshalb empfiehlt es sich, die Einbaulage mit Kreide zu markieren.

2 Bremsklötze ausbauen, auf Verschmutzung durch austretende Bremsflüssigkeit oder Fett achten.

3 Mit dem Messschieber die Belagdicke der Bremsklötze prüfen (Sollwerte und Verschleißgrenzwerte siehe Tabelle).

4 Sind die Bremsklötze über die Verschleißgrenze abgefahren, kann der Steg zwischen Dichtungsnut und Staubkappe beschädigt sein. Dann die Bremsanlage mit einem Druckprüfgerät auf Dichtheit prüfen.

5 Bremsklötze immer satzweise erneuern!

Bremskraftverstärker prüfen

 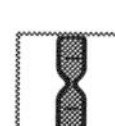 

1 Motor abstellen, das Bremspedal mehrmals durchtreten und in seiner tiefsten Stellung halten. Dadurch wird der im Gerät vorhandene Unterdruck abgebaut.

2 Bremspedal bei mittlerer Fußkraft in Bremsstellung halten und den Motor starten. Jetzt muss die Bremskraftverstärkung wirksam werden. Das Bremspedal gibt unter dem Fuß spürbar nach. Senkt sich das Pedal nicht, liegt eine Stö-

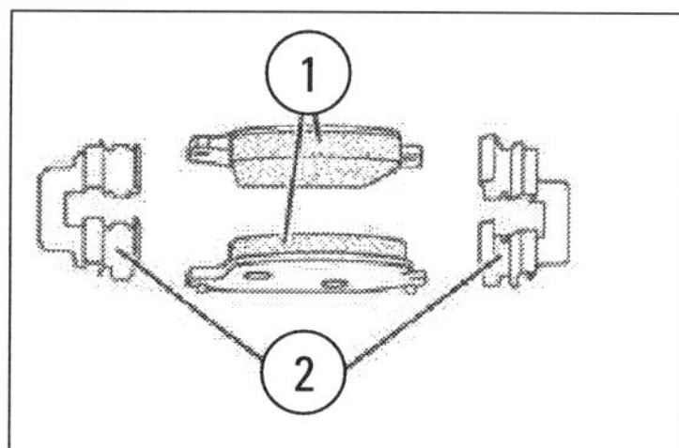

Bremsbelag (1) in den Haltefedern (2) des Belaghalters (Bilder links). Bild unten: Messen der Dicke des mit Rückenplatte aus dem Halter genommenen Belages.

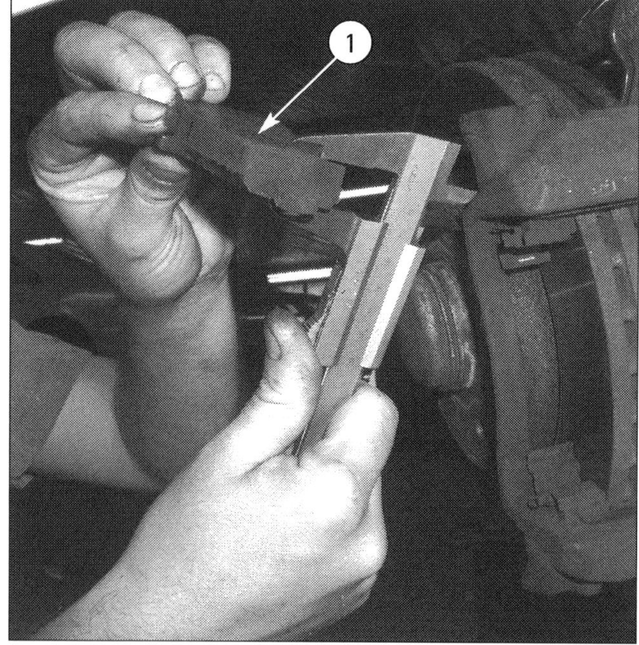

rung vor. Meistens muss dann der Bremskraftverstärker komplett ersetzt werden.

3 Eine genaue quantitative Prüfung ist nur mit Unterdruck- und Druckprüfgerät sowie Pedalkraftmesser möglich. Dazu durch mehrmaliges Betätigen des Bremspedals den Unterdruck im Bremskraftverstärker abbauen.

4 Motorhaube öffnen und ein Unterdruckprüfgerät (MB: 201 589 13 21 00; 7 im Bild unten) über einen Prüfanschluss (8) an den Bremskraftverstärker (2) anschließen. Dazu wird die Unterdruckleitung (1) vom Rückschlagventil (1a) abgezogen. Dann wird der Prüfanschluss zwischen Bremskraftverstärker und Unterdruckleitung eingesetzt und das Unterdruckprüfgerät am Prüfanschluss angeschlossen.

5 Vorderes Laufrad abmontieren und Bremsanlage an dem Faustsattel entlüften, an dem das Druckprüfgerät angeschlossen werden soll. Dazu wird der Schlauch eines Bremsflüssigkeits-Auffangbehälters auf das Entlüftungsventil aufgesteckt und das Ventil geöffnet. Bremsflüssigkeit solange auslaufen lassen, bis sie blasenfrei und ohne Verunreinigungen (helle Farbe) austritt (zum Entlüften siehe auch nachfolgende Arbeitsanleitung mit entsprechender Abbildung). Dann das Entlüftungsventil wieder schließen.

6 Die Entlüfterschraube aus dem Faustsattel vorn (ähnlich der Abbildung rechts oben, in der die Situation am Hinterrad gezeigt wird) herausschrauben (7 Nm).

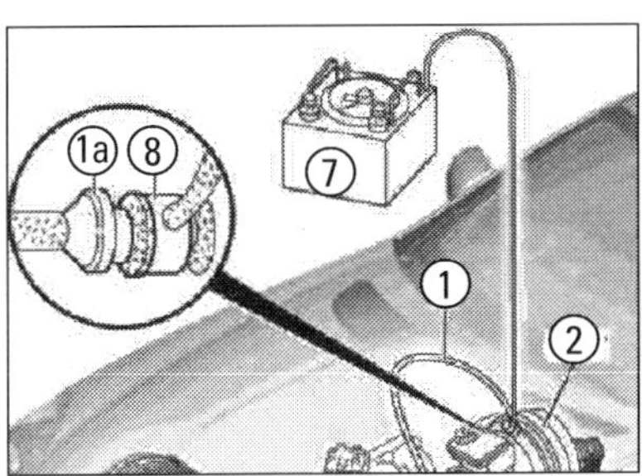

(1) Unterdruckleitung vom (1a) Rückschlagventil, (2) Bremskraftverstärker, (3) Bremsleitungen, (4) Bremsleitung vorn links, (5) Hydraulikeinheit, (6) Bremsleitung vorn rechts, (7) Unterdruckprüfgerät, (8) Prüfanschluss. Aus dem Bremskraftverstärker (2) ist der Hauptbremszylinder herausgeschraubt, an dem sich sonst die Leitungen (3) befinden.

7 Druckprüfgerät (1) mit seinem Anschlussstutzen anstelle der Entlüfterschraube des vorderen Faustsattels (2) anschließen (Bild unten Mitte).

8 Einen Pedalkraftmesser am Bremspedal anbringen (Bild ganz unten). Motor starten und durch Gasgeben einen Unterdruck von 0,75 bis 0,80 bar erzeugen. Wird dieser Unterdruck nicht erreicht oder fällt er sofort nach Erreichen des geforderten Wertes ab, kann der Dichtring zwischen Bremskraftverstärker und Hauptbremszylinder beschädigt oder das Rückschlagventil in der Unterdruckleitung defekt sein. Das Rückschlagventil muss geprüft und ggf. der Hauptbremszylinder ausgebaut werden, um den Dichtring zu erneuern.

9 Bei stabilem Unterdruck von 0,75 bis 0,80 bar wird jetzt durch Drehen der Bremspedalwinde das Pedal mit einer definierten Kraft von 50 N bis 250 N beaufschlagt. Am Druckprüfgerät (1; Bild unten Mitte) wird der Leitungsdruck abgelesen, für den eine Toleranz von plus/minus 10 bar auf den Sollwert zulässig ist. Er muss zwischen 32 und 73 bar liegen. Den geforderten Zusammenhang zwischen Pedalkraft und Leitungsdruck (gemessen bei 0,75...0,8 bar Saugrohrunterdruck) zeigt die folgende Übersicht:

Entlüfterschraube (Zeigefinger) am Faustsattel einer A-Klasse-Hinterradbremse.

(1) Druckprüfgerät, (2) Faustsattel.

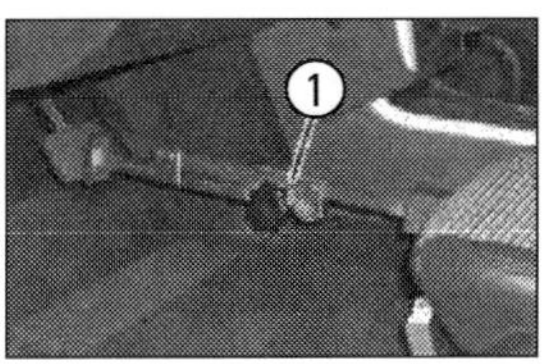

(1) Bremspedalwinde an dem zwischen Vordersitzschiene und Bremspedal geklemmten Pedalkraftmesser.

Pedalkraft = 50 N	Bremsleitungsdruck = 32 bar
Pedalkraft = 100 N	Bremsleitungsdruck = 50 bar
Pedalkraft = 150 N	Bremsleitungsdruck = 63 bar
Pedalkraft = 200 N	Bremsleitungsdruck = 68 bar
Pedalkraft = 250 N	Bremsleitungsdruck = 73 bar

10 Nach der Messung den Pedalkraftmesser vom Bremspedal und das Druckprüfgerät mit Anschlussstutzen vom Faustsattel abbauen. Entlüfterschraube wieder in den Faustsattel einschrauben und mit 7 Nm festziehen. Das Unterdruckprüfgerät vom Bremskraftverstärker trennen.

11 Bremsanlage wiederum entlüften, und zwar nur an dem Faustsattel, an dem das Druckprüfgerät angeschlossen war. Laufrad wieder anschrauben.

Wirkung der Feststellbremse prüfen

Arbeitsschritte  

1 Fahrzeug auf einer Straße mit leichtem Gefälle im Leerlauf rollen lassen. Handbremshebel in die erste Raste ziehen. Die Bremse müsste wirken (Wagen wird nicht schneller).

2 Handbremshebel weiter nach oben ziehen. In der dritten, spätestens aber in der vierten Raste sollten die Hinterräder blockieren.

3 Wenn Sie einen längeren Leerweg feststellen, kann dieser kaum durch abgefahrene Bremsbeläge entstehen. Das Spiel wird durch die Nachstellvorrichtung automatisch kompensiert. Trotzdem die hinteren Bremsbeläge prüfen.

4 Unternehmen Sie nun eine Probefahrt und ziehen Sie den Handbremshebel vier bis sechs Rasten hoch. Wenn keine ausreichende Bremswirkung zu bemerken ist, halten Sie das Fahrzeug an einer geeigneten Stelle an und betätigen Sie abwechselnd die Betriebsbremse und die Feststellbremse.

5 Wenn bei anschließendem Test entsprechend Arbeitsschritt 2 noch immer keine ausreichende Bremswirkung verspürt wird, müssen die Bremsscheiben gewechselt werden.

6 Die Verzögerungswerte der Feststellbremse lassen sich auch auf dem Bremsenprüfstand messen. Die Werkstatt trägt die dabei gemessenen Werte in das Wartungsblatt ein.

Stand der Bremsflüssigkeit prüfen

Arbeitsschritte    

1 Stand der Bremsflüssigkeit regelmäßig kontrollieren. Bei Auslieferung oder nach Inspektion muss der Flüssigkeitsstand bei der MAX-Markierung am Ausgleichsbehälter (am Bremskraftverstärker, Motorraum hinten links) liegen.

2 Stellen Sie sinkenden Pegel-Stand fest, ist das noch kein Grund zur Sorge, solange die Bremsflüssigkeit im Behälter zwischen den eingeprägten Markierungen MIN und MAX (Bild Seite 151) steht. Sind die Bremsbeläge neu oder noch wenig abgefahren, muss der Stand hier liegen.

3 Wenn die Beläge dicht an der Verschleißgrenze sind (Tabelle Seite 152), kann der Pegel nahe der MIN-Marke verbleiben. Beim Einbau neuer Beläge werden die Bremskolben zurückgedrückt, der Stand im Bremsflüssigkeitsbehälter steigt dadurch wieder an. Gesamtfüllmenge: 0,5 Liter.

4 Müssen Sie infolge Flüssigkeitsstand unter der MIN-Markierung Bremsflüssigkeit auffüllen, dann tun Sie das erst, nachdem Sie sich vergewissert haben, dass keine Undichtigkeit am Bremssystem vorliegt.

5 Zum Nachfüllen nur neue Bremsflüssigkeit der Kategorie DOT 4 plus verwenden, das ist das Produkt MB 331.0 Bremsflüssigkeit mit der Sachnummer 000 989 08 07. Wenn Sie gebrauchte Bremsflüssigkeit entsorgen müssen (siehe auch die folgende Arbeitsanleitung), dann orientieren Sie sich am »Umweltschutz-Handbuch für Kfz-Reparaturbetriebe«. Dieses auch für ähnliche Entsorgungsfragen (Altöl, Lackreste) empfehlenswerte Buch wird vom Verband der Automobilindustrie e. V. (VDA) herausgegeben.

Vorsicht mit Bremsflüssigkeit!

- Nicht mit dem Mund oder mit offenen Wunden in Berührung bringen! Bremsflüssigkeit ist giftig!
- Mit Bremsflüssigkeit befleckte Karosseriestellen (Lack) mit viel Wasser abwaschen!
- Bremsflüssigkeit nicht mit mineralölhaltigen Flüssigkeiten in Verbindung bringen, weil Mineralöle die Dichtungen und Manschetten der Bremsanlage beschädigen.

Bremsflüssigkeit wechseln und Bremsanlage entlüften

      zwei Jahre

1 Motorhaube öffnen und Verschlussdeckel des Ausgleichsbehälters für Bremsflüssigkeit abschrauben. Flüssigkeit mit Pipette oder sauberer Injektionsspritze absaugen und neue Bremsflüssigkeit bis zur MAX-Markierung einfüllen oder handelsübliches Bremsflüssigkeitswechselgerät einsetzen. Das Gerät muss entsprechend Herstellerangaben am Ausgleichsbehälter für Bremsflüssigkeit angeschlossen und bedient werden. Gerät einschalten und einen Entlüftungsdruck von 2 bar einstellen.

2 Fahrzeug mit dem Wagenheber anheben und aufbocken oder mit einer Hebebühne anheben. Untere Motorraumverkleidung bzw. Geräuschkapsel-Unterteile ausbauen.

3 Das Entlüften am Faustsattel hinten rechts beginnen. Staubkappe vom Entlüftungsventil abnehmen und den Schlauch eines Auffangbehälters für Bremsflüssigkeit (separat oder zum Wechselgerät gehörend) am Ventil aufstecken.

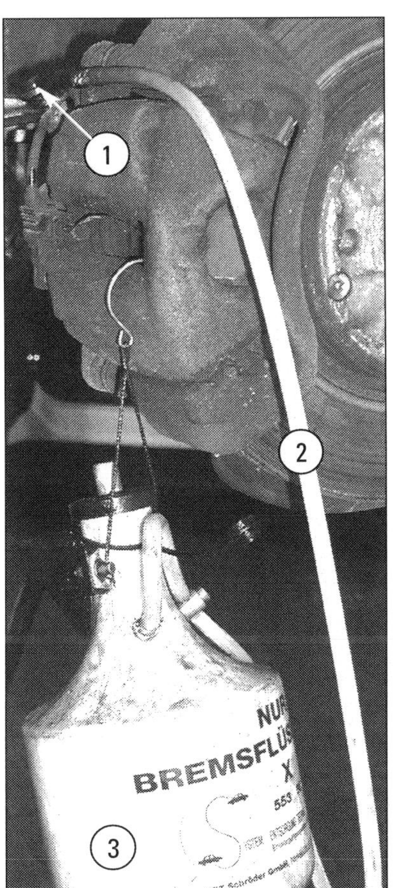

Bremsanlage befüllen und entlüften: Durch einen auf das geöffnete Entlüftungsventil (1) am Bremssattel gesteckten Schlauch (2) muss die Bremsflüssigkeit blasenfrei und hell in den Auffangbehälter (3) fließen. Transparenten Schlauch verwenden!

4 Entlüftungsventil öffnen und Bremsflüssigkeit in den Auffangbehälter abfließen lassen, bis sie blasenfrei und hellfarbig (frei von Verunreinigungen) ausströmt. Ventil wieder schließen.

5 Arbeitsschritte 3 und 4 an den anderen Faustsätteln in der Reihenfolge hinten links, vorn rechts und vorn links wiederholen. Untere Motorraumverkleidung bzw. Geräuschkapsel-Unterteile wieder einbauen.

6 Fahrzeug absenken und Bremsflüssigkeitswechselgerät abmontieren. Flüssigkeitsstand im Ausgleichsbehälter prüfen, ggf. korrigieren. Verschlussdeckel am Ausgleichsbehälter aufschrauben und festziehen. Motorhaube schließen.

7 Mehrmals das Bremspedal betätigen. Druck und Leerweg am Bremspedal prüfen: Der Leerweg darf nicht größer als ein Drittel des gesamten Pedalweges sein. Dann Probefahrt zur Kontrolle der Bremsenfunktion: Mindestens eine Bremsung mit ABS-Regelung muss erfolgen.

Anmerkung: Die Bremsanlage ist auch zu entlüften, wenn beispielsweise Bremsschläuche erneuert oder Bremsleitungen geöffnet werden mussten. Häufig reicht es, nur den Bremskreis zu entlüften, an dem gearbeitet wurde. Beim gesamten Entlüftungsvorgang darf der Bremsflüssigkeitspegel im Ausgleichbehälter auf keinen Fall unter die MIN-Markierung fallen. Ansonsten gelangt Luft ins System.

Bremsschläuche wechseln

  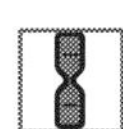 

1 Fahrzeug anheben, Laufräder abmontieren.

2 **Bremsschlauch vorn:** Den Bremsschlauch (2) an der Bremsleitung vorn (1) abbauen und die Bremsleitung mit Stopfen verschließen (Bilder nächste Seite). Den Bremsschlauch durch den Halter (3) durchziehen und am Faustsattel vorn (4) abbauen.

3 Einbau in umgekehrter Reihenfolge. Nur von Mercedes-Benz freigegebene Bremsschläuche verwenden und darauf achten, dass der Schlauch scheuerfrei und nicht verdreht eingesetzt wird, damit er nicht beschädigt werden kann.

4 Der Bremsschlauch muss zwischen Halter (3) und Verschraubung der Bremsleitung (1) in einem Bogen nach unten liegen. Die Halteklammer (5) muss korrekt sitzen oberes und mittleres Bild unten). Der Schlauch muss in allen Fahrsituationen einen Mindestabstand von etwa 15 mm zu anderen Achsteilen haben.

5 Der Bremsschlauch muss so in die Halterung eingesetzt werden, dass der Zapfen in die Verzahnung des Halters eingreift (Pfeil im Bild unten Mitte), wobei der Schlauch nicht verdreht werden darf. Der Bremsschlauch (2) darf bei vollem Lenkeinschlag rechts und links und auch beim Ein- und Ausfedern nicht scheuern.

6 **Bremsschlauch hinten:** Den Bremsschlauch (7) an der Bremsleitung hinten (6) abbauen und die Bremsleitung mit passendem Stopfen verschließen. Dann den Schlauch am Faustsattel hinten (8) abbauen.

7 Beim Einbau in umgekehrter Reihenfolge darauf achten, dass der Schlauch scheuerfrei und nicht verdreht eingesetzt wird. Die Halteklammer (5) muss korrekt sitzen.

8 Zum Aus- und Einbau der Bremsschläuche ist ein Ringschlüssel (MB-Sonderwerkzeug 000 589 76 03 00) erforderlich. Die Bremsleitung sollte mit Stopfen aus dem MB-Stopfensatz 129 589 00 91 00 verschlossen werden. Achtung: Der Ausgleichsbehälter für Bremsflüssigkeit darf nicht ganz leer laufen! Die Bremsschläuche werden mit 18 Nm an den Faustsätteln und mit 16 Nm an den Bremsleitungen festgeschraubt.

(1) Bremsleitung vorn,
(2) Bremsschlauch vorn,
(3) Halter,
(4) Faustsattel vorn,
(5) Halteklammer,
(6) Bremsleitung hinten,
(7) Bremsschlauch hinten,
(8) Faustsattel hinten.

(1/6) Bremsleitung,
(2/7) Bremsschlauch.

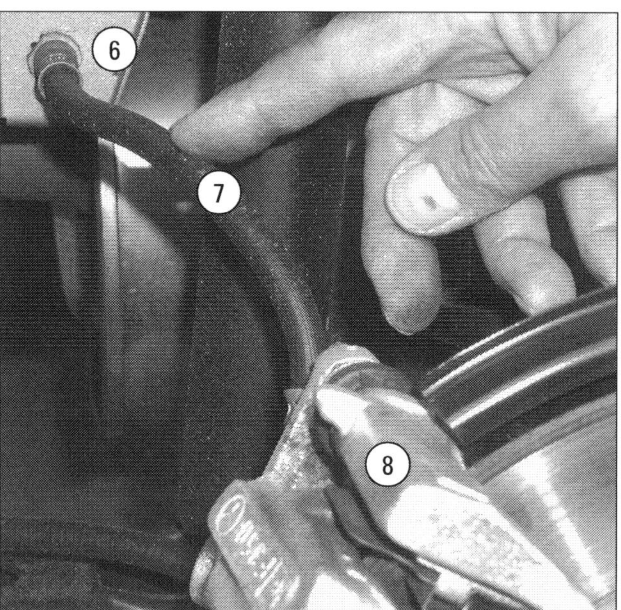

Bremssattel vorn aus-/einbauen

1 **Ausbau:** Vorderräder abbauen, Fahrzeug anheben, Bremsklötze ausbauen (spätere Reparaturanleitung).

2 Bremsschlauch wie beschrieben ausbauen. Am rechten Faustsattel die elektrische Leitung abbauen.

3 Faustsattel vom Bremsträger abbauen (Bild unten). Dazu die selbstsichernden Schrauben herausdrehen.

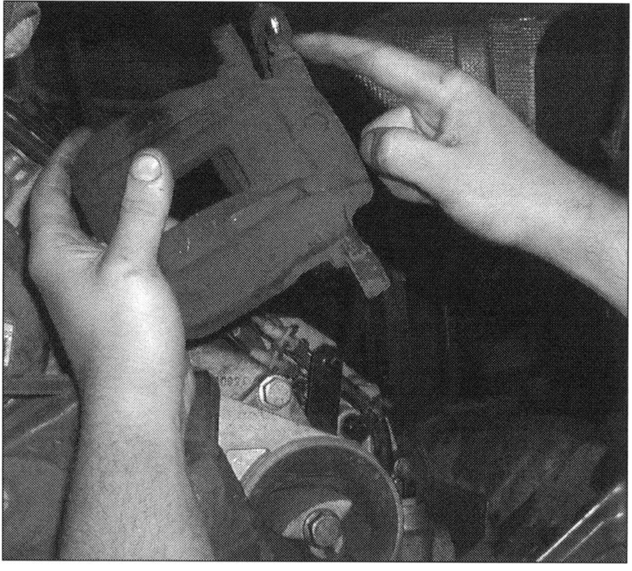

Aus dem Träger herausgenommener Faustsattel.

4 Einbau: Sinngemäß in umgekehrter Ausbaureihenfolge. Wie beschrieben darauf achten, dass der Bremsschlauch scheuerfrei und nicht verdreht eingebaut wird und dass die Halteklammer korrekt sitzt.

5 Selbstsichernde Schraube (Faustsattel an Führungsbolzen, Bilder unten) erneuern und mit 35 Nm festziehen. Bremsanlage entlüften. Wenn Bremsbeläge ersetzt wurden, das Bremspedal im Stand mehrmals durchtreten, damit die Bremsbeläge ihren richtigen Sitz einnehmen. Abschließend Bremsanlage auf Dichtheit und Funktion prüfen.

Bremssattel hinten aus-/einbauen

Arbeitsschritte   

1 Ausbau: Radschrauben der Hinterräder lösen, Fahrzeug anheben, Räder abbauen. Bremsklötze entsprechend nachfolgender Reparaturanleitung ausbauen.

2 Bremsschlauch wie beschrieben ausbauen, zuerst an der Bremsleitung und dann am Faustsattel (Ringschlüssel 000 589 76 03 00), Bremsleitung mit MB-Stopfen 129 589 00 91 00 verschließen.

3 Faustsattel (1) vom Bremssattelträger (2) abbauen (siehe Abbildung zu Kapitelbeginn auf Seite 149). Dazu die selbstsichernden Schrauben lösen (Bilder unten).

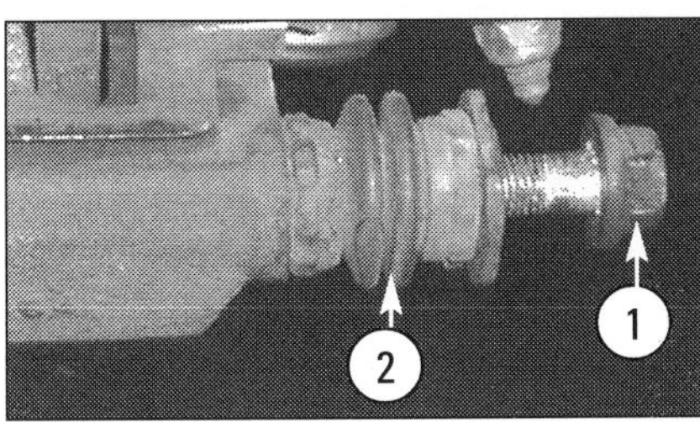

(1) selbstsichernde Schrauben, (2) Gummimanschetten an den Führungsbolzen oben und unten am Bremssattelträger.

4 Einbau: Sinngemäß in umgekehrter Ausbaureihenfolge. Bremsschlauch scheuerfrei und nicht verdreht einbauen und auf korrekten Sitz der Halteklammer achten. Beim Anschließen des Bremsschlauches die korrekten Anziehdrehmomente beachten: Bremsleitung an Bremsschlauch 16 Nm, Bremsschlauch an Faustsattel 18 Nm.

5 Selbstsichernde Schrauben (Faustsattel an Führungsbolzen) erneuern und mit 35 Nm festziehen. Bremsanlage entlüften. Wenn Bremsbeläge ersetzt wurden, das Bremspedal im Stand mehrmals kräftig durchtreten, damit die Bremsbeläge ihren richtigen Sitz einnehmen. Abschließend Bremsanlage auf Dichtheit und Funktion prüfen.

Bremsklötze vorn und hinten aus-/einbauen

Arbeitsschritte   

1 Ausbau: Fahrzeug anheben, Räder abbauen, elektrische Steckverbindung des Kontaktfühlers Bremsbeläge vorn (bzw. hinten) rechts trennen.

2 Selbstsichernde Schraube (Bild links unten) aus dem Führungsbolzen unten herausschrauben, Faustsattel (1) nach oben schwenken und an Karosserie festbinden.

3 Bremsklötze (6) mit Haltefedern (4) herausnehmen (Bild unten).

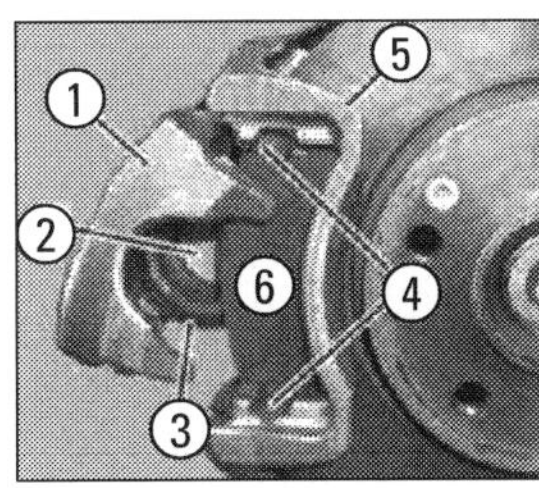

Bremsklötze ausbauen. (1) Faustsattel vorn, (2) Bremskolben, (3) Staubmanschette, (4) Haltefedern, (5) Bremssattelträger, (6) Bremsklotz.

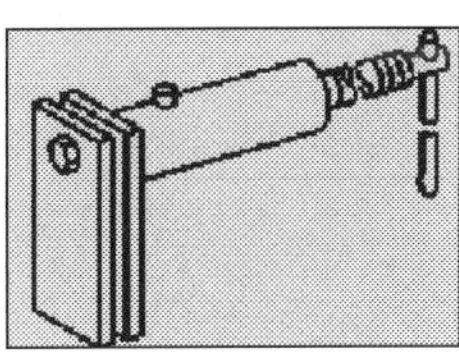

Rücksetzvorrichtung, MB-Sonderwerkzeug 000 589 52 43 00.

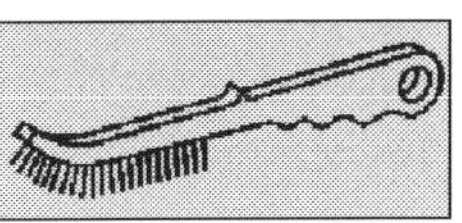

Bremssattelbürste, MB-Sonderwerkzeug 000 589 26 68 00.

4 Kontaktfühler der Bremsbeläge vorn (bzw. hinten) rechts aus der Belagrückenplatte herausziehen.

5 Führungsbolzen auf Leichtgängigkeit prüfen, ggf. reinigen und leicht mit MB-Langzeitschmierfett 000 989 63 51 fetten. Gummimanschette (2) an Führungsbolzen und Staubmanschette (3) an Bremskolben (2) auf Beschädigung prüfen (Bilder Seite 159). Bei Beschädigung muss der Faustsattel in der Fachwerkstatt instand gesetzt werden.

6 Bremsklötze auf Belagstärke und bei dieser Gelegenheit auch gleich Bremsscheiben prüfen. Bremsklötze ggf. erneuern, und zwar immer nur satzweise. Ausschließlich von Mercedes-Benz freigegebene Bremsklötze verwenden und die verschlissenen Klötze als Sondermüll entsorgen.

7 **Einbau:** Sinngemäß in umgekehrter Ausbaureihenfolge. Bremskolben mit einer Rücksetzvorrichtung (MB-Sonderwerkzeug 000589 52 43 00) zurückdrücken. Um beim Zurückdrücken des Bremskolbens ein eventuelles Überlaufen des Ausgleichsbehälters für Bremsflüssigkeit zu vermeiden, vorher etwas Bremsflüssigkeit absaugen. Auflagefläche der Bremsklötze im Bremssattelträger und Faustsattel möglichst mit einer Bremssattelbürste (MB-Sonderwerkzeug 000 589 26 68 00) reinigen und Bremsklötze an den Anlageflächen leicht mit Bremsenpaste (z. B. Varybond A 001 989 94 51) einfetten. (Sonderwerkzeuge: Bilder Seite 159, rechts unten.)

8 Bremsklötze mit Haltefedern in Bremssattelträger einsetzen und Faustsattel herunterklappen. Selbstsichernde Schraube am unteren Führungsbolzen erneuern, einschrauben und mit 35 Nm festziehen.

9 Elektrische Steckverbindung des Kontaktfühlers Bremsbeläge vorn (bzw. hinten) rechts wieder aufstecken. Laufräder anmontieren und Fahrzeug ablassen.

10 Bremspedal im Stand mehrmals kräftig durchtreten, bis Druck im Bremssystem aufgebaut und gehalten wird. Es muss ein fester Widerstand spürbar werden. Die Bremsklötze liegen dann korrekt an den Bremsscheiben an.

11 Abschließend den Stand der Bremsflüssigkeit im Ausgleichsbehälter prüfen und ggf. Bremsflüssigkeit nachfüllen bzw. absaugen.

Anmerkung: Die selbstsichernden Schrauben müssen nach Ausbau grundsätzlich erneuert werden. Sie sind nur einmal verwendbar und verlieren beim Ausbau ihre sichernde Eigenschaft.

Bremsscheiben aus-/einbauen

Arbeitsschritte  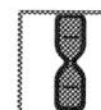 

1 **Ausbau:** Radschrauben lösen, Fahrzeug anheben, entsprechende Laufräder abbauen.

2 Bremssattelträger abmontieren. Bei der Hinterachse zudem Nachstellvorrichtung der Feststellbremse lösen. Dazu Stellrad (1) der Nachstellvorrichtung (2) mit geeignetem Schraubendreher (3) zurückdrehen (Bild unten).

3 Selbstsichernde Schraube (3; Bild ganz unten), die die Bremsscheibe (1) an der Radnabe (2) hält, herausdrehen. Bremsscheibe abnehmen, prüfen und ggf. erneuern, und zwar grundsätzlich nur paarweise. Bei dieser Gelegenheit auch Bremsklötze auf Belagstärke prüfen.

Bild links: (1) Stellrad, (2) Nachstellvorrichtung, (3) Schraubendreher.
Bild unten: (1) Bremsscheibe, (2) Radnabe, (3) sichernde Schraube.

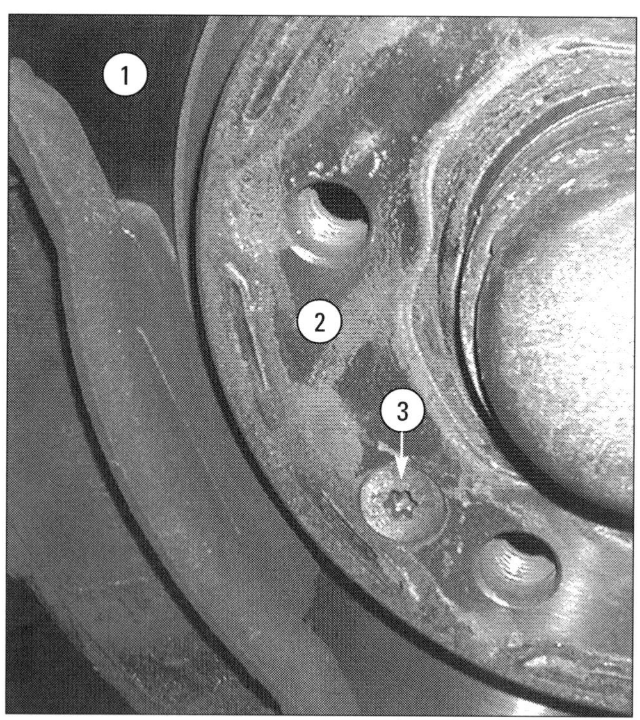

4 **Einbau:** Sinngemäß in umgekehrter Reihenfolge.

5 Den Passsitz der Bremsscheibe leicht mit MB-Langzeitschmierfett (Reparaturmittel-Bestellnummer: 000 989 63 51) einfetten. Die selbstsichernde Schraube Bremsscheibe an Radnabe erneuern und mit 10 Nm festziehen.

6 Wurden die Bremsscheiben der Hinterachse ausgebaut, muss die Feststellbremse eingestellt werden (siehe nachfolgende Reparaturanleitung).

7 Nach dem Einbau von Bremsscheiben das Bremspedal im Stand mehrmals kräftig durchtreten. Die Bremsbeläge nehmen dann ihren richtigen Sitz ein.

8 Flüssigkeitsstand im Ausgleichbehälter für Bremsflüssigkeit prüfen und bei Bedarf auffüllen.

Feststellbremse einstellen

Arbeitsschritte   

1 Fahrzeug anheben. Am rechten und linken Hinterrad eine Radschraube herausschrauben. Leichtmetallräder müssen abmontiert werden (Beschädigungen!).

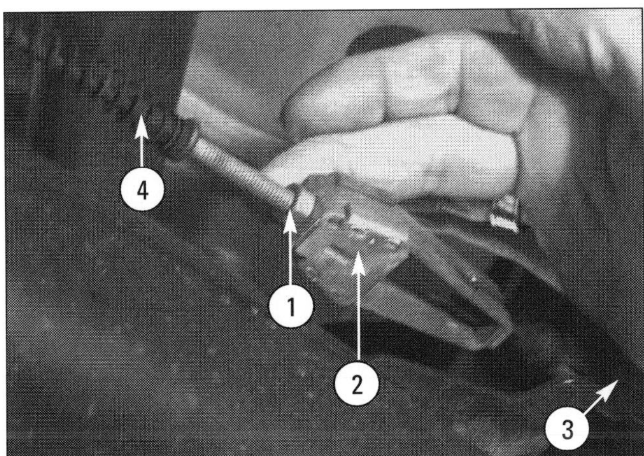

(1) Kontermutter,
(2) Nachsteller,
(3) Bremsseilzug hinten links,
(4) Bremsseilzug hinten rechts,
(5) Stellrad,
(6) Nachstellvorrichtung.

2 Bremsseilzug der Feststellbremse zurückstellen. Dazu unter dem Fahrzeugboden Kontermutter (1) am Nachsteller (2) lösen, Nachsteller so weit zurückdrehen, bis sich der Bremsseilzug hinten links (3) und hinten rechts (4) aushängen lässt.

3 Stellrad (5) der Nachstellvorrichtung (6) mit geeignetem Schraubendreher so verdrehen (rechte Seite von unten nach oben, linke Seite von oben nach unten), bis die Bremsbacken anliegen und sich Rad oder Bremsscheibe nicht mehr von Hand drehen lassen (Bilder unten links).

4 Stellrad (5) so weit zurückdrehen, bis sich die Bremsscheibe vollkommen frei drehen lässt. Dabei Stellrad in der linken und rechten Bremsscheibe um die gleiche Zähnezahl (8 Zähne) zurückdrehen.

5 Nachsteller (2) so weit hineindrehen, bis die Bremsbacken fest an der Bremstrommel der Bremsscheibe anliegen und ein Durchdrehen der Bremsscheibe nicht möglich ist. Dann den Nachsteller so weit herausdrehen, bis sich beide Bremsscheiben voll drehen lassen. Jetzt Kontermutter (1) gegen den Nachsteller festdrehen.

6 Feststellbremse mehrmals kräftig betätigen. Dann lösen und den Freigang der hinteren Räder oder Bremsscheiben kontrollieren. Radschrauben/Leichtmetallräder montieren.

Mechanischen Bremslichtschalter aus-/einbauen

Arbeitsschritte   

1 **Ausbau:** Abdeckung unter der Instrumententafel links ausbauen. Elektrische Steckverbindung des Bremslichtschalters oben an der Pedalanlage trennen.

2 Arretierung unten am Schalter eindrücken. Den Schalter nach rechts verdrehen und herausnehmen.

3 **Einbau:** Den Betätigungsstift unterhalb der Arretierung vollständig herausziehen. Das Bremspedal durchdrücken, den Schalter einsetzen und nach links verdrehen, bis die Arretierung einrastet. Der Betätigungsweg stellt sich automatisch ein.

4 Stecker aufstecken und Abdeckung einbauen.

ELEKTRIK:
BATTERIE, ANLASSER, LICHTMASCHINE

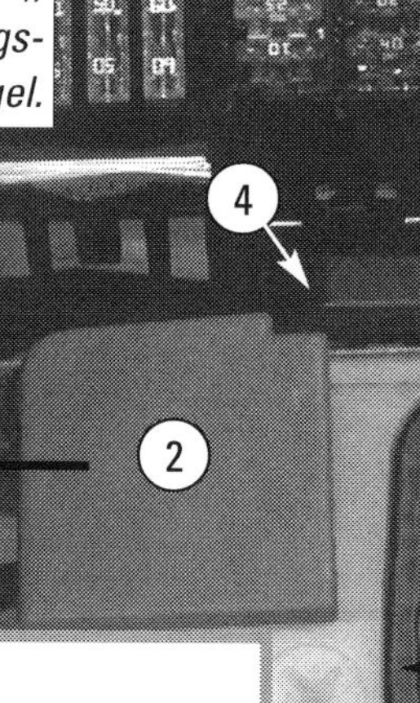

(G1) Batterie und (S) Sicherungsbox unter der Bodenabdeckung im Beifahrerfußraum. (1) Minuspol mit Massekabel (»Masseband«) der Batterie, (2) schwenkbare Abdeckung (rot) über dem Pluspol mit dem Pluskabel (siehe Detailbild), (3) Entlüftungsstutzen, (4) Befestigungsschrauben, (5) Halter, (6) Tragebügel.

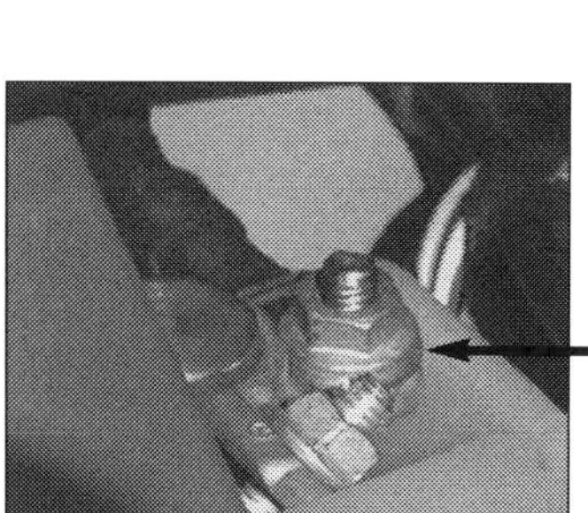

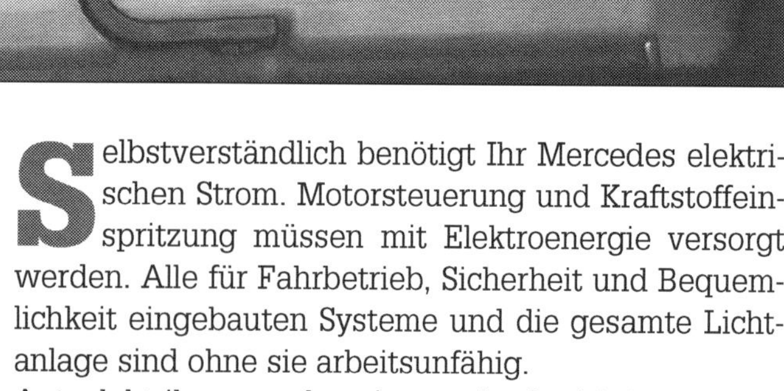

Wartung

Batterie:

Reparatur

Selbstverständlich benötigt Ihr Mercedes elektrischen Strom. Motorsteuerung und Kraftstoffeinspritzung müssen mit Elektroenergie versorgt werden. Alle für Fahrbetrieb, Sicherheit und Bequemlichkeit eingebauten Systeme und die gesamte Lichtanlage sind ohne sie arbeitsunfähig.

Autoelektrik war schon immer hochwichtig und gewinnt ständig noch mehr an Bedeutung. Die meisten Innovationen im Kraftfahrzeug sind heute von der Elektronik geprägt. Das Auto kommuniziert via Inter-

net und Satellit, nimmt über Dutzende Sensoren Fahr-, Verschleiß- und Umgebungsdaten auf, reagiert darauf automatisch und ist bei alledem erstaunlich einfach zu bedienen.
Das dezentral aufgebaute moderne Bordnetz der A-Klasse mit verteilten Steuergeräten, Sicherungsboxen, Relaisplätzen und Kupplungsstationen für die Leitungssätze (Kabel, Leitungsstränge) ermöglicht schnelle und genaue Fehlerdiagnose. Zahlreiche Funktionen sind über CAN-Bus miteinander vernetzt. Das Controller Area Network (CAN) ist aus mehreren Bussystemen aufgebaut. Die einzelnen Systeme werden über eine Schnittstelle zusammengeführt, um reibungslosen Datenaustausch zu garantieren. Die CAN-Technik gewährleistet sehr schnelle Datenübertragung zwischen den Steuergeräten, gestattet Platzgewinn durch kleinere Steuergeräte und Stecker und ermöglicht die Einsparung von Kabeln und Sensoren, weil Signale mehrfach genutzt werden.

Hoher Komfort serienmäßig

Eine Auflistung der mit Elektrik und Elektronik verbundenen Funktionen und Baugruppen, die schon in allen Ausstattungs-Lines Serie sind, belegt den hohen Stand der A-Klasse-Bordelektrik für Komfort und Sicherheit. Bordcomputer/Reiserechner, Zentral-Display im Kombi-Instrument, Multifunktions-Lenkrad, geschwindigkeitsabhängige Servolenkung (Parameterlenkung), Klimaanlage und klimatisiertes Handschuhfach, elektrische Fensterheber vorn, Zentralverriegelung mit Fernbedienung, Front- und Heckscheibenwischer mit Intervall- und Komfortschaltung, Außenspiegel beheizt und elektrisch einstellbar, Außentemperaturanzeige, Brems-Assistent, elektronisches Stabilitäts-Programm (ESP) und Gurtstatus-Anzeige für die Fondpassagiere sind die wichtigsten Positionen.
Die Avantgarde-Modelle verfügen darüber hinaus über Ausstiegs- und Signalleuchten in den vorderen Türen, Projektionsscheinwerfer, Nebelscheinwerfer, bichromatisch dunkel gefärbte Rückleuchten sowie Umfeld- und Signalleuchte in der Heckklappe. Optional sind Audio 50 APS mit Navigation, Bi-Xenon-Scheinwerfer mit Abbiegelicht, CD-Wechsler im Handschuhfach, Comand APS mit großem Color-Bildschirm und DVD-Navigation, Klima-Automatik »Thermotronic«, Licht- und Sichtpaket mit Fahrlicht-Assistent, Scheinwerferaufschaltung, Auffindbeleuchtung, Regensensor für die Scheibenwischer und zusätzliche Funktionsumfänge sowie Einparkhilfe Parktronic, Surround-Soundsystem und elektrisch einstellbare Vordersitze möglich.
Durch kurzes Antippen der linken unteren Lenkradtaste (Hauptmenü »Einstellungen«) des serienmäßigen Multifunktions-Lenkrads gibt der Autofahrer individuelle Programm-Wünsche ein. Das Lenkrad ist mit dem Zentral-Display im Kombi-Instrument, dem Autoradio und dem Autotelefon gekoppelt. Einmal gespeichert, sind die persönlichen Eingaben stets präsent.

Arbeit an der Elektrik

Nötige Arbeiten an der elektrischen Anlage sind aber durchaus nicht immer von der kompliziert gewordenen Elektronik verursacht. Gerade Batterie, Lichtmaschine und Anlasser, die schon die gesamte Entwicklungsgeschichte des Automobils begleiten, sorgen bisweilen für Ärger. Weil viele Stromverbraucher an exponierten Stellen sitzen, sind auch bei ihnen Störungen programmiert.
Sie brauchen daher nicht gleich den Mut zu verlieren, wenn Sie einen Schalter drücken und nichts geschieht. Oft sitzt nur ein Kabel lose oder ein Kontakt ist im Laufe der Zeit korrodiert.

Etwas Kenntnis ist vonnöten

Gar nicht so wenige Störungen an der Elektrik lassen sich mit einfachen Mitteln beheben. Man muss sich natürlich etwas auskennen, weswegen wir Ihnen Grundbegriffe erläutern und Hilfen bieten wollen. Wie bei anderen Baugruppen auch, gehören dennoch viele Störungen in die Fachwerkstatt. Denn das A und O angesichts vielfältiger Elektrik/Elektronik an Bord ist häufig doch die aufwändige Diagnose- und Messtechnik unter dem Namen »Star Diagnosis«.
Bei Blei-Säure-Batterien kann die Batterieflüssigkeit Wasser verlieren. Auch Selbstentladung durch lange Standzeiten oder Tiefentladung durch versehentlich nicht ausgeschaltete starke Stromverbraucher kommen als Ursache in Frage. Füllen Sie destilliertes Wasser nach, weil Leitungswasser ebenso wie abgekochtes Wasser Salze und andere mineralische Stoffe enthält, die der Batterie schaden. Wirkt die Batterie trotz richtigem Säurestand kraftlos, wird per Säureheber die Säuredichte in der Batteriezelle geprüft. Diese Prüfung

Grundbegriffe und Messtechnik

Elektrischer Strom: Fließt im geschlossenen Stromkreis aus Erzeuger (z. B. Batterie) mit einer bestimmten Spannung, Verbraucher (z. B. Glühlampe, Anlasser) mit bestimmter Leistungsaufnahme und den Leitungen (Kabel), mit denen Erzeuger und Verbraucher (über Schalter, Relais und Sicherungen) verbunden sind.

Kabel: Die Dicke der Leitung (Querschnitt) hängt vom Verbraucher ab. Ein zu dünnes Kabel heizt sich auf, der elektrische Widerstand nimmt zu, die Spannung fällt ab.

Leistung: Das Produkt aus Spannung und Strom gibt an, welche elektrische Arbeit ein Stromerzeuger an einen Verbraucher abgibt. Wird in Watt (W) angegeben.

Multimeter: Vielfachinstrumente. mit digitaler Anzeige. Stromversorgung über eigene Batterie. Sie sind nötig, wenn präzise gemessen werden soll.

Prüflampe: Nadelkontakt und Klemme erlauben auf einfache Weise zu testen, ob in einem Stromkreis Spannung anliegt. Je heller die Lampe, desto höher die Spannung. Mit der Nadel die Isolierung des zu prüfenden Kabels durchstechen, die Klemme an blankes Metall (Masse) anclipsen.

Spannung: Lässt den elektrischen Strom fließen. In Volt (V) gemessen. Um mit dem Multimeter Spannungen zu messen, das mit Minus markierte Kabel an den Minuspol, das Plus-Kabel an den Pluspol von Spannungsquelle oder zu messender Leitung klemmen.

Spannungsprüfer: Mit ihren Leuchtdioden sind sie für Tests an der Elektronik gedacht. Je nach Ausführung zeigen solche Geräte Gleich- und Wechselspannungen zwischen 6 und rund 700 Volt an.

Stromstärke: Maßeinheit ist Ampere (A). Zum Messen der Stromstärke den Stromkreis auftrennen und das Messgerät dazwischen schalten. Bei einer Reihe von Messungen genügt es, einen Steckkontakt abzuziehen und das Messgerät zwischen Stecker und Kontaktzunge zu schalten. Messbereich des Multimeters beachten!

Widerstand: Fließt der Strom ungehindert, ist der Widerstand 0. Ist der Widerstand hoch bis unendlich, geht der Stromfluss gegen 0. Maßeinheit des Widerstands ist Ohm (Ω). Mit dem Multimeter prüfen Sie, ob eine Leitung oder ein Schalter Durchgang hat (Messwert 0). Ist der Stromweg an einer Stelle unterbrochen, erhalten Sie den Messwert unendlich. Außerdem können Sie feststellen, welchen Innenwiderstand ein bestimmtes Bauteil hat, was wichtig für die Funktionsprüfung ist..

gibt zusammen mit der Belastungsprüfung Aufschluss über den Batteriezustand. Sie entfällt bei den wartungsfreien Vlies-Batterien. Diese erkennt man am schwarzen Gehäuse mit dem Aufdruck VRLA.

Eine ausgebaute Batterie oder den Akku in einem vorübergehend stillgelegten Fahrzeug sollten Sie einmal im Monat nachladen. Verwenden Sie dazu aber nur Geräte, die ausgewiesen ohne Strom- und Spannungsspitzen arbeiten.

Räume, in denen Batterien geladen werden, dürfen wegen des sich bildenden Gases nicht mit offenem Licht oder rauchend betreten werden. Funken beim An- oder Abklemmen könnten das Gas ebenfalls zur Explosion bringen (Piktogramme nächste Seite). Stellen Sie auf jeden Fall Durchlüftung sicher!

Batteriestopfen müssen gut schließend eingeschraubt sein. Die Batterie muss zum Laden eine Mindesttemperatur von 10 °C haben. Schnellladen schadet der Batterie und ist nur im Ausnahmefall (z. B. bei Starthilfe) akzeptabel.

Funktioniert der Anlasser nicht, sind meist mehrere Teile die Ursache. Der Magnetschalter oder die Schleifkohlen können klemmen oder stark abgenutzt sein. Auch ein Verschleiß der Lagerung ist möglich. Es kann vorkommen, dass sich der Anlasser bei geladener Batterie nicht oder zu langsam dreht und den Motor nicht durchzieht. Dann sollten auch die Leitungsanschlüsse am Magnetschalter und die Massebänder zwischen Motor, Aufbau und Batterie auf festen Sitz überprüft werden. Diese Teile dürfen nicht oxidiert sein.

Fahrzeuggeneratoren sind Austauschteile: Ein defekter wird beim Kauf eines überholten oder neuen Generators vom Hersteller in Zahlung genommen.

Bei allen Arbeiten an der Lichtmaschine gelten die bekannten Hinweise: Nach Abklemmen des Massekabels den Minuspol an der Batterie am besten mit Isolierband abkleben, Generator nicht bei angeschlossener Batterie ausbauen, beim Ausbau Radio-Codierungen beachten, nach Wiedereinbau den Fehlerspeicher auslesen und Grundprogrammierung vornehmen.

Liefert die am Vortag intakte Batterie keinen Strom, hat vielleicht ein defekter Verbraucher im Bordnetz den Akku über Nacht leer gesaugt. Das überprüfen Sie zunächst mit einer Strommessung. Wenn nötig, ermitteln Sie dann den betreffenden Verbraucher.

Bei Schäden an Leitungssätzen (Kabel, Kabelbäume) ist es wichtig, die Ursache wie Schmoren/Überhitzung, Scheuern, Klemmen, Quetschen, Durchtrennen, Ermüdungsbruch, Korrosion, Marderbiss oder Montagefehler herauszufinden. Nur so kann sichergestellt

Batterie: Begriffe und Normen

Kälteprüfstrom: Ein definierter Entladestrom in Ampere (A), der einer 12-Volt-Batterie bei -18 °C entnommen werden kann, ohne dass die Spannung in 30 Sekunden unter 9 V, in 150 Sekunden unter 6 V absinkt.
Kennzeichnung: Befindet sich auf dem Gehäuse der Batterie, bezeichnet ihre Eigenschaften. Beispiel: 12 V 280 A 70 Ah (12V = Nennspannung; 280A = Kälteprüfstrom; 70Ah = Nennkapazität).
Nennkapazität: Speichervermögen einer Batterie, gemessen in Amperestunden (Ah). Sie gibt an, wie viel eine voll geladene Batterie bei einer Temperatur von 27 °C in 20 Stunden abgeben kann, ohne dass dabei die Spannung unter 10,5 Volt absinkt (Entladeschlussspannung).
Nennspannung: Beträgt bei allen Modellen 12 V (Volt). Die tatsächliche Spannung hängt allerdings vom Ladezustand der Batterie ab. Sie kann größer oder kleiner sein als die Nennspannung.
Selbstentladung: Chemische Vorgänge im Inneren der Batterie führen zur Entladung, auch wenn kein Verbraucher angeschlossen ist. Eine Starterbatterie verliert täglich etwa 0,5 Prozent ihrer Ladung. Hohe Temperaturen, Beschädigungen und Verschmutzungen des Batteriedeckels beschleunigen die Selbstentladung.

werden, dass sich der Schaden nach der Reparatur nicht wiederholt. Es sind dann auch Unterschiede in der Fehlerbehebung zu beachten.

Batterie, Anlasser und Generator

Damit das Fahrzeug starten kann, muss der Anlasser (Starter) ausreichend Power erhalten. Das sind zwischen 400 Watt (Durchdrehen des warmen Motors) und 2.000 Watt (Kaltstart). Diese Startenergie bereitzustellen, ist die wichtigste Aufgabe der Batterie.
Sechs in Reihe geschaltete Zellen bilden das Herz einer 12-Volt-Auto-Batterie. Jede Zelle besteht aus positiven und negativen Hartblei-Gitterplatten. Die positive Platte enthält Bleidioxid, die negative Platte reines Blei. Dazwischen sitzt ein Separator. Er trennt die beiden Platten voneinander, lässt aber den Elektrolyten, bei Säurebatterien Schwefelsäure plus destilliertes Wasser, bei Gel-Batterien ein gasungsfreies, auslaufsicheres Gel, durch feinste Poren passieren.
Durch chemische Prozesse produziert die Batterie elektrische Energie und speichert sie im Rahmen ihrer Kapazität. Beim Laden wird elektrische in chemische, bei der Stromabgabe chemische in elektrische Energie umgewandelt. Dabei setzt die Blei-Säure-Batterie Gase frei, die über Rohr und Schlauch zentral abgeführt werden (Bild unten). Der Schlauch muss stets knickfrei verlegt und darf nicht abgeklemmt werden! In der Batterie, für die bestimmte Warnhinweise gelten (Bild ganz unten), verhindert ein Rückzündungsschutz die Zündung des brennbaren Gases.

Regeln für Kauf und Entsorgung

Beim Kauf muss eine alte Batterie zurückgegeben oder ein Pfand gezahlt werden. Haben Sie für die alte Batterie bereits Pfand gezahlt, erhalten Sie dort, wo Sie sie gekauft haben, gegen Vorlage der Quittung Ihr Geld zurück. Geben Sie beim Kauf der neuen Batterie eine alte zurück, für die Sie noch kein Pfand entrichtet haben, ist es egal, wo Sie sie kauften. Ein Pfand für die neue Batterie entfällt aber auch in diesem Fall. Eine ausgediente Blei-Batterie muss beim Hersteller, in der Verkaufsstelle oder beim Altmetallhändler abgegeben werden. Dort ist man verpflichtet, die Alt-Akkus unentgeltlich abzunehmen. Bei der Rückgabe fürs Blei-Recycling und die Nutzung des Sekundärbleis dürfen verbrauchte Blei-Säure- nicht mit Blei-Gel-Batterien vermischt werden.

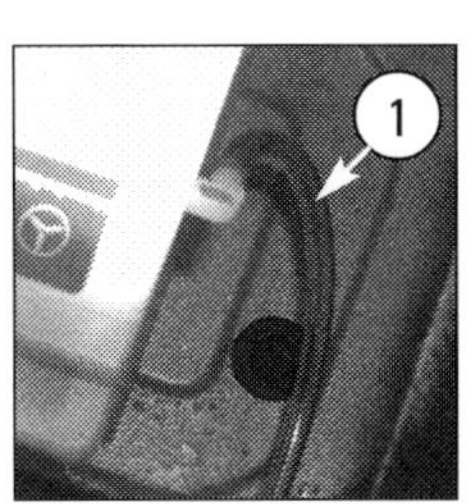

(1) Schlauch für Zentralentgasung (Entlüftung) der Blei-Säure-Batterie.

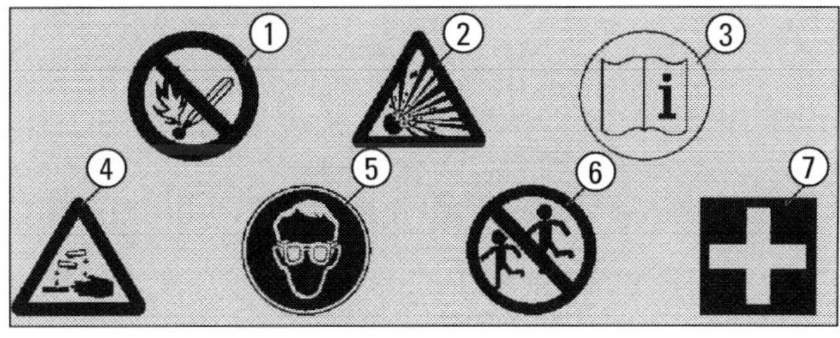

Warnhinweise auf Blei-Säure Akkus: (1) Feuer, offenes Licht, Rauchen verboten; (2) Explosionsgefahr; (3) Bedienungsanleitung beachten; (4) Verätzungsgefahr; (5) Augenschutz tragen; (6) von Kindern fern halten; (7) Erste Hilfe.

Schub-Schraubtrieb-Starter

Das Fahrzeug ist mit einem Schub-Schraubtrieb-Anlasser (MB-Bauteil M1) ausgestattet, der sich vorn am Motor an der Trennstelle zwischen Motor und Getriebe befindet. Auf dem eigentlichen Anlasser sitzt der Magnetschalter mit den Anschlüssen Klemme 30 (dickes Pluskabel von der Batterie) und Klemme 50 (dünnes Kabel vom Zündanlassschalter).

Beim Starten wird Spannung an die Halte- und Einzugswicklungen des Einrückrelais (Magnetschalter) oben auf dem Anlasser gelegt. Der Relaisanker zieht den Einrückhebel an. Dieser schiebt den Mitnehmer mit dem Zahnritzel gegen den Zahnkranz des Motorschwungrads. Wenn das Ritzel bis zum Ende des Schubweges eingespurt ist, wird der Startermotor eingeschaltet.

Der Starteranker schraubt durch die Wirkung des Steilgewindes das Ritzel bis zum Anschlagring der Ankerwelle in den Zahnkranz hinein. Die Einzugswicklung ist kurzgeschlossen, die Haltewicklung hält den Relaisanker durchgedreht. Wenn der Motor angesprungen ist, wird die kraftschlüssige Verbindung zwischen Ritzel und Ankerwelle gelöst, das Ritzel bleibt aber im Eingriff. Beim Ausschalten des Startschalters gehen Einrückhebel, Mitnehmer und Ritzel durch eine Rückstellfeder in die Ruhestellung zurück. Dort bleibt das Ritzel bis zum nächsten Startvorgang.

Kraftwerk mit 2 Kilowatt

Der im Fachjargon »Lichtmaschine« genannte Drehstrom-Synchrongenerator Ihres Fahrzeugs ist das leistungsfähige MB-Bauteil G2. Dieses vom Motor mit angetriebene Nebenaggregat versorgt schon bei Motorleerlauf alle elektrischen Aggregate mit Strom und lädt ständig die Batterie auf. Der Generator bringt es auf mehr als 2 kW elektrische Leistung.

Eine Drehstrom-Lichtmaschine produziert dreiphasigen Wechselstrom. Da die Batterie mit Gleichstrom geladen werden muss, besorgen Leistungsdioden die Gleichrichtung des Wechselstroms. Sie verhindern auch die Entladung der Batterie bei stehendem Fahrzeug. Der Generator ist wartungsfrei, da es nichts zu schmieren gibt. Selbst die Schleifkohlen sind ohne weiteres für 100.000 Kilometer gut.

Der Spannungsregler

Je schneller die Lichtmaschine dreht, umso höher steigt die Spannung. Ein Regler schützt vor Überspannungen und verhindert ein Überladen der Batterie. Der Regler ist an die Lichtmaschine angeschraubt. Er reguliert die Betriebsspannung je nach Temperatur von Batterie und Umgebung auf Werte zwischen 13,8 und 14,5 Volt im so genannten 14-Volt-Toleranzfeld.

Batterie und Lichtmaschine

Störungsbeistand

Störung	Ursache	Abhilfe
A Rote Ladekontrollleuchte brennt nicht beim Einschalten der Zündung.	**1** Batterie leer.	Starthilfekabel nehmen oder anschleppen.
	2 Batteriekabel gebrochen, Kabelklemmen lose oder oxidiert, Kabelweg unterbrochen.	Batteriekabel und -klemmen sowie Stromweg kontrollieren, mit Prüflampe untersuchen.
	3 Kontrollleuchte oder Spannungsregler defekt; Schleifkohlen abgenutzt.	Leuchte oder Regler austauschen.
	4 Lichtmaschine schadhaft.	Überholen lassen oder austauschen.
	5 Feuchtigkeit zwischen den Schleifringen und Kohlen (z. B. nach Motorwäsche).	Lichtmaschine mit Druckluft ausblasen oder Schleifringe und Kohlen sauber reiben.
B Ladekontrolle brennt oder glimmt bei laufendem Motor.	**1** Keilrippenriemen lose.	Riemenspannung kontrollieren, nachspannen.
	2 Schlechter Kontakt an Lichtmaschine oder unterbrochene Kabel.	Kabelanschlüsse und Kabel prüfen. Klemmen festschrauben oder/und Kabel ersetzen.
C Batterieoberfläche feucht.	**1** Zuviel destilliertes Wasser.	Ausgasen lassen, keine Säure absaugen.
	2 Batterieverschlüsse verstopft.	Entlüftungsbohrungen säubern.

Sichtprüfung der Batterie

Arbeits-schritte  

1 Auf Schäden am Gehäuse untersuchen. Wenn Säure ausgelaufen ist: Mit Säurewandler oder Seifenlauge entfernen und reinigen. Undichte Batterien auswechseln!

2 Sind die Batteriepole (Leitungsanschlüsse) beschädigt? Bei Polbeschädigungen könnte der nötige Kontakt der Klemmen nicht mehr gewährleistet sein. Die Batteriepolklemmen müssen korrekt aufgesteckt und festgezogen sein, weil es sonst zu Leitungsbränden und Funktionsstörungen der elektrischen Anlage kommen kann. Der Funktionszustand des Fahrzeugs ist dann in erheblichem Maße nicht gewährleistet.

3 Der Austritts-Schlauch der zentralen Entgasung (Entlüftungsschlauch) darf nicht verstopft oder geknickt sein.

Warnhinweise beachten!

Für den Umgang mit Blei-Säure-Batterien gelten folgende Sicherheitsvorschriften (Piktogramme beachten!):

- Feuer, Funken, offenes Licht und Rauchen sind verboten. Funkenbildung durch elektrostatische Entladungen und Kurzschlüsse vermeiden, daher keine Werkzeuge oder andere leitende Gegenstände auf der Batterie ablegen!
- Vor dem Aus- und Einbau von Blei-Säure-Batterien müssen alle schaltbaren Stromverbraucher sowie der Motor ausgeschaltet werden, um versehentlich herbeigeführte Funkenbildung auszuschließen.
- Ladegerät erst nach dem Anschließen an die Batteriepole einschalten, vor dem Abklemmen ausschalten.
- Beim Laden von Batterien entsteht ein hochexplosives Knallgasgemisch: Explosionsgefahr! Bei erforderlichem Schnellladen darf sich das Gehäuse nicht über 55 °C erwärmen.
- Hinweise in der Betriebsanleitung und auf der Batterie unbedingt beachten.
- Die Verätzungsgefahr ist groß. Batterie nicht kippen, Augenschutz und Schutzhandschuhe tragen.
- Halten Sie Kinder von Säure und Batterien fern.
- Entsorgen Sie Altbatterien nach Vorschrift und nie über den Hausmüll!

Batterie richtig behandeln

Arbeits-schritte  

1 Oxidkristalle an Batterieklemmen mit warmem Sodawasser abwaschen oder mit Säurewandler Neutralon behandeln. DaimlerChrysler/Mercedes-Benz empfiehlt, die Batteriepole »leicht mit Batteriepolfett einzufetten«.

2 Die Batterie-Polklemmen dürfen nur gewaltfrei von Hand aufgesteckt werden, um Gehäuse nicht zu beschädigen. Immer zuerst Minuspol ab- und Pluspol anklemmen! Erst wenn Pluspolklemme befestigt ist, darf die Minuspolklemme (Masseband) auf den Minuspol der Batterie gesteckt werden. Verpolung und Kurzschlüsse vermeiden!

3 Wenn die Batterie längere Zeit im abgestellten Fahrzeug verbleibt, sollte der Minuspol abgeklemmt werden.

4 Nach Wiederanklemmen der Batterie Grundprogrammierung mit dem Werkstattsystem Star Diagnosis (Normierroutine) oder nach der folgenden Arbeitsanleitung vornehmen.

Grundprogrammierung durchführen

Arbeits-schritte  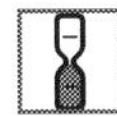

1 Die aktuelle Uhrzeit und bei Fahrzeugen mit Standheizung die Uhrzeit für die Heizung im Kombiinstrument nach Betriebsanleitung einstellen.

2 Beim Abklemmen der Batterie schaltet das Steuergerät ESP und BAS (Bremsassistent) auf Störung. Der Lenkwinkelsensor muss nach Anklemmen der Batterie aktiviert werden: Motor starten, im Leerlauf laufen lassen, das Lenkrad von Anschlag bis Anschlag und dann wieder in Geradeausstellung drehen, Motor abstellen.

3 Die Funktion der elektrischen Fensterheber, die Schiebe-Hebe-Dach-Funktion bei Fahrzeugen mit Code 414, die elektrische Verstellung der Außenspiegel und die Sitze-Funktion bei Fahrzeugen mit elektrisch verstellbaren Vordersitzen (optional) müssen normiert werden:

- Zündung einschalten. Schalter für Fensterheber oder Schiebe-Hebedach (Lamellendach) drücken, bis das Fenster (oder Dach) geschlossen ist. Den Schalter noch eine Sekunde weiter gedrückt halten. Die Zündung ausschalten.

▪ Zündung einschalten. Sitz nach vorn bis zum Anschlag verstellen. Sobald der mechanische Anschlag erreicht ist, den Schalter der Sitzverstellung für eine Sekunde weiter gedrückt halten. Zündung ausschalten.

Defekten Verbraucher ermitteln

Arbeitsschritte  

1 Batterie-Minuskabel abnehmen, Kabel des Multimeters zwischen Minuspol und Batteriekabel anschließen. Türen schließen. Wenn das Gerät Stromfluss anzeigt, liegt ein Kurzschluss vermutlich durch defekten Verbraucher vor.

2 Messgerät abnehmen und Massekabel wieder anschließen. Eine Sicherung herausnehmen. An die freien Kontakte im Sicherungshalter das Multimeter anschließen. Fließt kein Strom, ist der betreffende Stromkreis in Ordnung. Auch geringer Stromfluss ist noch nicht unbedingt ein Alarmsignal: Geräte wie Bordcomputer, Uhren, Radios und Warnanlagen entnehmen ständig Energie von der Batterie (Ruhestrom).

3 Wiederholen Sie die Messungen, bis das Gerät in einem der überprüften Kreise einen höheren Stromfluss anzeigt. Das Sicherungsbelegungsblatt in der Sicherungsbox des Fahrzeugs und ein Stromlaufplan zeigen, welche Verbraucher zu diesem Stromkreis gehören.

4 Die Verbraucher des Stromkreises mit dem Kurzschluss-Stromfluss der Reihe nach ausbauen und jeweils den Strom im so aufgetrennten Kreis messen. Wenn das Multimeter keinen Stromfluss mehr anzeigt, ist das ausgebaute Teil dasjenige mit dem Defekt durch Kurzschluss.

Die Minusklemme der Batterie mit dem durch Lösen der Mutter (2) abzuklemmenden Anschlusskabel (1; »Masseband«).

Masseleitung abklemmen, Batterie aus-/einbauen

Arbeitsschritte  

1 Masseleitung abklemmen: Alle elektrischen Verbraucher ausschalten. Sie müssen sämtlich ausgeschaltet sein, weil sie sonst beim Ab- und Anklemmen der Masseleitung beschädigt werden könnten. Zündung ausschalten und Senderschlüssel aus dem Steuergerät EZS abziehen.

2 Beifahrersitz vollständig zurückstellen und (wenn vorhanden) Fußmatte aus dem Beifahrerfußraum herausnehmen. Die Halteschraube (1) um 90° gegen den Uhrzeigersinn entriegeln und die Abdeckung (2) anheben (Bilder unten). Abdeckung aus dem Fußraum herausnehmen.

3 Dämmmatte über der Batterie (Bauteil G1; siehe Bild zu Kapitelbeginn) entnehmen. Mutter (2) lösen und Masseleitung (1) von der Batterie abbauen (Bild unten links).

4 Batterie ausbauen: Pluspolabdeckung (2) zur Seite schwenken oder abclipsen. Die ähnlich wie das Masseband festgeschraubte Plusleitung abklemmen. Entlüftungsstutzen (3) von der Batterie abziehen. Die beiden Halteschrauben (4) herausschrauben. Halter (5) aus dem Batteriekasten herausnehmen, Tragebügel (6) hochklappen und die Batterie (G1) nach oben aus dem Batteriekasten herausnehmen (alle Positionen siehe Bild zu Kapitelbeginn).

5 Einbauen/anklemmen: In sinngemäß umgekehrter Reihenfolge. Dabei auf die knickfreie Verlegung des Entlüftungsschlauchs für die Zentralentgasung (Stutzen 3) achten. Ebenfalls zu beachten ist die richtige Einbaulage der Dämmmatte über der Batterie. Erst Plusleitung, dann Massekabel anklemmen. Abschließend Grundprogrammierung vornehmen.

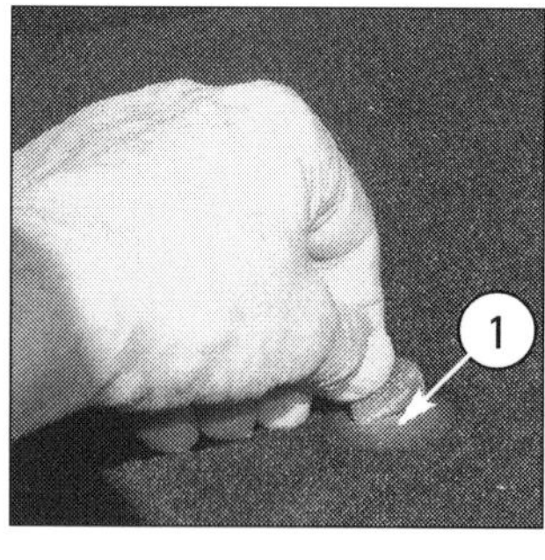

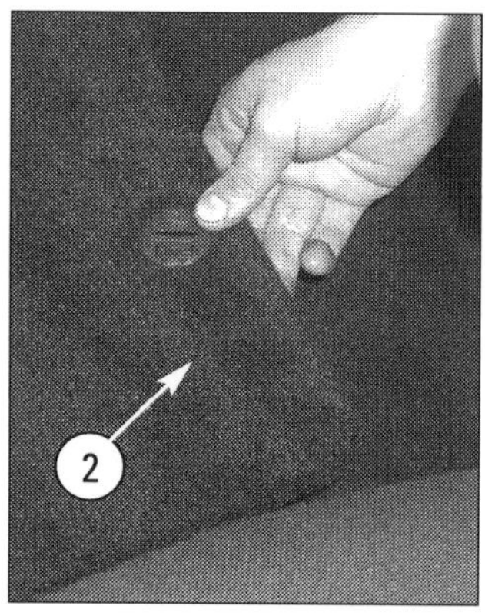

(1) Halteschraube, (2) Abdeckung.

Flüssigkeitsstand prüfen, Wasser nachfüllen

Arbeitsschritte   (W) 15.000 km 12 Monate

Wartungsfreie Säure-Batterien (durch Aufdruck VLRA gekennzeichnete Vlies-Batterien mit schwarzem Gehäuse) müssen nicht geprüft werden. Ihre Abdeckung darf nicht entfernt werden (Aufschrift beachten!). Bei den zu wartenden Blei-Säure-Batterien ist der Flüssigkeitsstand zumeist von außen zu kontrollieren.

1 Batterie durch Ausbau der Abdeckung wie beschrieben zugänglich machen. Die Batteriezellen sind richtig gefüllt, wenn die Flüssigkeit bis zu einer entsprechenden Markierung reicht. Wenn der Flüssigkeitspegel von außen nicht geprüft werden kann, müssen die Verschlussstopfen der Batteriezellen (Bild unten) herausgeschraubt werden.

2 Das Säure-Wasser-Gemisch soll 12 bis 15 mm über den Platten stehen. Dieser Stand wird durch einen in die Füllöffnung eingelassenen Steg markiert. Bei zu niedrigem Flüssigkeitsstand ausschließlich destilliertes Wasser nachfüllen, um nicht durch Verunreinigungen die Selbstentladung der Batterie zu fördern. Nach Möglichkeit eine Batterie-Füllflasche verwenden, deren Einfüllstutzen das Überfüllen der Batteriezelle und das Austreten von Säure verhindert.

3 Geladene Batterien bis zur Markierung auffüllen. Stark entladene Batterie nur so weit auffüllen, dass die Platten gerade bedeckt sind. Beim Aufladen steigt der Säurestand erheblich. Daher ist es ratsam, erst nach dem Laden bis zur oberen Marke nachzufüllen. Den Akku nicht überfüllen, weil der Elektrolyt sonst an den Verschlussstopfen oder an der seitlichen Entlüftungsbohrung austritt. Überschüssige Batteriesäure mit einem Säureheber absaugen!

(1) Verschlussstopfen von vier der sechs Batteriezellen..

4 Die originalen Verschlussstopfen wieder einschrauben, um die Dichtheit zu gewährleisten Bei Verlust oder Beschädigung nur Verschlussstopfen der gleichen Bauart verwenden. Die Stopfen müssen eine O-Ring-Dichtung haben.

5 Bei Batterien mit »Magischem Auge« gestattet eine kleine runde Glasscheibe in der Nähe des Batterie-Minuspols über Farbanzeigen die Prüfung des Säurestandes. Wenn die Anzeige farblos oder gelb ist, wurde der kritische Säurestand erreicht. Dann muss unbedingt destilliertes Wasser nachgefüllt werden, besser jedoch ist ein Austausch der Batterie.

6 Batteriestopfen einschrauben, Abdeckung einbauen.

Säuredichte prüfen

Arbeitsschritte  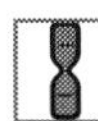 

1 Verschlussstopfen herausschrauben, einen Säureheber senkrecht in die Batteriezelle tauchen. Soviel Batteriesäure ansaugen, bis die Messspindel frei in der Säure schwimmt. Je höher die Säuredichte, desto mehr taucht der Schwimmer auf. Säuredichte (kg pro Kubikdezimeter/Liter) ablesen und mit den Werten in der Tabelle vergleichen:

Säuredichte in kg/dm3 und Ladezustand

Dichte in normalen Klimazonen:	1,28	1,20	1,12
Ladezustand:	gut	halb	entladen
Dichte in tropischen Klimazonen:	1,23	1,16	1,08
Ladezustand:	gut	halb	entladen

2 Die Säuredichte muss in normalen Klimazonen mindestens 1,24 kg/dm^3 (kg/l) betragen. Die Messwerte für die Säuredichte der einzelnen Batteriezellen dürfen nicht mehr als 0,03 kg/l voneinander abweichen. Ist die Dichte zu gering: Batterie laden und Säuredichteprüfung wiederholen.

3 Wenn die Sollwerte erreicht werden, Verschlussstopfen (original und mit O-Ringen) einschrauben. Werden die Sollwerte nicht erreicht, Batterie ersetzen.

Ruhespannung messen

Arbeitsschritte  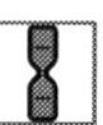 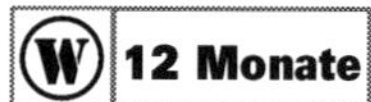

Die Werte der Ruhespannung geben Aufschluss über den Ladezustand der Batterie. Es muss ein hochgenau anzeigendes Multimeter (Anzeigegenauigkeit ± 0,02 Volt; z. B. Fluke 189) benutzt werden. Die Batterie darf mindestens zwei Stunden vor der Messung nicht geladen und nicht durch angeschlossene Verbraucher belastet worden sein.

1 Zündung ausschalten, alle Stromverbraucher ausschalten. Minuskabel der Batterie abklemmen. Voltmeter zur Messung an die Batteriepole anschließen. Die Spannungsmessung zwischen den Polklemmen mehrfach wiederholen!

2 Zeigt das Messgerät 12,5 Volt oder darüber an, ist die Batterie in Ordnung. Die folgenden Daten verdeutlichen das Verhältnis von Ruhespannung und Batteriezustand:

Spannung >12,66 V = Batterie 100% geladen
Spannung 12,48 V = Batterie 75% geladen
Spannung 12,30 V = Batterie 50% ge-/entladen

3 Unterschreitet nach Auffüllen der Batteriesäure und Aufladen der Batterie die Ruhespannung doch immer noch den Wert von 12,5 V, muss die Batterie ersetzt werden.
Anmerkung: Um Ruhestromverbraucher schnell aufzufinden, kann der Spannungsabfall direkt an einer Sicherung gemessen werden. Dazu Prüfspitzen der Messleitungen durch die Öffnungen im Sicherungsgehäuse stechen.

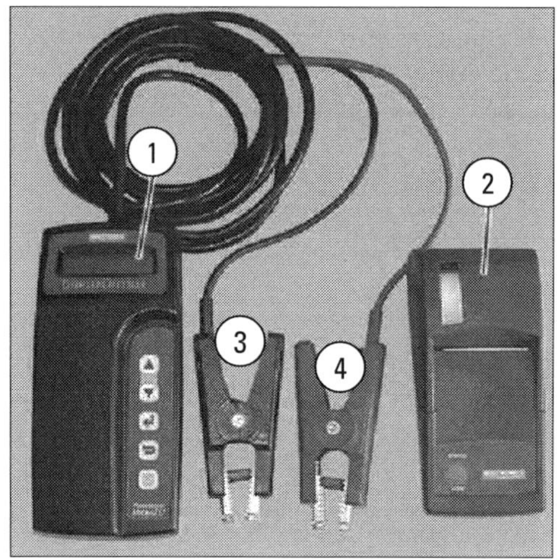

(1) Messgerät Midtronics MCR 717,
(2) Drucker für das Messgerät MCR 717
(3) schwarze, (4) rote Polklemme (A080, A081).

Praxistipp: Belastungsprüfung mit Testgerät

Eine Belastungsprüfung gibt Hinweise zum Zustand der Batterie. Dazu wird ein Tester verwendet und nach Bedienungsanleitung verfahren. DaimlerChrysler setzt zur Prüfung aller verwendeten Typen von Nass- und Vliesbatterien das Batterietest- und Analysegerät »Midtronics MCR 717« mit Softwarestand 2.0 ein. Die Batterie bleibt eingebaut und angeschlossen. Zündung aus, Lichtdrehschalter auf »0«, Radio aus, Batteriespannung >12,4 V. Original-Midtronics-Prüfklemmen direkt an die Batterie, nicht an Nebenklemmen anschließen.
Hinter der Angabe des Kälteprüfstroms ist auf der Batterie die Testnorm aufgedruckt.. Fehlt die Angabe, dann die Europäische Norm (EN) wählen. Einige Prüfbeispiele:

Nass-Batterie-kapazität	Kälteprüf-strom	VRLA-Batterie-kapazität	Kälte-prüfstr.
12 Ah	170 A	50 Ah	680 A
30 Ah	540 A	60 Ah	510 A
35 Ah	520 A	70 Ah	760 A
46 Ah	420 A	80 Ah	800 A
62 Ah	480 A	90 Ah	950 A
74 Ah	680 A	95 Ah	850 A
84 Ah	700 A		
100 Ah	760 A		

Durch die starke Belastung der Batterie während dieser Prüfung sinkt die Batteriespannung bis zur Mindestspannung. Ist die Batterie defekt oder nur schwach geladen, sinkt die Spannung sehr schnell unter den Mindestwert und steigt nur langsam wieder an.
Der Tester zeigt als Ergebnis verschiedene Informationen zum Batteriezustand an. Beim Midtronics-Gerät gibt es folgende Anzeigen, auf die laut Hersteller wie von uns angegeben zu reagieren ist:

- *Batterie gut:* Keine weiteren Maßnahmen erforderlich.
- *Laden und prüfen:* Batterie kann noch nicht bewertet werden. Vollständig aufladen (Spannung >12,4 V) und nochmals prüfen.
- *Batterie ersetzen:* Die Batterie muss erneuert werden.
- *Batterie konditionieren:* Diese Meldung erscheint nur in Ausnahmefällen. Dann mehrmals starten und Verbraucher zuschalten, die Batterie 5 Minuten ohne Belastung ruhen lassen und die Prüfung erneut durchführen.

Wurde die Batterie nach der Prüfung geladen, muss Oberflächenspannung abgebaut werden: Fahrlicht für 1 Minute einschalten.

Batterie laden

1 **Normales Laden:** Zündung und alle elektrischen Verbraucher ausschalten. Bei Verwendung eines Ladegerätes, das ohne Spannungsspitzen lädt und daher Datenerfassung, Motorsteuerung, Airbag und Telefon nicht beeinflusst, muss die Batterie im Fahrzeug nicht abgeklemmt werden. Sie muss aber eine Temperatur von mindestens 10 °C haben. Plusleitung des ausgeschalteten Ladegerätes an den Pluspol der Batterie, Minusleitung an Batterie-Minuspol anschließen, nicht verpolen! Laden nach Betriebsanleitung.

2 Vorsicht bei tiefentladenen Batterien! Bei ihnen ist die Ruhespannung unter 11,6 V abgesunken, ihre Batteriesäure besteht fast nur noch aus Wasser, der Schwefelsäureanteil ist stark reduziert. Daher können völlig leere Batterien bei Frost einfrieren und platzen. Auch wenn sie nicht platzen, dürfen gefrorene Batterien nicht mehr verwendet werden!
Bei Tiefentladung sulfatieren Batterien, die Plattenoberflächen verhärten, die Batteriesäure ist schwach weißlich eingefärbt. Beim Laden unmittelbar nach Tiefentladung bildet sich die Sulfatierung zurück, sonst verhärten die Platten weiter, ihre Ladungsaufnahme wird eingeschränkt.

3 Ladestrom am Batterieladegerät einstellen: maximal 10 % der Batteriekapazität (bei 100 Ah also 10 A). Maximale Ladespannung: 14,4 V. Ladegerät einschalten. Schnellladen vermeiden, die Batterien werden dadurch geschädigt. Tiefentladene Batterien werden von Ladegeräten automatisch erkannt. Dann lädt das Gerät zunächst schonend mit niedrigem Ladestrom. Die Zellverschlussstopfen während des Ladens nicht öffnen!

4 Bei tiefentladenen Batterien: Ladezeit 24 Stunden. Nehmen Sie danach eine Belastungsprüfung vor.

5 **Schnell laden:** Ladestrom maximal 50 % der Batteriekapazität für 30 Minuten, bei 100 Ah-Batterie also maximal 50 A Ladestrom.

6 Ladegerät ausschalten, um beim Abklemmen Funkenbildung auszuschließen. Dann Gerät abklemmen.

7 Aufgeladene Batterie wie beschrieben auf ihren Zustand prüfen. Wiederum auf richtige Einbaulage von Entlüftungsschlauch und Verschlussstopfen achten, damit keine Batteriesäure auslaufen kann.

Wagen anschieben oder anschleppen — Praxistipp

Fahrzeuge mit Automatikgetrieben können nicht angeschoben oder angeschleppt werden!
Motor und Anlasser müssen in Ordnung sein. Wenn der Motor wegen einer defekten Zündanlage nicht startet, sollte man aufs Anschieben oder Anschleppen ganz verzichten. Unverbrannte Gemischanteile könnten nachgezündet werden und die Temperatur im Katalysator auf gefährliche Höhen treiben. Ohnehin gilt generell:

Anschieben oder Anschleppen über eine Strecke von mehr als 50 Metern ruiniert den Katalysator!

- Zündung einschalten und zweiten oder dritten Gang einlegen. In höheren Gängen wird die Lichtmaschine für kräftige Stromlieferung zu langsam durchgedreht.
- Kupplung durchtreten, Wagen anschieben lassen, bis er in Schwung ist.
- Kupplung schnell kommen lassen. Der Motor wird abrupt durchgedreht und müsste anspringen. Dann sofort Kupplung treten und Gas geben.

Wenn der Motor dabei nicht anspringt, versuchen Sie es mit Anschleppen:

- Zündung einschalten, zweiten oder dritten Gang einlegen und Kupplung treten.
- Der Zugwagen muss langsam anfahren.
- Bei etwa 15 km/h die Kupplung langsam kommen lassen. Stets bremsbereit bleiben (Handbremse!).
- Motor springt an: Kupplung treten und Gas geben.
- Dem Schleppfahrer ein Hupsignal geben, beide Fahrzeuge sanft abbremsen.

Motor mit Starthilfekabel starten

Arbeitsschritte  

1 Wenn ein Fahrzeug nach mehrmaligen Startversuchen von 10 bis 20 Sekunden nicht mehr anspringt, ist so gut wie immer Hilfe für eine entladene Batterie angesagt. Ein Hilfsfahrzeug mit einer vollen Batterie gleicher Nennspannung dicht an das Fahrzeug mit der leeren Batterie heran fahren, damit die Kabel bequem angeschlossen werden können. Die Karosserien beider Fahrzeuge dürfen sich während der Starthilfe allerdings nicht berühren. Motoren beider Fahrzeuge abstellen.

2 Warnblinkanlage des »Spenderautos« einschalten. Die Pluspole mit dem roten Starthilfekabel verbinden: zuerst die leere, dann die volle Batterie anklemmen.

3 Die eine Polzange des schwarzen Starthilfekabels erst am Minuspol der vollen Batterie des Hilfsfahrzeugs anklemmen, die andere an einen blanken Massepunkt des Fahrzeugs mit entladener Batterie. Eventuell sind dazu Hinweise des Fahrzeugherstellers zu beachten, aber üblich wäre ein Anklemmen am Motorblock.

4 Motor des Hilfswagens starten und mit erhöhter Drehzahl laufen lassen, aber möglichst nicht mehr als 15 Sekunden. Fahrzeug, dem geholfen wird, starten. Wenn der Motor nicht gleich anspringt, nach weiteren Versuchen immer wieder eine Pause von mindestens einer Minute einlegen, damit der Anlasser abkühlen kann.

5 Zum Abnehmen der Kabel in umgekehrter Reihenfolge vorgehen:
Zuerst den Minuspol der Batterie im Fahrzeug, dem geholfen wurde, von Masse abklemmen, dann den Minuspol der Fremdbatterie abklemmen. Anschließend Kabel von den Pluspolen abnehmen: erst von der vollen Batterie, dann von der Leerbatterie.

6 Nach dem Start eine hinreichende Zeitspanne mit höheren Drehzahlen fahren, damit die Lichtmaschine die Batterie aufladen kann.

Drehstromgenerator aus-/einbauen

Arbeitsschritte 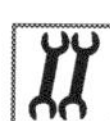 

1 **Ausbau Benziner (Motoren 266.9x):** Masseleitung der Batterie abklemmen. Fahrzeug anheben, Motorraumverkleidung unten und den Keilrippenriemen (3; Bild unten) wie im Kapitel »Die Motoren« beschrieben ausbauen.

2 Bei Fahrzeugen mit Klimatisierungsautomatik nach Codes 580 oder 581 ist direkt hinter dem Generator (1) der Kältemittelverdichter (2; Bild unten) eingebaut. Er muss vom Motor abgebaut werden.
Von einem etwaigen Öffnen des Kältemittelkreislaufs, wie beim Aus- und Einbau des Klimakompressors nötig, müssen wir immer abraten und könnten hier keinesfalls den Verdichterausbau empfehlen. Um Baufreiheit für den Generator zu schaffen, müssen aber nur die elektrische Steckverbindung oben am Kompressor getrennt, ein Halter vom Verdichter abgeschraubt (eine Schraube, 40 Nm) und dann der Klimakom-

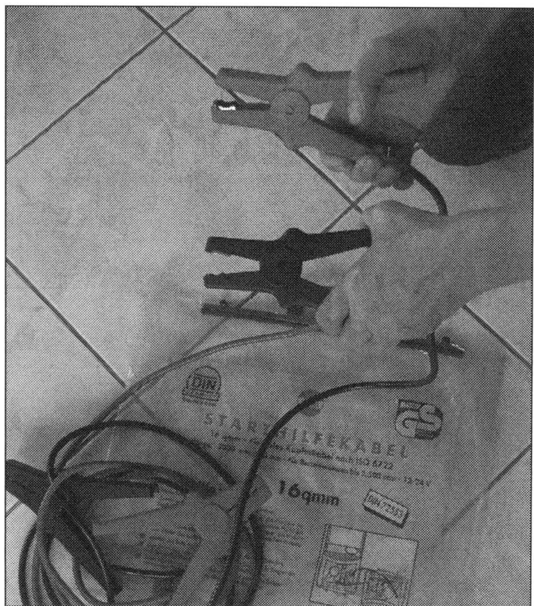

Handelsübliche Starthilfekabel in rot (obere Polzange) und schwarz (untere Polzange).

(1) Generator, (2) Kältemittelverdichter (Klimakompressor), (3) Keilrippenriemen, (4) Halter (Blick von hinten unten).

pressor von seinem Halter gelöst werden (die zwei Schrauben, 20 Nm, bleiben am Kompressor). Den Kältemittelverdichter mit angeschlossenen Kältemittelleitungen zur Seite nehmen und am Fahrzeugunterboden befestigen.

3 Steckverbindung (1) Klemme 61/D+ am Generator trennen. Berührungsschutz (3) abziehen, Mutter (4) abschrauben und die elektrische Leitung (2) abnehmen (Bild unten).

4 Die Schrauben (5) und (6) herausschrauben und den Generator nach unten herausnehmen (Bild ganz unten).

(1) Steckverbindung Klemme 61 (D+), (2) elektrische Leitung, (3) Berührungsschutz, (4) Mutter, (5, 6) die drei Befestigungsschrauben des Generators am Träger.

5 **Einbau** in sinngemäß umgekehrter Reihenfolge. Das Kabel (2) an Klemme B+ des Generators mit der Mutter (4) mit 18 Nm festschrauben. Generator mit 20 Nm (Schrauben 5 und 6) am Träger festziehen.

1 **Ausbau Diesel (Motoren 640.9x):** Masseleitung der Batterie abklemmen. Geräuschkapsel-Unterteile und Keilrippenriemen ausbauen (»Die Motoren«). Elektrische Steckverbindung (1) am Kältemittelverdichter (3) trennen.

2 Kabelklammer vom Kältemittelverdichter abziehen, Halter (2) an der Ölwanne lösen, Verdichter abschrauben und mit angeschlossenen Kältemittelleitungen zur Seite hängen.

3 Elektrische Steckverbindung (9) am Generator (4) trennen, Schutzkappe (7) abziehen und elektrische Leitung (8) vom Generator abschrauben. Obere Schraube (6) herausdrehen und nach hinten ziehen, herausnehmen lässt sie sich nicht. Untere Schrauben (5) herausdrehen (alle Positionen siehe Bilder unten). Den Generator nach unten herausnehmen.

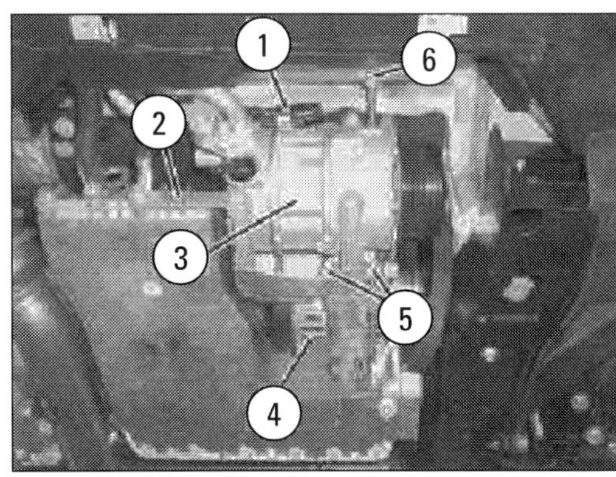

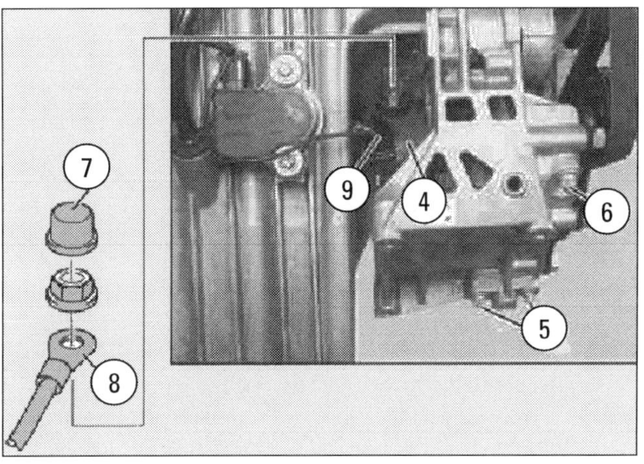

(1) elektrische Steckverbindung, (2) Halter, (3) Klimakompressor, (4) Generator, (5 und 6) Schrauben, (7) Schutzkappe, (8) elektrische Leitung Klemme 30.

4 **Einbau** sinngemäß umgekehrt. Mutter für Klemme B+ mit 18 Nm, die Schrauben Generator an Träger und Halter an Ölwanne mit 20 Nm festziehen.

Spannungsregler prüfen

1 Motorhaube öffnen, Spannungsmesser an Plus-Klemme (B+, Klemme 30) der Lichtmaschine und Masse anschließen.

2 Motor zwei Minuten mit 3.000 bis 4.000 U/min drehen lassen, damit der Generator betriebswarm wird (ca. 80 °C). Beim Start darf die Spannung bis 8 Volt absinken.

3 Standlicht, Radio oder Frischluftgebläse einschalten. Die Regulierspannung muss jetzt zwischen 13,5 und 14,8 Volt liegen. Fernlicht einschalten und Messung bei 3.000 U/min wiederholen. Die Spannung darf nicht mehr als 0,4 V über dem zuvor gemessenen Wert liegen.

4 Werden höhere Spannungen gemessen, ist der Regler defekt. Ist die Spannung zu niedrig, sind meist die Schleifkohlen abgenutzt. Die Länge der Kohlebürsten (1) beträgt neu 12 mm, Verschleißgrenze 5 mm, Längenabweichung beider zueinander maximal 1 mm. Bei Defekt oder abgenutzten Schleifkohlen: Regler ersetzen. Sind die Bürsten schräg abgenutzt (Bild unten), muss der Generator erneuert werden.

Praxistipp: Fahren mit defekter Lichtmaschine

Wenn Lichtmaschine oder Regler unterwegs streiken, können Sie trotzdem weiterfahren. Die Batterie übernimmt dann die Stromversorgung. Je nach Ladezustand und Kapazität reicht die Energie für etwa fünf Stunden, wenn Sie bei der Fahrt keine überflüssigen Verbraucher einschalten. Beachten Sie dann folgende Regeln:

- Die Fahrt nicht unnötig unterbrechen, denn der Anlasser braucht besonders viel Strom. Wenn möglich, den Wagen anrollen lassen.
- Heckscheiben-Beheizung, Gebläse und Radio nicht einschalten.
- Scheibenwischer und Scheibenwaschanlage nur bei unumgänglichem Bedarf in Betrieb nehmen.
- Bei Dunkelheit möglichst ohne Fernlicht und Nebelscheinwerfer fahren.

Spannungsregler aus-/einbauen

Der Spannungsregler wird am ausgebauten Generator aus- und eingebaut.

1 **Ausbau:** Bundmuttern (1) abschrauben und Abdeckung (2) vom Generator (3) abnehmen (obere Bildreihe unten).

2 Schrauben (4) herausdrehen und Regler (5) vom Generator abnehmen (obere Bildreihe unten).

3 **Einbau:** Sinngemäß umgekehrt. Dabei die Schleifkohlen nicht beschädigen! Wenn ein neuer Spannungsregler eingebaut wurde, muss die Sicherung (6) hineingedrückt werden. Das darf erst geschehen, nachdem die Schrauben (4) angezogen worden sind. Diese Schrauben ebenso wie dann die Bundmuttern an der Abdeckung mit 3 Nm festziehen.

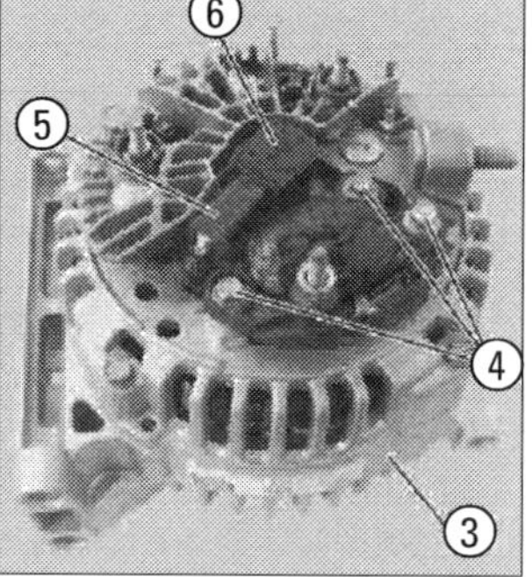

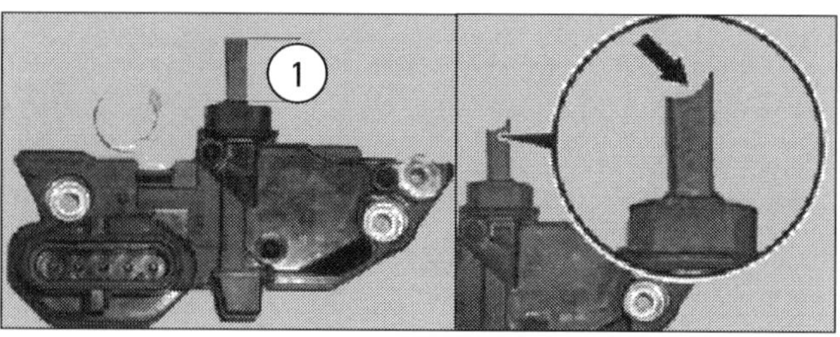

Oben: (1) Bundmuttern, (2) Abdeckung, (3) Generator, (4) Schrauben, (5) Regler, (6) Sicherung. Unten links: (1) Länge neu = 12 mm; unten rechts, Pfeil: Kohlen schräg abgenutzt, Generatorlager!

Anlasser (Starter)

Störungs-beistand

Störung	Ursache	Abhilfe
A Beim Drehen des Zündschlüssels in Startstellung dreht der Anlasser zu langsam oder gar nicht.	**1** Kontrolllampen brennen schwach oder verlöschen: a) Batterie entladen, b) Kabelanschlüsse lose oder oxidiert, c) Anlasser hat Masseschluss.	 Starthilfekabel, anschleppen. Befestigen, Anschlüsse säubern. Anlasser überholen lassen oder austauschen.
	2 Kontrolllampen brennen hell, Klicken vom Anlasser: Auf den Magnetschalter klopfen. Anlasser dreht noch nicht: a) Kohlebürsten oder Anschlüsse gelöst, b) Magnetschalter-Kontakte verschmort, c) Anlasserwicklung schadhaft.	 Anlasser überholen lassen. Anlasser überholen lassen oder austauschen. Anlasser überholen lassen oder austauschen.
	3 Kontrolllämpchen brennen hell, keinerlei Anlassergeräusche: a) Anschluss Klemme 50 lose. b) Klemme-50-Leitung vom Zündschloss zum Magnetschalter unterbrochen.	 Anschluss überprüfen. Leitung mit Prüflampe kontrollieren.
B Anlasser läuft, ohne den Motor durchzudrehen.	**1** Ritzel verschmutzt.	Ritzel reinigen.
	2 Einrückvorrichtung klemmt.	Anlasser überholen lassen.
	3 Verzahnung des Ritzels oder der Motorschwungscheibe beschädigt.	Wagen vorschieben. Erneut starten. Beschädigte Teile ersetzen lassen.
C Magnetschalter schaltet ein und aus, Anlasser läuft nicht an.	Batterie stark entladen. Beim Einschalten des Magnetschalters fällt Spannung ab und er schaltet wieder aus.	Batterie laden.
D Anlasser läuft weiter, obwohl der Zündschlüssel losgelassen wurde.	**1** Magnetschalter hängt oder schaltet nicht ab.	Zündung sofort abschalten, notfalls Batterie abklemmen. Magnetschalter reparieren oder Anlasser austauschen.
	2 Zünd-/Anlassschalter defekt.	Schalter ersetzen.
E Ritzel spurt nach Anspringen nicht aus.	Rückstellfeder des Einrückhebels lahm oder gebrochen.	Zündung abschalten, Anlasser austauschen.

Anlasser aus-/einbauen

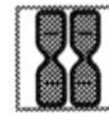

1 Ausbau: Batterie-Masseleitung abklemmen. Motor mit Vorderachsträger absenken (»Die Motoren«).

2 Berührungsschutzkappe vom Kabelanschluss am Starter abziehen. Die Muttern für Klemmen 30 (Batterie+) und 50 abschrauben und den elektrischen Leitungssatz abnehmen.

3 Schrauben (1) vom Getriebe abschrauben und den Anlasser (2) mit Magnetschalter (3) abnehmen (Bild rechts).

6 Einbau: Sinngemäß umgekehrt. Beim Erneuern des Starters Motor an der Riemenscheibe durchdrehen und Zahnkranz von Schwungrad oder Mitnehmerscheibe auf Verschleiß und Schäden prüfen, ggf. erneuern. Starter mit 19 Nm am Getriebe, die Muttern Klemme 30 mit 14 Nm, für Klemme 50 nur mit 6 Nm festziehen.

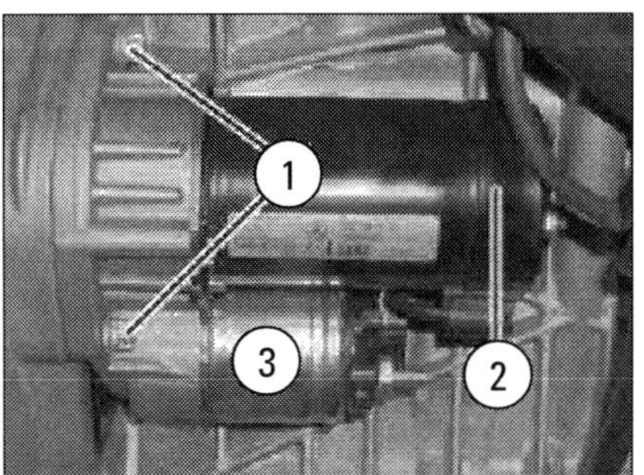

ELEKTRIK: SCHEIBEN-WISCH- UND -WASCHANLAGE

Die leistungsfähige Wischeranlage vorn hat gegenläufig arbeitende Arme. Mit ihrer Länge von 650 bzw. 580 mm reinigen die beiden Wischerblätter 81 Prozent der gesamten Durchsichtsfläche. (1) eine der drei Befestigungsschrauben Wischeranlage an Karosserie, (2) eine der beiden Befestigungsmuttern Wischerarm an Wischeranlage, (3) Wischermotor Windschutzscheibe, (4) Wischerarm Fahrerseite, (5) Wischerarm Beifahrerseite.

Wartung

Reparatur

Über den Kombischalter (S4) an der Lenksäule wird die als Baugruppe »WSA« bezeichnete Wischeranlage der Mercedes-Benz-Fahrzeuge zentral bedient. Die am Kombischalter gewählte jeweilige Funktion wird über das Mantelrohrmodul (N80, in der Lenksäule) und den CAN-Bus Innenraum (CAN-Bus Klasse B, kurz: CAN-B) an das Steuergerät SAM (Baugruppe N10) gesendet, das die komplette Steuerung der Wischeranlage realisiert. SAM befindet sich bei der A-Klasse Mitte hinten im Motorraum
Die WSA realisiert folgende Funktionen:

- Tippwischen: Kombischalter kurzzeitig bis zum Rastpunkt drücken.

■ Intervallwischen: Kombischalter in Stellung »I« bewirkt bei Fahrzeugen ohne »Exterieur-Licht & Sicht-Paket» (Code U58) das Wischen in festen Intervallen und bei Fahrzeugen mit Paket nach Code U58 automatisch gesteuerte Intervalle in Abhängigkeit der Anforderungen des Regen/Licht-Sensors B38/2.

■ Dauerwischen: Kombischalter in Stellung »II« bewirkt Wischen mit langsamer Geschwindigkeit. Diese Stufe 1 wischt mit ca. 40 Zyklen pro Minute.
Kombischalter in Stellung »III« bewirkt Wischen mit schneller Geschwindigkeit (Stufe 2, ca. 60 Zyklen pro Minute).

■ Wischen der Rückwandtür: Bei Vorwärtsfahrt Wischen in festen Intervallen; bei Rückwärtsfahrt Dauerwischen, wenn an der Frontscheibe die Funktion Wischen aktiv ist, und bei Fahrzeugen mit Code U58 Regensensorbetrieb in Abhängigkeit von der Wischeranlage Frontscheibe.

■ Waschen der Frontscheibe wird durch Drücken des Schalters Scheibenwaschanlage im Kombischalter in axialer Richtung über den Rastpunkt hinaus aktiviert. Die Pumpe (M5/1) wird aber nur maximal 15 Sekunden lang angesteuert. Wird längeres Waschen gewünscht, muss die Zeit durch erneutes Betätigen des Schalters neu gestartet werden.

■ Waschen der Heckscheibe wird durch Drücken des Schalters Scheibenwaschanlage Rückwandtür oder des Schalters Intervallwaschen Rückwandtür im Kombischalter über das Steuergerät SAM realisiert. Pumpe und Wischermotor werden für die Dauer der Betätigung angesteuert.

■ Beheizung der Scheibenwaschanlage: Bei Fahrzeugen mit dem entsprechenden Code 875 werden bei Außentemperaturen unter 5 °C die Heizungen für die Waschdüsen und die Waschdüsenschläuche aktiviert. Das Abschalten erfolgt bei abgeschalteter Klemme 61 (Motor aus) oder bei Außentemperaturen über 8 °C.
Die Pumpe für Scheiben- und Scheinwerferwaschwasser befindet sich am Wasserbehälter im vorderen linken (Fahrerseite) Radhaus. Der Kombischalter (S4) links an der Lenksäule bedient neben Wischen und Waschen noch die Funktionen Blinker, Fern- und Abblendlicht sowie Lichthupe.

■ Fahrzeuge mit Bi-Xenon-Scheinwerfern (Code 614) verfügen über eine Scheinwerfer-Reinigungsanlage (SRA). Zum Aktivieren der Anlage dient der Schalter SRA (S4/1) an der Schalttafel rechts neben dem Lichtschalter. Durch Drücken dieses Schalters oder nach 15-maligem Betätigen der Funktion »Frontscheibe Waschen« schaltet das Steuergerät SAM die Anlage ein. Die Pumpe SRA (M5/2) baut in der Waschwasserleitung Druck auf, der gegen die Rückholfedern der Hubdüsen wirkt. Dadurch fahren die Düsen aus und sprühen Waschwasser auf die Scheiben der Leuchteinheiten vorn. Nach der Einschaltdauer fällt der Druck ab, die Hubdüsen fahren durch Federkraft in ihre Ausgangsstellung zurück.

Arbeiten an der Wisch-/Waschanlage

Bei Arbeiten an der Scheibenwischermechanik muss stets der Zündschlüssel abgezogen sein (siehe Gefahrenhinweis). Folgende wesentliche Funktionen der WSA sind zu kontrollieren:

■ Spritzdüsen der Scheibenwaschanlage an der Windschutzscheibe. Dazu muss allerdings die Zündung eingeschaltet werden. Zeigt es sich, dass Düsen verstopft sind, müssen sie mit einer geeigneten Nadel und mit Druckluft von außen gereinigt werden.

■ Auch die Spritzdüse der Scheibenwaschanlage an der Heckscheibe und bei Fahrzeugen mit Scheinwerferreinigungsanlage deren Düsen prüfen. Bei Verstopfung mit Nadel und Druckluft reinigen.

■ Bei allen Spritzdüsen die Einstellung überprüfen.

■ Einstellung der Wischerarme an der Windschutzscheibe und an der Heckscheibe prüfen. Die Wischerblätter dürfen nicht an A-Säule oder Windlauf anstoßen oder über die Glasfläche der Heckscheibe hinauslaufen, weil es sonst zu Schäden an der Karosserie oder an der Wischermechanik kommt.

■ Flüssigkeitsstand im Vorratsbehälter der Scheibenwaschanlage prüfen. Fahrzeuge mit Code 614 haben unten am Behälter den Schalter S42, der eine Wasserstandskontrolle durch Anzeige an der Schalttafel ermöglicht. Nachfüllen mit Wasser und Waschmittelkonzentrat, auch bei Fahrzeugen mit beheizter Scheibenwaschanlage nach Code 875.

Arbeit an der Scheibenwischermechanik

Ziehen Sie bei Arbeiten an der Scheibenwischermechanik unbedingt immer den Zündschlüssel ab! Die Verletzungsgefahr durch Klemmen oder Quetschen ist groß. Im extremen Fall kann es zur Abscherung von Gliedmaßen bei Eingriffen in die Mechanik kommen!

Wischerblätter

Störungs-beistand

Störung	Ursache	Abhilfe
A Wasser und Schmutz werden gleichmäßig über das Wischfeld verteilt oder im Wischfeld bleiben feine Wasserstreifen stehen.	**1** Scheibe durch Lackpflegemittel, ölhaltige Rückstände oder Insektenreste verschmutzt.	Auf der Scheibe ein Putzmittel auftragen, einwirken lassen, dann mit einem sauberen Lappen abreiben.
	2 Wischergummi teilweise oder ganz verschlissen.	Durch Beschleifen mit Schleifpapier Abhilfe schaffen, sonst austauschen.
	3 Wischerarm am Anlenkpunkt des Wischerblattes verdreht.	Wischerarmende nachbiegen (in sich verdrehen).
B Im Wischfeld bleiben feine Wassertropfen zurück.	Neigungswinkel des Wischergummis zur Windschutzscheibe zu flach.	Anstellwinkel ggf. korrigieren lassen, sonst Wischergummi austauschen.
C Im Wischfeld bleibt ein breiter Wasserfilm zurück.	Ungleiche Druckverteilung durch verbogene oder defekte Anpressfeder im Wischergummi.	Wischerblatt austauschen.
D Im Wischfeld bleiben einige Wasserfelder zurück.	**1** Anpressdruck des Wischerarms ist zu gering.	Anpressdruck überprüfen. Feder leicht einölen, ggf. Wischerarm ersetzen.
	2 Scheibenwischerantrieb verschlissen.	Kontrollieren, defekte Teile ersetzen.
	3 Wischerarm lose oder verbogen.	Festschrauben oder nachbiegen.
	4 Wischerblatt verbogen.	Austauschen.
E Wischerblatt rattert.	**1** Zuviel Spiel in Verbindungen.	Wischerblatt oder -arm auswechseln.
	2 Wischerarm in sich verdreht.	Wischerarm zurecht biegen.

Flüssigkeitsstand prüfen und einstellen

1 Motorhaube öffnen. Der Waschwasserbehälter befindet sich vorn links im Motorraum (Bild rechts unten). Fahrzeuge mit beheizter Scheibenwaschanlage nach Code 875 haben Verschlussdeckel mit angebautem Wärmetauscher.

2 Den Füllstand durch Augenscheinprüfung feststellen. Der Behälter fasst 4,7 Liter. Wenn nur noch wenig Flüssigkeit im Behälter ist, muss nachgefüllt werden. Dazu den Verschlussdeckel ausclipsen und hochklappen.

3 Mit einer Mischung aus Wasser und Scheibenwaschkonzentrat befüllen. Mercedes-Benz empfiehlt für alle Pkw-Typen das Waschmittelkonzentrat nach Sachnummer 001 986-4471 (Sommer-Formel) oder 001 986 4571 (Winter-Formel). Beide Ausführungen dürfen miteinander gemischt werden. Beim Mischungsverhältnis mit Wasser muss die Tabelle auf der Verpackung des Konzentrats beachtet werden.

4 Behälterdeckel und Motorhaube schließen.

(1) Vorratsbehälter für die Scheibenwaschanlage.

Einstellung der Spritzdüsen prüfen und korrigieren

Arbeitsschritte  

1 Hierzu die Zündung einschalten; bei Arbeiten an der Scheibenwischermechanik jedoch stets Zündschlüssel abziehen. Kombischalter über den Rastpunkt hinaus drücken.

2 Die beiden Spritzdüsen der Frontscheiben-Waschanlage spritzen je drei Strahlen aus. Diese müssen in dem im Bild unten dargestellten Bereich auf die Scheibe auftreffen.

3 Bei Bedarf muss die Einstellung der Düsen mit einem Schraubendreher korrigiert werden. Die Einstellung mit Dorn darf nach den Werkstatthinweisen von Mercedes-Benz seit Anfang 2005 nicht mehr praktiziert werden, da die Spritzdüsen an der Windschutzscheibe beschädigt werden können.

4 Die Wascherdüse an der Heckscheibe spritzt nur einen Strahl aus. Er soll in dem Bereich nach Bild ganz unten auftreffen. Wenn nötig, muss nachreguliert werden. Die Heckdüse wird mit MB-Sonderwerkzeug 110 589 02 63 00 eingestellt

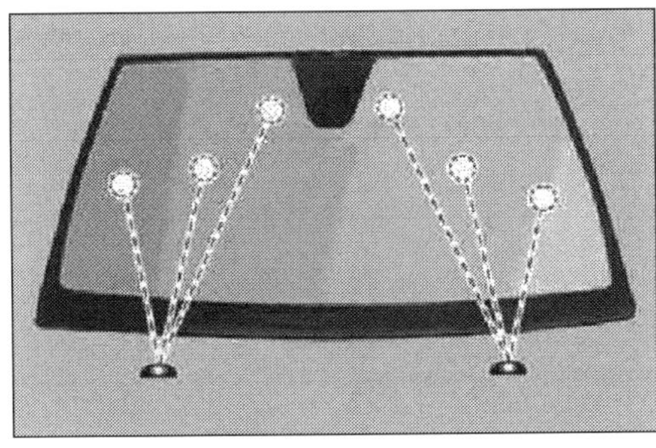

So sollen die Spritzstrahlen Auftreffen: Auf die Windschutzscheibe wie im Bild oben, auf die Heckscheibe wie im Bild unten.

(oberes Bild unten). Seit Oktober 2002 ist für alle Mercedes-Fahrzeugtypen allerdings auch der Düseneinsteller 003 589 03 63 00 vorgesehen. Dieser Spezialdorn mit 150 bis 680 mm Länge hat einen magnetischen Kopf.

5 Bei Fahrzeugen nach Codes 600 (mit Scheinwerferreinigungsanlage, SRA) oder 614 (mit Xenon-Scheinwerfern und daher mit SRA) sind auch die Spritzdüsen für Scheinwerferreinigung zu überprüfen. Dazu den Schalter SRA (1) rechts neben dem Lichtschalter drücken (Bild ganz unten) Der Spritzstrahl muss im Bereich vor den Lampen auf der Streuscheibe auftreffen. Einstellen mit Regulierdorn.

Anmerkung: Beim Überprüfen der Düsenfunktion und -einstellung auch die Gummilippen der Wischerblätter auf Verhärtung, Risse und Verschleiß prüfen. Wenn nötig: erneuern.

Wischerarme prüfen und einstellen

Arbeitsschritte  

1 Den Zündschlüssel abziehen. Bei den folgenden Arbeiten darauf achten, dass der angehobene Wischerarm Fahrer- ebenso wie Beifahrerseite (4, 5 im Bild zu Kapitelbeginn) nicht auf die Windschutzscheibe fällt, da diese sonst beschädigt wird.

2 Die Wischerblätter abbauen.

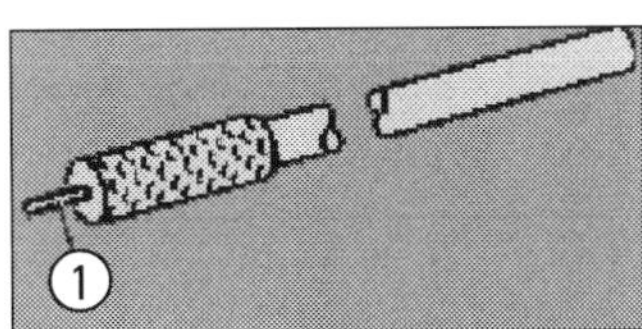

(1) Regulierdorn nach MB 110589026300 (links).
(2) Schalter für Scheinwerfer-Reinigungsanlage SRA (unten).

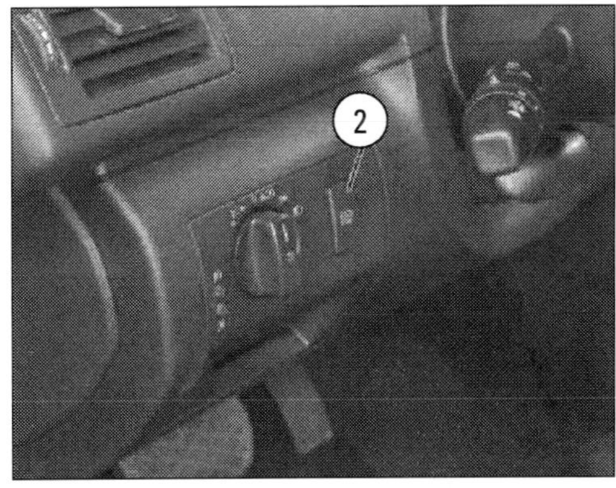

3 Anstellwinkel vom Wischerarm Fahrerseite und vom Wischerarm Beifahrerseite zur Windschutzscheibe messen und notieren. Der Winkel in Parklage soll auf der Fahrerseite 4,0°...5,0° und auf der Beifahrerseite -4,0°...-5,0° betragen. Messung mit geeignetem Winkelmesser vornehmen. Ab Arbeitsschritt 5 zeigen wir jedoch die ratsame Vorgehensweise mit den entsprechenden Mercedes-Sonderwerkzeugen.

4 Wenn der Prüfwert vom Toleranzwert in Parklage abweicht, muss der richtige Anstellwinkel am jeweiligen Wischerarm eingestellt werden. Das lässt sich vorsichtig durch Verschränken mit einer geeigneten, ggf. abgepolsterten Zange oder einem sehr sorgfältig geführten Gabelschlüssel erreichen. Anzuraten aber ist die im Folgenden demonstrierte Arbeitsweise mit den Sonderwerkzeugen (Bilder unten), die sich eventuell ausleihen lassen.

5 Adapter (4) aus dem Einstell-Werkzeugsatz 211589022100 in die Führung des Winkelmessgerätes (1) einsetzen und mit der Rändelschraube (2) fixieren. Diese Vorrichtung Adapter mit Winkelmessgerät durch Drehen der Rändelschraube (R) am Kopf des Wischerarms (W) festklemmen (oberes der Bilder unten; gezeigt wird die Situation am Wischerarm Fahrerseite). Den Wischerarm absenken, bis alle drei Auflagepunkte, die sich am Gerätefuß des Winkelmessgerätes befinden, Kontakt zur Windschutzscheibe haben.

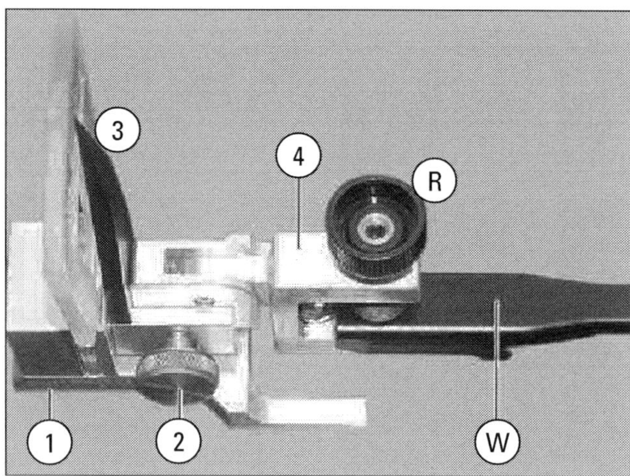

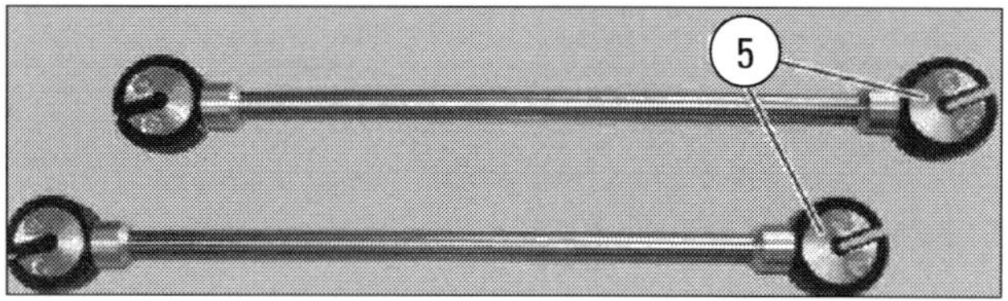

Einstellwerkzeuge aus dem MB-Satz 211 589 02 21 00:
(1) Winkelmessgerät mit (2) Rändelschraube und (3) Skala mit Zeiger, (4) Adapter, (5) Einstellhebel Z4.
(W) Wischerarmkopf Fahrerseite durch Drehen der Rändelschraube (R) am Adapter festklemmen.

6 Jetzt lässt sich der Anstellwinkel des Wischerarms an Zeiger und Skala (3) des Winkelmessgerätes ablesen. Den Messwert notieren. Dann den Wischerarm Fahrerseite anheben und die Messeinrichtung abbauen. Diesen Prüfvorgang am Wischerarm Beifahrerseite wiederholen.

7 Wenn der Anstellwinkel korrigiert werden muss, die Vorrichtung Winkelmesser/Adapter am einzustellenden Wischerarm anbauen und den Arm absenken, bis die drei Auflagepunkte Kontakt zur Windschutzscheibe haben.

8 Die Einstellhebel (5) aus dem Sonderwerkzeugsatz (Bild links unten) so weit wie möglich voneinander entfernt am Wischerarm ansetzen. Der Arm wird mit dem Hebel (5) verschränkt, der nahe dem Wischerarmkopf positioniert wurde. Der zweite Hebel (5) dient als Gegenhalter.

9 Den Einstellhebel in die erforderliche Richtung drücken, bis der richtige Einstellwert (4° bzw. -4° bis 5° bzw. -5°) an der Skala des Winkelmessgerätes angezeigt wird. Dann die Einstellhebel abnehmen und die Messvorrichtung abbauen.

10 Wischerblätter anbauen, Funktionskontrolle der Wischeranlage vornehmen.

Wischerarme Windschutzscheibe aus-/einbauen

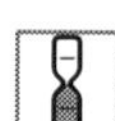

1 **Ausbau:** Wischerarme in Parkstellung bringen und Zündschlüssel abziehen oder Senderschlüssel vom Steuergerät EZS trennen. Motorhaube öffnen und gegen Herunterklappen sichern.

2 Mutter (2; Bild zu Kapitelbeginn) abschrauben. Das Bild zeigt die Mutter des Arms Fahrerseite. Auf der Beifahrerseite analog vorgehen. Wischerarm (4 bzw. 5) durch Hin- und Herbewegen von der Wischerwelle lösen und abnehmen. Vorsicht: Nicht die Lackierung der Motorhaube beschädigen!

3 **Einbau:** Wischerarm auf die Wischerwelle aufstecken. Der Wischerarm muss dann unter Zuhilfenahme eines

Maßstabs (z. B. aufrollbares Metallmessband) ausgerichtet werden. Dazu befindet sich motorraumseitig am Wassersammler unterhalb der Wischerarme eine Markierung.

4 Maßstab an der Markierung anlegen und den Abstand von der Knickkante des Wassersammlers bis zur Unterkante des jeweiligen Wischerarms messen. Das Maß muss für den linken Wischerarm (Fahrerseite) ca. 170 mm und für den rechten Arm (Beifahrerseite) ca. 110 mm betragen.

5 Wenn die richtigen Maße eingestellt sind, den jeweiligen Wischerarm mit der Mutter (2) an der Wischeranlage mit 20 Nm festschrauben. Motorhaube schließen.

Wischeranlage vorn aus-/einbauen

Arbeitsschritte  

1 **Ausbau:** Beide Wischerarme wie beschrieben ausbauen, die Motorhaube ist also geöffnet. Die Gummitüllen herausziehen, durch welche die Wischerwellen geführt sind.

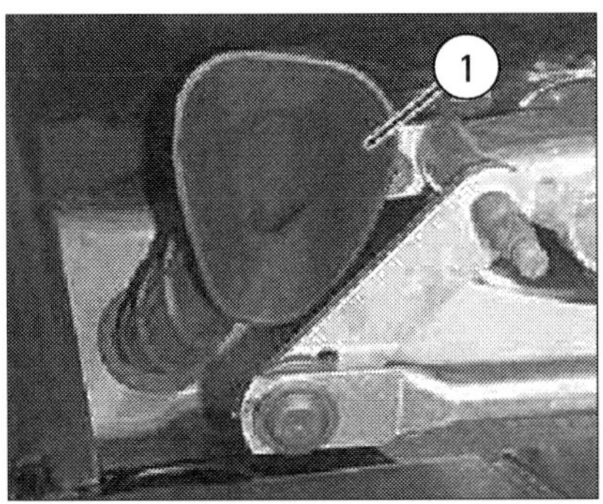

(1) Wasserablauf an der rechten Seite der Wischeranlage.

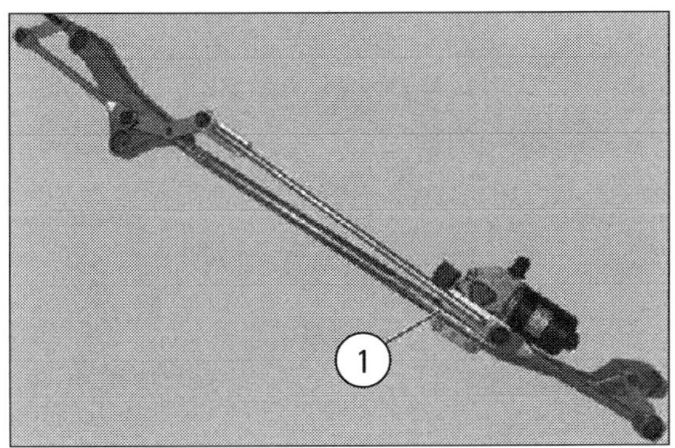

(1) ausgebaute Wischeranlage aus Motor und Gestänge, Wischerarme vor Ausbau abgenom-

2 Die fünf Befestigungsschrauben an der vorderen Kante (motorraumseitig) des Wassersammlers herausschrauben und den Sammler (Wasserkasten) nach unten ziehen, um die Verrastung mit der Windschutzscheibe zu lösen. Dabei müssen die Enden der Dachzierstäbe links und rechts der Scheibe etwas zur Seite gedrückt werden.

3 Wassersammler nach oben über die Windschutzscheibe herausführen. Dabei ggf. die Motorhaube etwas absenken.

4 Die elektrische Steckverbindung am Wischermotor trennen und die Wasserabläufe (Bild unten) links und rechts an der Wischeranlage aushängen.

5 Die drei Halteschrauben (zwei rechts, eine links; im Bild zu Kapitelbeginn ist (1) die Halteschraube links) herausdrehen. Wischeranlage (1, Bild unten) nach vorn aus der Aufnahme führen und abnehmen.

6 **Einbau:** In umgekehrter Reihenfolge. Zuerst die Wischeranlage in die Aufnahme einführen und auf ihren richtigen Sitz achten. Die Schrauben Wischeranlage/Karosserie mit 20 Nm festziehen.

7 Beim Einbau des Wassersammlers die Halterasten vorsichtig unter die Windschutzscheibe führen und auf sicheres Verrasten der insgesamt 10 Halterungen achten: von der Mitte aus je fünf links und rechts.

8 Beim Einbau der Gummitüllen an den Wischerwellen auf richtigen Sitz im Wassersammler achten.

9 Wischerarme wie beschrieben einbauen, Motorhaube schließen, Funktionsprobe vornehmen.

Wischerarm und -motor Rückwandtür aus-/einbauen

Arbeitsschritte  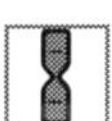

1 **Ausbau:** Wischerarm (1) in Parkstellung bringen. Zündung ausschalten und Senderschlüssel vom Steuergerät EZS abziehen. Abdeckung (2) am Wischerarm aufklappen (Bilder nächste Seite).

2 Mutter (3) einige Gewindegänge lösen. Wischerarm mit Hilfe eines 1/4-Zoll-Steckschlüsseleinsatzes SW 8 mm (5) und eines Abziehers (6) von der Wischerwelle (4) lösen. Dabei den Abzieher sehr vorsichtig handhaben, um den Lack der Rückwandtür nicht zu beschädigen (Bilder unten). Der Steckschlüsseleinsatz verhindert beim Lösen des Wischerarms eine Beschädigung der Waschwasserspritzdüse in der Wischerwelle (Bild ganz unten).

3 Steckschlüsseleinsatz und Abzieher (MB: 000589883300) abnehmen, dabei den Abzieher vorsichtig handhaben, um Lackschäden zu vermeiden. Mutter (3) vollständig von der Wischerwelle (4) abschrauben. Die Abdeckung (2) zurückklappen und den Wischerarm (1) abnehmen.

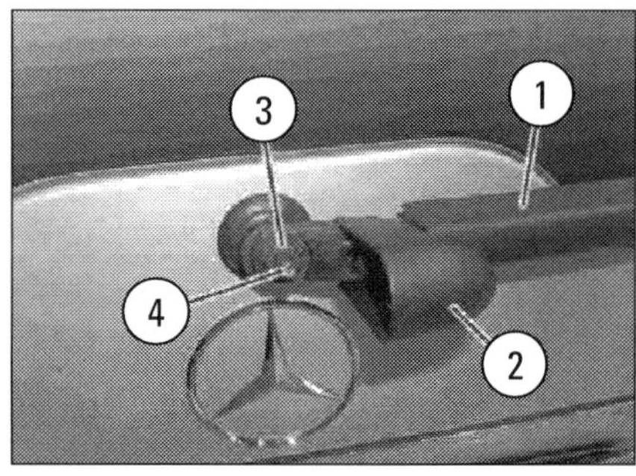

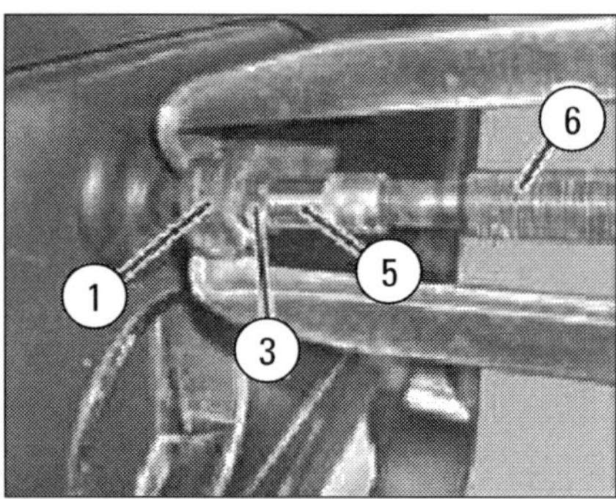

Wischer an der Rückwandtür: (1) Wischerarm, (2) Abdeckung, (3) Mutter, (4) Wischerwelle, (5) 1/4-Zoll-Steckschlüsseleinsatz SW 8 mm, (6) Abzieher.

Der zweiarmige Abzieher hat bei MB die Nummer 000589883300.

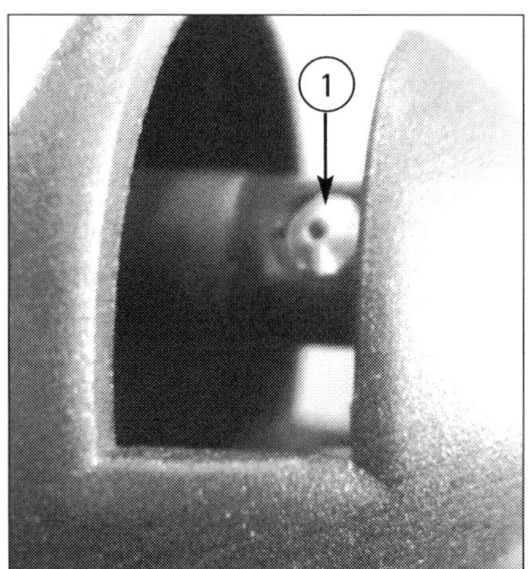

(1) Waschwasserspritzdüse in der Wischerwelle hinten.

4 Falls der Wischerarm erneuert werden soll, das Wischerblatt vom Arm abnehmen.

5 Den Türbelag an der Rückwandtür abbauen (»Der Innenraum«). Elektrische Steckverbindung (1) trennen. Schlauch (2) der Scheibenreinigungsanlage mit einem geeigneten Schraubendreher abdrücken. Schrauben (3) herausschrauben und den Wischermotor Rückwandtür (M6/4) abnehmen (Bild unten). Die Gummitülle in der Durchführung für die Wischerwelle auf Beschädigungen prüfen und ggf. erneuern.

6 **Einbau:** In umgekehrter Reihenfolge. Den Wischermotor ansetzen und die drei Befestigungsschrauben (3) mit 10 Nm festziehen.

7 Den Schlauch (2) auf den Anschlussstutzen am Wischermotor (M6/4) aufstecken und auf richtigen Sitz achten.

8 Elektrische Steckverbindung am Motor aufstecken und den Türbelag der Rückwandtür einbauen.

9 Falls das Wischerblatt abgenommen worden ist: Blatt auf den Wischerarm aufstecken und sichern. Die Wischerwelle reinigen und Korrosionsschutzfett (MB: 001989375110) auftragen. Wischerarm auf die Wischerwelle aufstecken. Dabei muss sich der Wischermotor in Parkstellung befinden. In Höhe des Wischerarmkopfes gibt es dafür eine Einstellmarkierung an der Rückwandtür.

10 Mutter (3) mit 13 Nm festschrauben und Abdeckung (2) zurückklappen (Bilder links). Funktionskontrolle der Heckwischeranlage vornehmen.

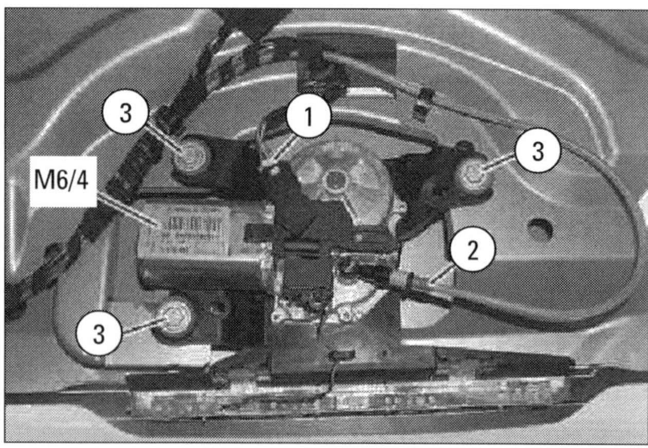

Der Wischermotor Rückwandtür hat die Bauteilbezeichnung M6/4. (1) elektrische Steckverbindung, (2) Schlauch, (3) drei Befestigungsschrauben.

Waschwasserbehälter, Pumpen und Wärmetauscher aus-/einbauen

Arbeitsschritte  

1 Motorhaube öffnen und sichern, Verriegelung (2) öffnen, Waschwasserbehälter (1) nach oben aus dem Motorraum herausnehmen (Bilder unten), bis die Anbauteile am Behälter zugänglich sind. Der Behälter kann für bestimmte Arbeiten mit angeschlossenen elektrischen Leitungen und Schläuchen zur Seite gelegt werden.

2 **Ausbau SWA-Pumpe:** Die Pumpe für die Scheibenwaschanlage SWA (Bauteil M5/1) mit einem Montagekeil aus dem Waschwasserbehälter (1) ausclipsen. Um keine Schäden zu verursachen, empfiehlt sich ein Werkzeug wie der MB-Montagekeil 110589035900. Die Einbaulage der Pumpe zeigt das obere der Bilder rechts. Auslaufendes Waschwasser mit geeignetem Gefäß auffangen.

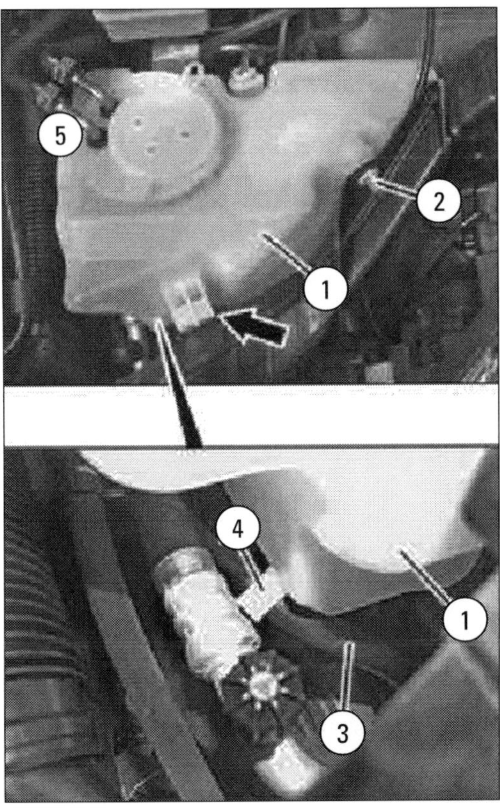

(1) Waschwasserbehälter, (2) Verriegelung, (3) Schlauch, (4) Halter, (5) Wärmetauscher bei beheizten Scheibenwaschanlagen.

3 Die elektrische Steckverbindung (2) an der Pumpe M5/1 mit einem passenden Schraubendreher entriegeln und trennen. Dann die Waschwasserschläuche (3) von der Pumpe abziehen (Bild unten).

4 **Ausbau SRA-Pumpe:** Die Pumpe für die Scheinwerferreinigungsanlage SRA (Bauteil M5/2) mit einem Montagekeil aus dem Waschwasserbehälter (1) ausclipsen. Empfehlenswert als Werkzeug ist wieder der MB-Montagekeil 110589035900. Die Einbaulage der Pumpe zeigt das untere der Bilder unten. Auslaufendes Waschwasser auffangen.

5 Die elektrische Steckverbindung (2) an der Pumpe M5/2 mit einem passenden Schraubendreher entriegeln und trennen. Dann den Waschwasserschlauch (3) von der Pumpe abziehen (Bild unten).

6 **Ausbau Wärmetauscher:** Im Falle beheizter Scheibenwaschanlagen ist ein Wärmetauscher (5) im Bild links unten und (1) in den Bildern nächste Seite unten links vorhanden. Zum Ausbau die Kühlmittelschläuche (2) mit Klemmen (3) abklemmen und Schläuche vom Wärmetauscher (1) abbauen. Den Behälterdeckel (5) für Wärmetauscher mit dem Montagekeil vom Waschwasserbehälter (4) abclipsen (Bild nächste Seite).

Der Wärmetauscher lässt sich auch ausbauen, wenn die Pumpen M5/1 und M5/2 eingebaut bleiben. Dann muss aber die Pumpe M5/1 ein wenig (etwa 10 mm) aus dem Waschwasserbehälter herausgezogen werden. Wenn die Pumpe nicht vollständig herausgezogen wird, vermeidet man das Auslaufen von Waschwasser.

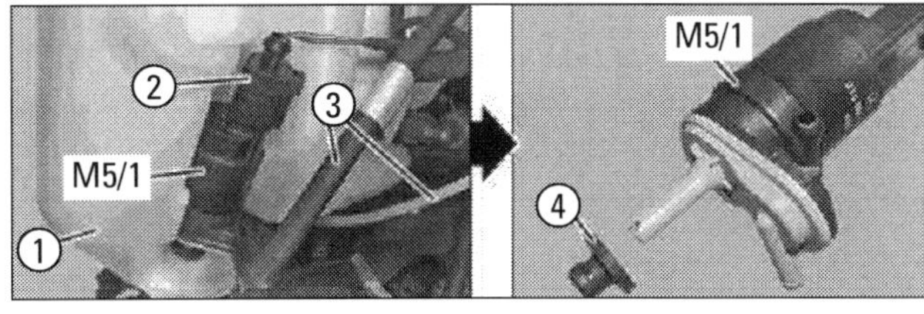

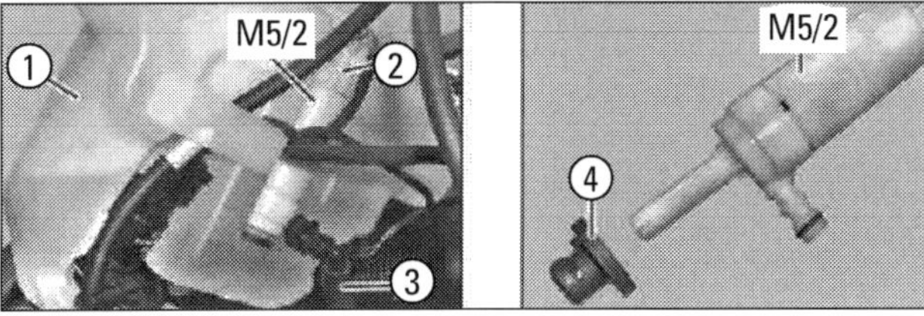

(1) Waschwasserbehälter, (2) elektrische Steckanschlüsse, (3) Waschwasserschläuche, (4) Dichtungen.
(M5/1) Pumpe für Scheibenwaschanlage SWA,
(M5/2) Pumpe für Scheinwerferreinigungsanlage SRA.

7 Wärmetauscher (1) aus dem Waschwasserbehälter (4) herausführen. Der Wärmetauscher muss beim Herausführen gedreht werden. Deckel (5) und Wärmetauscher sind ein Bauteil (Bild ganz unten).

8 **Einbau aller Komponenten:** In umgekehrter Reihenfolge. Zuerst den Deckel mit Wärmetauscher einbauen.

9 Beim Einbau der beiden Pumpen SWA und SRA die Dichtungen (4; Bilder vorige Seite rechts) erneuern.

10 Beim Einbau des Waschwasserbehälters auf richtigen Sitz der Aufnahme (Pfeil im Bild vorige Seite links) an der Kühlerbrücke achten. Die Kühlmittelleitung (3) in die Halterung (4) am Behälter (1) einclipsen (Bild vorige Seite links, ganz unten).
Den Waschwasserbehälter wie befüllen und den Flüssigkeitsstand richtigstellen. Die Funktion der Waschanlage prüfen und ggf. die Spritzdüsen wie beschrieben einstellen. Funktion der Scheibenwischer und der Scheinwerferreinigungsanlage überprüfen.

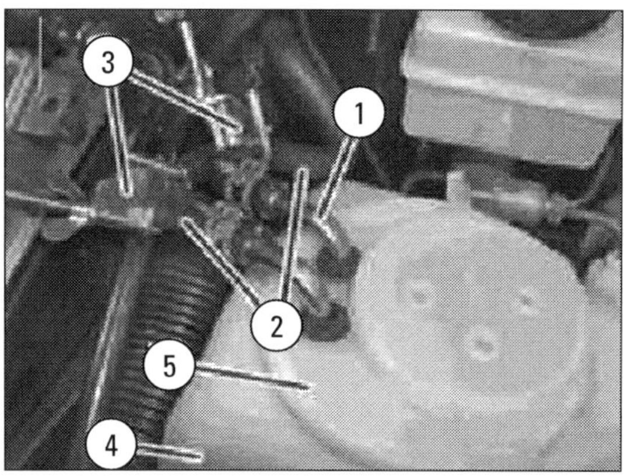

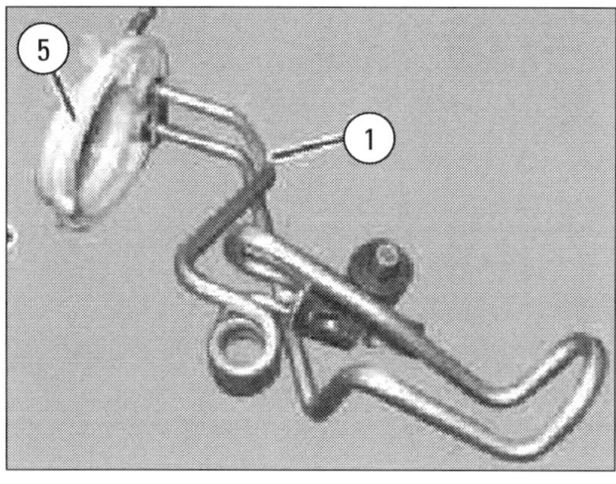

(1) Wärmetauscher, (2) Kühlmittelschläuche, (3) Klemmen, (4) Waschwasserbehälter, (5) Deckel mit Wärmetauscher.

Hubdüse der Scheinwerferreinigungsanlage SRA aus-/einbauen

Arbeitsschritte  

1 Mittig unterhalb jeder der beiden vorderen Leuchteinheiten befindet sich bei den Fahrzeugen mit Code 614 eine Spritzdüse für die Scheinwerferreinigung. Diese sogenannten Hubdüsen (Bilder unten) sind ein ausfahrbares Teleskop mit integrierter Rückholfeder. Zum Aus- und Einbau Motorhaube öffnen und sichern. Wenn beide Düsen ausgebaut werden, muss der Stoßfänger vorn ausgebaut werden (»Die Karosserie«). Soll nur eine Düse ausgebaut werden, braucht am angehobenen Fahrzeug der vordere Stoßfänger nur an der Ausbauseite gelöst zu werden.

2 **Ausbau:** Linken oder rechten Waschwasserschlauch (oder beide Schläuche) am jeweiligen Gehäuse der vorderen

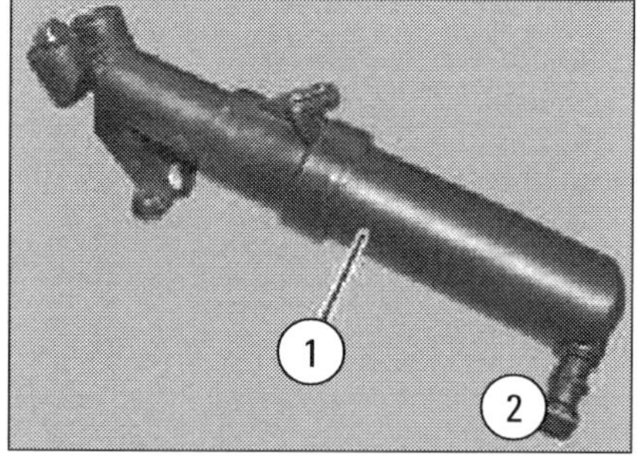

(1) Hubdüse der Scheinwerfer-Reinigungsanlage. Links ausgebaut, unten in Funktion.
(2) Kupplung für Waschwasserschlauch.

Leuchteinheiten aushängen. Die dann zugängliche Schraube herausdrehen.

3 Linken oder rechten Waschwasserschlauch (oder beide) mit Klemmen abklemmen und an der Kupplung (2; Bild vorige Seite rechts) von der Hubdüse links oder rechts (oder an beiden Seiten) trennen.

4 Die jeweilige Hubdüse oder beide Hubdüsen nach vorn von den Gehäusen der Leuchteinheit abnehmen.

5 **Einbau** in umgekehrter Reihenfolge. Nach Anbau des vorderen Stoßfängers die richtigen Fugenmaße einstellen:
Motorhaube zu Kotflügel = 4,0 plus/minus 1,0 mm;
Motorhaube zu Scheinwerfer = 4,0 plus/minus 1,0 mm;
Scheinwerfer zu Kotflügel = 4,0 plus/minus 1,0 mm;
Motorhaube zu Stoßfänger = 5,0 plus/minus 2,5 mm;
Scheinwerfer zu Stoßfänger = 3,0 plus/minus 1,0 mm;
Kotflügel zu A-Säule = 3,0 plus/minus 1,0 mm.

6 Funktion der Hubdüsen prüfen.

Anmerkung: Wenn der Waschwasserschlauch für die Hubdüsen gewechselt werden soll, muss er zusammen mit dem Anschlussstück von der Pumpe SRA getrennt werden. Dann das Anschlussstück vom Waschwasserschlauch abziehen.
Waschwasserschlauch an linker und rechter Hubdüse entriegeln und abziehen. Die vier Halteklammern am Querträger vorn vor dem Kühler abclipsen und den Schlauch nach vorn herausziehen.
Der Einbau erfolgt in umgekehrter Reihenfolge. Nach dieser Arbeit eine Funktionsprüfung der Scheinwerferrenigungsanlage durchführen.

Spritzdüse Rückwandtür aus-/einbauen

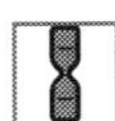

1 **Ausbau:** Zündung ausschalten und den Senderschlüssel vom Steuergerät EZS abziehen. Die Abdeckung (1) am Wischerarm (2) aufstellen (Bild rechts oben).

2 Die Spritzdüse (4) mit einer passenden Zange aus der Wischerarmwelle (3) herausziehen. Die Düse muss ganz gerade (Pfeilrichtung) und nicht verkantet herausgezogen werden, weil sie sonst abbrechen könnte. Falls allerdings die Spritzdüse (S im Bild unten Mitte) beim Ausbau abbricht und eine neue Düse eingesetzt werden muss, können die abgebrochenen Reste mit der neuen Düse tiefer in die Wischerarmwelle geschoben werden.

3 **Einbau:** Spritzdüse (1) an der Wischerarmwelle (2) ansetzen. Die Düsenöffnung (vergl. die Abbildung zum Ausbau des Wischerarms Rückwandtür) muss nach rechts zeigen. Der Einstellwinkel beträgt etwa 15° zur Senkrechten. Die Spritzdüse ganz gerade (Pfeil) in die Welle eindrücken. Die Düse nicht verkanten, damit sie nicht abbricht. Abdeckung (3) am Wischerarm (4) herunterklappen (Bild ganz unten).

4 Die Einstellung der Düse prüfen und ggf. mit dem Regulierdorn in der vorher beschriebenen Weise korrigieren.
Funktionsprüfung der Wisch-/Wasch-Anlage Rückwandtür vornehmen.

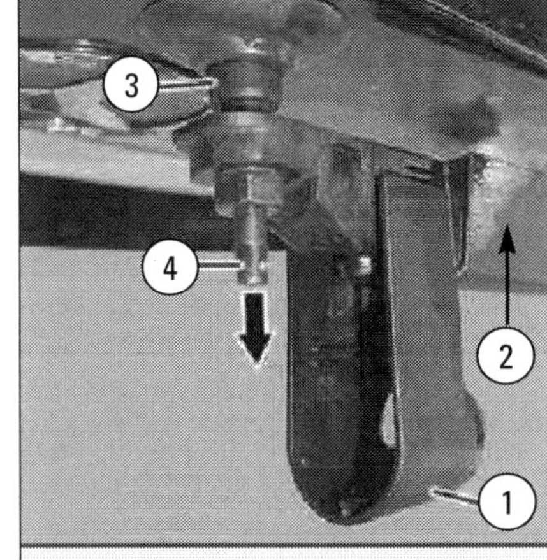

(1) Abdeckung in aufgestellter Position, (2) Wischerarm hinten, (3) Wischerarmwelle hinten, (4) Spritzdüse hinten. Blickrichtung seitlich von oben auf die Rückwandtür.

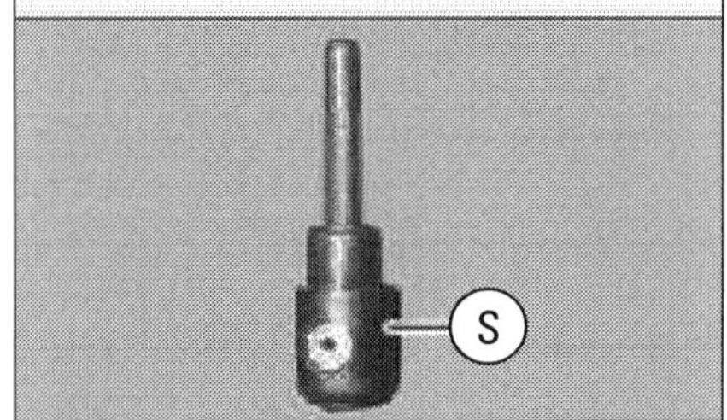

(S) herausgezogene Spritzdüse hinten.

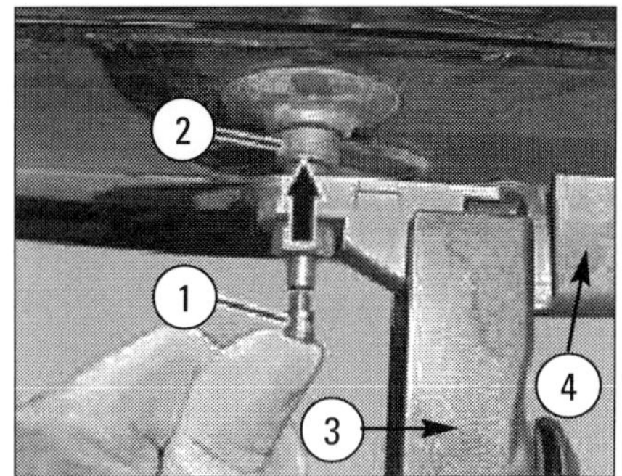

(1) Spritzdüse, (2) Wischerarmwelle, (3) aufgestellte Abdeckung, (4) Wischerarm.

ELEKTRIK: DIE BELEUCHTUNGS-ANLAGE

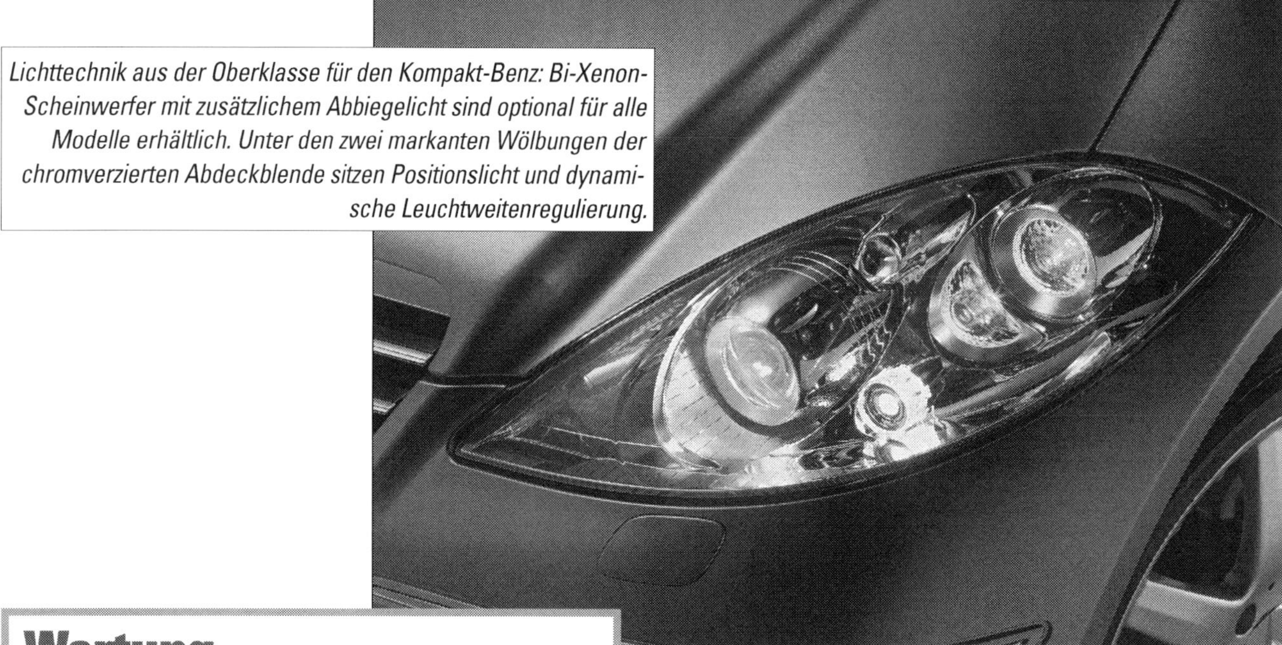

Lichttechnik aus der Oberklasse für den Kompakt-Benz: Bi-Xenon-Scheinwerfer mit zusätzlichem Abbiegelicht sind optional für alle Modelle erhältlich. Unter den zwei markanten Wölbungen der chromverzierten Abdeckblende sitzen Positionslicht und dynamische Leuchtweitenregulierung.

Wartung

Reparatur

Schwungvoll gezeichnete, in die Breite orientierte Scheinwerfer bestimmen den sportlich-kraftvollen Auftritt der neuen A-Klasse. Hinter den Kunststoff-Abdeckscheiben in Klarglas-Optik verbirgt sich moderne Lichttechnik, die für großflächige und gleichmäßige Ausleuchtung der Fahrbahn sorgt.
In den Lines Classic und Elegance sind Halogen-Abblendscheinwerfer (H7-Lampen) in Reflexionstechnik. serienmäßig. In Line Avantgarde gibt es Projektionsscheinwerfer mit chromverzierten Zylindern. Eine Linsenoptik (70 Millimeter Durchmesser) ist für die Lichtverteilung zuständig und sorgt für eine noch breitere Ausleuchtung der Fahrbahn.
Das Halogen-Fernlicht ist bei allen Modellen separat im Scheinwerfergehäuse untergebracht; es sind Reflexionsscheinwerfer mit H7-Glühlampen. Ein Positionslicht setzt zusätzliche Akzente. Die für Elegance und

Avantgarde serienmäßigen, für Classic auf Wunsch lieferbaren Nebelscheinwerfer sind in der Stoßfängerverkleidung untergebracht.
Die Rückleuchten sind großflächig und vereinen in untereinander angeordneten Ebenen Bremslicht, Rückfahrlicht, Blinklicht, Schluss- und Nebelschlusslicht. Die hochgesetzte dritte Bremsleuchte hinter der Heckscheibe ist mit leistungsstarken, langlebigen Leuchtdioden bestückt.

Optionale Bi-Xenon-Scheinwerfer

Auf Wunsch rüstet Mercedes-Benz den neuen Kompaktwagen mit der Lichttechnik aus der Oberklasse aus, den Bi-Xenon-Scheinwerfern mit zusätzlichem Abbiegelicht. Unter zwei markanten Wölbungen der chromverzierten Abdeckblende finden das Positionslicht und die zum Xenonlicht gehörende dynamische Leuchtweitenregulierung Platz.
Bi-Xenon erfordert für Fern- und Abblendlicht nur eine einzige Lampe. Während beim Fernlicht der gesamte Lichtstrom genutzt wird, schiebt sich beim Umschalten auf Abblendlicht eine Blende zwischen Lampe und Linsenoptik, die einen Teil des Lichtbündels abdeckt. Beim Bi-Xenon-Fernlicht treten zusätzlich auch die H7-Spotscheinwerfer in Aktion und vergrößern die Reichweite des Lichts zusätzlich.
Bei nur 35 Watt Leistungsaufnahme bieten die von Mercedes-Benz entwickelten Bi-Xenon-Scheinwerfer im Vergleich zu herkömmlichen H7-Glühlampen bei Abblendlicht eine um 87 Prozent höhere Leuchtstärke. In der Fernlichtfunktion beträgt das Plus an Leuchtstärke sogar rund 180 Prozent. Zur Bi-Xenon-Ausstattung gehört dynamische Leuchtweiteregulierung, die den Neigungswinkel der Lichtbündel automatisch an die jeweilige Karosserielage anpasst, und die Reinigungsanlage mit Hochdruck-Wasserstrahl.

Das Abbiegelicht leuchtet den Bereich seitlich vor dem Fahrzeug bis zu 65 Grad und etwa 30 Meter weit aus.

Abbiegelicht bis 40 km pro Stunde

Zu Bi-Xenon gehört auch das Abbiegelicht. Es wird bis Tempo 40 beim Einschalten des Blinkers oder beim Einschlagen des Lenkrads automatisch aktiviert und leuchtet den Bereich seitlich vor dem Fahrzeug bis zu 65 Grad und etwa 30 Metern weit aus. So macht das Abbiegelicht Fahrbahnbereiche sichtbar, die mit konventioneller Scheinwerfertechnik beim Abbiegen im Dunkeln bleiben. Fußgänger und Radfahrer neben dem Fahrzeug sind dadurch bei Dunkelheit wesentlich besser zu erkennen.
Auch bei langsamer Kurvenfahrt kann sich der Fahrer damit besser orientieren. Dank spezieller Elektronik schaltet sich das Abbiegelicht nicht abrupt ein oder aus, sondern dimmt auf oder ab, wobei das Einschalten schneller geht als das Ausschalten. Dies gibt dem Auge Zeit, sich an eine verändernde Lichtsituation anzupassen. Die Nebelscheinwerfer erhalten für die Abbiegelicht-Funktion einen modifizierten Reflektor mit erweiterter Seitenausleuchtung.

Zentraler Sicherheitsfaktor

Die Fahrzeugbeleuchtung ist das zentrale aktive Sicherheitselement im nächtlichen Straßenverkehr und bei schlechten Sichtverhältnissen am Tage. Die Hauptscheinwerfer sollen den Gegenverkehr möglichst nicht blenden, auch bei höheren Geschwindigkeiten die Fahrbahn gut ausleuchten und dem Fahrzeug ein unverwechselbares Gesicht geben.
Ihre wesentlichen Teile sind Lichtquelle, Reflektor und Streuscheibe, heute meist wie auch bei den Fahrzeugen der A-Klasse in Klarglasoptik. Damit das Abblendlicht die gesetzlich vorgeschriebene Lichtverteilung mit asymmetrischer Hell-Dunkel-Grenze hat (Lichtmaximum auf der rechten Fahrbahnseite), hat der Reflektor Freiformflächen, die mit einem dünnen Aluminiumbelag plus Spezialschicht präpariert sind.
Die optimale Form ist per Computer berechnet. Einzelne Segmente im Reflektor sind bestimmten Bereichen auf der Straße zugeordnet.

Lichtanlage regelmäßig prüfen

Lassen Sie in angemessenen Abständen die Einstellung der Scheinwerfer an Ihrem Fahrzeug prüfen (Aktionen von ADAC, TÜV und DEKRA). Außerdem müssen Sie die Beleuchtung regelmäßig kontrollieren. Vom Gesetzgeber ist das vor jedem Fahrtantritt vorgeschrieben. Sie sollten mindestens einmal wöchentlich die Beleuchtungsanlage checken: Zündung einschalten und dann nacheinander Standlicht, Abblendlicht, Fernlicht und Nebelscheinwerfer; am Heck Rücklichter, Kennzeichenleuchten, Rückfahrscheinwerfer und Nebelschlussleuchte, schließlich auch die Brems- und Blinkleuchten auf ihre Funktion überprüfen.

Führen Sie bei Fahrten stets Ersatzlampen mit. Bezeichnungen stehen auf Sockel oder Glaskörper. In der Betriebsanleitung für Ihr Fahrzeug sind die verwendeten Lampen konkret angegeben. Fast immer richtig liegen Sie mit folgendem Sortiment:

Übliche Ersatzlampen (alle für 12 V)

Glühlampe für:	Typ	Leistung
Fernlicht (Halogen)	H7	55 W
Abblendlicht (Halogen)	H7	55 W
Standlicht, Parklicht	R	5 W
Blinklicht vorn	PY Bajonett (orange)	21 W
Blinklicht hinten	P	21 W
Bremslicht	P	21 W
Rückfahrscheinwerfer	P	21 W
Nebelschlusslicht*	P	21 W
Rücklicht, Parklicht*	P	4 W
Kennzeichenleuchte	Soffitte C	5 W
Innenleuchte	Soffitte	10 W
Nebelscheinwerfer	H11	55W

*Nebelschluss- und Schlusslicht sind eine gemeinsame Lampe P 21/4 W.

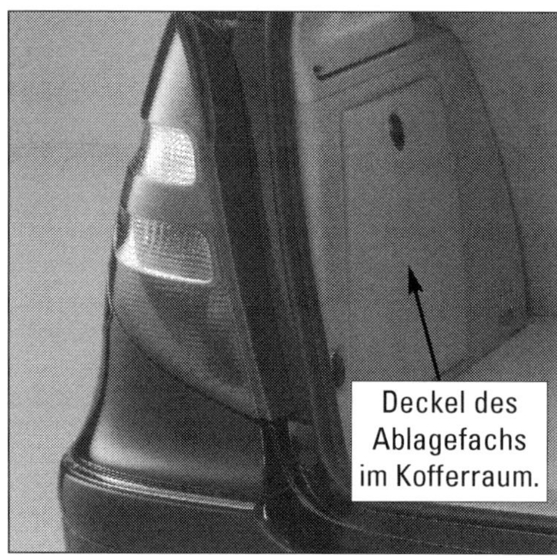

Schlusslichtlampen vom Kofferraum her wechseln.

Die Außenbeleuchtung der A-Klasse-Fahrzeuge besteht im Wesentlichen aus vier Leuchtenpaaren:

- Leuchteinheit vorn links und vorn rechts (E1/E2),
- Schlussleuchte links und rechts (E3/E4),
- Blinkleuchte im Außenspiegel links und rechts (E6/5 und E6/6); diese Zusatzblinker sind Dioden,
- Kennzeichenleuchte links und rechts (E19/1 und E19/2).

Darüber hinaus üblich sind

- Nebelscheinwerfer vorn links und vorn rechts (E5/1und E5/2) sowie die
- Dritte Bremsleuchte (E21); Leuchtdioden.

Die Schalterstellungen der Bedienelemente für diese Leuchten werden von zugeordneten Steuergeräten eingelesen und als Signale auf den Innenraum-Bus CAN-B übertragen.

Praxistipp

Vorsicht bei Lampen und Abdeckscheiben!

- Glühlampen niemals mit bloßen Fingern am Glaskolben anfassen! Lampe stets mit Handschuhen oder einem sauberen Tuch einsetzen. Handschweiß trübt den Glaskolben und kann im Extremfall das Lampenglas zerstören.
- Die Abdeckscheiben der Scheinwerfer bestehen aus Polykarbonat-Kunststoff und sind mit einem Klarlack beschichtet. Sie sollen nur mit einem nassen Schwamm gereinigt und nicht mit Scheuermitteln oder trockenen Tüchern abgerieben werden, weil sonst die Oberfläche verkratzt wird.
- Die Scheiben nicht mit Lösungsmitteln oder lösungsmittelhaltigen Reinigern in Berührung bringen. Aus falscher Behandlung könnten milchiger Belag, matte Stellen und Spannungsrisse resultieren.

Leuchteinheiten vorn aus- und einbauen

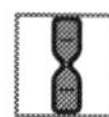

Achtung! Bei Arbeiten an Xenon-Scheinwerfern besteht Lebensgefahr durch Hochspannung! Personen mit Herzschrittmachern dürfen an diesen Anlagen keine Arbeiten durchführen. Wenn an den Leuchteinheiten von Code-614/615-Fahrzeugen (mit Bi-Xenon-Scheinwerfern) gearbeitet wird, muss der Senderschlüssel vom Steuergerät EZS abgezogen werden.

1 **Ausbau:** Motorhaube öffnen und gegen Herunterklappen sichern. Werden beide Leuchteinheiten ausgebaut, muss der Stoßfänger vorn ausgebaut werden (»Die Karosserie«). Wird nur eine der beiden Leuchteinheiten ausgebaut, wird das Fahrzeug angehoben und der vordere Stoßfänger lediglich an der Seite gelöst, an der die Leuchteinheit auszubauen ist.

2 Stoßfänger im Bereich der jeweiligen Leuchteinheit etwas nach vorn ziehen und oben zum Schutz vor Beschädigungen breit mit Klebeband abkleben.

3 Die beiden Halteschrauben links und rechts oben an der jeweiligen Leuchteinheit herausschrauben und die elektrischen Steckverbindungen an der Leuchteinheit trennen. Je nach Ausstattung ist die Anzahl der Steckkupplungen unterschiedlich.

4 Bei Fahrzeugen ohne Bi-Xenon-Scheinwerfer (bei diesen wird die Leuchtweite automatisch geregelt) die Pneumatik-Unterdruckleitung vom Stellelement der Leuchtweitenregelung abziehen. Dann die Leuchteinheit herausnehmen.

5 **Einbau:** In sinngemäß umgekehrter Reihenfolge. Leuchteinheit so ausrichten, dass die Fugenmaße stimmen: Scheinwerfer zu Motorhaube und zu Kotflügel jeweils 4,0 mm +/- 1,0 mm, Scheinwerfer zu Stoßfänger 3,0 mm +/- 1,0 mm. Auf richtigen Sitz der Pneumatikleitung Leuchtweitenregulierung und der elektrischen Steckverbindungen achten.

6 Einstellung der Scheinwerfer prüfen und richtigstellen (siehe später). Bi-Xenon-Scheinwerfer müssen mit dem Werkstatttester »Star Diagnosis« eingestellt werden.

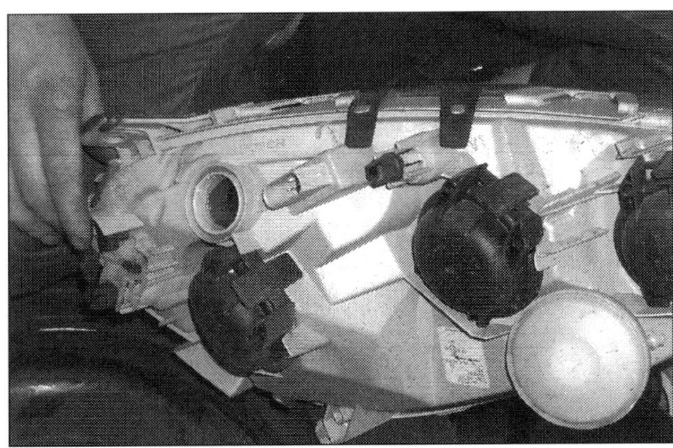

Blick auf die Rückseite der ausgebauten Leuchteinheit.

Glühlampen der Leuchteinheit wechseln

Arbeitsschritte  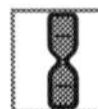

1 **Ausbau:** Lampenwechsel erfolgt bei eingebauter Leuchteinheit (E1/E2). Außenbeleuchtung ausschalten, Motorhaube öffnen und sichern. Wenn die Glühlampen der Leuchteinheit vorn links gewechselt werden müssen, ist es nötig, den Scheibenwaschwasserbehälter zu lösen und zu befestigen. Das ist nicht erforderlich beim Wechseln der Blinklichtlampen: Diese sind links wie rechts über die Wartungsklappe im linken oder im rechten Innenkotflügel zugänglich.

2 Für Fernlichtlampe, Standlicht- und Parklichtlampe den Gehäusedeckel (G1) ausclipsen und abnehmen (Bild unten). Zum Wechseln der Fernlichtlampen links oder rechts (E1e1, E2e1) den elektrischen Anschluss (1) abziehen (Bild 1, ganz unten). Dann muss (wie auch bei den Abblendlichtlampen) die Befestigungsklammer gelöst werden (Bild nächste Seite).

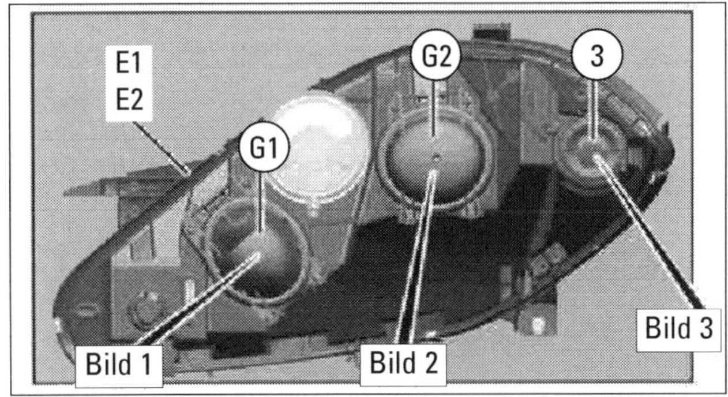

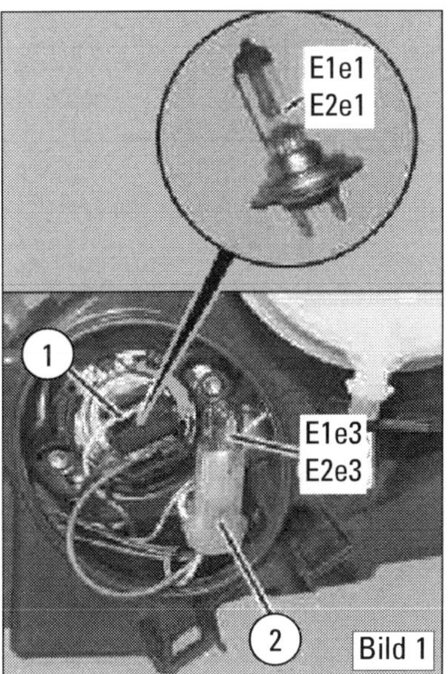

Bild oben:
(E1/E2) Leuchteinheit vorn links und rechts,
(G1, G2) Gehäusedeckel,
(3) Fassung Blinklicht.
Bild links (Bild 1):
Hinter dem Deckel in Gehäuse 1 sind (E1e1/E2e1) Fernlicht links und rechts, (E1e3/E2/e3) Standlicht und Parklicht links und rechts.
(1) Anschluss Fernlicht,
(2) Fassung Standlicht und Parklicht.

3 Für Abblendlichtlampe e2 den Gehäusedeckel (3) ausclipsen und abnehmen. Elektrischen Anschluss (1) abziehen (Bild 2, Mitte unten) und Befestigungsklammer lösen (Bilder unten, oberes Bild).

4 Für Blinklichtlampe e5 die Fassung (1) nach links drehen und herausnehmen (Bild 3, ganz unten).

.

5 Die jeweilige Glühlampe aus der Fassung herausnehmen und neue Lampe einsetzen. Lampen nicht mit bloßen Fingern anfassen, sondern ein öl- und fettfreies weiches Tuch verwenden, um Schäden der Lampe durch Überhitzung im Betrieb zu vermeiden.

6 Beim **Lampeneinbau** Lage der Entriegelungsnase an Sockel und Lampenbajonettring beachten. Befestigungsklammer andrücken, elektrischen Anschluss aufstecken. Die Gehäusedeckel aufsetzen und verclipsen. Auf richtigen und festen Sitz achten, um Eindringen von Feuchtigkeit auszuschließen.

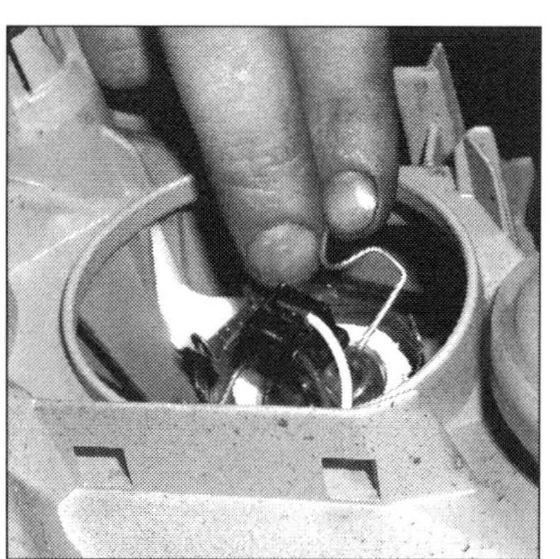

Bild links oben: Lösen der Befestigungsklammer im Fernlicht- und im Abblendlichtgehäuse. Davor ist der elektrische Anschluss zu sehen.

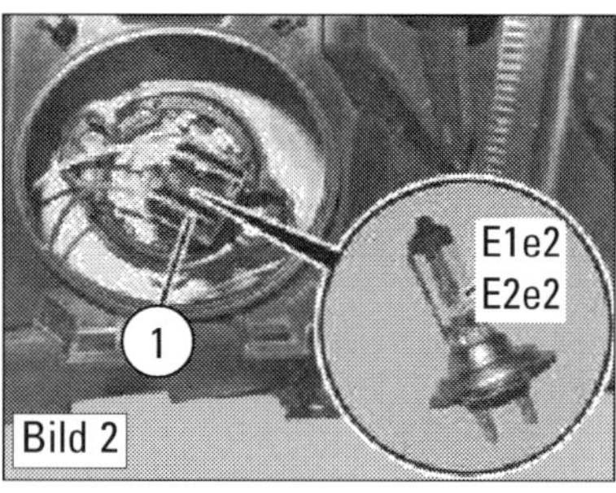

Bild 2 zur Übersicht vorige Seite: (1) elektrischer Anschluss Abblendlicht. (E1e2/E2e2) Abblendlichtlampe links und rechts.

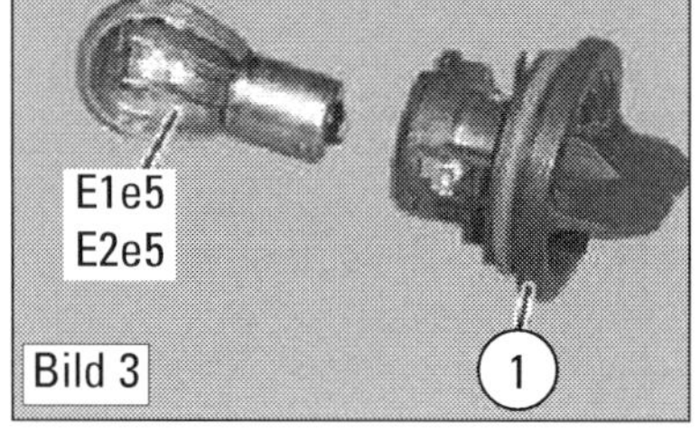

Bild 3 zur Übersicht vorige Seite: (1) Fassung für Blinklichtlampe. (E1e5/E2e5) Lampe für Blinklicht vorn links und rechts.

Nebelleuchte im Stoßfänger aus-/einbauen, Glühlampe wechseln

Arbeitsschritte  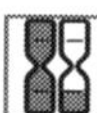

1 **Ausbau:** Fahrzeug anheben. Beim Ausbau der Leuchte links die Vorderräder vollständig nach rechts, beim Ausbau der Leuchte rechts die Vorderräder vollständig nach links einschlagen. Die Nebelleuchten haben die Bauteilbezeichnung E5/1 (links) und E5/2 (rechts).

2 Spreizclips am Innenkotflügel ausbauen. Innenkotflügel mit Montagekeil (110589035900) so weit aus dem Radlauf herauslösen, bis Nebelleuchte von hinten zugänglich ist. Elektrische Steckverbindung unten an der Leuchte trennen.

3 ***Glühlampe:*** Die Glühlampe (1, Bild unten) mit Fassung und Steckanschluss gegen den Uhrzeigersinn verdrehen und aus der Nebelleuchte herausziehen. Lampe wechseln.

4 ***Leuchte:*** Die Halteschrauben (zwei oben und unten am äußeren, eine oben am inneren Scheinwerferrand) herausdrehen und die Nebelleuchte aus dem vorderen Stoßfänger herausnehmen.

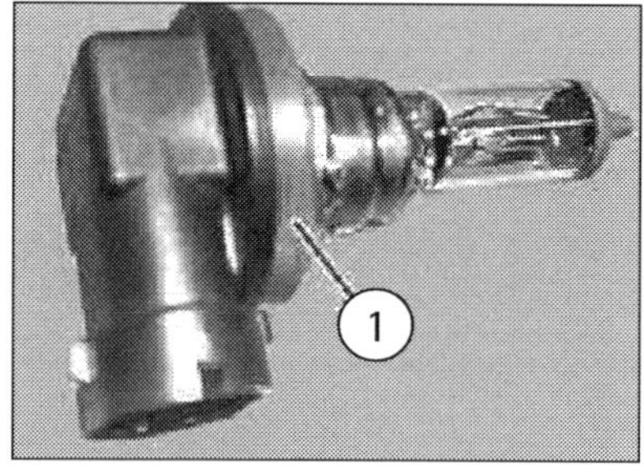

Bild links: (1) Glühlampe des Nebelscheinwerfers mit Fassung und Steckanschluss, Bild unten: Nebelscheinwerfer im Stoßfänger vorn.

5 Einbau in sinngemäß umgekehrter Reihenfolge. Dabei beschädigte Spreizclips am Innenkotflügel erneuern. Einstellung der Nebelleuchte links und/oder rechts kontrollieren und ggf korrigieren (Anleitung »Scheinwerfer einstellen«).

Praxistipp

Leuchtenscheiben beschlagen

Das Beschlagen der Abdeckscheiben an den Haupt-, Zusatz- und Nebelscheinwerfern von innen stellt, wenn sich keine Schmutzrückstände bilden, keinen Schaden dar. Es kann erfolgen in warm-feuchter Umgebung nach Fahrt bei niedriger Temperatur; bei sehr schneller Abkühlung warmer Scheinwerfer; am stehenden Fahrzeug bei Wetterumschwung und durch kräftige Sonneneinstrahlung bei niedrigen Temperaturen nach Fahrt in warm-feuchtem Klima..

Scheinwerfer einstellen

Zur exakten Einstellung der Scheinwerfer benutzen Fachwerkstätten ein Scheinwerfer-Einstell-Prüfgerät (z. B. von Robert Bosch GmbH; Bild unten). Das Vorgehen mit diesem Gerät auch für die A-Klasse beschreiben wir im entsprechenden Band unserer Buchreihe »Autoreparaturanleitung«. Hier empfehlen wir Ihnen, die knifflige Einstellarbeit der Werkstatt zu überlassen, die auch die genauen Sollwerte kennt.

Für Prüfung und Einstellung muss der Reifenfülldruck stimmen, dürfen die Lichtaustrittsscheiben (Streuscheiben, Scheinwerferabdeckscheiben) weder beschädigt noch verschmutzt sein, dürfen keinerlei Schäden an Reflektoren und Glühlampen vorliegen und muss die richtige Fahrzeugbelastung hergestellt sein. Richtig belastet bedeutet, dass der Tank zu mindestens 90% gefüllt ist, alle im normalen Fahrzeugbetrieb mitgeführten Ausrüstungsteile (»Tirefit«, Bordwerkzeug) an Bord und eine Person oder 75 kg Gewicht auf dem Fahrersitz platziert sind. Wenn der Tank nicht ausreichend gefüllt ist, Zusatzgewichte (Wasserkanister) in den Kofferraum: Bei / Tankfüllung 15 kg, bei fi Tankfüllung 10 kg, bei fl Tankfüllung 5 kg

Scheinwerfer-Einstell-

Sie können die Scheinwerfer aber provisorisch prüfen und einstellen, wenn Sie z. B. am Wochenende eine Glühlampe oder einen kompletten Scheinwerfer ausgetauscht haben. Wir beschreiben im Folgenden diese provisorische Einstellung. Sie kann jedoch nur eine Notlösung sein. Lassen Sie den Scheinwerfer bei der nächsten Gelegenheit präzise einstellen. Zentralmarke für die Lichtbündelmitte und die genaue Hell-Dunkel-Grenze sind nur mit dem Gerät genau zu erfassen.

Haupt- und Nebelscheinwerfer (provisorisch) einstellen

Arbeitsschritte  

1 Fahrzeug einer geeigneten Wandfläche gegenüber auf ebener Fläche abstellen. Der Abstand zwischen Fahrzeugfront und Wand muss exakt fünf Meter betragen.

Die Einstellung erfolgt bei Abblendlicht. Damit wird gleichzeitig der Fernscheinwerfer eingestellt. Das vorgeschriebene Neigungsmaß beträgt zehn Zentimeter auf zehn Meter Entfernung (Projektionsabstand).

2 Abstand zwischen Boden und Mittelpunkt der Scheinwerfer in den Leuchteinheiten messen. Maß an der Wand markieren, Punkte durch eine Linie (S 1) verbinden. Fünf Zentimeter darunter eine parallele Linie E anzeichnen: Neigung des Abblendlichts auf fünf Meter Entfernung (grafische Darstellung nächste Seite)..

3 Durch das Heckfenster nach vorn peilen, von einem Helfer in Fahrzeugmitte die senkrechte Linie M einzeichnen lassen. Abstand zwischen Fahrzeugmitte und Mittelpunkten der Scheinwerfer messen. Werte auf die Hilfslinie S1 (rechts und links vom Schnittpunkt der Linien M und S1) übertragen und mit einem Einstellkreuz (S2) markieren.

4 Fünf Zentimeter unter diesen Kreuzen werden die Abknickpunkte des Abblendlichts auf der Linie E justiert. Dazu die Scheinwerfer an den Einstellschrauben der Leuchteinheit (Bilder unten) seitlich und in der Höhe korrigieren: Zündung und Abblendlicht einschalten. Zur Höhenverstellung an der Schraube links oben am linken, rechts oben am rechten Scheinwerfer so lange drehen, bis die waagerechte Hell-Dunkel-Grenze des Abblendlichtstrahls mit der Linie E übereinstimmt (Position in Fahrtrichtung).

5 Zur Seiteneinstellung die andere Schraube (liegt tiefer und mehr zur Fahrzeugmitte hin) so verdrehen, dass der Abknickpunkt im Abblend-Lichtbild genau auf das Einstellkreuz ausgerichtet ist. Ein Streuanteil von 15 Prozent darf dabei über der Linie liegen.

Einstellschrauben Höhe (unten) und Seite (rechts).

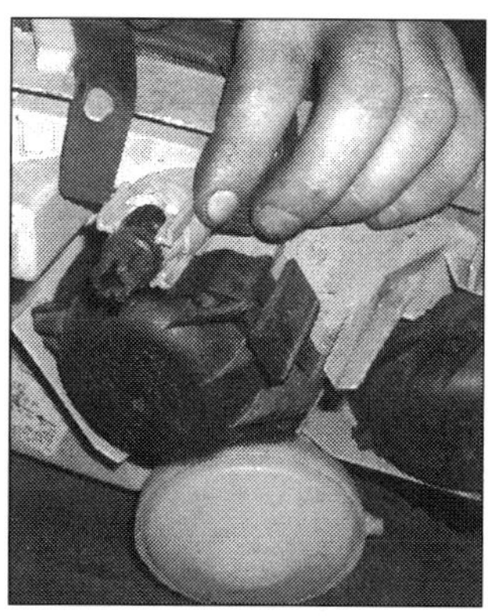

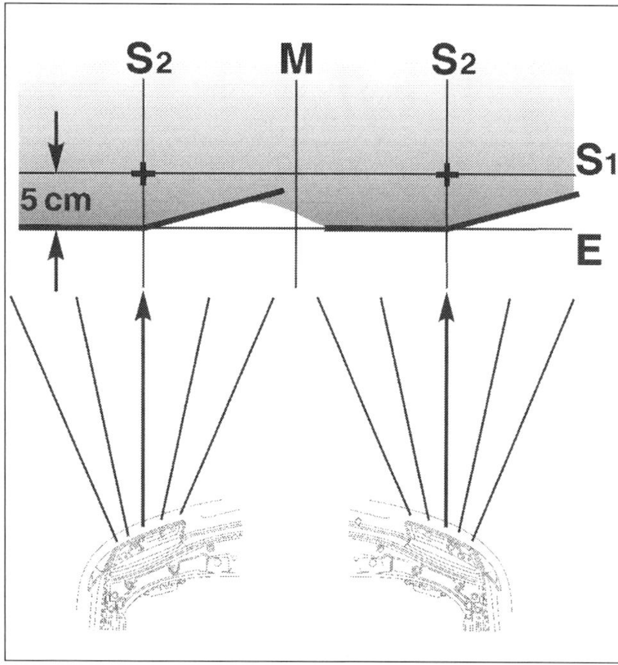

Hilfslinien und Einstellkreuze an einer Wand zur provisorischen Einstellung der Scheinwerfer.

6 Bei der Einstellung auch prüfen, ob beide Scheinwerfer bei manueller Leuchtweitenregulierung gleichmäßig arbeiten: Beim Verstellen des Schalters müssen sich die Lichtbündel beider Scheinwerfer gleichmäßig verändern.

7 **Nebelscheinwerfer im Stoßfänger:** Das Neigungsmaß dieser Scheinwerfer (E5/1 und E5/2) beträgt 20 cm. Zum Verstellen der Leuchtweite die Einstellschraube am unteren Rand rechts beim linken und links beim rechten Scheinwerfer drehen. Seitenverstellung ist nicht vorgesehen.

Leuchtweitenregler aus-/einbauen

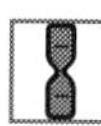

1 **Ausbau:** Fahrzeuge ohne Code 614 (Bi-Xenon-Scheinwerfer) haben den von Hand zu bedienenden Leuchtweitenregler neben dem Lichtschalter in der Instrumententafel in dem Ablagefach Fahrerseite. Zum Reglerausbau Fach an seinen vier Rasthaken an den Ecken ausclipsen und herausziehen.

2 Der pneumatisch arbeitende Leuchtweitenregler ist mit drei Unterdruckleitungen verbunden. Diese Leitungen müssen durchgeschnitten werden. Dann den Regler aus dem Ablagefach ausclipsen und entnehmen.

3 **Einbau:** Den Leuchtweitenregler in das Ablagefach einclipsen. Regler mit jeweils 30 mm langen Reparaturschläuchen mit den Unterdruckleitungen verbinden. Dabei die Farbcodierungen der Unterdruckleitungen beachten. Wenn der Leuchtweitenregler erneuert wurde, werden die Reparaturschläuche direkt auf den Regler aufgesteckt.

4 Ablagefach passgenau in die Instrumententafel clipsen.

Leuchtweiten-regelung

Die gesetzlich vorgeschriebene Leuchtweitenregelung soll verhindern, dass der Gegenverkehr bei beladenem Fahrzeug geblendet wird. Dafür befindet sich in jedem Scheinwerfer ein Stellmotor, der per Regler von Hand oder automatisch angesteuert wird. Bi-Xenon-Scheinwerfer haben dazu Steuergeräte und Niveaugeber.

Scheinwerfer auf Linksverkehr umstellen

Arbeitsschritte  

Bei Fahrten in Ländern mit Linksverkehr müssen die Scheinwerfer den Leuchtweite-Gesetzen entsprechend umgestellt werden. Die Umstellung erfolgt in der A-Klasse mechanisch. Durch Betätigen eines Hebels wird eine bewegliche Blende verschoben. Diese deckt dann den Teil des Lichtstrahls ab, der durch entsprechende Projektion für die Ausleuchtung des Fahrbahnrandes zuständig ist.

Der Hebel befindet sich sowohl bei Halogen- als auch bei Bi-Xenonscheinwerfern im entsprechenden Gehäuseteil unter der Abdeckung neben der Glühlampe, bei den Halogenscheinwerfern links beim linken, bei den Bi-Xenonscheinwerfern rechts beim linken und umgekehrt. Mit dem Hebel unter Abdeckung G1 (Bild 1/Seite 189) wird der Fernlichtscheinwerfer, mit dem Hebel unter Abdeckung G2 (Bild 2/Seite 190) wird der Abblendlichtscheinwerfer verstellt.

Genaue Lage, Ausführung und Betätigung des Hebels sind vom Hersteller des Scheinwerfers und vom Typ abhängig. Nach der Umstellung muss die Scheinwerfereinstellung (exakt nur mit Gerät) überprüft und ggf. korrigiert werden.

Achtung: Bei den Bi-Xenon-Scheinwerfern sind die Sicherheitsvorschriften beim Umgang mit den Hochspannungsbauteilen zu beachten!

Schlussleuchte und Glühlampen aus-/einbauen

Arbeitsschritte  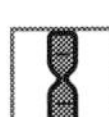

1 Ausbau: Rückwandtür öffnen. Linke oder rechte Blende der C-Säule mit einem Langkeil ausclipsen. Dann den Deckel des linken (siehe Bild Seite 164) oder rechten Ablagefaches im Kofferraum öffnen.

2 Bei Ausbau der Schlussleuchte links (E3) die Verbandstasche und die elektrische Luftpumpe (Tirefit-Kompressor) aus dem linken Ablagefach im Kofferraum entnehmen. Bei Ausbau der rechten Schlussleuchte (E4) das rechte Ablagefach im Kofferraum nach innen umklappen.

3 Die elektrische Steckverbindung an der jeweiligen Schlussleuchte (1, Bild unten: rechte Leuchte) trennen.

4 Ausbau der **Lampen**: Die vier Haltelaschen (zwei oben, zwei unten) am Lampenträger entriegeln und den Lampenträger (Bild ganz unten: rechts) von der jeweiligen Schlussleuchte abnehmen. Lampen nach Erfordernis wechseln. Vorsicht: Glühlampen nie mit der bloßen Hand am Glaskolben anfassen!

5 Ausbau der **Leuchten**: Die drei Muttern abschrauben (je eine ganz oben und ganz unten hinten sowie mittig vorn) und die Schlussleuchte von außen abnehmen.

6 Einbau: In umgekehrter Reihenfolge. Vor dem Einbau die Dichtflächen der Schlussleuchten an der Karosserie mit einem sauberen Lappen reinigen.

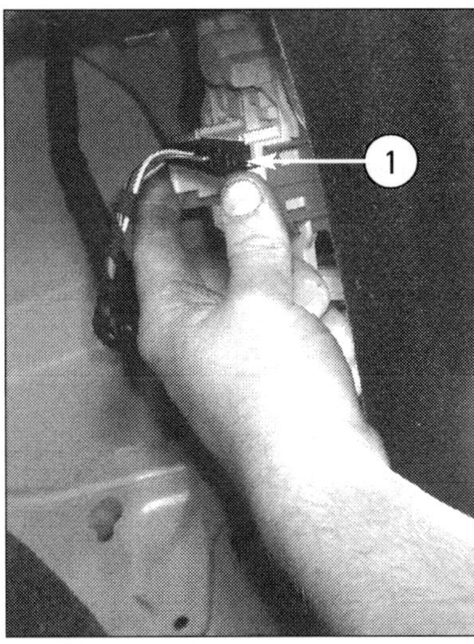

Die Schlussleuchte: Demontage vom Ablagefach im Kofferraum her. (1) Steckanschluss.

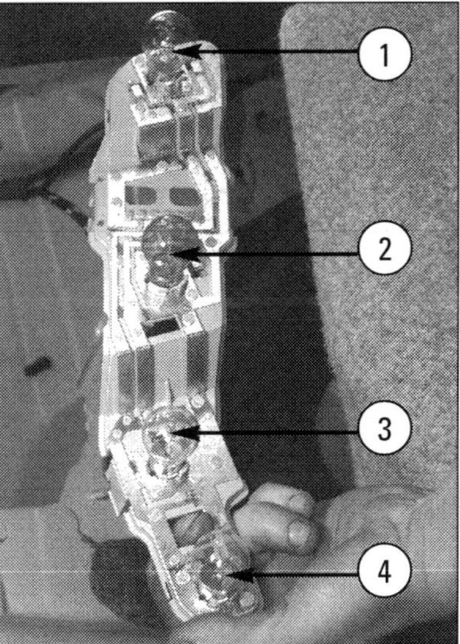

Lampenträger von außen her abnehmen. Lampenwechsel: (1) Bremslicht, (2) Rückfahrlicht, (3) Blinklicht, (4) Nebelschluss-/Schlusslicht.

.7 Beim Einbau des Lampenträgers in die Schlussleuchte auf den richtigen und sicheren Sitz achten. Funktionskontrolle der Schlussleuchte vornehmen.

Deckenleuchte im Fond aus-/einbauen

Arbeitsschritte  

1 **Ausbau:** Die Deckenleuchte hinten trägt die Bauteilbezeichnung E15/3. Vor Ausbau die Leuchte ausschalten. Die Leuchte an der linken Seite entriegeln und von der Dachverkleidung abnehmen.

2 Die elektrischen Steckverbindungen an der hinteren Deckenleuchte trennen und die Leuchte abnehmen.

3 Wenn die Glühlampe (Soffitte 10 W) erneuert werden soll, den Reflektor an der Leuchte entriegeln und zur rechten Seite abklappen. Glühlampe entnehmen, neue Lampe einsetzen. Den Glaskolben nicht mit bloßer Hand berühren!.

4 **Einbau:** In umgekehrter Reihenfolge. Auf richtigen Sitz der Leuchte in der Dachverkleidung achten. Funktionskontrolle der Leuchte vornehmen.

Anmerkung: Fahrzeuge mit Code 876 sind über ein »Innenraum-Lichtpaket« mit weiteren Leuchten ausgestattet. Dazu gehören z. B. die Leseleuchten Fond links und rechts (E11/1, E11/2). Diese Leuchten sind in den Fond-Haltegriffen links und rechts untergebracht. Sie werden ähnlich aus-/eingebaut wie die Fond-Deckenleuchte. Auch der Lampenwechsel erfolgt analog.

Hinweise zum Lampenwechsel

■ Mercedes-Benz empfiehlt, die Zusatzblinker im Außenspiegel und die dritte Bremsleuchte (Leuchtdioden) sowie die Nebelscheinwerfer-Lampen in einer qualifizierten Fachwerkstatt wechseln zu lassen. Die Xenon-Lampen dürfen überhaupt nur von Fachpersonal gewechselt werden, nicht in Selbsthilfe.
Wegen der »Einbausituation« wird ferner empfohlen, die Glühlampen der vorderen Scheinwerfer nur in Fachwerkstätten wechseln zu lassen.

■ Vor dem Lampenwechsel immer die Beleuchtung ausschalten, um Kurzschlüsse zu vermeiden.

■ Keine Lampen verwenden, die heruntergefallen sind. Sie könnten platzen und Verletzungen verursachen.

■ H7-Lampen stehen unter Druck und können leicht platzen. Bei ihrem Wechsel sollte man Schutzbrille und Handschuhe tragen.

■ Wenn Blinker-, Bremslicht-, Standlicht- oder Rücklichtlampen ausfallen, übernimmt eine andere Lampe ihre Funktion.

Handschuhkasten-Leuchte aus-/einbauen

Arbeitsschritte  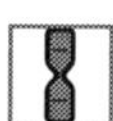

1 **Ausbau:** Den Handschuhkastendeckel öffnen. Die Beleuchtungseinrichtung mit Schalter (Bauteilbezeichnung E13/2) mit einem geeigneten Schraubendreher aus dem Handschuhkasten herausdrücken. Dabei so vorgehen, dass immer im Wechsel links-rechts gedrückt wird.

2 Den Kontaktstift oben links am Kastenrand nach unten ziehen und die Beleuchtungseinrichtung so weit nach unten abnehmen, bis die elektrische Steckverbindung zugänglich ist.

3 Steckverbindung trennen und Beleuchtung mit Schalter abnehmen. Lampenwechsel: die 10 W-Soffitte austauschen.

4 **Einbau:** In umgekehrter Reihenfolge. Funktionskontrolle der Leuchte vornehmen.

Die Suchbeleuchtung

Beim Öffnen oder Schließen der vorderen Türen wird über das Steuergerät N70 in der Dachbedieneinheit eine Suchbeleuchtung eingeschaltet. Der Status der Türen wird dabei über zwei Mikroschalter »Drehfalle Tür vorn« links und rechts erfasst. Die Suchbeleuchtung bleibt für 30 Sekunden eingeschaltet, schaltet sich beim Verriegeln des Fahrzeugs aber sofort aus.

Dachbedieneinheit mit vorderer Innenleuchte aus-/einbauen

  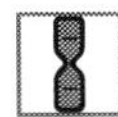

1 Ausbau: Mittig ganz vorn im Dachhimmel über dem Innenspiegel ist die Dachbedieneinheit mit Steuergerät (Bauteil N70), vorderen Innenleuchten und Betätigungstasten eingebaut (Bild unten). Wenn die Bedieneinheit zum Wechseln eines vernetzten Steuergerätes ausgebaut wird, müssen die Grunddaten von N70 mit dem System Star Diagnosis ausgelesen und zwischengespeichert werden.
Senderschlüssel vom Steuergerät EZS abziehen.

2 Zum Ausbau sind zwei MB-Ausziehhaken 140589023300 erforderlich. Mit diesen Werkzeugen die Bedieneinheit erst hinten (Pfeile im Bild unten), dann seitlich lösen und so weit abnehmen, bis die elektrischen Steckverbindungen zugänglich sind. Die Anzahl dieser Kupplungen variiert je nach Ausstattung des jeweiligen Fahrzeugs.

3 Die elektrischen Steckverbindungen trennen und das Steuergerät Dachbedieneinheit abnehmen.

4 An der Bedieneinheit können folgende Komponenten aus- und eingebaut sowie Lampen (Soffitten) gewechselt werden:
- Deckenleuchte vorn (N70e1).
- Leseleuchte vorn rechts (N70e3).
- Leseleuchte vorn links (N70e2) im Falle der Ausstattung

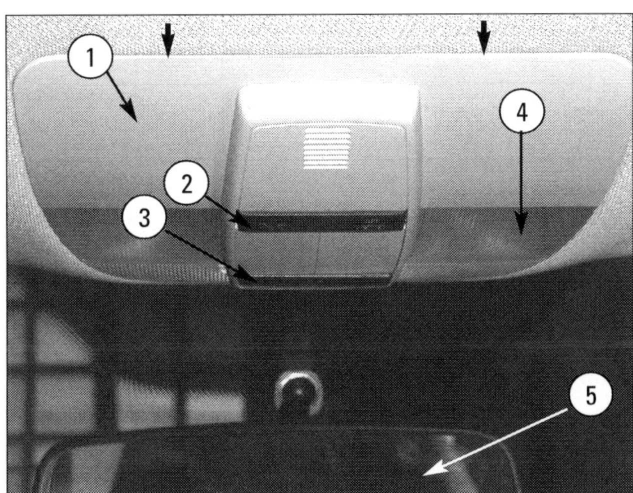

Dachbedieneinheit mit Leuchten und Steuergerät: (1) Bedieneinheit, (2) Taster Innenbeleuchtung vorn/hinten und Automatikfunktion, (3) Taster Leseleuchten, (4) Deckenleuchte, (5) Innenspiegel.

nach Code 876, also mit dem so genannten Innenraum-Lichtpaket, das auch eine Fußraumbeleuchtung enthält.
- Die Schalter für Deckenleuchte (N70s4) und Leseleuchten (N70s6, N70s7) bzw. in anderen Ausführungen Tasten (Bild links unten) inkl. Schalter/Taste für Automatikfunktion der Innenbeleuchtung.
- Die Schalter für die Deckenleuchte hinten (N70s2), für den Türkontakt (N70s3) und für das Dachsystem (N70s1; bei Lamellendach nach Ausstattungscode 417).

5 Einbau: In umgekehrter Reihenfolge. Auf richtigen Sitz der vier Halter am Steuergerät Dachbedieneinheit in den Aufnahmen achten.

6 Wenn das vernetzte Steuergerät erneuert wurde: Die zwischengespeicherten Grunddaten auf das neue Steuergerät übertragen. Dann Fehlerspeicher auslesen

Anmerkung Code 876: Innenbeleuchtung nur bei Dunkelheit.

Zusatzleuchten aus-/einbauen

  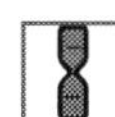

1 Ausbau dritte Bremsleuchte: Türbelag an der Rückwandtür ausbauen, wobei die Verkleidungen oben rechts und links nicht demontiert werden müssen. Elektrische Steckverbindung trennen.

2 Elektrischen Leitungssatz der Leuchte aus dem Halter des Wischermotors Rückwandtür herausnehmen. Die Leuchte mit geeignetem Schraubendreher entriegeln und abnehmen.

3 Ausbau Zusatzblinkleuchte: Linke und/oder rechte Verkleidung des Außenspiegels ausbauen. Den Rasthaken an der Fahrzeugseite der Blinkleuchte entriegeln und die Leuchte aus dem Spiegelgehäuse entnehmen.

4 Elektrische Steckverbindung trennen und die jeweilige Leuchte abnehmen.

5 Einbau beide: In umgekehrter Reihenfolge. Auf richtigen Sitz der dritten Bremsleuchte am Wischermotor-Halter achten. Die Blinkleuchten zuerst in die Außenspiegel-Gehäuse einsetzen und dann in den Rasthaken einführen. Funktionskontrolle vornehmen.

ELEKTRIK: SIGNALANLAGE UND SCHALTER

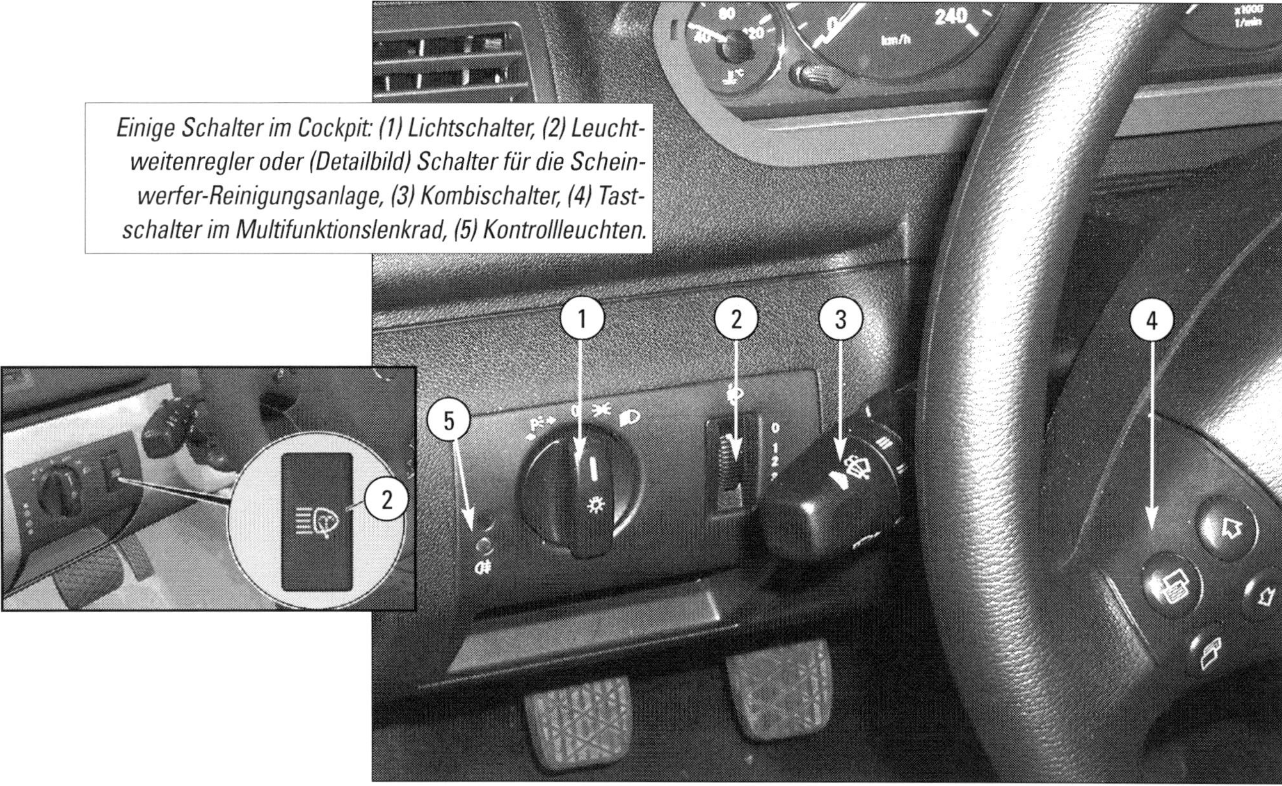

Einige Schalter im Cockpit: (1) Lichtschalter, (2) Leuchtweitenregler oder (Detailbild) Schalter für die Scheinwerfer-Reinigungsanlage, (3) Kombischalter, (4) Tastschalter im Multifunktionslenkrad, (5) Kontrollleuchten.

Wartung

Reparatur

Die Signaleinrichtungen des Fahrzeugs sind ein wichtiges Instrument, um andere Verkehrsteilnehmer zuverlässig über die eigenen Fahrabsichten zu informieren. Wenn Sie die Fahrtrichtung ändern wollen, betätigen Sie den Blinker, beim Tritt aufs Bremspedal warnen die Bremslichter den Hintermann, bevor Sie außerhalb einer geschlossenen Ortschaft ein Fahrzeug überholen, betätigen Sie kurz die Lichthupe. Wenn es einmal gar nicht anders geht, benutzen Sie das Signalhorn.

Jedes Kraftfahrzeug muss zum Abgeben von Warnzeichen mit einer Hupe versehen sein. Die Fahrzeuge der A-Klasse sind mit zwei Fanfaren (Zweiklanghorn) aus-

gestattet. Sie befinden sich vorn oben im Motorraum links (Fanfare H2) und rechts (Fanfare H2/1) hinter der Kühler-Verkleidung unter einer Klappe.
Vorschrift für alle Fahrzeuge ist die Warnblinkanlage, damit im Notfall der haltende oder liegen gebliebene Wagen gesichert werden kann. Da die Warnblinkanlage auch bei ausgeschalteter Zündung arbeiten soll, wird der Schalter direkt von Batterieplus versorgt. Die Richtungsblinker dagegen erhalten nur bei eingeschalteter Zündung Strom.
Im Folgenden gehen wir auch auf einige Schalter ein. An den zwei Tastergruppen beiderseits der Prallplatte des Multifunktionslenkrads (4 im Bild zu Kapitelbeginn: Tastergruppe links, S110), die die Aufnahme und Weiterleitung verschiedenster Befehle erlauben, sollte wegen des Airbag-Lenkrads nicht gearbeitet werden.

Signaleinrichtungen überprüfen

Arbeitsschritte  

1 Warnblinkanlage: Drücken Sie bei ausgeschalteter Zündung auf den Druckschalter der Warnblinkanlage (Symbol rot umrandetes Dreieck, oben in der Mittelkonsole zwischen den Ausströmern). Alle vier Blinklampen und die Kontrollleuchte im Druckschalter sollten im gleichen Rhythmus aufleuchten.

2 Richtungsblinker: Zündung einschalten, Blinkerhebel des Kombischalters drücken. Die beiden Leuchten auf der jeweiligen Fahrzeugseite müssen im gleichen Rhythmus blinken, ebenso die Blinkerkontrolle im Kombiinstrument.

Warnblink- und Blinkanlage

Störungsbeistand

Störung	Ursache	Abhilfe
A Kontrolllampe leuchtet in falschen Intervallen.	LED defekt oder ohne Kontakt.	Schalttafeleinsatz auswechseln.
B Blink- und Kontrollleuchte brennen dauernd oder gar nicht.	Fehler in Relais oder Steuergerät.	Überprüfen lassen.
C Richtungsblinken funktioniert, aber kein Warnblinken.	1 Kabel am Warnblinkerschalter unterbrochen.	Durchgang kontrollieren, reparieren.
	2 Sicherung, Warnblinkschalter defekt.	Auswechseln.
D Warnblinken funktioniert, aber kein Richtungsblinken.	1 Kabel vom Blinkerschalter unterbrochen.	Durchgang kontrollieren, reparieren.
	2 Sicherung oder Blinkerschalter defekt.	Auswechseln.

Hupe

Störungsbeistand

Störung	Ursache	Abhilfe
A Hupe tönt nicht.	1 Sicherung oder Hupe defekt.	Prüfen, ggf. ersetzen.
	2 Kabel vom Druckschalter im Lenkrad zur Hupe unterbrochen.	Kabelverlauf kontrollieren, Steckkontakte der Hupe blank kratzen.
	3 Fehler in Relais oder Steuergerät.	Prüfen, reparieren, ggf. ersetzen.
B Hupe tönt dauernd.	1 Hupenkontakt im Lenkrad defekt. Kabel vom Hupenkontakt zur Hupe hat Dauerstrom.	Kabel von der Hupe abziehen. Hupt es jetzt nicht mehr, Kontakt bzw. Kabel reparieren.
	2 Hupe hat inneren Masseschluss.	Hupe ersetzen. (Sofort Kabel abziehen)

3 Bremsleuchten: Bremspedal drücken und Helfer die Funktion der beiden Lampen in den Schlussleuchten überprüfen lassen. Muss man die Prüfung allein vornehmen, Fahrzeug mit dem Heck zu einer Wand stellen. Beim Druck aufs Pedal muss die Wand rot aufleuchten. Funktionieren beide Bremsleuchten nicht, kontrollieren Sie die Sicherung und den Bremslichtschalter.

4 Lichthupe: Wenn Sie bei eingeschalteter Zündung den Kombischalterhebel zum Lenkrad hin ziehen, müssen Fernlicht und Fernlichtkontrolle stets aufleuchten. Funktioniert die Lichthupe nicht, obwohl die Scheinwerfer bei eingeschalteter Beleuchtung brennen, sollten Sie zuerst prüfen, ob an den beiden roten Klemme-30-Kabeln Spannung anliegt. Ist dies der Fall, könnten Lichtumschalter oder Steuergerät defekt sein.

5 Signalhorn: Betätigen Sie die Druckplatte auf dem Lenkrad. Die Fanfaren (Doppelhorn) müssen ertönen.

Fanfaren aus-/einbauen

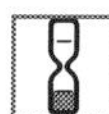

1 Ausbau: Motorhaube öffnen und sichern. Zwischen Kühler und Motor befindet sich oben im Motorraum, zur Hälfte vor dem Motorsteuergerät, eine Klappe (1; Bild unten).

2 Klappe öffnen und Halteschraube an der Befestigungslasche jeder Fanfare (1; Bild rechts, oben) herausschrauben. Die Fanfare(n) zwischen Kühlerverkleidung und oberer Abdeckung so weit herausnehmen, bis die elektrischen Steckverbindungen (2; Bild rechts, unten) zugänglich sind.

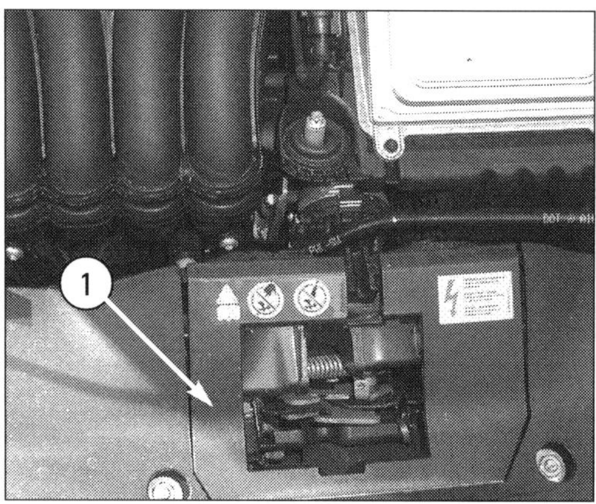

(1) Klappe über den beiden Fanfaren.

3 Die elektrischen Steckverbindungen trennen und die Fanfare(n) abnehmen..

4 Einbau in umgekehrter Reihenfolge.

Bremslichtschalter aus-/einbauen

Arbeits-
schritte

1 Ausbau: Abdeckung unter der Instrumententafel ausbauen (»Der Innenraum«).

2 Elektrische Steckverbindung an dem direkt ans Bremspedal montierten Bremslichtschalter (S9) trennen.

3 Den kleinen Arretierhebel vorn unten am Schalter drücken. Bremslichtschalter drehen und herausziehen.

4 Einbau in umgekehrter Reihenfolge. Vor Einbau den Betätigungsstift ganz aus dem Schalter herausziehen. Bremspedal durchdrücken, Schalter einsetzen und drehen, bis die Arretierung einrastet. Betätigungsweg stellt sich automatisch ein.

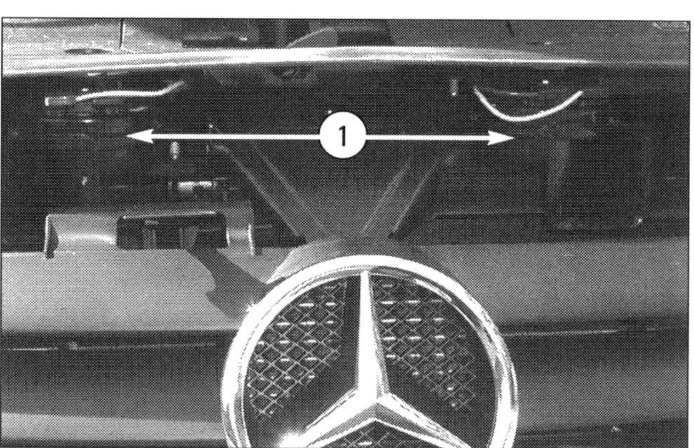

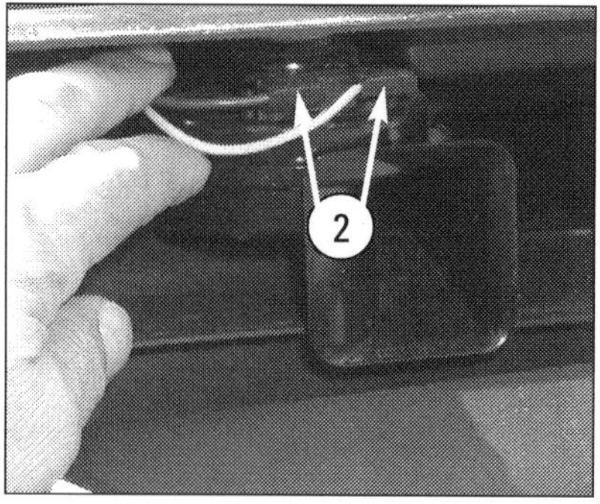

(1) Fanfare links (H2) und rechts (H2/1), (2) elektrischer Steckanschluss an der (linken) Fanfare.

Bremslicht

Störungs-beistand

Störung	Ursache	Abhilfe
A Eine Bremsleuchte brennt nicht.	**1** Glühlampe durchgebrannt.	Austauschen.
	2 Masseverbindung oder Zuleitung unterbrochen. Brennen alle übrigen Lampen in derselben Schlussleuchte?	Kabel kontrollieren.
B Beide bzw. alle drei Bremslichter brennen nicht.	**1** Sicherung defekt.	Ersetzen.
	2 Bremslichtschalter oder Zuleitungskabel defekt.	Überprüfen, ggf. ersetzen.
C Bremslicht brennt dauernd.	Kabel zum Bremslichtschalter haben (evtl. im Schalter) direkten Kontakt.	Kabel kontrollieren.

Lichtdrehschalter aus-/einbauen

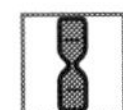

1 **Ausbau:** Ablagefach Fahrerseite im oberen Bereich von der Instrumententafel lösen. Das Fach nach hinten aus der Instrumententafel herausziehen, bis der Lichtdrehschalter S1 (1 im Bild zu Kapitelbeginn) zugänglich ist.

2 Lichtdrehschalter nach rechts schieben und durch die Öffnung in der Instrumententafel nach vorn herausführen.

3 Lichtdrehschalter durch die untere Öffnung in der Instrumententafel nach hinten so weit herausnehmen, bis die elektrische Steckverbindung zugänglich ist.

4 Die Steckverbindung entriegeln und trennen. Lichtdrehschalter S1 abnehmen. Der Schalter steuert die Außenbeleuchtung und die Leuchtweitenregulierung (bei Fahrzeugen ohne Bi-Xenon-Licht) an. Er enthält als weitere Bauteile die Kontrollleuchten S1e1 für Nebelscheinwerfer und S1e2 für das Nebelschlusslicht (5; Bild zu Kapitelbeginn). Mit diesen Kontrollleuchten wird der Schaltzustand von Nebellicht und Nebelschlusslicht angezeigt.

5 **Einbau:** In sinngemäß umgekehrter Reihenfolge. Dabei den richtigen Sitz des Ablagefachs in der Instrumententafel beachten.

6 Funktionskontrolle des Schalters vornehmen. Auch den Regler und die Kontrollleuchten überprüfen.

SRA-Schalter aus-/einbauen

Fahrzeuge mit Bi-Xenon-Licht und damit automatischer Leuchtweitenregelung haben im Lichtdrehschalter-Modul anstelle des manuellen Leuchtweitenreglers den Schalter für die (zum Xenon-Licht gehörende) Scheinwerfer-Reinigungs-Anlage SRA (2; Detailbild zu Kapitelbeginn).

1 **Ausbau:** Ablagefach im oberen Bereich von der Instrumententafel lösen und so weit herausnehmen, bis die elektrische Steckverbindung zugänglich ist. Steckverbindung am SRA-Schalter trennen und Ablagefach abnehmen.

2 SRA-Schalter mit einem geeigneten Schraubendreher entriegeln und vom Ablagefach abnehmen.

3 **Einbau** in umgekehrter Reihenfolge. Den richtigen Sitz des Schalters im Ablagefach und des Fachs in der Instrumententafel beachten. Funktionskontrolle vornehmen.

Der Kombi-Schalter

Um den Kombischalter aus-/einzubauen, müssen das Lenkrad und das Mantelrohrmodul an der Lenksäule ab-/eingebaut werden. Diese Arbeit an einer Airbag-Baugruppe können wir hier nicht empfehlen. Wir beschreiben sie in unserer Buchreihe »Autoreparaturanleitung« im Band zum Mercedes-Benz A-Klasse.

ELEKTRIK: GERÄTE, KABEL, RELAIS, SICHERUNGEN

Die elektronische Ausrüstung der genügt sehr hohen Ansprüchen: Senderschlüssel EZS (unten), Multifunktions-Lenkrad und Kombi-Instrument (rechts):

Wartung

Reparatur

Steuergeräte und andere Elektronik im modernen Kraftfahrzeug werden in ihrer Funktion von Anzeigen überwacht. Darum müssen Sie sorgfältig alle Kontrollleuchten (LED) und das Zentraldisplay beachten. Diese sollten Sie stets im Blick haben und eventuelle Fehleranzeigen immer ernst nehmen: Leuchtet während der Fahrt plötzlich eine Kontrollleuchte auf, ist dies grundsätzlich ein Alarmzeichen.

Kontrollen vor der Fahrt

Schon bevor Sie losfahren, sollten Sie einen Blick auf die Instrumententafel werfen. Die Anzahl der Anzeigen hängt von der jeweiligen Ausstattung ab, bestimmte Funktionen und Signale werden jedoch immer realisiert. Diese sollten Sie kontrollieren:

- Wenn Sie die Zündung einschalten, müssen auf jeden Fall Ladekontrolle und Öldruckwarnleuchte, die Kontrollleuchten für Kühlmittelmangel, Airbagsystem, Bremsanlage und Feststellbremse, für Wegfahrsperre und ABS leuchten.
- Betätigen Sie die Schalter für Warnblinker und Nebelschlussleuchte. Reagieren die Kontrolllampen?
- Brennen die Leuchten für Instrumente und Schalter sowie die Kontrollleuchte für Fernlicht?
- Leuchtet die Blinkerkontrolle? Funktioniert auch die Lichthupe einwandfrei?
- Funktioniert die Scheibenwisch-/-waschanlage?
- Starten Sie den Motor. Die Lade- und die Öldruckkontrollleuchte müssen verlöschen, dann auch die anderen leuchtenden Kontrollzeichen.
- Kontrollieren Sie während der Fahrt die Funktion des Tachometers und prüfen Sie schließlich auch, ob die Uhr im Instrumenteneinsatz richtig geht.

Wenn Anzeigen nicht einwandfrei funktionieren, kann das meist mehrere Gründe haben. Brennt z. B. die Öldruck-Kontrolle nicht, können der Öldrucksensor oder -schalter, die Zuleitung, die Leiterfolie des Kombi-Instruments oder die Warnlampe defekt sein. Bleibt die Tankanzeige aus, sind Anzeigeinstrument oder Tankgeber defekt oder die Stromzufuhr unterbrochen. Wenn die Kühlmittel-Warnleuchte nicht brennt, kann es am Temperaturgeber im Kühlmittelrohr hinter dem Zylinderkopf liegen. Leuchten Kontroll- und Warnlampen permanent in gelb oder gar rot, muss jedenfalls die Werkstatt aufgesucht werden. Sie riskieren sonst schwere Schäden an Motor und Fahrzeug.

Radio und Klima-Anlage sind längst schon durchweg Standard.

Das Kombi-Instrument, auch als Schalttafeleinsatz bezeichnet, enthält den Geschwindigkeits- und den Drehzahlmesser, die Anzeigen für Kraftstoffvorrat und für Kühlmitteltemperatur sowie die Kontrollleuchten. Reparieren oder zerlegen lässt sich an ihm nichts. Im Falle von Defekten muss man das Kombi-Instrument komplett austauschen. Wir geben Ihnen daher die Anleitung zum Aus- und Einbau.

Kombi-Instrument aus- und einbauen

Arbeitsschritte  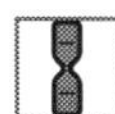

Wenn das Gerät erneuert werden soll oder muss, ist die Zwischenspeicherung von Grunddaten mit dem Werkstattsystem Star Diagnosis erforderlich. Soll das Gerät lediglich herausgenommen werden, reichen die Ausziehhaken MB 140589023300 als Sonderwerkzeug aus.

1 **Ausbau:** Lenksäule nach unten verstellen. Zündung ausschalten und den Senderschlüssel (siehe Bild zu Kapitelbeginn) vom Steuergerät EZS abziehen.

2 Kombi-Instrument A1 mit den Ausziehhaken entriegeln. Dazu die Haken in die linke und rechte Öffnung am Gehäuse des Instruments einführen. Die vorderen Enden (Griffstücke) müssen dabei senkrecht stehen. Jetzt beide Ausziehhaken hinter den linken und den rechten Rasthaken des Instruments drücken und jeweils um 90° nach innen drehen.

3 Kombi-Instrument mit den Ausziehhaken aus der Instrumententafel herausziehen, bis die elektrische Steckverbindung zugänglich ist. Die Rasthaken müssen dazu richtig entriegelt sein, sonst wird das hintere Gehäuse des Instruments beim Herausziehen zerstört. Bei richtiger Handhabung der Ausziehhaken lässt sich das Kombi-Instrument mit wenig Kraftaufwand aus der Instrumententafel herausziehen.

4 Elektrische Steckverbindung trennen und den Leitungssatz aus den Befestigungspunkten herausnehmen. Kombi-Instrument (Bauteil A1) entnehmen.

5 **Einbau:** In umgekehrter Reihenfolge. Das Instrument muss hörbar in der Instrumententafel einrasten. Ausziehhaken aus dem Kombi-Instrument entnehmen. Nach Wiedereinbau die Funktion des Kombi-Instruments überprüfen.

Elektrostatische Entladungen vermeiden

Beim Ausbau des Kombi-Instruments ebenso wie bei anderen Arbeiten an der Elektronik gilt es, elektrostatische Entladungen (»ElectroStatic Discharge« = ESD) nach Möglichkeit zu vermeiden. Solche Ladungen entstehen bei Trennung und Reibung zweier nichtleitender Materialien. Die intensivste derartige Ladung wird zumeist von Kunststoffen erzeugt.
Eine elektrostatische Entladung kann so stark sein, dass man einen kleinen elektrischen Schlag verspürt. Schon geringere Entladungen aber, die der Mensch gar nicht bemerkt, können elektronische Bauteile, empfindliche Steuergeräte, Radios, Telefone, Displays usw. nachhaltig schädigen. Oft zeigt sich eine solche Beschädigung erst nach einiger Zeit.

Arbeitsplatz nach ESD-Richtlinien

Risiken für Schäden ergeben sich bei Transport, Handhabung, Prüfung und Einbau von Teilen in der Produktion, aber auch bei Reparaturen. Daher sollen bei Arbeiten an empfindlicher Elektrik geeignete Kleidung aus Baumwolle und Schuhwerk mit leitfähigen Sohlen getragen werden. Der Arbeitsplatz soll den ESD-Richtlinien entsprechen (siehe auch »Praxistipp«):

- Ersatzteile sollen möglichst lange in der Originalverpackung bleiben und Versiegelungen nicht aufgerissen, sondern aufgeschnitten werden;
- ESD-Schutzverpackungen vor dem Auspacken am ESD-Arbeitsplatz entladen;
- ausgebaute elektronische Bauteile auf einem ESD-Arbeitsplatz ablegen;
- elektronische Bauteile nur am Gehäuse anfassen, nicht an den Pins oder an den Kontakten;
- elektronische Bauteile vor dem Kontaktieren zuerst einbauen, damit über die Karosserie ein Potenzialausgleich stattfinden kann.

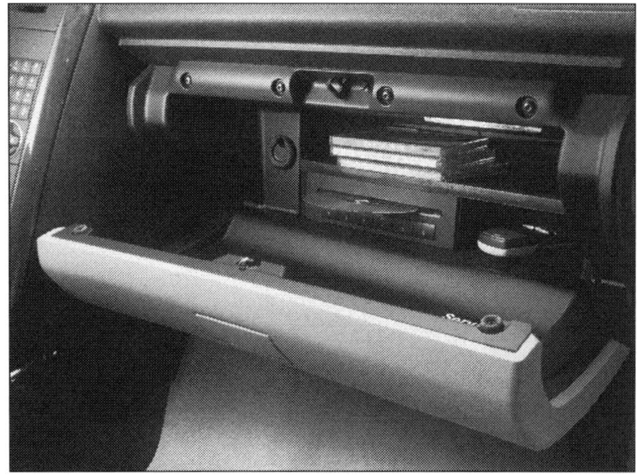

Auch Geräte wie dieser CD-Wechsler im Handschuhfach müssen bei Reparaturarbeiten vor ESD bewahrt werden.

Schäden durch ESD vorbeugen!

ESD-Schutz ist nur wirksam wenn die Sicherheitsvorschriften/Schutzmaßnahmen eingehalten werden:

- Regale und Arbeitstische müssen direkt auf dem Boden stehen, es dürfen keine isolierenden Materialien zwischen Regalfüßen/Tischbeinen und Fußboden vorhanden sein. Können die Isolatoren nicht entfernt werden, muss man Regale oder Tische erden. Das kann durch eine niederohmige elektrische Leitung von den metallenen Regalen und Tischen zu einem Heizungsrohr oder Ähnlichem geschehen.
- Leitfähige Transportbehälter/Kisten nie isoliert (z. B. auf Holzpaletten) abstellen, da sonst kein Potenzialausgleich stattfinden kann.
- Kontakt mit elektrostatisch aufladbaren Materialien wie PE, PVC, Styropor etc. vermeiden und nur Originalverpackungen oder gekennzeichnete und definierte Verpackungs- und Transportmaterialien einsetzen.
- Ausgebaute Steuergeräte bzw. elektrische Bauteile dürfen auf keinen Fall auf der Schutzfolie für Fahrzeugsitze abgelegt werden, da sich die statische Aufladung auf Steuergerät oder Bauteil überträgt. Die üblichen Schutzfolien für Sitz, Lenkrad und Fußraum laden sich sehr stark statisch auf. Es muss ein ESD-Service-Kit oder eine komplette angeschlossene ESD-Tischmatte verwendet werden.

- Informationen zu den Sicherheitsvorschriften und Schutzmaßnahmen sind der Broschüre
»Risikofaktor ESD - Elektrostatische Entladungen verstehen und vermeiden«
zu entnehmen. Diese Broschüre kann unter
Tel: +49 (0)711 17-83160
Fax: +49 (0)711 17-83451
E-Mail: service.informationen@daimlerchrysler.com
bestellt werden.

Die Bestell-Nummer lautet: **6516 1310 00**.

Steuergeräte aus- und einbauen

In die hochkomplizierte Netz-Welt der diversen Steuergeräte an Bord können und wollen wir im Rahmen dieses Buches nicht ausführlich eindringen. Die Grafik zur Funktion der Zentralverriegelung per Senderschlüssel (Bilder unten) stellt an einem der geläufigsten Beispiele dar, wie komplex das Zusammenwirken der zahlreichen Baugruppen der Bordelektrik/-elektronik ist. Schon daran wird deutlich, dass es hier nur darum gehen kann, bei Erfordernis zu wissen, wo die wichtigsten Geräte sind und wie sie zum Austausch aus- und wieder eingebaut werden müssen.
Auf die Motorsteuergeräte für CDI und für die Benziner gehen wir nicht mehr ein, ihr Aus- und Einbau wurde auf den Seiten 100 bis 102 im Kapitel »Einspritzung und Zündung« und im Zusammenhang mit dem Ausbau des Luftfiltergehäuses auch im Motoren-Kapitel (Seiten 54/55) beschrieben. Wir greifen die wichtigsten Geräte heraus und beginnen mit dem Steuergerät Elektronischer Zündstartschalter (EZS).

EZS-Steuergerät aus-/einbauen

Arbeitsschritte  

1 Ausbau: Batterie-Masseleitung abklemmen. Rosette (1) mit Klauenschlüssel (MB:210589000700)herausdrehen.

2 Abdeckung unter Instrumententafel links ausbauen. EZS-Steuergerät N73 (2) aus dem Instrumententafelunterteil (3)

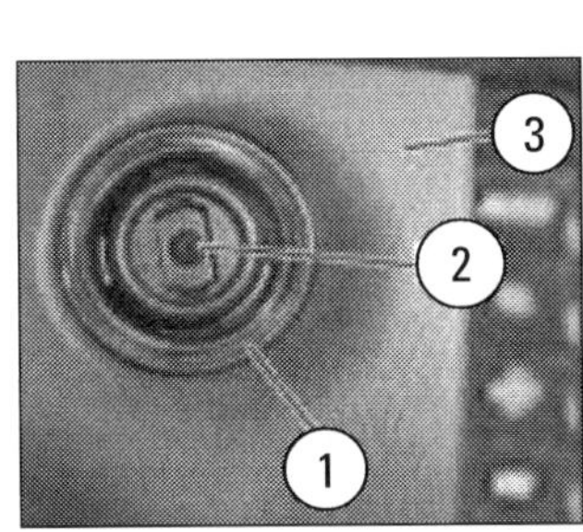

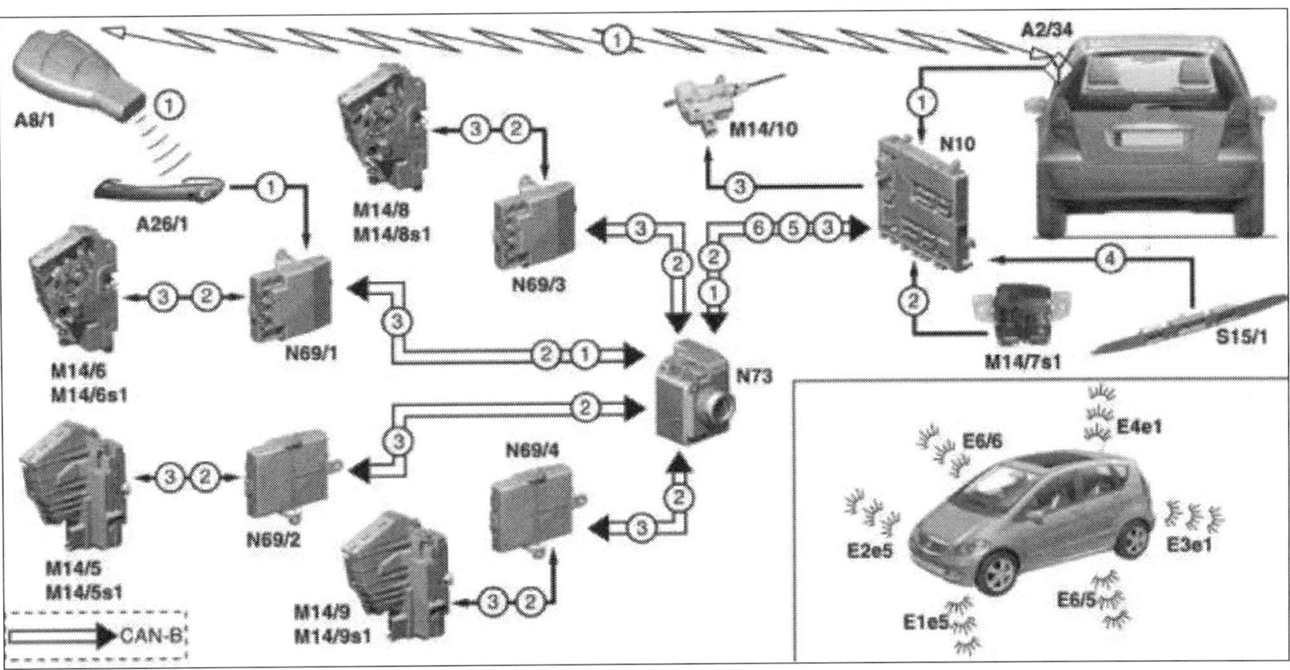

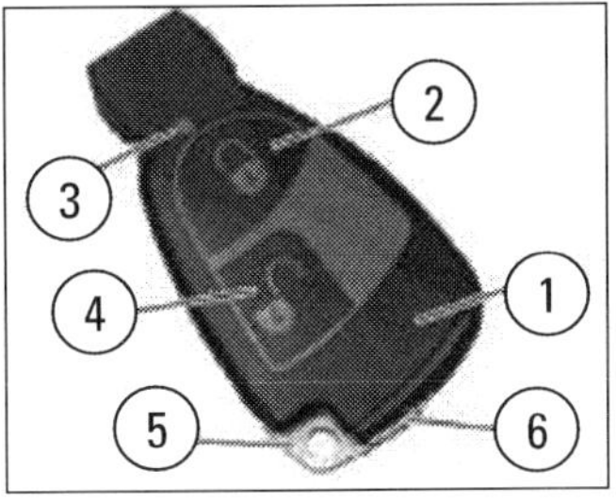

Verknüpfung der Steuergeräte: Beim Tastendruck sendet Schlüssel A8/1 ein Funksignal an Antenne A2/34. Über SAM (N10) wird dieses an das Steuergerät EZS (N73) gegeben. Parallel geht Infrarotsignal an IR-Empfänger vorn links (A26/1). Dieses wird vom Türsteuergerät vorn links (N69/1) dem Steuergerät EZS übermittelt. EZS sendet nach Berechtigungs-Prüfung über CAN-B den Verriegel-Befehl an alle Türsteuergeräte und SAM. Diese steuern die Motoren an.
Bild links, Senderschlüssel: (1) Schlüssel A8/1, (2) Sendetaste »Verriegeln«, (3) LED »Batteriekontrolle«, (4) Sendetaste »Entriegeln«, (5) mechanischer Notschlüssel, (6) Entriegelungsschieber.
Bei Code 763 ist ein zusätzlicher Taster für Auslösung und Beendigung des Panikalarmes integriert.

nach unten herausnehmen, bis die elektrischen Steckverbindungen zugänglich sind.

3 Steckverbindungen trennen, Steuergerät EZS abnehmen.

4 **Einbau** in sinngemäß umgekehrter Reihenfolge.

Anmerkung: Wenn dieses und die folgenden Steuergeräte nicht nur aus- und wieder eingebaut, sondern ausgetauscht (erneuert) werden, müssen ihre Grunddaten vor Abklemmen der Batterie und Ausbau zwischengespeichert und dann auf das neue Gerät übertragen werden. Das erfolgt mit einem Werkstattsystem wie MB-Star Diagnosis.

ZGW-Steuergerät aus-/einbauen

1 **Ausbau:** Masseleitung der Batterie abklemmen. Linke Abdeckung unter der Instrumententafel so weit lösen, bis das Steuergerät Zentrales Gateway (N93) zugänglich ist.

2 ZGW-Steuergerät vom Halter abclipsen und nach unten herausnehmen, bis die elektrische Steckverbindung am Gerät zugänglich ist.

3 Steckverbindung trennen und Gerät entnehmen.

4 **Einbau** in umgekehrter Reihenfolge.

SAM-Steuergerät Beifahrerseite aus-/einbauen

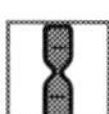

1 **Ausbau:** Handschuhkasten ausbauen. Dämmmatte unter dem Querträger der Instrumententafel hinweg nach hinten umschlagen und oben unter der Instrumententafel fixieren. Dabei vorsichtig vorgehen, damit die Dämmmatte nicht reißt.

2 Verkleidung im Fußraum rechts (Beifahrerseite) ausbauen. Den Bodenbelag im Fußraum an beiden Seiten, hinter der Instrumententafel und hinter der Mittelkonsole, vorsichtig hervorziehen und nach hinten umlegen.

3 Die elektrischen Steckverbindungen an der Relais- und Sicherungsbox (K100) entriegeln und trennen. Dabei muss die elektrische Steckverbindung mit Leitung zu Klemme 30 als erste getrennt und als letzte wieder kontaktiert werden.

4 Links und rechts hinten an der Relais- und Sicherungsbox die beiden Muttern und die beiden Schrauben ab- bzw. herausschrauben. Die Box am Halter entriegeln und nach unten abnehmen.

5 Das Steuergerät SAM (N10) aus seinem Halter herausnehmen. Dazu das Gerät nach oben schieben, am unteren Teil nach hinten ziehen und nach unten herausnehmen. Wenn der Halter erneuert werden soll: Mutter abschrauben und Halter abnehmen.

6 **Einbau** in umgekehrter Reihenfolge. Dabei auf den richtigen Sitz des Steuergerätes im Halter achten.

7 Den richtigen Sitz der Relais- und Sicherungsbox K100 an ihrem Halter und des Bodenbelages seitlich hinter Instrumententafel und Mittelkonsole beachten.

Steuergerät Parktronic-System aus-/einbauen

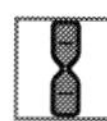

1 **Ausbau:** Zündung ausschalten und Senderschlüssel vom Steuergerät EZS abziehen. Rückwandtür und im Falle einer Gepäckraumabdeckung im Kofferraum auch diese öffnen.

2 Den Deckel des rechten Ablagefachs im Kofferraum öffnen und das Ablagefach nach innen umklappen. Bei Fahrzeugen mit Anhängevorrichtung des Kupplungskopf der Anhängezugvorrichtung herausnehmen.

3 Bei Fahrzeugen mit Soundsystem (Code 810) den Verstärker ausbauen. Bei Fahrzeugen mit MB-Radios (Codes 523 oder 525 oder 527) die Antennenweiche abbauen und mit angeschlossenen elektrischen Steckverbindungen zur Seite legen.

4 Schrauben am Halter lösen und PTS-Steuergerät (N62) mit Halter nach oben abnehmen, bis die elektrischen Steckverbindungen zugänglich sind. Stecker entriegeln, trennen und Gerät mit Halter abnehmen. Gerät abschrauben.

5 **Einbau** in umgekehrter Reihenfolge.

Relais und Sicherungen

Im Fahrzeug gibt es Verbraucher, die einen hohen Strom aufnehmen. Diese werden nicht direkt durch Schalter, sondern durch Schaltrelais in Betrieb genommen. Wenn Sie einen Schalter betätigen, aktivieren Sie dadurch zunächst nur einen geringen Schaltstrom. Erst über das Schließen des Schaltstromkreises wird der Stromkreis für den Arbeitsstrom hergestellt.
Der Arbeitsstrom wird zur Vermeidung von Spannungsabfall direkt an das Relais herangeführt und von dort bei geschlossenen Schalterkontakten zum Stromverbraucher geleitet. Die Schalterkontakte werden weniger beansprucht, und Spannungsverluste durch Kabel werden vermieden. In ähnlicher Weise steuern auch Steuergeräte die Relais an.
Für den Schutz der elektrischen Systeme sorgen die Schmelzsicherungen (Bild unten). Eine Sicherung als Teil eines Stromkreises tritt in Aktion, wenn bei einem Kurzschluss (defekter Verbraucher, beschädigtes Kabel) oder bei Anschluss zusätzlicher Verbraucher an einen bereits voll ausgelasteten Stromkreis der Strom plötzlich stark ansteigt. Das Innenleben der Sicherung wird zerstört, der Stromfluss unterbrochen, eine Überlastung des Stromkreises verhindert.

Relaisbox aus-/einbauen

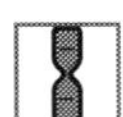

1 Ausbau: Masseleitung der Batterie abklemmen und Handschuhkasten ausbauen. Verkleidung im Fußraum rechts (Beifahrerseite) wie zuvor beschrieben ausbauen und den Bodenbelag vorsichtig nach hinten umlegen.

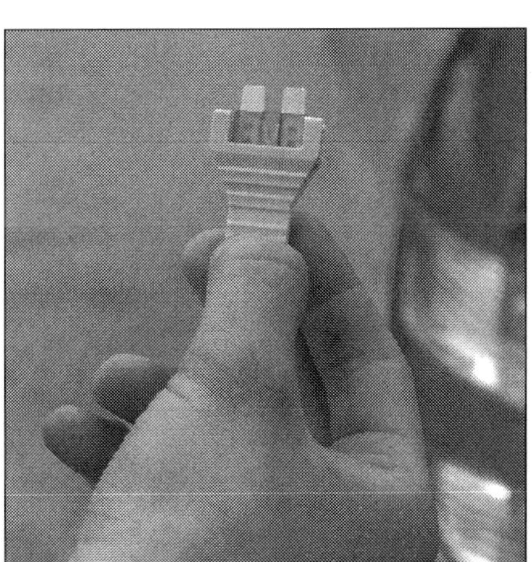

Die Schmelzsicherung in ihrer üblichen Ausführung als Flach-Stecksicherung.

2 Muttern und Schrauben an der Box wie beschrieben ausbauen, die Box K100 (1 im Bild unten: Schema) am Halter ausclipsen, nach unten abnehmen und entriegeln.

3 Die Steckkontakte aus der Relais- und Sicherungsbox entriegeln. Dazu empfehlen sich die Sonderwerkzeuge aus dem MB-Leitungssatz-Reparaturset. Relais entnehmen und austauschen (Belegung siehe Tabelle und Bild unten).

4 Einbau in umgekehrter Reihenfolge.

Belegung der Relais-Box K100 im Innenraum Beifahrerseite

Steckplatz/Relais	Benennung
A / K100kA	Relais Klemme 15R (2)
B / K100kB	Relais Klemme 15R (1)
C / K100kC	Relais Fanfaren
D / K100kD	Relais Heckscheibenheizung
E / K100kE	Relais Wischer Stufe 1/2
F / K100kF	Relais Wischer Ein/Aus
G / K100kG	Relais Klemme 15 (1)
H / K100kH	Relais Reserve
I / K100kI	Relais Luftpumpe
K / K100kK	Relais Kraftstoffpumpe
L / K100kL	Relais Klemme 87 Motor
M / K100kM	Relais Starter
N / K100kN	Relais Klemme 87F
O / K100kO	Relais Klemme 15 (2; Xenon, Handy)

(Die Sicherungs-Steckplätze 80 bis 83 unter den Relais A und B, H und I sind zur 30-A-Absicherung von Klemme-30-Anschlüssen für Sonderfahrzeuge reserviert.)

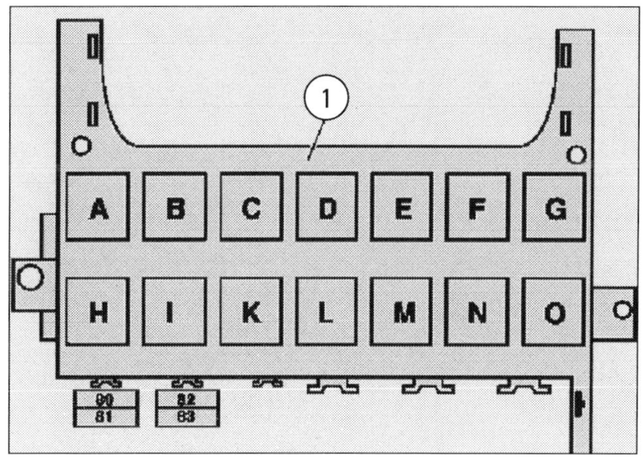

Sicherungshalter im Sicherungskasten aus-/einbauen

1 **Ausbau:** Masseleitung der Batterie abklemmen, Bodenbelag vorn rechts ausbauen. Links die Mutter und rechts die Schraube am Sicherungskasten F1 ausbauen.

2 Abdeckung am Pluspol der Batterie aufdrehen bzw. ganz abnehmen und die Plusleitung von der Polklemme abnehmen (siehe unter »Batterie«). Polabdeckung wieder anbauen.

3 Die elektrische Steckverbindung trennen und den Sicherungskasten F1 nach oben anheben. Bei Fahrzeugen mit Dieselmotor (Motoren 640.94x) die Abdeckung am Gehäuseunterteil entriegeln und abnehmen. Die Plusleitung abschrauben (Mutter lösen) und abnehmen.

4 Den Deckel am Gehäuseunterteil des Sicherungskastens mit einem geeigneten Schraubendreher entriegeln und abnehmen. Die drei Muttern abschrauben und die elektrischen Leitungen abnehmen.

5 Gehäuseunterteil mit einem geeigneten Schraubendreher entriegeln und vom Gehäuseoberteil abnehmen.

6 Den Sicherungshalter-Block (Bild unten: Schema) an den Außenseiten entriegeln und vom Gehäuseoberteil abnehmen. Die Verriegelungen an den einzelnen Sicherungshaltern (fortlaufende Nummerierung beachten! Bild unten) mit einem geeigneten Schraubendreher 2 bis 3 mm herausziehen, Steckkontakte der Sicherungen ausbauen und den Sicherungshalter abnehmen. Kabelbinder trennen und den elektrischen Leitungssatz seitlich aus der Führung am Gehäuseoberteil herausnehmen.

7 Den Sicherungskasten umdrehen und die Sicherungen aus dem Sicherungsblock 9 - F55/9 (2 im Bild unten) ausbauen. Die Anzahl der Sicherungen richtet sich nach der Ausstattung. Rasthaken der Sicherungshalter entriegeln und die Halter als gemeinsamen Block nach unten abnehmen. Dann den Rasthaken an der Masseleitung entriegeln und die Leitung nach innen durchdrücken.

8 Gehäuseoberteil des Sicherungskastens abnehmen und die Rasthaken mit einem geeigneten Schraubendreher entriegeln. Die einzelnen Sicherungshalter (1) voneinander trennen und die Steckkontakte der Sicherungshalter ausbauen.

9 **Einbau:** In umgekehrter Reihenfolge. Dabei die elektrischen Leitungen kreuzungsfrei verlegen und genau die Einbauorte der Steckkontakte und der Sicherungshalter sowie die Sicherungsbelegung (siehe Auswahl in der Tabelle auf der nächsten Seite) einhalten. Ferner beachten: Einbaulage des Scheuerschutzes am Leitungssatz und Sitz des Gehäuseunterteils am Oberteil.

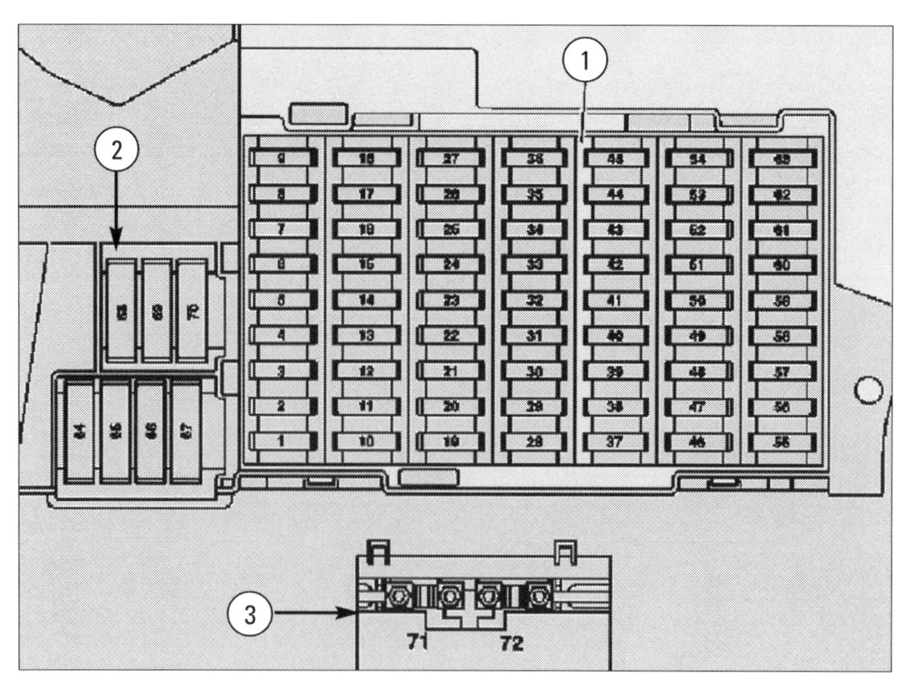

Belegung der einzelnen Sicherungshalter im Sicherungskasten F1.
(1) Sicherungshalter mit den Sicherungen (von links nach rechts und von unten nach oben):
1 bis 9,
10 bis 18,
19 bis 27,
28 bis 36,
37 bis 45,
46 bis 54,
55 bis 63.
(2) Sicherungsblock 9, Bauteil F55/9 mit den Sicherungen 64 bis 70.
(3) Sicherungshalter mit den Sicherungen 71 und 72.

Belegung der Sicherungs-Box F1 im Innenraum Beifahrerseite

Steckplatz/Stärke	Abgesicherte Funktion
1 / 5 bzw. 10 A	Bremslichtschalter
2 / 25 A	Heizbare Heckscheibe
3 / 7,5 A	Kombi-Instrument (A1) und: Steuergerät EZS (N73)
4 / 15 A	Steuergerät EZS (N73) und Steuergerät elektrische Lenkungsverriegelung (N26/5)
5 / 7,5 A	Steuer- und Bediengerät für Heizung/Lüftung/Klimatisierung
6 / 15 A	Fanfaren links und rechts (H2 und H2/1)
7 / 25 A	Relais Kraftstoffpumpe (K100kK)
11 / 30/40 A	Relais Klemme 87 Motor 266 (Otto) bzw. 640 (Diesel)
13, 14, / 25 A	Türsteuergeräte vorn links (N69/1), Vorn rechts (N69/2)
17 und 28 / je 5 A	Lichtdrehschalter (S1)
21 / 30 A	Starter-Relais (K100kM)
22 / 7,5 A	Kombi-Instrument (A1)
29 / 30 A	Steuergerät SAM (N10)
32 / 7,5 A	Steuergerät ME, Motoren 266
33 / 15 A	Radio ohne und mit Navigation
34, 35 / je 25 A	Türsteuergeräte hinten links (N69/3) und rechts (N69/4)
38 / 25 A	Zigarrenanzünder vorn (R3)
39 / 25 A	Wischermotor (M6/1)
40 / 7,5 A	Dachbedieneinheit (N70)
41 / 15 A	Wischermotor hinten (M6/4)
45 / 25 A	Steuergerät CDI, Motoren 640
49 / 25 A	Sitzheizung Vordersitze
50 / 7,5 A	6-fach-CD-Wechsler (A2/6)
55 /7,5 A	Bi-Xenon-Scheinwerfer
60 / 20 A	Kontaktleiste Fahrersitz (X55/3)
61 / 20 A	Kontaktl. Beifahrersitz (X55/4)
65 / 80 A	Steuergerät elektrische Servolen kung ES (N68)
66 / 60 A	Steuergerät SAM (N10)
67 / 50 A	Relais Klemme 15R (2, K100kA)
69 / 50 A	Relais Klemme 15R (1, K100kB)
70 / 60 A	Relais Klemme 15 (K100kG)
71 / 150 A	PTC-Zuheizer bei Dieselmotoren (Motoren 640)
72 / 60 A	Endhülse Klemme 30 (Z4/3)

(Auswahl aus insgesamt 72 möglichen Positionen)

Kabel und Klemmen

Die zahlreichen Kabel aus gebündelten Leitungen im Fahrzeug werden von uns nach dem DCAG-Sprachgebrauch auch »Leitungssätze« genannt. Sie sind sehr gut geordnet. Die Kabelfarben weisen den Weg, die Anschlüsse an Kontaktpunkten, Massestellen, Steckverbindungen, Relais und Sicherungen sind mit Buchstaben-Zahlen-Kombinationen gekennzeichnet.
Die Farben der Leitungen weisen auf jeweilige Funktionen hin. In den Schaltplänen werden die Leitungsfarben in Abkürzungen nach der englischen Farbbenennung angegeben. Es gibt herstellerinterne und allgemein genormte Farben. Für die wichtigsten Funktionen gelten folgende Festlegungen:

- Rot (red; RD). Erhält dauernd Strom vom Pluspol der Batterie bzw. bei laufendem Motor von der Lichtmaschine.
- Schwarz (black; BK). Erhält nur bei eingeschalteter Zündung Strom ab Zündschloss. Außer Zünd- und Einspritzanlage werden Stromverbraucher versorgt, die nur bei Betrieb des Wagens Strom erhalten sollen.
- Braun (brown; BN). Ist meist für direkte Masse-Verbindungen reserviert.
- Grau (grey; GY). Oft für die Stromkreise der Begrenzungs-, Schluss- und Kennzeichenleuchten und für das Standlicht verwendet.

Weitere Kabelfarben sind blau (blue; BU), gelb (yellow; YE), grün (green; GN), violett (violet; VT), orange (orange; OG) und weiß (white; WH), rosa (pink; PK) und naturfarben (transparent; TR).
Den Kabelfarben (eine Buchstabenkombination aus Grundfarbe und Kennfarbe) sind Ziffern vorangestellt, die angeben, welchen Querschnitt die Leitung in mm^2 hat. So bedeutet z. B. »1,5 YEBK« eine Leitung von 1,5 mm^2 Querschnitt mit gelber Grund- und schwarzer Kennfarbe .

Die Bezeichnung bestimmter Klemmen ist ebenfalls allgemein genormt. Einige wichtige Klemmen sind:

- Klemme 30 = Hier liegt immer die Batteriespannung an. Kabel meist rot oder rot mit Farbstreifen.
- Klemme 31 = Führt zu Masse, meist braune Kabel.
- Klemme 15 = Über das Zündschloss gespeist. Leitungen führen nur bei eingeschalteter Zündung Strom. Kabel oft grün oder grün mit Streifen.
- Klemme X = Speist alle größeren Stromaufnehmer, zum Beispiel das Fernlicht. Die Klemme führt bei eingeschalteter Zündung Strom.

Steckverbindungen

Steckverbindungen bestehen aus Kupplung und Stecker. Kontaktbuchse und Kontaktstift bilden das Kontaktpaar. Die Gruppierung der Stecker und Kupplungen erfolgt bei DaimlerChrysler analog der Kontaktgruppierung in Familien.
Dabei sind Ausführung und Form der Aufnahmekammer des Gehäuses ein prägnantes Unterscheidungsmerkmal. Innerhalb eines Gehäuses können auch verschiedene Kontaktfamilien verbaut sein, und innerhalb einer Stecker/Kupplungsfamilie können außerdem verschiedene Kodierungen (meist einzelne Großbuchstaben: A, B, C) auftreten.
Die Kontaktbuchsen und Kontaktstifte sind eindeutig den so genannten Familien zugeordnet. Die Kontakte unterscheiden sich u. a. durch ihre Beschichtung: Zinn, Gold, Silber. Die Kontakte werden durch Crimpen (mit jedem Typ zugeordneter Matrize per Crimpzange) aufgequetscht. Im Fahrzeuginnenbereich werden ab Werk vorwiegend Zinn-Zinn-Kombinationen der Kontakte verwendet. Im Außen- und Spritzwasserbereich werden Silber-Silber-Kontakte eingesetzt, und für Sicherheitssysteme wie Airbag setzt man Gold-Gold-Kontakte ein. Das ist wichtig zu wissen, weil für die Reparatur »gleichartige Kontaktpaarungen« vorgeschrieben sind.

Einbauorte für Vielfach-Steckkupplungen

Wichtige Einbauorte für Vielfach-Steckverbindungen sind, um nur einige Beispiele anzugeben: »Front« für die Nebelleuchten (Farbe BNVT); »Stirnwand links« für Innenraum-Aggregate und ABS (diverse Farben); »Cockpit« für Airbag, Kombischalter oder Prüfkupplung Diagnose; »Mittelkonsole« für Klemme 15 und die beiden Steuer- und Bedienfelder; »Unterboden« für Drehzahlgeber und Querbeschleunigungssensor; »Innenraum rechts« für Gurtschloss, Sidebags und Kontaktierungsleisten; »Fußraum rechts« für ESP; »Motorraum rechts« für die Lambda-Sonden vor und nach Katalysator.
Bei der Reparatur an Steckern und Kupplungen wird die Entnahme von Kontaktbuchsen und -stiften als »Auspinn-Vorgang« bezeichnet. Dazu ist ein Entriegelungswerkzeug erforderlich, das der jeweiligen Kontaktfamilie entspricht. Gelegentlich müssen zuvor die Gehäuse zerlegt und entsperrt werden.

Schalt- oder Stromlaufpläne

Die verwirrende Elektrik wird anschaulich durch die Stromlaufpläne. Bei ihrer Benutzung geht man am sinnvollsten so vor, dass man in der Legende zunächst das betreffende Bauteil sucht, um das es sich dreht. Die Bauteile haben Kennbuchstaben, die zur Konkretisierung mit Zahlen kombiniert werden (in unseren Arbeitsanleitungen wurden einige bereits genannt). In durchweg allen Stromlaufplänen werden für gleiche Bauteile die folgenden gleichen Teile-Bezeichnungen verwendet.
Die Schaltpläne füllen in gedruckter Form einen Ordner von beträchtlichem Umfang. Sie sind in einzelne Pakete gepackt, die den Fahrzeug-Funktionsgruppen PE von 00 bis 91 nach DaimlerChrysler-Konzept entsprechen. Die wichtigsten Gruppen sind:

- Funktionsübergreifende Schaltpläne (PE00.19)
- Schaltpläne Gemischaufbereitung (PE07.00)
- Schaltpläne elektrische Anlage, Motor (PE15.00)
- Schaltpläne Bremsen (PE42.00)
- Schaltpläne Lenkung (PE46.00)
- Schaltpläne elektrische Anlage, Ausrüstung und Instrumente (PE54.00)
- Schaltpläne Scheiben und Fenster (PE67.00)
- Schaltpläne Türen (PE72.00)
- Schaltpläne Schiebedach, Verdeck (PE77.00)
- Schaltpläne Zentralverriegelung, Komforthydraulik (PE80.00)
- Schaltpläne Elektrische Anlage, Aufbau (PE82.00)
- Schaltpläne Klimatisierung (PE83.00)
- Schaltpläne Anbauteile, Außenspiegel (PE88.00)
- Schaltpläne Sitze, Rückhaltesysteme (PE91.00)

Es gibt

- **Systemblockschaltbilder**

Alle zum System (z. B. ABS) gehörenden Steuergeräte werden als Block dargestellt. Bauteile und Signale, die system- oder funktionsbedingt auf die Steuergeräte wirken, werden mit Richtungspfeilen dargestellt.

Und es gibt

- **Steuergerätepläne**

Steuergeräte werden komplett mit allen angeschlossenen Bauteilen dargestellt. Vorangestellt ist die Einspeisung der Steuergeräte.
Die Schaltpläne enthalten auch Verknüpfungen von möglichen Varianten und Funktionen. Verknüpfungen sind, als Varianten erkennbar, eingerahmt und mit einer Kurzbezeichnung/Abkürzung versehen. Bei Änderung werden die Varianten mit 1 und 2 bezeichnet.

Die Schaltplan-Nummer besteht aus sieben Gruppen von Buchstaben oder Zahlen: Informationsart (PE), Funktionsgruppe (z. B. 82), Funktionsuntergruppe (z. B. 20), Erstellerkennung (z. B. P), Ordnungs-Nummer (z. B. 2000-), Informationseinheit-Nummer (z. B. 99) und Gültigkeitsbuchstabe(n) (z. B. ABC).

Die Bilder unten zeigen als Beispiel zur Information über das Prinzip die ersten vier Blätter des Schaltplankomplexes PE 82.00 »Elektrische Anlage - Aufbau«. Diese Reparaturgruppe umfasst Beleuchtung, Scheibenwisch-/-waschanlage sowie Radio und Navigation.

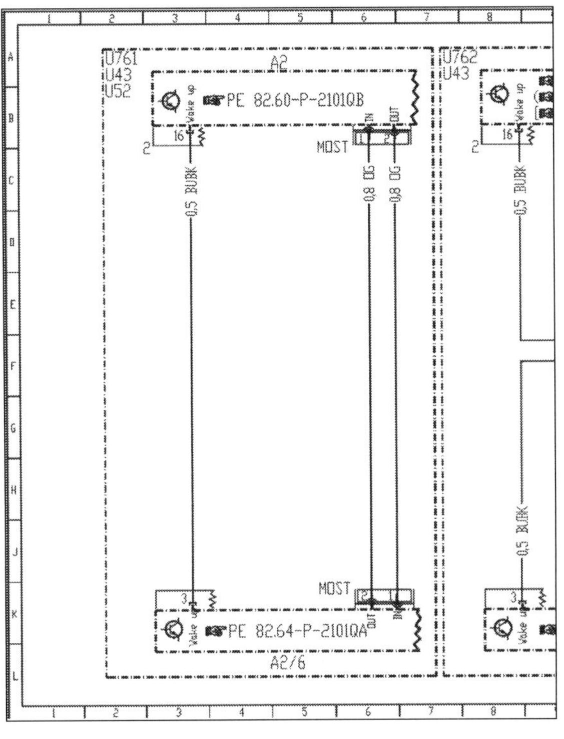

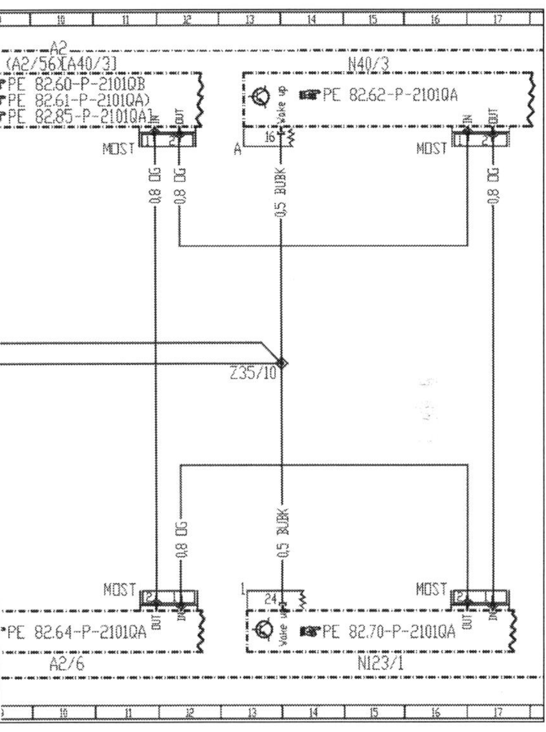

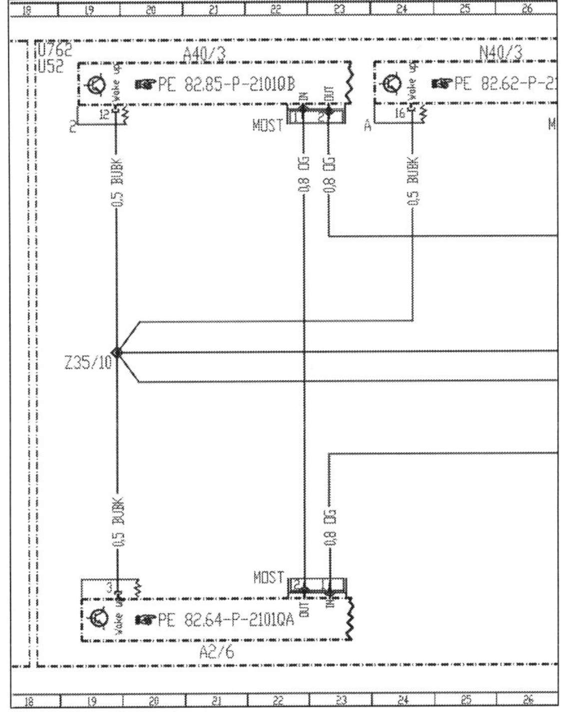

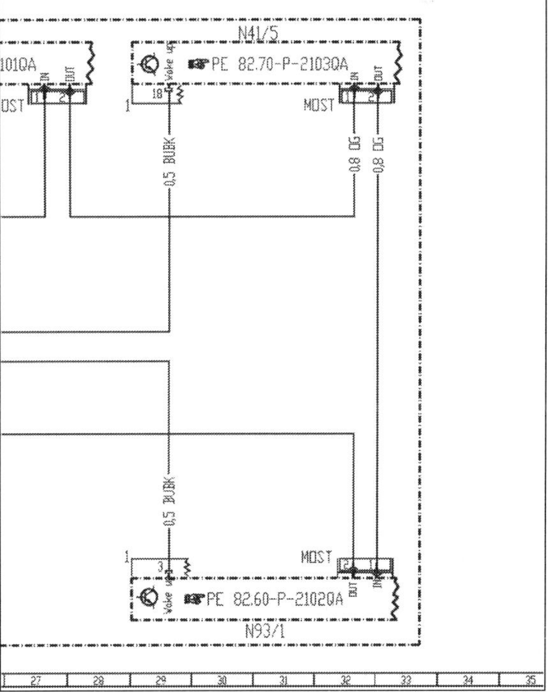

DER INNENRAUM

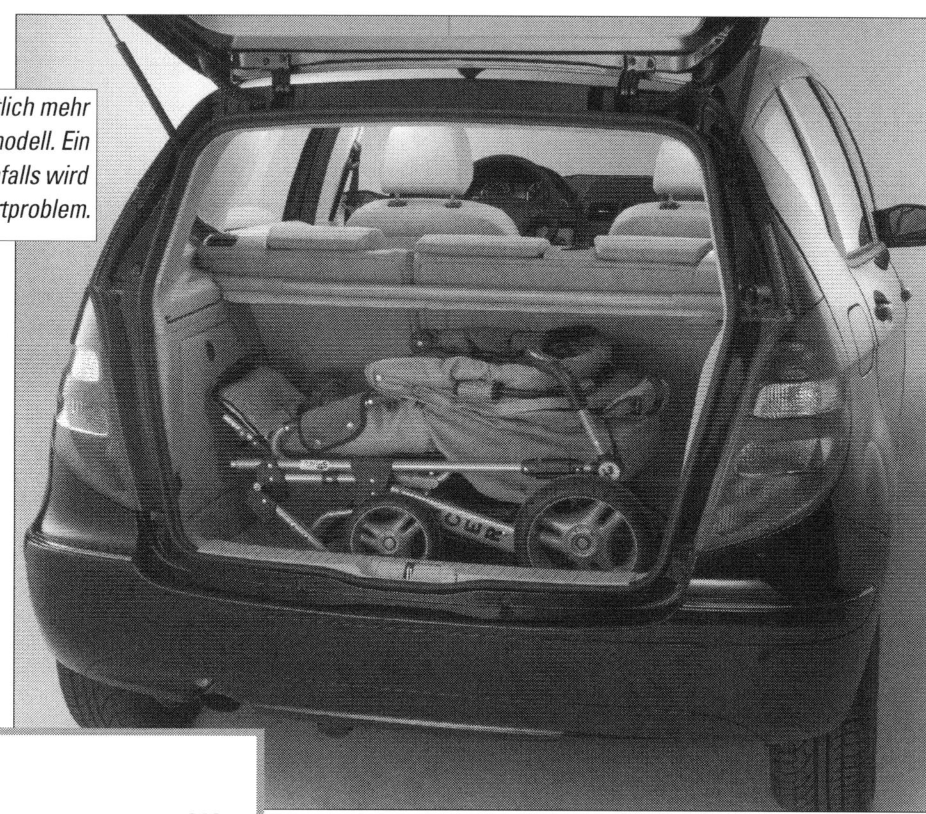

Die neue A-Klasse bietet deutlich mehr Laderaum als das Vorgängermodell. Ein mittlerer Kinderwagen jedenfalls wird nicht mehr zum Transportproblem.

Wartung

Reparatur

Die beachtlichen Maße und die erstaunliche Variabilität des Innenraums der neuen A-Klasse haben wir ausführlich schon im Kapitel zur Modellvorstellung beschrieben. Welche Vorteile die neuen Dimensionen bieten, wenn eine Familie auf die Reise geht, zeigt ein eindrucksvoller Vergleich mit Koffersets: Bei normaler Position der Fondsitzanlage und dachhoher Beladung des Gepäckraums passten in die bisherige A-Klasse ein Jumbo-Koffer mit 86 Litern Volumen, ein 69-Liter-Koffer und ein kleiner Rollenkoffer (25 Liter). Die neue A-Klasse bietet deutlich mehr Laderaum: Bei gleicher Sitzposition lassen sich zusätzlich ein zweiter Jumbo-Koffer, eine Sporttasche und ein Beauty-Case verstauen.

Um noch mehr Platz für Gepäck, Freizeit- oder Sportgeräte zu schaffen, kann das 2/3-Sitzkissen der fünftürigen A-Klasse vollständig herausgenommen und unter dem in der Höhe einstellbaren

Laderaumboden verstaut werden. In diesem Fall beträgt das maximale Gepäckraumvolumen 1485 Liter und entspricht damit den Dimensionen eines Mini-Vans.
In Verbindung mit dem auf Wunsch lieferbaren Easy-Vario-Plus-System sind beim fünftürigen Modell dann noch beide Fondsitzkissen und die hinteren Sitzlehnen herausnehmbar. Die Lehne des Beifahrersitzes kann nach vorne geklappt oder der Sitz komplett ausgebaut werden. Dadurch vergrößert sich der Ladebereich auf 2,75 Meter Länge, das Ladevolumen steigt auf 1995 Liter. Mit Easy Vario wird auch das Coupé noch flexibler. Durch Entnahme der beiden Fondsitzkissen und Umklappen der Sitzlehnen kann sein Laderaum erheblich vergrößert werden. Eins der Fondsitzkissen lässt sich bequem unter dem doppelten Laderaumboden verstauen.

Durch »Tirefit« Stauraum statt Reserverad

Da die neue A-Klasse serienmäßig mit dem innovativen Reifendichtmittel Tirefit als Pannenhilfe ausgestattet ist, dient die Reserveradmulde als praktischer, nicht einsehbarer Stauraum. Je nach Position des ja in der Höhe verstellbaren Laderaumbodens hat er ein Volumen von 67 oder 118 Litern. Ein weiteres Staufach (vier Liter) verbirgt sich hinter einer Klappe in der rechten Seitenverkleidung des Kofferraums.
Für das gegenüber anderen Automobilen seiner Klasse deutliche Plus an Platzangebot, Komfort und Funktionalität sind zwei Aspekte maßgebend. Erstens ermöglicht das patentierte Sandwich-Konzept die Anordnung von Motor und Getriebe teils vor, teils unter der Fahrgastzelle und die ebenfalls Platz sparende Unterbringung anderer Komponenten wie Batterie, Aktivkohlefilter (Benziner), Sicherungen, elektronische Steuergeräte und Tank unter dem Passagierraum. Dadurch stehen 67 Prozent der Karosserielänge für die Insassen und ihr Gepäck zur Verfügung. Das ist ein Spitzenergebnis der Raumökonomie.
Zweitens sorgt die intelligente Maßkonzeption für vorbildliche Platzverhältnisse und mehr Bewegungsfreiheit der Insassen. Die neue A-Klasse übertrifft Vorgängermodell und Wettbewerber in Maßen wie Schulterraum, Hüftraum, Ellenbogenbreite, Sitzplatzabstand und Kopfraum.

Individuelle Gestaltung möglich

Drei eigenständige Design- und Ausstattungs-Lines entsprechen dem Wunsch nach Individualität. Das Basismodell »Classic« präsentiert sich zurückhaltend: Einstiegsleisten in Chrom, Mitteldom mit Zierblenden aus schwarzem, hochglänzendem Kunststoff. Die Line

Das 2/3-Sitzkissen der fünftürigen A-Klasse kann vollständig herausgenommen und unter dem in der Höhe einstellbaren Laderaumboden verstaut werden. So erhält man 1485 Liter Gepäckraum.

Elegantes und komfortables Frontinterieur.

»Elegance« besticht durch höherwertige Ausstattung: Mittelkonsole, Tunnelverkleidung und Türen sind mit Myrten-Holz verziert. Lenkrad, Handbremsgriff und Schalthebel mit Lederbezug runden das Bild ab. Als Line »Avantgarde« zeigt sich die Modellreihe von ihrer dynamischsten Seite: Sitze mit Stoff Maastricht und schwarzem Artico-(Kunst-)Leder, Zierleisten an Türen und Mittelkonsole aus mattem Aluminium.

Umfangreiche Sicherheitsausstattung

Das Rückhaltesystem der A-Klasse berücksichtigt erstmals auch die besonderen Schutzfunktionen bei niedriger und mittlerer Aufprallbelastung. Adaptive Front - Airbags passen sich der jeweiligen Unfallsituation an. Die Airbags werden selektiv ausgelöst: Bei einer Seitenkollision werden nur die Airbags auf der dem Stoß zugewandten Seite aktiviert.

Fahrer- und Beifahrer-Airbag sind mit zweistufigen Gasgeneratoren ausgestattet. Erkennt die Sensorik einen leichten Frontalaufprall, zündet sie jeweils nur eine Kammer der Generatoren, und die Airbags füllen sich nur teilweise. Dadurch fängt das Luftpolster die Insassen »weich« auf, was laut Unfallforschung vor allem bei Karambolagen im Geschwindigkeitsbereich zwischen 20 und 35 km/h vorteilhaft ist. Bei größerer Unfallbelastung aktiviert die Elektronik zusätzlich auch jeweils die zweite Kammer der Gas-Generatoren, und die Luftpolster füllen sich vollständig. Die Zündung der zweiten Airbag-Stufe erfolgt innerhalb von nur 5 bis 15 Millisekunden nach der ersten.

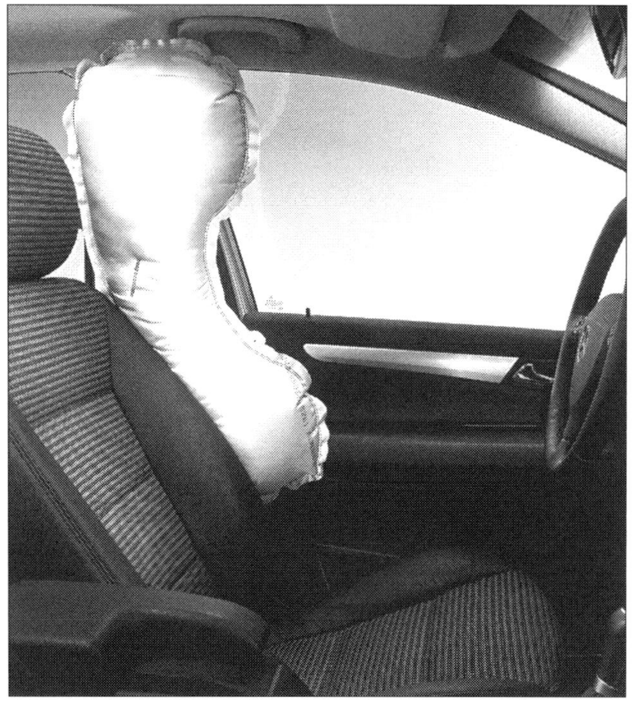

Head-Thorax-Sidebags für den seitlichen Kopf und Brustkorb.

Die Seitenairbags, auch Head-Thorax-Bags genannt, reduzieren das Verletzungsrisiko bei seitlichen Kollisionen. Erkennt das Auslösegerät über zentralen Beschleunigungssensor und zusätzliche Satellitensensoren eine ausreichend hohe Querbeschleunigung, wird der stoßzugewandte Head-Thorax-Bag ausgelöst und schützt Kopf- und Brustbereich der Frontpassagiere.

Arbeiten im Innenraum

Vor Arbeiten an Komponenten mit Sicherheitstechnik müssen wir allerdings warnen. Wenn es an Kenntnis und Erfahrung mangelt, sollten Sitze und Lenkrad der Airbags wegen tabu sein. Denn selbst in den Werkstätten darf nur speziell geschultes Personal daran tätig werden. Vermeiden Sie, bei der Reparatur verletzt zu werden und bei Unfall keinen ordnungsgemäß funktionierenden Insassenschutz zu haben!

Vor einer Verschrottung des Fahrzeugs etwa nach Unfall müssen die Airbageinheiten und Gurtstraffer nach bestimmten Vorschriften entsorgt werden. Auf keinen Fall dürfen Sie diese Komponenten wie üblichen Abfall behandeln. Das gilt auch für gezündete Einheiten und Gurtstraffer, denn es ist möglich, dass nicht alle pyrotechnischen Ladungen gezündet wurden.

Staubfilter, Ablagen, Verkleidungen

Lässt man während der Fahrt die Fenster geschlossen, wird man mit sauberer Frischluft versorgt: Die von vorn in die Ansaugung einströmende Luft muss einen Staub-/Pollenfilter (MB: »Kombifilter«) passieren. Die Sauberkeit dieses Filters ist von wesentlicher Bedeutung für gutes Klima im Wagen und auch dafür, dass die Scheiben nicht so schnell von innen beschlagen. Höheres Laufgeräusch und geringer Luftdurchsatz an den Düsen zeigen Probleme an, frische Luft anzusaugen. Laut DEKRA müssen die Filter jährlich oder

alle 15.000 km gewechselt werden. Das ist eine wichtige Wartungsarbeit.
Ablagen und Fächer, Blenden und Spiegel, Abdeckungen und Verkleidungen, Haltegriffe und Sitze lassen sich aus- und einbauen. Das kann schon nötig werden, weil Mechanik, Elektrik und Elektronik hinter Ablagen und Verkleidungen versteckt sind. Vorsicht beim Umgang mit Kunststoff-Verkleidungen: Clipselemente können schnell beschädigt werden, Oberflächen sind oft kratzempfindlich. Arbeiten Sie beim Aushebeln mit einem Kunststoffkeil!
Alle Schraubverbindungen, Clips und elektrischen Steckverbindungen an oder unter Verkleidungen müssen in logischer Reihenfolge getrennt und wieder zusammengebracht werden. Wichtig ist es, beim Einbau den Sitz und den Zustand der Clips zu überprüfen. Wenn immer nötig: Ersetzen, sonst hält später die Verkleidung nicht.

Sicherheitsgurte prüfen

1 Das Gurtband der Sicherheitsgurte sollten Sie immer einmal auf Beschädigung prüfen. Es muss bei allen erkannten Schäden komplett mit Gurtschloss in der Werkstatt gegen ein neues Originalteil ausgetauscht werden.
Ziehen Sie zur Prüfung das Gurtband vollständig aus dem Aufrollautomaten oder der Beckengurt-Verstellzunge heraus. Prüfen Sie auf Verschmutzung (ggf. mit Seifenwasser auswaschen), gerissene Gewebeschlingen an der Gurtkante, Schnitte, Risse und Scheuerstellen oder auf Brandflecken etwa durch Zigaretten o. Ä.

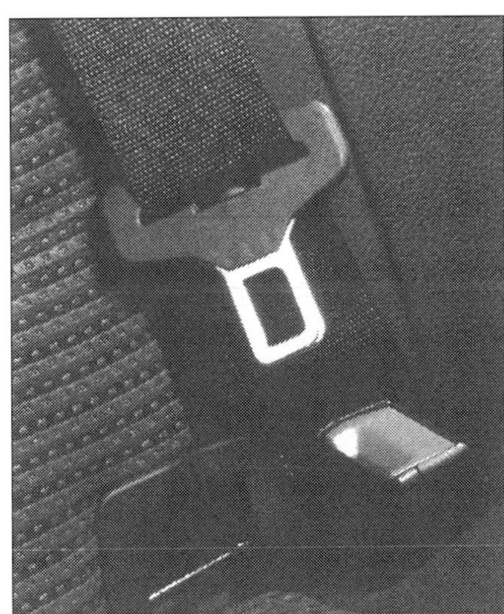

Sicherheitsgurte sollten regelmäßig auf ihren einwandfreien Zustand untersucht werden.

2 Das Gurtschloss muss per Augenschein auf Rissbildung und Abplatzungen geprüft werden. Bei Beschädigung gegen neuen Originalgurt mit Schloss austauschen.
Schieben Sie die Schlosszunge in das Gurtschloss, bis es hörbar einrastet. Prüfen Sie durch kräftiges Ziehen am Gurtband, ob der Schließmechanismus eingerastet ist. Falls die Schlosszunge bei mindestens fünf Prüfvorgängen auch nur ein einziges Mal nicht verriegelt ist, muss der Gurt mit Schloss gegen ein Neuteil ausgetauscht werden.
Prüfen Sie in ähnlicher Weise die Entriegelung: Fingerdruck auf die Taste am Gurtschloss. Bei entspanntem Gurtband muss die Schlosszunge selbstständig aus dem Gurtschloss herausspringen. Ist das bei fünf Prüfungen auch nur ein einziges Mal nicht der Fall: Austauschen! Falls Sie Geräusche oder Schwergängigkeit der Tasten feststellen: Keinesfalls Schmiermittel einsetzen!

3 Der Aufrollautomat muss gründlich auf seine Sperrwirkung geprüft werden:
Die **erste** Sperrfunktion wird durch rasches Herausziehen des Gurtes aus dem Aufrollautomaten ausgelöst. Ziehen Sie mit kräftigem Ruck!

- Keine Sperrwirkung: Sicherheitsgurt komplett mit Schloss austauschen.
- Bei Störungen des Gurtaus- oder Gurtrückzuges sollten Sie zunächst prüfen, ob sich die Lage des Aufrollautomaten geändert hat.

Gefahrenhinweis

Vorsicht mit Rückhaltesystemen!

Arbeiten an Airbags und Gurtstraffern

- Ziehen Sie vor den Arbeiten den Zündschlüssel und klemmen Sie beide Anschlüsse der Batterie ab. Warten Sie ca. 60 s den Rechnernachlauf ab.
- Airbag- oder Gurtstraffereinheiten, die aus einer Höhe von mehr als 50 cm gefallen sind, müssen unbedingt ersetzt werden.
- Lassen Sie nach den Arbeiten in einer Werkstatt den Fehlerspeicher auslesen (»Star Diagnosis«).
- Sie sind gesetzlich verpflichtet, zu entsorgende Altteile der sachgerechten Verschrottung zuzuführen. Lassen Sie sich dazu von Ihrem örtlichen Entsorger fachlich beraten.

Die **zweite** Sperrfunktion (fahrzeugabhängig) wird durch Änderung des Fahrzeugbewegungsablaufs ausgelöst. Beschleunigen Sie das Fahrzeug auf einer verkehrsfreien Fläche, wo Sie niemanden gefährden können, bis 20 km/h und nehmen Sie dann eine Vollbremsung mit der Fußbremse vor.

- Wird der Gurt beim Bremsvorgang nicht durch die Blockiereinrichtung gesperrt, so muss er komplett mit Schloss ausgetauscht werden.

4 **Befestigungsteile und Befestigungspunkte** überprüfen Sie auf die folgenden Beschädigungen:

- Ist die Schlosszunge verformt (gestreckt)?
- Ist der Höhenversteller ohne Funktion?
- Sind die Befestigungspunkte (Sitz, Säule, Fahrzeugboden) verzogen oder ist das Gewinde beschädigt?

Lassen Sie in allen Schadensfällen den Gurt austauschen oder ein neues Originalteil einbauen. Bei Beschädigungen, die nicht als Unfallfolge auftreten, sondern beispielsweise durch Verschleiß, ist nur das jeweils beschädigte Teil durch ein neues Originalteil zu ersetzen.

Staubfilter erneuern

Arbeitsschritte   

1 **Ausbau:** Motorhaube öffnen. Der Staub- und Pollenfilter für Heizung und Lüftung befindet sich in einem Gehäuse ganz hinten mittig im Motorraum. Das Gehäuse ist oben mit einer Abdeckung versehen. Abdeckung abschrauben, ausclipsen, abnehmen und nach vorn ablegen (Bilder unten).

2 Den eigentlichen Filter (Filtereinsatz aus vielfach gefaltetem Papier) aus dem Gehäuse entnehmen. Dieser Staubfilter darf nicht gereinigt, er muss entsorgt und erneuert werden.

3 **Einbau:** Das Gehäuse mit einem feuchten Tuch gründlich auswischen und einen neuen Papierfilter-Einsatz in das Gehäuse einsetzen. Auf richtigen Sitz des Filters achten.

4 Den Gehäusedeckel passgerecht wieder aufsetzen und verrasten bzw. festschrauben. Motorhaube schließen.

Radio aus-/einbauen

Arbeitsschritte  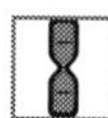

1 **Ausbau:** Masseleitung der Batterie abklemmen. Mittlere Luftdüse und Abdeckung für Steuer- und Bediengerät wie später beschrieben ausbauen.

2 Die vier Schrauben oben und unten seitlich am Radio herausdrehen. Bei Fahrzeugen mit Radio 5 CD: Rasthaken oben am Steuer- und Bediengerät Klimaanlage entriegeln.

3 Radio aus der Instrumententafel herausziehen, bis die Rückseite des Gerätes zugänglich ist. Lichtwellenleiterkupplung entriegeln, trennen und abdecken.

4 Elektrische Steckverbindungen (Anzahl je nach Ausführung) trennen und Radio abnehmen.

5 **Einbau** sinngemäß in umgekehrter Reihenfolge. In MB-Werkstatt den Fehlerspeicher auslesen und löschen lassen.

Innenspiegel aus-/einbauen

Arbeitsschritte  

1 **Ausbau:** Schiebestück an der Abdeckung oberhalb von Spiegeleinheit und Spiegelfuß nach unten schieben. Abde-

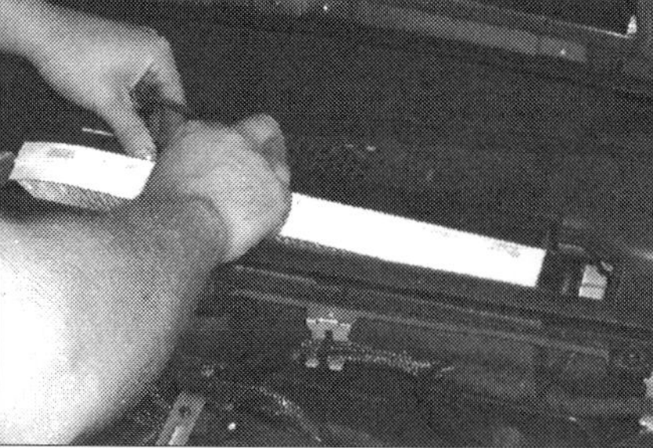

Staub- und Pollenfilter wechseln: Abdeckung abnehmen, Filtereinsatz herausnehmen, Gehäuse reinigen, neuen Filter einsetzen.

ckung abnehmen. Dann die Abdeckung am Spiegelfuß von unten ausclipsen. Bei Fahrzeugen mit automatisch abblendbarem Spiegel (Code 249) die elektrische Steckverbindung trennen.

2 Die Rastnase an der Innenspiegeleinheit (A67) mit geeignetem Schraubendreher entriegeln und den Spiegel nach oben aus seiner Aufnahme herausschieben.

3 **Einbau** in umgekehrter Reihenfolge. Dabei auf den richtigen Sitz der Spiegeleinheit in der Aufnahme sowie der Spiegelfußabdeckung achten.

Luftdüsen (Luftausströmer) aus-/einbauen

Arbeitsschritte  

1 **Ausbau der mittleren Luftdüsen:** Bei Fahrzeugen mit Komfort-Klimatisierungsautomatik die beiden mittleren Luftdüsen (1) mit dem Stellrad (2) über den Düsen schließen. Ausziehhaken (Sonderwerkzeug 140 589 02 33 00) unterhalb der ersten Lamelle einführen (die vorderen Enden der Ausziehhaken müssen waagerecht stehen).

2 Ausziehhaken um 90° nach oben schwenken und gleichzeitig die Rasthaken seitlich links und rechts im ersten Lamellenzwischenraum (3) der mittleren Luftdüsen nach innen drücken. Mittlere Luftdüsen mit Ausziehhaken aus der Instrumententafel herausziehen, bis der Schalter Warnblinker (4) rückseitig zugänglich ist.

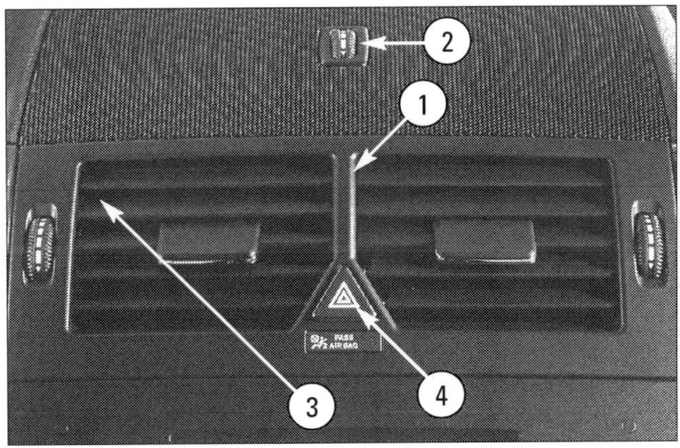

(1) mittlere Luftdüsen, (2) Stellrad über den Düsen, (3) Lamellenzwischenraum mit Rasthaken, (4) Warnblinkerschalter.

3 Elektrische Steckverbindung vom Schalter für den Warnblinker trennen und die mittleren Luftdüsen aus der Instrumententafel herausnehmen.

4 **Ausbau der seitlichen Luftdüsen:** Den Ausziehhaken in die linke oder rechte Luftdüse neben dem jeweiligen Rasthaken in den untersten Lamellenzwischenraum einführen.

5 Rasthaken mit dem Ausziehhaken entriegeln und Luftdüse aus der Instrumententafel herausziehen.

6 **Einbau** der mittleren und seitlichen Düsen in umgekehrter Reihenfolge. Funktion der Düsen und nach Einbau der mittleren Düsen auch die des Warnblinker-Schalters prüfen.

Verschiedene Abdeckungen aus-/einbauen

Arbeitsschritte  

1 **Ausbau der Abdeckung Instrumententafel Mitte:** Zündung ausschalten und Senderschlüssel vom Steuergerät EZS abziehen. Mittlere Luftdüse wie beschrieben ausbauen.

2 Abdeckung mit Hilfe eines unter die unteren Außenkanten der Abdeckung eingeführten Langkeiles aus der Instrumententafel ausclipsen. Abdeckung erst im unteren, dann seitlich im oberen Bereich ausclipsen.

3 Bei Fahrzeugen mit Parktronic-System die elektrische Steckverbindung der Warnanzeige Parktronic-System, bei Fahrzeugen mit Komfort-Klimatisierungsautomatik die elektrische Steckverbindung des Sonnensensors trennen und die Abdeckung abnehmen.

4 **Ausbau der Abdeckung unter der Instrumententafel Fahrerseite:** Fahrersitz in die Endstellung nach hinten verstellen. Bei Fahrzeugen mit Innenraum-Lichtpaket die Fußraumleuchte vorn links an der Abdeckung ausclipsen und durch die Abdeckung nach innen führen.

5 Schraube unter der Motorhaubenentriegelung herausdrehen, Entriegelung nach unten aus der Abdeckung ziehen.

6 Die Schrauben unter der Instrumententafel herausdrehen, die Abdeckung nach unten senken und die elektrische Steckverbindung an der Prüfkupplung Diagnose trennen.

7 Motorhaubenentriegelung durch die Abdeckung nach innen führen und die Abdeckung abnehmen.

8 **Ausbau der Abdeckung unter der Instrumententafel Beifahrerseite:** Beifahrersitz in die Endstellung nach hinten verstellen. Bei Fahrzeugen mit Innenraum-Lichtpaket die Fußraumleuchte vorn rechts an der Abdeckung ausclipsen und durch die Abdeckung nach innen führen.

9 Schrauben unter der Instrumententafel herausdrehen. Abdeckung nach unten aus dem Fußraum herausnehmen.

10 **Ausbau der Abdeckung für Steuer- und Bediengerät:** Zündung ausschalten und Senderschlüssel vom Steuergerät EZS abziehen.

11 Abdeckung mit einem Langkeil erst im unteren Bereich links und rechts, dann seitlich in Höhe des Bedienfeldes Klimaanlage aus der Instrumententafel ausclipsen.

12 Bei Fahrzeugen mit Parktronic-System, Einbruch- und Diebstahl-Warnanlage und/oder Sitzheizung für die Vordersitze die elektrischen Steckverbindungen trennen.

13 Beim Erneuern der Abdeckungen an Fahrzeugen mit Parktronic, Warnanlage und/oder Sitzheizung die sechs Schrauben auf der Rückseite der Abdeckung herausdrehen und das Steuergerät Oberes Bedien-Feld abnehmen.

14 **Ausbau der Abdeckung am Schalthebel:** Die Abdeckung unten an der Abdeckung Mittelkonsole lösen.

15 Abdeckung Schalthebel über den Schaltknauf stülpen, bis der Klemmring unter dem Schaltknauf zugänglich ist. Klemmring eine halbe Umdrehung gegen den Uhrzeigersinn drehen und Abdeckung Schalthebel am Schaltknauf nach oben vom Schalthebel abziehen.

16 Den Klemmring gegen den Uhrzeigersinn vom Schaltknauf abdrehen und die Abdeckung des Schalthebels vom Schaltknauf abziehen.

17 **Ausbau der Abdeckung an der Mittelkonsole:** Bei Fahrzeugen mit Automatikgetriebe die Wählhebelstellung »R«, bei Fahrzeugen mit Schaltgetriebe den 4. Gang einlegen. Abdeckung des Schalthebels von der Abdeckung Mittelkonsole lösen (ein vollständiger Ausbau ist nicht notwendig).

18 Zierrahmen wechselseitig an den Seiten oben und unten mit Langkeil (Sonderwerkzeug 115 589 03 59 00) aus der Abdeckung Mittelkonsole herausheben und nach oben abnehmen.

19 Abdeckung Mittelkonsole, hinten beginnend, links und rechts mit Langkeil ausclipsen und nach hinten aus den vorderen Aufnahmen in der Mittelkonsole herausnehmen.

20 Abdeckung Mittelkonsole über den Schalthebel oder den Wählhebel hinwegführen und aus dem Fahrzeug herausnehmen.

21 **Einbau** bei allen Positionen sinngemäß in umgekehrter Reihenfolge. Ferner berücksichtigen:

22 Beim Einbau der Schalthebel-Abdeckung die Einbaulage am Schaltknauf beachten. Der Schaltknauf besitzt auf der Rückseite eine Aussparung für die Nase an der Abdeckung. Den Schaltknauf mit der Schalthebel-Abdeckung bis zum spürbaren Anschlag auf den Schalthebel aufschieben und mit dem Klemmring festklemmen.

23 Nach Einbau der Abdeckung für Steuer- und Bediengerät bei Fahrzeugen mit Parktronic-System, Einbruch- und Diebstahl-Warnanlage und/oder Sitzheizung die Funktion des Steuergeräts Oberes Bedien-Feld prüfen.

24 Beim Einbau der Abdeckungen unter der Instrumententafel auf der Fahrerseite den richtigen Sitz in den Führungen am Geber Fahrpedal und am Kupplungspedal oder an der Pedalabdeckung beachten. Den Steg links neben der Aussparung für die Motorhaubenentriegelung über die Abdeckung oberhalb der Verkleidung Fußraum führen. Beim Einbau auf der Beifahrerseite beachten, dass die Rasthaken unten an der Abdeckung in die Aussparungen an der Unterseite des Handschuhkastens eingerastet werden müssen.

Säulenverkleidungen aus-/einbauen

1 **Ausbau an der A-Säule:** Linke oder rechte Vordertür öffnen, Kantenschutz im Bereich der Verkleidung lösen. Säulenverkleidung nach oben gegen Anschlag schieben.

2 Montagekeil zwischen A-Säule und Säulenverkleidung einführen und Laschen (Mitte, oben) der Verkleidung von

oben nach unten ausclipsen. Säulenverkleidung oben nach innen schwenken und aus den Halteklammern an der Instrumententafel nach oben herausziehen.

3 Wenn vorhanden, elektrische Steckverbindung trennen und A-Säulenverkleidung aus dem Fahrzeug herausnehmen.

4 **Ausbau an der B-Säule/Coupé:** Linke oder rechte Vordertür öffnen. Vordersitz und Sitzlehne nach vorn stellen.

5 Kantenschutz der Vordertür an der B-Säule lösen. Abdeckung am Gurtumlenkbeschlag abnehmen. Schraube am Gurtumlenkbeschlag herausdrehen, Beschlag abnehmen.

6 B-Säulenverkleidung mit Montagekeil aus Klammer unten vorn lösen und Klammer oben vorn vorsichtig (Lackschäden!) mit geeignetem Schraubendreher aus der B-Säule aushängen. Verkleidung aus den Klammern hinten (oben, unten) abziehen und abnehmen.

4a **Ausbau an der B-Säule/Limousine:** Linke oder rechte Vorder- und Fondtür öffnen. Vordersitz und Sitzlehne nach vorn stellen.

5a Kantenschutz von Vorder- und Fondtür an der B-Säule lösen. Die Abdeckung am Gurtumlenkbeschlag abnehmen. Schraube (32 Nm) am Gurtumlenkbeschlag herausdrehen und Beschlag abnehmen. Außenkanten der B-Säulenverkleidung unten im oberen Bereich auseinander ziehen und Verkleidung unten nach innen neigen. Klammern oben (vorn, hinten) beidseitig mit geeignetem Schraubendreher vorsichtig abdrücken.

6a B-Säulenverkleidung oben mit Montagekeil aus den Klammern unten (vorn, hinten) lösen und abnehmen. Klammern oben (vorn, hinten) von der B-Säulenverkleidung oben abnehmen.

7 **Ausbau an der C-Säule/Coupé:** Linkes oder rechtes Sitzkissen der Fondsitzbank umlegen. Schraube am Gurtendbeschlag herausdrehen und Beschlag abnehmen.

8 Linke oder rechte Sitzlehnen der Fondsitzbank umlegen. Rückwandtür öffnen und Trennrollo Kofferraum ausbauen. Kofferraumverkleidung im oberen Bereich aus der C-Säulenverkleidung ausclipsen und so weit abziehen, bis der Spreizclip vorn zugänglich ist.

9 Spreizclip ausbauen (bei Beschädigung ersetzen). Säulenverkleidung im hinteren Bereich mit Montagekeil ausclipsen und an den Haltelaschen und den Clips an der Rückseite von der C-Säule abclipsen (beschädigte Clips ersetzen).

10 Gurtendbeschlag durch die C-Säulenverkleidung durchführen und C-Säulenverkleidung abnehmen.

7a **Ausbau an der C-Säule/Limousine:** Linkes oder rechtes Sitzkissen der Fondsitzbank umlegen.

8a Schraube am Gurtendbeschlag herausdrehen und Gurtendbeschlag abnehmen. Linke oder rechte Lehnen der Fondsitzbank umlegen.

9a Kantenschutz im oberen Bereich der C-Säule lösen. Säulenverkleidung mit Montagekeil aus den Klammern vorn (oben, unten) herausdrücken.

10a Rückwandtür öffnen und Trennrollo Kofferraum ausbauen. Säulenverkleidung im hinteren Bereich mit Montagekeil ausclipsen. Wenn vorhanden: elektrische Steckverbindung des hinteren Surround-Lautsprechers trennen. Sicherheitsgurt durch die Öffnung in der Säulenverkleidung führen und Verkleidung abnehmen. Spreizclips an der Rückseite auf Beschädigungen prüfen und ggf. erneuern.

11 **Einbau** sinngemäß umgekehrt. Beim Einbau der C-Säulenverkleidung/Coupé die Dichtung der Rückwandtür mit Montagekeil an Säulen- und Kofferraumverkleidung positionieren. An der B-Säule der Limousine die Blende unter der Verkleidung entsprechend der Position des Gurthöhenverstellers verschieben.
Die Schraube am jeweiligen Gurtumlenkbeschlag mit 32 Nm festziehen.

Mittelkonsole aus-/einbauen

1 **Ausbau Ablagefach/Aschergehäuse:** Abdeckung an der Mittelkonsole ausbauen. Ablagefach oder Aschergehäuse mit einem Montagekeil seitlich ausclipsen und nach oben aus den Aufnahmen an der Mittelkonsole herausziehen, bis die elektrische Steckverbindung zugänglich ist.

2 Elektrische Steckverbindung trennen und Ablagefach oder Aschergehäuse abnehmen.

3 **Ausbau der Mittelarmlehne:** Mittelarmlehne nach vorn verstellen. Einlegematte aus dem Ablagefach in der Mittelarmlehne herausnehmen.

4 Schrauben unter der Einlegematte herausdrehen und Mittelarmlehne nach oben aus der Abdeckung Mittelkonsole hinten herausnehmen.

5 **Ausbau der Mittelkonsole ohne vordere Armauflage:** Fahrer- und Beifahrersitz in die Endstellung nach hinten verstellen. Ablagefach oder Aschergehäuse ausbauen.

6 Schrauben unter der Instrumententafel herausdrehen. Langkeil zwischen Bodenbelag im Fond und Ablagefach oder Aschergehäuse hinten einführen, leicht anheben und Ablagefach oder Aschergehäuse lösen und abnehmen.

7 Bei Fahrzeugen mit Ascherpaket die elektrische Steckverbindung am Aschergehäuse hinten trennen und Schrauben unter dem Ablagefach oder dem Aschergehäuse hinten herausdrehen.

8 Hebel der Feststellbremse vollständig nach oben ziehen.

9 Mittelkonsole nach hinten aus den Aufnahmen an der Instrumententafel herausführen, hinten anheben, über den Hebel der Feststellbremse hinwegführen und aus dem Fahrzeug herausnehmen

5a **Ausbau der Mittelkonsole mit vorderer Armauflage:** Fahrer- und Beifahrersitz in die Endstellung nach hinten verstellen. Ablagefach oder Aschergehäuse ausbauen.

6a Schrauben unter der Instrumententafel herausdrehen. Cupholder nach oben aus der Konsole ziehen. Rasthaken an der Unterseite des Griffstücks vom Handbremshebel mit geeignetem Schraubendreher - bei Fahrzeugen mit Lederausstattung ggf. mit geeigneter Nähahle - nach unten entriegeln und Griffstück vom Hebel der Feststellbremse abziehen.

7a Beifahrersitz nach vorn verstellen. Beim Austausch der Mittelkonsole die Mittelarmlehne wie beschrieben ausbauen. Ablagefach oder Aschergehäuse hinten öffnen und aus der Abdeckung Mittelkonsole hinten herausnehmen, bis die elektrische Steckverbindung unten links zugänglich ist. Steckverbindung trennen und Ablagefach oder Aschergehäuse hinten abnehmen.
Schraube oben unter dem Ablagefach oder dem Aschergehäuse hinten herausdrehen. Beim Austausch der Mittelkonsole die Abdeckung Mittelkonsole hinten von unten beginnend mit Langkeil aus der Mittelkonsole ausclipsen und abnehmen. Bei Fahrzeugen mit Komfort-Klimatisierungsautomatik die elektrische Steckverbindung hinter den Luftdüsen hinten trennen. Schrauben unten unter dem Ablagefach oder dem Aschergehäuse hinten herausdrehen.

8a Hebel der Feststellbremse vollständig nach oben ziehen.

9a Beifahrersitz nach hinten verstellen, Mittelkonsole hinten anheben, über den Handbremshebel hinwegführen und nach hinten herausnehmen.

9b Bei Fahrzeugen mit Komfort-Klimatisierungsautomatik und/oder Vorrüstung für Telefonsystem:
Mittelkonsole hinten anheben, ein Stück nach hinten ziehen, bis die elektrischen Steckverbindungen unter der Mittelkonsole vorn links und rechts zugänglich sind, auf dem Hebel der Feststellbremse ablegen, die elektrischen Steckverbindungen trennen und die Mittelkonsole über den Bremshebel hinwegführen und nach hinten herausnehmen.

10 **Einbau** sinngemäß in umgekehrter Reihenfolge. Dabei den Bodenbelag links und rechts neben der Mittelkonsole seitlich unter die Mittelkonsole einführen.

Vordertürbelag ausbauen, zerlegen und einbauen

Arbeitsschritte  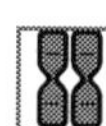

1 **Ausbau Türbelag:** Kurbelfenster vollständig nach unten fahren. Abdeckung Spiegeldreieck mit Montagekeil von der Vordertür abclipsen. Blende (1; Bilder nächste Seite) ausclipsen und Schrauben unter der Blende herausdrehen.

2 Rasthaken hinter der Punktmarkierung am Clip (2) mit einem geeigneten Schraubendreher entriegeln und den Clip aus dem Türbelag herausziehen. Beschädigten Clip ersetzen.

3 Türbelag an den 10 Clips ringsum mit Montagekeil abclipsen, beschädigte Clips ersetzen. Türbelag so weit nach oben von der Vordertür abnehmen, bis die elektrischen Steckverbindungen zugänglich sind. Stecker trennen.

4 Entriegelungszug an der Türinnenbetätigung (3) ausclipsen und Türbelag abnehmen.

5 Ausbau Fensterheber-Schalter (Fahrerseite: Schaltergruppe): U-förmige Abdeckung am Türbelag vorn oben vom Schalter (Schaltergruppe) elektrische Fensterheber (4) mit Montagekeil abclipsen und abnehmen. Die gegen Herabfallen gesicherte Schraube über der elektrischen Steckverbindung herausdrehen. Rasthaken entriegeln und die Schalter(gruppe) so weit aus dem Türbelag herausnehmen, bis die elektrische Steckverbindung zugänglich ist. Steckverbindung trennen und Schalter(gruppe) abnehmen.
Anmerkung: Der Fensterheberschalter auf der Beifahrerseite wird ebenso ausgebaut. In beiden Fällen benötigen Sie als Werkzeug einen Adapter Vierkant-Aufnahme 9x12 auf 14x18, einen TORX Schraubendrehereinsatz T20, 3/8" Vierkant und eine Verlängerung/Zoll, Länge 55 mm.

6 Ausbau Tasche am (ausgebauten) Türbelag: Beim Erneuern der Türtasche (5) die Ein-, Ausstiegs- und Warnleuchte Tür (8) ausbauen, beim erstmaligen Ausbau die 15 Kunststoffschweißpunkte an der Türtasche auf der Hinterseite Türbelag mit einem Stechbeitel (Klingenbreite 10 mm) abschlagen. Die flache Seite der Klinge des Stechbeitels muss nach oben zeigen.
Beim wiederholten Ausbau der Türtasche müssen die Klemmscheiben mit einem geeigneten Schraubendreher aufgebogen und von den Stiften abgenommen werden. Die ausgebauten Klemmscheiben dürfen nicht wieder verwendet werden.
Türbelag anheben und Türtasche abnehmen.

7 Ausbau Armauflage am (ausgebauten) Türbelag: Fensterheber-Schalter ausbauen. Beim erstmaligen Ausbau der Armauflage (6) die 20 Kunststoffschweißpunkte an der Auflage auf der Hinterseite Türbelag mit einem Stechbeitel (Klingenbreite 10 mm) abschlagen. Die flache Seite der Klinge des Stechbeitels muss nach oben zeigen. Beim wiederholten Ausbau der Armauflage die Klemmscheiben mit geeignetem Schraubendreher aufbiegen und von den Stiften abnehmen. Ausgebaute Klemmscheiben dürfen nicht wieder verwendet werden. Schrauben am Türbalg oben links herausdrehen, Türbelag anheben und Armauflage abnehmen. Beim Erneuern der Armauflage: Rasthaken an der Griffmulde entriegeln und Griffmulde von der Armauflage abnehmen.

8 Ausbau der Zierleiste am (ausgebauten) Türbelag: Die fünf Klemmscheiben mit einem geeigneten Schraubendreher aufbiegen und von den Stiften abnehmen Türbelag anheben und Zierleiste (8) abnehmen.

9 Ausbau der Türinnenbetätigung am (ausgebauten) Türbelag: Bei Line Elegance (Bild unten) die Zierleiste am Türbelag ausbauen. Die zwei Schrauben am Betätigungshebel der Türinnenbetätigung herausdrehen. Türinnenbetätigung entriegeln und vom Türbelag abnehmen.

10 Ausbau der Lautsprecherabdeckung am (ausgebauten) Türbelag: Lautsprecherabdeckung (7) an den sieben Rasthaken von der Türtasche abclipsen. Vorsichtig vorgehen, die Rasthaken können abbrechen! Beim Erneuern der Lautsprecherabdeckung den Zierring von der Abdeckung abclipsen.

11 Einbau sinngemäß in umgekehrter Reihenfolge. Dabei:

12 Die Zierleiste in den Türbelag einsetzen. Neue Klemmscheiben über die Stifte der Zierleiste drücken. Die Klemmscheiben müssen fest am Türbelag anliegen. Steckschlüsseleinsatz 11 mm mit geeignetem Griffstück verwenden

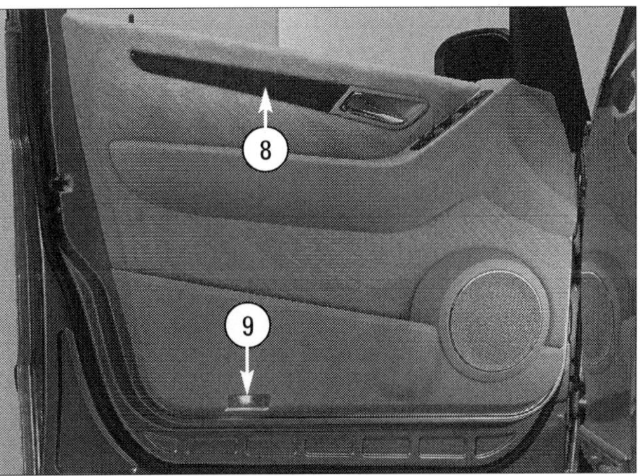

Komponenten am Vordertürbelag: (1) Blende, (2) Clip, (3) Türinnenbetätigung, (4) Fensterheber-Schalter(gruppe) mit U-förmiger Abdeckung, (5) Türtasche, (6) Armauflage, (7) Lautsprecherabdeckung, (8) Zierleiste, (9) Türwarnleuchte.

13 Die Armauflage muss beim erstmaligen Ausbau erneuert werden. Beim Erneuern der Armauflage die Griffmulde in die Armauflage einsetzen und verrasten. Armauflage in den Türbelag einsetzen.
Neue Klemmscheiben über die Stifte der Armauflage drücken. Die Klemmscheiben müssen fest am Türbelag anliegen. Steckschlüsseleinsatz 10 mm mit geeignetem Griffstück verwenden. Schrauben am Türbalg oben links hineindrehen. Stifte bis auf 2 mm oberhalb der Klemmscheiben mit geeignetem Seitenschneider kürzen. Clip an der Armauflage vorn in die neue Armauflage umbauen (beschädigten Clip erneuern). Fensterheber-Schalter einbauen.

14 Beim erstmaligen Ausbau der Türtasche muss diese erneuert werden. Beim Erneuern der Türtasche muss die Lautsprecherabdeckung ausgebaut werden. Türtasche in den Türbelag einsetzen. Hohlraum zwischen Türtasche und Türbelag mit geeigneter Einlage ausfüllen. Neue Klemmscheiben über die Stifte der Türtasche drücken. Die Klemmscheiben müssen fest am Türbelag anliegen. Steckschlüsseleinsätze 10 und 11 mm mit geeignetem Griffstück für die Klemmscheiben verwenden. Stifte bis auf 2 mm oberhalb der Klemmscheiben mit geeignetem Seitenschneider kürzen.
Lautsprecherabdeckung sowie Ein-, Ausstiegs- und Warnleuchte Tür einbauen.

15 Beim Türbelageinbau muss die Punktmarkierung auf Clip (2) in Richtung Fahrzeugmitte zeigen. Schraubensicherungsmittel (Loctite 262) auf das Gewinde der Schrauben unter Blende (1) auftragen und Schrauben mit 7 Nm anziehen. Nach Einbau der Fensterheber-Schalter die Funktion prüfen.

Belag an der Fondtür aus-/einbauen

1 **Ausbau:** Bei Fahrzeugen ohne elektrische Fensterheber das Kurbelfenster vollständig nach unten fahren. Fensterkurbel senkrecht nach oben stellen und die Verriegelung an der Rosette mit den Fingern kräftig nach unten drücken. Fensterkurbel von der Fensterheberwelle abnehmen.

2 Blende der Griffmulde auf der Armauflage ausclipsen und die Schrauben unter der Blende herausdrehen.

3 Türbelag an den zwei Clips vorn, drei Clips unten und drei Clips hinten mit Montagekeil abclipsen. Beschädigte Clips ersetzen.

4 Türbelag so weit nach oben von der Fondtür abnehmen, bis die elektrischen Steckverbindungen und der Entriegelungszug zugänglich sind. Die elektrischen Steckverbindungen trennen.

5 Entriegelungszug an der Türinnenbetätigung ausclipsen und Türbelag abnehmen.

6 **Einbau** in umgekehrter Reihenfolge. Dabei:

7 Schraubensicherungsmittel (Loctite 262) auf das Gewinde der Schrauben unter der Blende auftragen und Schrauben mit 7 Nm festziehen.

8 Bei Fahrzeugen ohne elekrtrische Fensterheber muss der Zapfen an der Fensterkurbelrosette nach oben zeigen. Fensterkurbel so weit auf die Fensterheberwelle aufstecken, bis die Kurbel vollständig verrastet ist.
Linke und rechte Fensterkurbel müssen sich bei geschlossenen Fenstern in der gleichen Lage befinden.

Vordersitz aus-/einbauen

1 **Ausbau:** Zündung ausschalten und Senderschlüssel vom Steuergerät EZS abziehen.

2 Rücklehne am Vordersitz gerade stellen. Vordersitz nach hinten und oben stellen (falls vorhanden: Feuerlöscher herausnehmen). Abdeckungen an den Sitzführungsschienen vorn innen nach vorn abnehmen und die darunter liegenden Schrauben herausdrehen. Kontaktierungsleiste Fahrer- oder Beifahrersitz trennen.

3 Vordersitz nach vorn stellen. Abdeckungen an den Sitzführungsschienen hinten innen abnehmen und die darunter liegenden Schrauben herausdrehen.

4 Vordersitz in Mittelstellung bringen und Sitz mit einem Helfer herausheben.

5 **Einbau** in umgekehrter Reihenfolge. Die Schrauben an den Führungsschienen mit 50 Nm festziehen.

Fondsitze aus-/einbauen

1 Ausbau: Vordersitz nach vorn schieben. Sitzkissen nach vorn umklappen. Schrauben der Bodenverankerungen herausdrehen und Sitzkissen sowie Drehlager herausnehmen.

2 Laderaumboden in die untere Ebene verstellen und Gepäckraumabdeckung herausnehmen. Sitzlehnen entriegeln und nach vorn umklappen. Spreizclip an der Verkleidung Fondsitzlehne unten Laderaumseite ausbauen und Verkleidung abnehmen (beschädigten Clip erneuern).

3 Scharnierschraube rechts herausdrehen. Sitzlehnen wieder zurückklappen und nur die nicht auszubauende Fondsitzlehne verriegeln.
Lehne links: Elektrische Steckverbindungen an den Gurtschlössern trennen und Leitungssätze zur Seite legen. Schrauben oben und unten am Gurtschloss herausdrehen und Fondsitzlehnen wieder vorklappen. Verriegelung der Scharnieraufnahme links mit Schraubendreher eindrücken und nach vorn entriegeln. Fondsitzlehne mit einem Helfer aus der Scharnieraufnahme herausheben und herausnehmen.
Lehne rechts: Schraube am Gurtendbeschlag des Mittelsitz-Gurtes herausdrehen und Beschlag abnehmen. Elektrische Steckverbindungen an den Gurtschlössern trennen und Leitungssätze zur Seite legen. Schrauben oben und unten am Gurtschloss für Mittelsitz herausdrehen und Fondsitzlehnen wieder vorklappen. Verriegelung der rechten Scharnieraufnahme mit Schraubendreher eindrücken und nach vorn entriegeln. Fondsitzlehne mit einem Helfer aus der Scharnieraufnahme herausheben und herausnehmen.

4 Einbau sinngemäß in umgekehrter Reihenfolge. Richtigen Sitz von Sitzkissen und Drehlager auf den Führungsbolzen am Boden beachten. Schrauben der Halteschienen mit 27 Nm, am Gurtendbeschlag mit 32 Nm und an den Gurtschlössern mit 50 Nm festziehen.

Elektrische Fensterheber

Störungsbeistand

Störung	Ursache	Abhilfe
A Fensterscheibe wird nur in eine Richtung verstellt.	1 Schalter defekt.	Schalter auswechseln.
	2 Fensterscheibe schwergängig, Sicherung wegen Motorüberlastung durchgebrannt.	Fensterscheibe in den Führungen gängig machen, Sicherung erneuern.
	3 Motor läuft nicht, obwohl die Sicherung in Ordnung ist.	Spannung direkt an die Motoranschlüsse legen. Wenn der Motor jetzt läuft, liegt der Fehler in der Zuleitung. Läuft der Motor nicht, diesen auswechseln.
B Fensterscheibe wird im oberen oder im gesamten Bereich zu langsam verstellt.	1 Fensterscheibe in Führungen verklemmt.	Spiel der Scheibe prüfen und ggf. korrigieren.
	2 Zu starke Reibung in der gesamten Mechanik.	Mechanik ohne Scheibe auf Reibungsverluste überprüfen, ggf. erneuern (lassen).
	3 Kabelverbindungen defekt oder oxidiert.	Überprüfen, reinigen, ggf. auswechseln.

Zentralverriegelung

Störungsbeistand

Störung	Ursache	Abhilfe
A Verriegelung funktioniert gar nicht oder es wird nur ent-, aber nicht ver- bzw. ver-, aber nicht entriegelt.	1 Sicherung durchgebrannt.	Erneuern.
	2 Motor der Fahrer- oder Beifahrertür defekt. Verkabelung unterbrochen oder Mehrfachstecker an Motor oder Türkasten locker oder oxidiert.	Funktion überprüfen, ggf. auswechseln, festen Sitz kontrollieren, ggf. reinigen.
	3 Umschalter im Motor defekt.	Durchgangsprüfung an den Motorklemmen.
B Eines der Schlösser funktioniert nicht.	1 Kabel oder Stecker am Servomotor oder im Türkasten fehlerhaft.	Überprüfen, ggf. instand setzen.
	2 Mechanische Übertragungsteile klemmen.	Teile überprüfen, festen Sitz kontrollieren. Ggf. Teile etwas fetten, verschlissene Teile auswechseln.

DIE KAROSSERIE

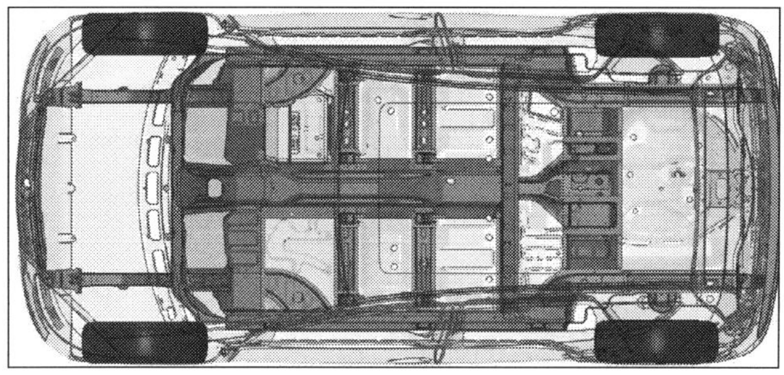

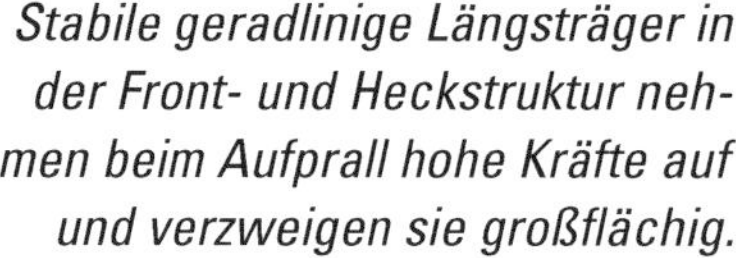

Stabile geradlinige Längsträger in der Front- und Heckstruktur nehmen beim Aufprall hohe Kräfte auf und verzweigen sie großflächig.

Wartung

Reparatur

Hinsichtlich Geometrie, Materialstärke, Verbindungstechnik und Werkstoffqualität sind alle Elemente des Karosserierohbaus für die neue A-Klasse weiterentwickelt worden. Der Anteil höherfester und höchstfester Stahllegierungen stieg auf 67 gegenüber bisher 54 Prozent. Wesentliche sicherheitsrelevante Bauteile der Karosseriestruktur bestehen aus diesen Hightech-Materialien. Neuartige hochfeste Klebeverbindungen erhöhen die Belastbarkeit der Rohbaustruktur noch weiter. Die Bleche werden nicht nur punktgeschweißt und durchsatzgefügt, sondern zusätzlich auch miteinander verklebt. Die Länge der hochfesten Klebenähte misst insgesamt 86 Meter.

Auch die Innenschalen der Seitenwände sind aus mehreren Bauteilen zusammengesetzt und zeichnen sich durch verstärkte, großflächige Knotenverbindungen zwischen den Dachsäulen, dem Dachrahmen und den seitlichen Längsträgern aus. Die schmalen A-Säulen sind zweischalig konstruiert und werden auf mehreren Ebenen durch stabile Querträger abgestützt.

Der Türschlossverband hält beim Seitenaufprall hohen Belastungen stand. Großflächige Kunststoff-Wabenprofile im unteren Bereich der Türen sorgen für frühzeitige Aktivierung der Trägerstrukturen.

Dank sorgfältiger Materialauswahl und aufwändiger Verbindungstechnik bietet die Vorbaustruktur einen hohen Verformungswiderstand. Er steigt schnell an und bleibt stabil auf hohem Niveau (Bild unten). Dadurch vermindern sich bei einem Frontalaufprall die Belastungen für die Insassen.

Ausgeklügelte Vorbaustruktur

Der Vorbau ist rund 60 Millimeter länger als beim Vorgängermodell. Seine Hauptelemente sind

- Zwei geradlinige Längsträger aus höchstfestem Stahl mit vorgeschalteten Crash-Boxen aus hochfestem Stahl und einem kastenförmigen Querprofil aus Strangpress-Aluminium. Die Crash-Boxen ermöglichen dank Schraubverbindungen eine kostengünstige Reparatur. Die Längsträger sind unter dem Boden nach außen gekröpft und stellen so eine Verbindung zu den Schwellern her.
- Zwei Längsträgerprofile oberhalb der Radkästen, die vor allem beim Offset-Frontalaufprall einen zusätzlichen Lastpfad bilden.
- Der mehrteilige Integralträger, auf dem Motor, Getriebe, Lenkung und Vorderachse montiert sind. Er ist an acht Punkten mit der Karosserie verbunden. Bei einem schweren Frontalaufprall lösen sich die mittleren und hinteren Befestigungspunkte: Die Antriebseinheit kann nach unten abgleiten und wird von den vorderen Befestigungspunkten des Integralträgers festgehalten.
- Die Vorderräder sind in das Sicherheitskonzept einbezogen. Sie stützen sich beim Aufprall an den seitlichen Längsträgern ab und leiten Aufprallkräfte auch auf diesem Weg ab.

Der Verformungswiderstand steigt schon nach kurzem Deformationsweg stark an und bleibt während der gesamten Crash-Phase auf hohem Niveau.

Bewährtes Sandwich-Konzept

Bei stark einseitiger Belastung der vorderen Karosseriestruktur sorgen stabile Querverbindungen für eine großflächige Verzweigung der Aufprallkräfte. Dadurch werden auch die Deformationszonen auf der jeweils gegenüberliegenden, stossabgewandten Seite aktiviert und bauen Crash-Energie ab. Solche Querträger befinden sich über dem schrägen Pedalboden und unterhalb der Frontscheibe. Sie stützen sich seitlich an den A-Säulen ab.

Für hohe Insassensicherheit bei kurzen Deformationswegen sorgt schließlich vor allem das patentierte »Sandwich-Konzept«. Motor und Getriebe sind in Schräglage bis 59 Grad teils vor, teils unter der Fahrgastzelle angeordnet. Dadurch kann die starre Antriebseinheit bei schwerem Frontal-Crash am Pedalboden nach unten abgleiten. Das Konzept wirkt auch bei seitlichen Kollisionen. Die Insassen sitzen rund 200 Millimeter höher als in einer herkömmlichen Limousine. Bei seitlichem Zusammenstoß mit einem typischen Pkw treffen dessen Längsträger die Karosseriestruktur der A-Klasse dort, wo sie am stabilsten ist: in Höhe der Trägerstruktur.

Abaca-Fasern serienmäßig

In der Abdeckung der Ersatzradmulde des A-Klasse Coupé wird die extrem zugfeste Naturfaser der Abaca-Banane serienmäßig eingesetzt. Nachdem das Bauteil alle DaimlerChrysler-Funktionsprüfungen bestanden hatte, wird es seit

September 2004 in diesem Fahrzeugtyp eingebaut (bild unten). Das Unternehmen hatte bereits seit längerem Naturfasern wie Flachs, Hanf, Sisal und Kokos im Innenraum von Personenwagen und Nutzfahrzeugen verwendet.
Erstmals wird damit ein Bauteil im Exterieur von Personenwagen verbaut, wo es besonderen Anforderungen wie Steinschlag-, Verwitterungs- und Feuchteresistenz entsprechen muss. Die neuartige Mischung aus Polypropylen-(PP)-Thermoplast und darin eingebetteter Bananenfaser wurde 2002 patentiert. Der philippinische Halbzeughersteller Manila Cordage liefert die Fasern der Bananenart »Musa textilis«. Die traditionell zur Seilherstellung verwendeten Abacafasern sind 1,5 bis 2,7 Meter lang, sehr zugfest und verrottungsbeständig. Die Bauteile werden vom Automobil-Zulieferer Rieter in der Schweiz hergestellt, der ein Verfahren erarbeitet hat, nach dem die Naturfasern gleichmäßig in der PP-Matrix verteilt werden.
Naturfasern sind ressourcenschonend und nachwachsend. Der konkrete Nutzen für die Umwelt ergibt sich gegenüber der Glasfaser aus der sehr guten Öko-Bilanz der Abaca-Faser bezogen auf die Herstellung, die Nutzung und die Wiederverwertung. Die Herstellung der Glasfaser, die bei der Ersatzradmuldenabdeckung der A-Klasse fast vollständig ersetzt werden kann, ist sehr energieintensiv. Durch die Abaca-Faser kann bis zu 60 Prozent Energie gespart und somit die CO_2-

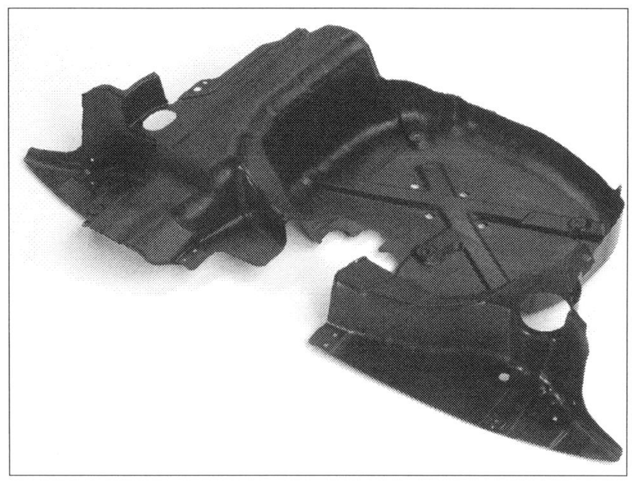

Unterbodenverkleidung für die Reserverad-Mulde aus dem Kunststoff Polypropylen mit eingebetteten Abaca-Fasern.

Hinweise und Regeln

Werkzeugausstattung:
Die meisten der in diesem Kapitel beschriebenen Reparaturen können mit einer Werkzeug-Grundausstattung erledigt werden.

Reparatur von Kunststoffteilen:
Bei groben Beschädigungen (Risse, tiefe Kratzer im Material) bleibt nichts weiter übrig, als die Teile zu erneuern. Bei kleineren Schäden wie Abschürfungen oder nicht sehr tiefen Rissen und Löchern erlauben die Materialien der Teroson-Kunststoff-Reparatur-Box (Henkel Loctite GmbH) erfolgreiche Reparaturen.

Lackierung von Kunststoffteilen:
- Lackieren nur im ausgebauten Zustand;
- Kunststoffanbauteile derart legen oder hängen, dass ihre Form erhalten bleibt;
- bei ungeeigneter Auflage und Trocknungstemperaturen über 60 °C kann es zu bleibenden Formveränderungen kommen.

Spaltmaße:
Die auch Fugenmaße genannten Abmessungen müssen nach Arbeiten an der Karosserie wieder stimmen (Übersicht zum Abschluss des Kapitels).

Kühlerverkleidung aus-/einbauen

Arbeitsschritte  

1 Ausbau: Motorhaube öffnen und gegen Herunterklappen sichern.

2 Die drei Rastnasen unten am Kühlergrill (links, Mitte, rechts) von außen mit geeignetem Werkzeug entriegeln und Kühlerverkleidung zum Kühler hin schwenken (Kühlerverkleidung nicht zu weit schwenken, da sonst der Kühler beschädigt werden kann).

3 Kühlerverkleidung aus den seitlichen Führungen am Stoßfänger und aus dem Stoßfänger herausnehmen.
Griff Sicherungshaken durch die Kühlerverkleidung hindurchführen.

3 Einbau sinngemäß in umgekehrter Reihenfolge.

Unterboden prüfen

1 Eine empfehlenswerte Wartungsarbeit ist die Kontrolle des Fahrzeug-Unterbodenschutzes und des Karosserielacks. Dazu werden Unterboden, Radhäuser (Innenkotflügel) und die Unterseite des Wagens sorgfältig auf etwaige Schäden an der Beschichtung untersucht.

2 Alle festgestellten Mängel müssen sofort beseitigt werden. Nehmen Sie dazu die Fachwerkstatt in Anspruch oder holen Sie sich fachmännischen Rat ein. Nur die empfohlenen chemischen Materialien und Lacke verwenden!

Stern aus-/einbauen

1 **Ausbau:** Motorhaube um den Mercedes-Stern herum mit Klebeband vor Lackkratzern und anderen Schäden schützen. Den Stern mit einem Langkeil nach oben aus der Motorhaube ausbauen.

2 Die zwei Tüllen ausbauen.

3 **Einbau** sinngemäß in umgekehrter Reihenfolge.

Lufteinlassgitter aus-/einbauen

1 **Ausbau:** Motorhaube öffnen und sichern.

2 Die drei Schrauben links, rechts und in der Mitte des hinteren Motorhaubenrandes herausdrehen. Seitliche Blenden mit Montagekeil an der Motorhaube ausclipsen und abnehmen.

3 Das Lufteinlassgitter der Motorhaube an den vier Clips und den fünf Rasthaken mit einem Montagekeil von der Motorhaube abclipsen.

4 Die Scheibenwaschdüsen vom Lufteinlassgitter ausclipsen. Waschwasserschlauch mit Scheibenwaschdüsen vom Lufteinlassgitter abnehmen.

5 **Einbau** sinngemäß in umgekehrter Reihenfolge. Dabei die Einstellungen der Scheibenwaschdüsen prüfen und ggf. korrigieren. Die Funktion von Scheibenwischer, Scheibenwaschanlage und Scheinwerfer-Reinigungsanlage prüfen.

Haubenschloss-Unterteil aus-/einbauen

Arbeits-schritte  

1 **Ausbau:** Motorhaube öffnen und sichern. Abdeckung öffnen und Einbaulage des Motorhaubenschloss-Unterteils an der Kühlerbrücke kennzeichnen.

2 Kühlerverkleidung unter dem Griff des Sicherungshakens mit geeignetem Klebeband abkleben. Der Griff ver-

Vibrationen, Zink und Schweißen

Elektrische Anlage: Werden Schweißarbeiten oder andere Funken erzeugende Arbeiten durchgeführt: Gundsätzlich die Batterie abklemmen und beide Batterieklemmen (+ und -) sorgfältig isolieren.
Gurtstraffer: Bei Karosseriereparaturen nicht ohne weiteres mit Schlagschrauber oder Hammer in der Umgebung der Gurtrolle arbeiten. Die Gurtstraffer, die von elektrisch gezündeten Gasgeneratoren aktiviert werden, reagieren empfindlich auf Vibrationen und harte Schläge und können auslösen. Vor Arbeiten unter dem Fahrzeug Sicherung oder Stecker für die Gurtstraffer abziehen und warten, bis sich die Kondensatoren entladen haben.
Klimaanlage: Es dürfen keine Schweiß- oder Lötarbeiten durchgeführt werden, bei denen sich Teile der Klimaanlage erwärmen können. Der Kältemittelkreislauf darf nicht geöffnet werden.
Verzinkung: Die Karosserieteile sind elektrolytisch verzinkt und mit zinkhaltigem Lack beschichtet. Bei Schweißarbeiten entsteht giftiges Zinkoxid. Deshalb für gute Belüftung sorgen!

kratzt sonst beim Herausheben vom Motorhaubenschloss-Unterteil die Kühlerverkleidung. Fahrzeuge mit Einbruch- und Diebstahl-Warnanlage: elektrische Steckverbindung vom Schalter an der Motorhaube trennen.

3 Die drei Schrauben herausdrehen, die das Motorhaubenschloss-Unterteil an der Kühlerbrücke halten. Motorhaubenzug am Schloss-Unterteil ausclipsen und aushängen und das Schloss-Unterteil entnehmen.

4 **Einbau** sinngemäß in umgekehrter Reihenfolge.

Motorhaube aus-/einbauen und einstellen

Arbeitsschritte  

1 **Ausbau:** Für diese Arbeit ist ein Helfer erforderlich. Motorhaube öffnen, sichern und Schutzabdeckungen auf den Vorderkotflügel legen. Clip am Federdom und am Motorhaubenscharnier abnehmen. Elektrische Steckverbindung vom Leitungssatz am Federdom trennen.

2 Waschwasserbehälter lösen (»Die Fahrzeugelektrik«) und mit angeschlossenen Leitungen zur Seite legen. Den Behälter entleeren und den Halter oberhalb der Pumpe Scheibenwaschwasser am Behälter lösen. Schlauch an der Scheibenwaschwasser-Pumpe trennen und zur Seite legen.

3 Die je Seite zwei Schrauben an der Motorhaube herausdrehen. Motorhaube mit Helfer sichern, abnehmen und lauf einer geeigneten Unterlage ablegen. Beim Erneuern der Motorhaube: Lufteinlassgitter an der Motorhaube und Mercedesstern wie beschrieben ausbauen.

4 **Einbau** sinngemäß in umgekehrter Reihenfolge. Schrauben an der Motorhaube mit Lackabdrücken in Übereinstimmung bringen. Lackschäden an den Schrauben ausbessern.

5 Pumpe Scheibenwaschwasser zur Seite drehen, da sonst beim Unterschieben des Waschwasserbehälters das Winkelstück des Schlauches an einem Gewindeschweißbolzen am Federdom anliegt und beschädigt werden kann.

6 **Einstellen in Querrichtung:** Motorhaube öffnen, die vier Schrauben neben dem Motorhaubenscharnier lösen und die Haube mittig zur Windschutzscheibe ausrichten. Beide inneren Schrauben Motorhaubenscharnier an Karosserie präzise mit 10 Nm festziehen.

7 Vorderkotflügel zur Motorhaube ausrichten. Spaltmaße gemäß Übersicht am Ende dieses Kapitels mit Fühlerlehre überprüfen. Beide äußeren Schrauben Vorderkotflügel an Karosserie mit 7 Nm festziehen.

8 **Einstellen in Längsrichtung und in der Höhe:** Motorhaubenschloss-Oberteil (Teil des Schlosses an der Motorhaube) ausbauen. Höheneinstellung hinten: Schraube am Motorhaubenscharnier neben der oberen Verbindungsschraube Scharnier/Karosserie so verstellen, dass die Motorhaube zu den Vorderkotflügeln in der Höhe bündig ist.

9 Längseinstellung/Einstellung **Parallelität** von Motorhaube zum Vorderkotflügel: Die je zwei Schrauben Motorhaube an Motorhaubenscharnier lösen und Motorhaube einstellen.

10 **Höheneinstellung vorn:** Die beiden Anschlagpuffer so verstellen, dass die Motorhaube zu den Vorderkotflügeln in der Höhe bündig ist. Gelöste Schrauben Motorhaube an Motorhaubenscharnier mit 10 Nm festziehen.

11 **Schloss einstellen:** Motorhaubenschloss-Oberteil einbauen, dabei die Schrauben nur anlegen.

12 Motorhaube schließen, Haubenpassung und Passung von Haubenschloss-Oberteil und Haubenschloss-Unterteil prüfen. Sind die Passungen nicht in Ordnung, Motorhaubenschloss-Unterteil lösen, einstellen und festschrauben. Schrauben am Haubenschloss-Oberteil mit 10 Nm festziehen.

13 Funktion des Sicherungshakens prüfen. Dazu Motorhaube schließen, entriegeln und Einrastung an der Kühlerbrücke prüfen.

Innenkotflügel vorn und hinten aus-/einbauen

Arbeitsschritte  

1 **Ausbau vorn:** Fahrzeug anheben. Für den Ausbau des linken Innenkotflügel-Vorderteils oder des rechten Innenkotflügel-Hinterteils: Vorderräder vollständig nach links einschlagen. Für den Ausbau des rechten Innenkotflügel-Vorderteils oder des linken Innenkotflügel-Hinterteils: Vor-

derräder vollständig nach rechts einschlagen. Schraube herausdrehen, Verriegelung drehen und nach unten vom Innenkotflügel-Vorderteil lösen.

2 Die Spreizclips am Innenkotflügel-Vorderteil ausbauen (beschädigte Clips ersetzen) und die Mutter herausschrauben. Innenkotflügel-Hinterteil im Bereich der Verriegelung nach unten ziehen und das Vorderteil nach unten herausnehmen.

3 Die Spreizclips am Innenkotflügel-Hinterteil ausbauen (beschädigte Clips ersetzen) und die zwei Muttern sowie die Schraube herausschrauben. Außenkante des Innenkotflügel-Hinterteils nach innen aus dem Falz am Vorderkotflügel herausziehen und nach unten herausnehmen.

4 **Ausbau hinten:** Fahrzeug anheben. Die vier Spreizclips ausbauen (beschädigte Clips ersetzen).

5 Die Schraube herausdrehen und die Muttern abschrauben. Innenkotflügel herausnehmen.

6 **Einbau** in umgekehrter Reihenfolge.

Kotflügel aus-/einbauen

1 **Ausbau (nur vorn möglich):** Vordertür öffnen und Verkleidung zwischen A-Säule und Vorderkotflügel mit Langkeil abdrücken. Den Langkeil so nah wie möglich an die in den Ecken des Dreiecks sitzenden Clips heranführen. Mutter hinter der Verkleidung herausschrauben.

2 Motorhaube öffnen und Verbindungsschrauben Kotflügel/Karosserie herausdrehen. Das Innenkotflügel-Hinterteil ausbauen. Spreizclip an der Längsträgerverkleidung unten am Kotflügel eine viertel Umdrehung drehen und abnehmen.

3 Bei geöffneter Vordertür die Längsträgerverkleidung vorn ausclipsen und mit Montagekeil vom Längsträger wegdrücken, bis die darunter liegende Mutter zugänglich ist. Trägerverkleidung nicht zu stark vom Längsträger wegdrücken, sonst können Lackschäden an der Verkleidung entstehen. Mutter herausschrauben und Montagekeil abnehmen.

4 Schrauben an der Vordertür oben und über dem Radhaus am Frontscheinwerfer herausdrehen. Den Halter an der Schraube über dem Radhaus am Frontscheinwerfer anheben und Kotflügel abnehmen. Vorsichtig vorgehen, um Lackschäden zu vermeiden! Beim Erneuern des Kotflügels: Spreizclips und Innenverkleidung an der Seite des Kotflügels abnehmen, die an der Vordertür anliegt. Halteclip unten am Kotflügel ausclipsen.

5 **Einbau:** Wenn der Kotflügel erneuert wurde, Innenverkleidung mit den Spreizclips an den Kotflügel anbauen und Halteclip einclipsen (beschädigte Clips ersetzen).

6 Längsträgerverkleidung vorn bei geöffneter Vordertür mit Montagekeil vom Längsträger wegdrücken. Halter an der Schraube über dem Radhaus am Frontscheinwerfer anheben und Kotflügel am Einbauort positionieren.

7 Richtigen Sitz der Führungsstifte vorn außen am Kotflügel beachten und Kotflügel mit Schraube an der Vordertür oben, Schraube Kotflügel an Karosserie, Mutter hinter Verkleidung zwischen Vorderkotflügel und A-Säule sowie Mutter unter der Längsträgerverkleidung befestigen. Alle Schrauben und Muttern mit 7 Nm festziehen.

8 Montagekeil abnehmen und **Kotflügel einstellen**. Dazu Vordertür schließen und über die Einschraubtiefe der beiden Stellschrauben oben in Höhe der Verkleidung zwischen Vorderkotflügel und A-Säule und unten am Längsträger den Übergang vom Vorderkotflügel zur Vordertür einstellen. Die Schraube an der Vordertür oben mit 7 Nm festziehen.

9 Vordertür öffnen, Trägerverkleidung vorn mit Montagekeil vom Längsträger wegdrücken, Mutter darunter mit 7 Nm festziehen und Montagekeil abnehmen. Beide Schrauben Kotflügel an Karosserie mit 7 Nm festziehen. Schraube über dem Radhaus am Frontscheinwerfer hineinschrauben.

10 Lackschäden an Schraubenköpfen und Muttern mit geeignetem Lackstift ausbessern. Längsträgerverkleidung vorn am Halter einclipsen und Spreizclip einbauen. Innenkotflügel-Hinterteil und Verkleidung zwischen Vorderkotflügel und A-Säule einbauen.

Stoßfänger vorn und hinten aus-/einbauen

1 Stoßfänger vorn ausbauen: Motorhaube öffnen und sichern. Schrauben oben seitlich an der Kühlerverkleidung herausschrauben. Fahrzeug anheben.

2 Die fünf Schrauben unten am Stoßfänger und die Verbindungsschrauben Stoßfänger/Vorderkotflügel herausdrehen. Die Laufräder müssen nicht abmontiert werden.

3 Laufräder in die entsprechende Richtung einschlagen und Spreizclips am Innenkotflügel vorn ausbauen. Innenkotflügel aus dem Stoßfänger ausheben.

4 Temperaturfühler Außentemperaturanzeige neben dem Nebelscheinwerfer Fahrerseite links im obersten Gitterrechteck aus dem Stoßfänger herausziehen.

5 Sofern damit ausgestattet, elektrische Steckverbindungen Nebelscheinwerfer sowie Parktronic-System (neben dem Nebelscheinwerfer Beifahrerseite links) trennen.

6 Je drei Spreizclips seitlich unten am Stoßfänger ausbauen. Stoßfänger aus den Seitenführungen herausziehen und mit einem Helfer abnehmen. Griff für den Sicherungshaken durch die Kühlerverkleidung hindurchführen.

7 Stoßfänger hinten ausbauen: Rückwandtür öffnen und Fahrzeug anheben. Innenkotflügel hinten anheben, Schrauben dahinter herausdrehen, Spreizclips ausbauen.

8 Die vier Abdeckungen über der Rückwanddichtung zur Vermeidung von Lackschäden ohne Werkzeug abnehmen und darunter liegende Schrauben herausdrehen. Dann die vier Schrauben unter dem Stoßfänger herausdrehen.

9 Stoßfänger aus den Seitenführungen ausclipsen und mit Helfer abnehmen. Bei Fahrzeugen mit Parktronic-System beim Austausch des Stoßfängers Steckverbindung trennen und Sensoren ausbauen. Dazu die vier Sensoren von der Beifahrerseite aus zur Fahrerseite hin aus den Haltern ausclipsen und elektrische Steckverbindungen in gleicher Reihenfolge von den Sensoren abziehen.

10 Einbau sinngemäß umgekehrt. Fugenmaße und Funktion des Parktronic-Systems prüfen. Dazu Zündung einschalten: Steuergerät Parktronic-System führt automatisch einen Selbsttest durch.

11 Stoßfänger vorn in die Zapfen des Vorderkotflügels einführen. Einstellung von Scheinwerfern und Nebelscheinwerfern kontrollieren und ggf. richtig stellen.

Vorder- und Fondtüren aus-/einbauen, einstellen

Arbeitsschritte 

1 Vordertür ausbauen: Kurbelfenster vollständig nach unten fahren und Montageabdeckung am Türinnenbelag vor der Schaltergruppe Fensterheber ausclipsen.

2 Elektrische Steckverbindung des Türleitungssatzes trennen, Kabelkanal ausclipsen und Türleitungssatz herausziehen.

3 Klebeband an der Vorderkante der Vordertür und an der gegenüberliegenden Kante des Vorderkotflügels anbringen. Abdeckkappen von den Schrauben an den Türscharnierachsen abbauen und Schrauben herausdrehen.

4 Tür mit einem Helfer abnehmen und auf geeigneter Unterlage ablegen.

5 Fondtür ausbauen: Vordertür öffnen und Kurbelfenster an der Fondtür vollständig nach unten fahren.

6 Kabelkanal Fondtür an der B-Säule ausclipsen und Türtrennstelle des elektrischen Leitungssatzes hinten trennen. Abdeckkappen von den Schrauben an den Türscharnierachse abbauen und Schrauben herausdrehen.

7 Fondtür öffnen, mit einem Helfer abnehmen und auf geeigneter Unterlage ablegen.

8 Einbau sinngemäß in umgekehrter Reihenfolge.

9 Vordertür einstellen: Fugenmaße an der Vordertür mit einer Fühlerlehre ringsum prüfen.

10 Schließöse ausbauen. An der Schließöse und an der B-Säule sind jeweils Markierungen angebracht, die zur Positionierung und genaueren Einstellung der Schließöse

in horizontaler und vertikaler Ebene dienen. Zur Montageerleichterung die Position der Schließöse markieren.

11 Schrauben (je 2 pro Scharnier) Türscharnier an Karosserie (32 Nm) lösen und durch Verschieben der Vordertür die entsprechenden Fugenmaße einstellen. Vorsichtig arbeiten: Lackschäden!

12 Schrauben Türscharnier an Karosserie mit 32 Nm Anzugsdrehmoment festziehen.

13 Schrauben (je 2 pro Scharnier) Türscharnier an Vordertür lösen und durch Verschieben der Vordertür den Übergang Vorderkotflügel zu Vordertür einstellen. Die Kontur des Vorderkotflügels muss mit der Kontur der Vordertür fluchten oder max. 1 mm überstehen.

14 Schrauben Türscharnier an Vordertür mit 32 Nm festziehen.

15 Schließöse einsetzen und Schrauben (28 Nm) bis zur Anlage einschrauben. Schließöse muss sich noch verstellen lassen.

16 Übergang zwischen Vordertür und Fondtür (Limousine) bzw. Hinterkotflügel und Fondseitenfenster (Coupé) durch Verschieben der Schließöse einstellen.
Die Kontur der Vordertür muss mit der Kontur der Fondtür (Limousine) bzw. Hinterkotflügel und Fondseitenfenster (Coupé) fluchten oder max. 1 mm überstehen.

17 Schrauben an der Schließöse mit 28 Nm festziehen.

18 Lackschäden an den Schraubenköpfen der Schrauben Türscharnier an Karosserie und Türscharnier an Vordertür mit einem Lackstift ausbessern.

19 **Fondtür einstellen:** Die Arbeit erfolgt analog zur Einstellung der Vordertür. Statt an der B-Säule wird an der C-Säule gearbeitet.
Der Arbeitsschritt **16** an der Vordertür ist für die Fondtür demzufolge umzusetzen:
Übergang zwischen Fondtür und Hinterkotflügel, Dachbeplankung und Fondseitenfenster durch Verschieben der Schließöse einstellen.
Die Kontur der Fondtür muss mit den Konturen des Hinterkotflügels, der Dachbeplankung und des Fondseitenfensters fluchten oder max. 1 mm überstehen.

Arbeiten am Außenspiegel

Arbeitsschritte  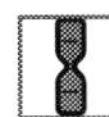

1 **Verkleidung ausbauen:** Spiegelglas oben nach außen kippen. Erst Bügel oben außen und dann Bügel oben innen aus den Rastnasen herausheben. Spiegelglas unten nach außen kippen.

2 Bügel unten außen aus der Rastnase herausheben. Verkleidung abnehmen. Die Rastnase unten innen wird automatisch durch das Abnehmen der Außenspiegel-Verkleidung aus dem Bügel herausgeführt.

3 **Außenspiegel ausbauen:** Vordertür öffnen und Abdeckung des Spiegeldreiecks mit einem Montagekeil von der Vordertür abclipsen (beschädigte Clips ersetzen).

4 Montageabdeckung am Türinnenbelag vor der Schaltergruppe Fensterheber ausbauen. Elektrische Steckverbindung am Türsteuergerät trennen und Leitungssatz durch den Türbelag hindurchführen.

5 Die drei Schrauben hinter der Abdeckung des Spiegeldreiecks herausdrehen und Außenspiegel abnehmen.

6 **Einbau** in umgekehrter Reihenfolge. Beim Spiegeleinbau auf die Einbaulage der zwei Führungsstifte unter der Abdeckung des Spiegeldreiecks achten. Beim Einbau der Verkleidung auf richtiges Einführen der Rastnase unten innen in Bügel achten.

7 Funktion des Außenspiegels prüfen.

Praxistipp

Gasdruckfedern entleeren

Alte Gasdruckfedern müssen vor dem Entsorgen fachgerecht entgast werden. Dazu die Federn in einen Schraubstock einspannen, wobei die Kolbenstange vom Körper weggerichtet sein muss. Gasdruckfeder ca. 20 mm vom Boden entfernt mit einem 3 mm-Bohrer unter geringem Vorschub anbohren. Durch mehrmaliges Eindrücken der Kolbenstange leerpumpen.
Oder: Feder an der Kolbenstangenseite auf 50 mm Länge in den Schraubstock einspannen und Zylinder im ersten Drittel der Gesamtlänge aufsägen.

Gasdruckfeder der Rückwandtür aus-/einbauen

1 Ausbau: Rückwandtür abstützen. Die Sicherung am Ende der Rückwandtür mit einem Schraubendreher anheben und Gasdruckfeder an der Rückwandtür abbauen. Sicherung nicht ausbauen, da sonst ihre Vorspannung verloren geht.

2 Die Sicherung am Ende der C-Säule mit einem Schraubendreher anheben und die Gasdruckfeder an der C-Säule abbauen. Sicherung wieder nicht ausbauen, da sonst ihre Vorspannung verloren geht.

3 Einbau sinngemäß in umgekehrter Reihenfolge. Dabei Gasdruckfeder mit eingebauter Sicherung am Kugelkopf (jeweils an der C-Säule und an der Rückwandtür) einclipsen. Ausgediente Federn sachgerecht entgasen (siehe »Praxistipp« vorige Seite) und entsorgen, durch neue Gasdruckfedern ersetzen.

Die Fugenmaße

Hauben, Türen und Deckel müssen so eingestellt werden, dass ein jeweils dafür vorgeschriebenes Maß für Fugen (oder Spalten) in engen Toleranzen eingehalten wird. Der Luftspalt darf nicht keilförmig verlaufen oder örtlich verengt sein. Abweichungen vom parallelen Luftspalt dürfen auf ganzer Länge maximal 0,5 mm betragen. Gemessen werden die Fugenmaße mit einer Fühlerblattlehre .
Bei zu großer oder zu kleiner lichter Weite der Öffnungen müssen die beweglichen Karosserieteile entsprechend ausgemittelt werden. Die Richtwerte gelten nur für Instandsetzungsarbeiten an unfallbeschädigten Karosserien.
Die Tabelle unten enthält sämtliche in der Praxis der A-Klasse vorkommenden Spaltmaße. Die in der zweiten Spalte angegebenen Buchstaben für die in der ersten Spalte beschriebenen konkreten Fugen werden von Mercedes-Benz in Zeichnungen und in der Werkstattliteratur verwendet.

Fugenmaße und Toleranzen:		Limousine	Coupé
Motorhaube zu Kotflügel	Maß »A«	4,0 mm (±1 mm)	4,0 mm (±1 mm)
Motorhaube zu Scheinwerfer	Maß »B«	4,0 mm (±1 mm)	4,0 mm (±1 mm)
Scheinwerfer zu Kotflügel	Maß »C«	4,0 mm (±1 mm)	4,0 mm (±1 mm)
Motorhaube zu Stoßfänger	Maß »D«	5,0 mm (±2,5 mm)	5,0 mm (±2,5 mm)
Scheinwerfer zu Stoßfänger	Maß »E«	3,0 mm (±1 mm)	3,0 mm (±1 mm)
Kotflügel zu A-Säule	Maß »F«	3,0 mm (±1 mm)	3,0 mm (±1 mm)
Blende A-Säule zur Vordertür	Maß »G«	6,5 mm (-0,5/+1,0 mm)	6,5 mm (-0,5/+1,0 mm)
Vordertür zu Kotflügel	Maß »H«	4,0 mm (±1 mm)	4,0 mm (±1 mm)
Vordertür zur Fondtür unten	Maß »I«	4,0 mm (±1 mm)	----
Vordertür zur Fondtür oben	Maß »J«	4,0 mm (±1 mm)	----
Vordertür zur A-Säule	Maß »K«	6,5 mm (-0,5/+1,0 mm)	6,5 mm (-0,5/+1,0 mm)
Fondtür zur seitl. Dachbeplank.	Maß »L«	6,5 mm (±1 mm)	----
Fondtür zu Hinterkotflügel	Maß »M«	4,0 mm (±1 mm) -	----
Fondtür zu Fondseitenfenster	Maß »N«	6,5 mm (-0,5/+1,0 mm)	----
Hinterkotfl. zu Schlussleuchte	Maß »O«	2,5 mm (±0,5 mm)	2,5 mm (±0,5 mm)
Hinterkotfl. zu Rückwandtür	Maß »P«	4,0 mm (±1 mm)	4,0 mm (±1 mm)
Tankklappe vorn	Maß »Q«	4,5 mm (±0,5 mm)	4,5 mm (±0,5 mm)
Tankklappe hinten	Maß »R»	4,0 mm (±0,5 mm)	4,0 mm (±0,5 mm)
Stoßfänger zu Schlussleuchte	Maß »S«	2,5 mm (±1,0 mm)	2,5 mm (±1,0 mm)
Rückwandtür zu Schlussl.	Maß »T«	4,0 mm (±1,5 mm)	4,0 mm (±1,5mm)
Rückwandtür zu Stoßfänger	Maß »U«	5,0 mm (±2,5 mm)	5,0 mm (±2,5mm)
Rückwandtür zu Dach	Maß »V«	4,5 mm (±1,0 mm)	4,5 mm (±1,0 mm)
Vordertür zu Hinterkotfl. unten	Maß »X«	----	4,0 mm (±0,5 mm)
Vordertür zu Fondseitenfenster	Maß »Y«	----	6,5 mm (-0,5/+1,0 mm)

Technische Daten

Vier Benzin- und drei Dieselmotoren von 60 kW/80 PS bis 142 kW/193 PS, kombiniert mit Fünf- oder Sechsgang-Schaltgetriebe oder Siebengang-Automatik, sowie die Varianten Drei- und Fünftürer ergeben für den Mercedes-Benz A-Klasse 28 Modellvarianten in 14 Typen unter sieben Verkaufsbezeichnungen. Grundsätzlich haben alle diese Modelle der A-Klasse Vierzylinder-Ottomotoren mit Einspritzanlage HFM (Mikroprozessor-Steuerung / Heißfilm-Luftmassenmesser) und Vierzylinder-Dieselmotoren mit Common-Rail-Direkteinspritzung CDI. Der Tank fasst 54 Liter bei 6 Liter Reserve, die Bordspannung beträgt 12 Volt.

Die Ausführung von Vorder- und Hinterachse ist bei allen Modellen gleich (siehe Tabellen). Auch die Bauart der Bremsanlagen einschließlich der Feststellbremse stimmt bei allen überein. Die Lenkung ist durchgängig elektromechanische Parameterlenkung.

Ebenso durchgängig ist die Einstufung in Schadstoffklasse EU4. Dabei wird in den Datenblättern angemerkt, dass diese Einstufung bei den CDI auch schon ohne Partikelfilter erreicht wird.

Für die Tabellen technischer Daten haben wir fünf Modelle ausgewählt, die den weitaus größten Anteil am Verkauf der A-Klasse ausmachen. Mit 32% Verkaufsanteil bei den Fünf- und 30% bei den Dreitürern ist der A 180 CDI das gefragteste Modell, gefolgt vom A 150 (23% bei den Fünf- und 34% bei den Dreitürern). Auf Platz 3 rangiert der A 170 (23% Fünf-, 15% Dreitürer), auf Platz 4 der A 160 CDI (8%, 8%) und auf Platz 5 der A 200 CDI (7%, 7%). An diesen Modellen werden beispielhaft die verschiedenen Parameter dargestellt. Die Unterschiede nach Ausstattungsvarianten berücksichtigen wir im Rahmen unserer Übersicht nicht. Auch die leistungsstarken Benziner A 200 und A 200 Turbo mit 5% bzw. 2% bei den Fünftürern und 5%

Ausgewählte Modelle

Mercedes-Benz	A 160 CDI	A 170	A 180 CDI	A 200 CDI	A 150
Modell:	Dreitürer	Fünftürer	Fünftürer	Fünftürer	Dreitürer
Typ-Nr.:	169.306	169.032	169.007	169.008	169.331
Motortyp:	Diesel, 60 kW	Otto, 85 kW	Diesel, 80 kW	Diesel, 103 kW	Otto, 70 kW
Hubraumklasse:	2,0 Liter	1,7 Liter	2,0 Liter	2,0 Liter	1,5 Liter
Getriebe:	5-Gang manuell	stufenl. Autotronic	6-Gang manuell	stufenl. Autotronic	5-Gang manuell

Motoren

Motortyp	Diesel, 60 kW	Otto, 85 kW	Diesel, 80 kW	Diesel, 103 kW	Otto, 70 kW
Motornummer	640.942	266.940	640.940	640.941	266.920
Hubraum	1991 cm^3	1699 cm^3	1991 cm^3	1991 cm^3	1498 cm^3
Bohrung	83,0 mm	83,0 mm	83,0 mm	83,0 mm	83,0 mm
Hub	92,0mm	78,5 mm	92,0 mm	92,0 mm	69,2 mm
Verdichtung	18,0:1	11,0:1	18,0:1	18:1	11,0:1
Nennleistung	60 kW / 82 PS	85 kW / 115 PS	80 kW / 109 PS	103 kW / 140 PS	70 kW/ 95 PS
bei 1/min	4200	5500	4200	4200	5200
Nenndrehmom.	180 Nm	155 Nm	250 Nm	300 Nm	140 Nm
bei 1/min	1400-2600	3500-4000	1600-2600	1600-3000	3500-4000
Höchstgeschwindigkeit in km/h	170 (Schaltgetr.)	183 (Automatik)	186 (Schaltgetr.)	196 (Automatik)	175 (Schaltgetr.)
Beschleunigung 0-100 km/h in s	15,0	11,5	10,8	9,6	12,6
Verbrauch in l/100 km					
– innerorts	6,2	8,7	6,4	7,4	7,9
– außerorts	4,3	5,8	4,6	4,7	5,4
– gesamt	4,9	6,8	5,2	5,7	6,2

Gewichte und Maße

Mercedes-Benz	A 160 CDI	A 170	A 180 CDI	A 200 CDI	A 150
Modell:	Dreitürer	Fünftürer	Fünftürer	Fünftürer	Dreitürer
Typ-Nr.:	169.306	169.032	169.007	169.008	169.331
Motortyp:	Diesel, 60 kW	Otto, 85 kW	Diesel, 80 kW	Diesel, 103 kW	Otto, 70 kW
Hubraumklasse:	2,0 Liter	1,7 Liter	2,0 Liter	2,0 Liter	1,5 Liter
Getriebe:	5-Gang manuell	stufenl. Autotronic.	6-Gang manuell	stufenl. Autotronic	5-Gang manuelll
Leergewicht*:	1325 kg	1240 kg	1345 kg	1365 kg	1225 kg
Nutzlast:	510 kg	530 kg	485 kg	515 kg	515 kg
Zul. Gesamtgewicht:	1835 kg	1770 kg	1830kg	1880 kg	1740 kg
Kofferraumvolumen :	435-1995 Liter	435-1995 Liter	435-1995 Liter	435-1995 Liter	435-1995 Liter
Dachlast /Stützlast	50 kg / 70 kg	50 kg / 70 kg	50 kg / 70 kg	50 kg / 70 kg	50 kg / 70 kg-
Anhängelast	400 kg / 1000 kg**	400 kg / 1300 kg**	400 kg / 1500 kg**	400 kg / 1500 kg**	400 kg / 1000 kg
Außenlänge:	3838 mm	3838 mm	3838 mm	3838 mm	3838 mm
Außenbreite:	1764 mm	1764 mm	1764 mm	1764 mm	1764 mm
Außenhöhe:	1593 mm	1593 mm	1593 mm	1595 mm	1593 mm
Wendekreis:	10,95 m	10,95 m	10,95 m	10,95 m	10,95 m
Radstand:	2568 mm	2568 mm	2568 mm	2568 mm	2568 mm
Spurweite vorn:	1556 mm	1556 mm	1556 mm	1522 mm	1556 mm
Spurweite hinten:	1551mm	1551mm	1551 mm	1547 mm	1551 mm

*Serienmäßige Ausstattung, 68 kg schwerer Fahrer, 7 kg Gepäck und 90% Tankfüllung.
**Erste Angabe: ungebremst, zweite Angabe: gebremst.

Fahrwerk

Vorderachse:	McPherson-Federbeinachse, Dreieckslenker, Gasdruckstoßdämpfer mit selektivem Dämpfungssystem und Schraubenfedern, Drehstabstabilisator.
Hinterachse:	Parabel-Hinterachse , Gasdruckstoßdämpfer mit selektivem Dämpfungssystem und Schraubenfedern, Drehstab-Stabilisator.
Lenkung:	Elektromechanische-Parameterlenkung. Sicherheitslenksäule. Airbag im Lenkrad.
Felgen vorn:	6 J x 16
Reifen vorn:	195/55 R 16
Felgen hinten:	6 J x 16
Reifen hinten:	195/55 R 16

Bremsanlage

Art der Bremsen: Hydraulisches Zweikreissystem mit Unterdruckverstärker. Vorn und hinten Scheibenbremse, vorn innenbelüftet, hinten massiv. Elektronische Bremskraftverteilung EBV, ABS, Bremsassistent »Brake-Assist«.

Bremsscheiben: Durchmesser / Stärke in mm. Vorn 276 / 12 (A 160 CDI, A 150), 276 / 22 (A 180 CDI, A 170, A 200), 288 / 25 (A 200 CDI, A 200 Turbo); hinten 258 / 8.

Wirkung der Feststellbremse: Die Handfeststellbremse, beim A 200 Turbo eine Fußfeststellbremse (Seilzugbremse), wirkt auf die Hinterräder.

Kraftübertragung

Mercedes-Benz	A 160 CDI	A 170	A 180 CDI	A 200 CDI	A 150
Modell:	Dreitürer	Fünftürer	Fünftürer	Fünftürer	Dreitürer
Typ-Nr.:	169.306	169.032	169.007	169.008	169.331
Motortyp:	Diesel, 60 kW	Otto, 85 kW	Diesel, 80 kW	Diesel, 103 kW	Otto, 70 kW
Hubraumklasse:	2,0 Liter	1,7 Liter	2,0 Liter	2,0 Liter	1,5 Liter
Getriebe:	5-Gang manuell	stufenl. Autotronic	6-Gang manuell	stufenl. Autotronic	5-Gang manuell
Getriebeabstufungen (:1)		(bei 7-G-Automat)*		(bei 7-G-Automat)*	
1. Gang:	3,64	2,72	3,93	2,72	3,64
2. Gang:	2,04	1,69	2,22	1,69	2,04
3. Gang:	1,26	1,12	1,39	1,12	1,33
4. Gang:	0,88	0,79	0,98	0,79	1,03
5. Gang:	0,70	0,65	0,93	0,65	0,82
6. Gang:	----	0,52	0,81	0,52	----
7. Gang	----	0,42	----	0,42	----
Rückwärts-Gang:	3,29	4,22	4,68	4,22	3,29
Achsantrieb:	3,31	4,86	3,24	3,95	3,88

* Die für alle Modelle verfügbare Autotronic arbeitet stufenlos. Wir geben hier aber auch die Stufung der möglichen 7-Gang-Automatik an.

Emissionen, Füllmengen, Betriebsmittelnorm, Kraftstoffaufbereitung

Mercedes-Benz	A 160 CDI	A 170	A 180 CDI	A 200 CDI	A 150
Modell:	Dreitürer	Fünftürer	Fünftürer	Fünftürer	Dreitürer
Typ-Nr.:	169.306	169.032	169.007	169.008	169.331
Motortyp:	Diesel, 60 kW	Otto, 85 kW	Diesel, 80 kW	Diesel, 103 kW	Otto, 70 kW
Hubraumklasse:	2,0 Liter	1,7 Liter	2,0 Liter	2,0 Liter	1,5 Liter
Getriebe:	5-Gang manuell	stufenl. Autotronic	6-Gang manuell	stufenl. Autotronic	5-Gang manuell
CO_2-Emission in g / km	137	169	149	159	159
Schadstoffklasse:	EU4	EU4	EU4	EU4	EU4
Füllmenge					
Bremsflüssigkeit	1 Liter	1 Liter	1 Liter	1 Liter	1 Liter
Motoröl (mit Filter)	5,8 Liter	5,0 Liter	5,8 Liter	5,8 Liter	5,0 Liter
Getriebeöl	1,8 Liter	5,7/6,0 Liter	1,8 Liter	5,7/6,0 Liter	1,8 Liter
Kühlflüssigkeit	9,4...9,8 Liter	6,5...7,2 Liter	6,5...6,8 Liter	10,8 Liter	6,5...7,2 Liter

Spezifikation

Bremsflüssigkeit FMVSS 116 DOT 4 (nach US-Norm) »plus«. Freigegebenes Produkt: MB 331.0 Bremsflüssigkeit mit der Sachnummer 000 989 08 07. Verteilt sich auf Bremsflüssigkeitsbehälter (0,1 l) und Bremsen (jede 0,2 l = zusammen 0,8 l), insgesamt also 0,9 l, und Kupplungshydraulik (0,1 l).

Motoröl Mehrbereichsöl 228.5/229.5 - DaimlerChrysler AG: Premium Synthetik Motorenöl ab 10 W-40 und 5 W-50

Getriebeöl 235.10 - DaimlerChrysler AG Schaltgetriebeöl A 001 989 2603

Kühlmittelzusatz 2,1 bzw. 2,3 bzw. 2,5 Liter Korrosions-/Frostschutzmittel 325.0 - 000 989 08 25 oder - 000 989 21 25

Kraftstoffaufbereitung

- **Ottomotoren** Mikroprozessor-gesteuerte Einspritzanlage HFM (Heißfilm-Luftmassenmessung). A 200 Turbo mit Abgas-Turbolader.
- **Dieselmotoren** Hochdruckeinspritzung, Common-Rail-Technik, Abgasturbolader. Electronic Diesel Control EDC. Selbstzünder.

* Erster Wert bei manueller Schaltung, zweiter Wert bei Automatikgetriebe.

**Beim Einsatz von Partikelfilter; vorläufige Angabe.

Wartungsplan Mercedes-Benz A-Klasse

Die Wartungsintervalle bei Ihrem Fahrzeug hängen von den gefahrenen Kilometern und dem Zeitpunkt der letzten Inspektion ab. Seit fast 10 Jahren gilt für Mercedes-Benz-Fahrzeuge statt des Pkw-Wartungssystems mit starren Intervallen das »Aktive Service-System - ASSYST«. Schon seit Anfang 1997 sind damit Serviceintervalle bis zu 40.000 km oder 2 Jahre (mindestens aber 15.000 km oder 1 Jahr) möglich. Das System berücksichtigt die individuelle Fahrweise des Kunden durch Auswertung von Motordrehzahl, Motortemperatur, Motorlast und Zeit. Nach Auswertung wird der Zeitpunkt des notwendigen Service errechnet und die Fälligkeit im Kombi-Instrument als Reststrecke oder Restzeit angezeigt.
Die maximalen Service-Abstände von ASSYST sind auf normale Betriebsbedingungen abgestimmt. Bei erschwerten Bedingungen wie dauerndem Kurzstreckenverkehr oder extrem niedrigen Temperaturen muss der Ölwechsel vor Fälligkeit des nächsten Service ausgeführt werden.
Nach jedem Service (Ölwechsel oder/und Inspektion) muss die Wartungs-Intervall-Anzeige (WIA) mittels des Diagnose-Systems »Star Diagnosis« wieder auf Null zurückgesetzt werden. Danach zeigt die Anzeige die Laufstrecke für das nächste Wartungsintervall an. Zum Anschluss des Diagnose-Systems (Star Diagnosis Compact Pkw, Bestellnummer 6511 1801 00) gibt es die »Prüfkupplung Diagnose«. Sie ist im Innenraum unter der Schalttafel für den Stecker des Diagnosegerätes zugänglich.
Wenn Sie Wartungsarbeiten selbst erledigen, müssen Sie in der Werkstatt die Abfrage der Fehlerspeicher mit dem Fehlerauslesesystem vornehmen lassen. Das ist sinnvoll, weil manche Defekte im elektronischen System während der Fahrt nicht auffallen. Die Steuergeräte verfügen über Notlaufprogramme, die so gut funktionieren können, dass der Fahrer einen Fehler gar nicht bemerken kann. Die Reparatur muss aber in jedem Falle erfolgen.
Im Folgenden listen wir die Wartungsarbeiten auf, wie sie in den Serviceblättern vorgesehen sind. Die Wartungen haben mit Ausnahme der zusätzlichen Arbeiten, die wir der umfassenden Liste voranstellen, alle 15.000 / 12.500 km oder einmal im Jahr bzw. entsprechend ASSYST-Anzeige zu erfolgen.

Zusatzarbeiten

Einmalig:
Bei der ersten Wartung nach dem generell üblichen-Serviceumang Überprüfung aller Schraubverbindungen.

Nach mehr als 12 Monaten
Differenz zum letzten Wartungsdienst oder maximal 20.000 km den Luftfilter wechseln.

Alle 2 Jahre:
Karosserie auf Lack- und Rostschäden kontrollieren; Batterien im Funksender erneuern; Kraftstofffilter erneuern (bei Dieselmotoren alle 25.000 km, bei Benzinmotoren alle 60.000 km). Falls erforderlich, Bremsflüssigkeit erneuern; Funktion der Diebstahl-Warnanlage prüfen.

Alle 3 Jahre:
Kühlmittel ablassen, neues Kühlmittel einfüllen.

Regelmäßig bei erweitertem Serviceumfang:
Zündkerzen erneuern. (Top-Modelle: Zündkerzen alle 30.000 km bei der dem entsprechenden Kilometerstand folgenden Wartung erneuern.)

Übliche Wartungsarbeiten

Hinweisschilder kontrollieren
Bei Wartung in der Werkstatt werden die Schilder bezüglich Wegfahrsperre, Airbag (Kind!), Kraftstoffart und Reifenluftdruck (innen auf dem Tankdeckel) sowie das Typschild überprüft.

Diagnosetätigkeit
Bei Wartung in der Werkstatt müssen ein Kurztest durchgeführt, die Fehlerspeicher ausgelesen (und ggf. gelöscht), die Crashleitung für Airbag und der Querbeschleunigungssensor geprüft sowie die Wartungsintervall-Anzeige zurückgesetzt werden.

Schließanlage
Überprüft werden muss die Funktion der Verriegelung von Seitentüren und Rückwandtür, der Wegfahrsperre und des elektrischen Lamellen-Schiebedachs.
Die Scharniere und Schlösser von Türen und Motorhaube müssen geschmiert/gefettet, die Führung des Schiebedachs muss gereinigt werden.

Fahrzeuginnenraum

Folgende Prüfungen müssen erfolgen:
Leerweg der Feststellbremse; Flüssigkeitsstand der Batterie, ggf. richtig stellen; Batteriepole auf ihren Zustand und Anschlüsse auf festen Sitz; Zuleitungen zur Batterie auf Verlegung und Scheuerstellen; Kompressor vom Pannenset »Tirefit« und das Verfallsdatum der Füllflasche; Sicherheitsgurte und Gurtschlösser auf äußere Beschädigung und Funktion; Verrastung der Sitzschiene Beifahrerseite; Heizung und Lüftung, Kontrollleuchten, Symbolbeleuchtung und Innenbeleuchtung, Fanfaren (»Doppelhorn«).

Beleuchtungsanlage

Überprüft werden muss die Funktion von
Front-, Heck- und Kennzeichenbeleuchtung, von Rückfahrscheinwerfer, Bremsleuchten, Nebelscheinwerfer und Nebelschlussleuchte, von Blinkleuchten, Warnblinker und Lichthupe.
Scheinwerfereinstellung prüfen, ggf. richtig stellen.

Wischeranlage

Scheibenwischer, Scheibenwaschanlage und Wischergummi vorn/hinten, die Funktion und Einstellung der Spritzdüsen für Scheibenwaschen und Scheinwerferreinigung müssen überprüft werden.

Motorraum

Motoröl ablassen, Öl und Filter wechseln; Luftfiltereinsatz erneuern; Ladeluftkühler auf äußere Verschmutzung prüfen und reinigen; Abgasanlage auf festen Sitz und Dichtheit prüfen; Komponenten der Abgasrückführanlage auf Dichtheit prüfen; Motordichtheit prüfen; Luftzuführung des Ladeluftkühlers sowie Keilrippenriemen auf Verschleiß und Beschädigung prüfen.

Kühlsystem

Motorkühlsystem auf Funktion sowie Schläuche auf Verlegung und Scheuerstellen prüfen; bei Flüssigkeitsverlust Ursache ermitteln und beseitigen.

Getriebe

Dichtheit prüfen, Ölstand kontrollieren. Funktion der Kupplung prüfen. Drehmomentwandler der Automatikgetriebe prüfen. Achswellenmanschetten auf Beschädigung kontrollieren.

Achsen

Flanschgelenke und Gummimanschetten prüfen. Fahrzeugunterseite auf Beschädigung, Spur- und Lenkstangengelenke auf Spiel, Gummilager und Gelenke auf Beschädigung kontrollieren.

Lenkung

Zahnstangenlenkung auf Spiel überprüfen. Lenkmechanik und Lenkmanschetten auf Beschädigung kontrollieren.

Bremsanlage

Bremsleitungen, Bremsseile und Bremssättel auf Beschädigung, Verlegung und Dichtheit kontrollieren. Bremsbeläge vorn/hinten auf Dicke, Bremsscheiben und Bremstrommeln der Feststellbremse auf Zustand und Verschleiß prüfen. Schrauben der Bremssättel mit Drehmoment nachziehen. Feststellbremse auf Leichtgängigkeit und gleichmäßige Nachstellung prüfen. Radbremszylinder auf Dichtheit, Beschädigung und Leichtgängigkeit prüfen.

Laufräder

Felgen und Reifen auf Beschädigung und Rissbildung prüfen. Profiltiefe prüfen. Reifenluftdruck richtig stellen. Radschrauben mit Drehmoment nach-/anziehen.

Betriebsflüssigkeiten

Motoröl, Bremsflüssigkeit, Korrosions-/Frostschutz, Waschwasser immer prüfen und auffüllen.

Stichwortverzeichnis

Zeitfracht Medien GmbH
Ferdinand-Jühlke-Straße 7
99095 Erfurt, Deutschland
produktsicherheit@kolibri360.de